リービヒ
『化学の農業および生理学への応用』

吉田武彦［訳・解題］

北海道大学出版会

Die Chemie in ihrer Anwendung
auf Agricultur und Physiologie

by
Justus von Liebig

初版への序文
Alexander von Humboldt に捧げる

　1823年の夏，パリ滞在中に，私は，初めての仕事である Howard の銀および水銀の発煙性化合物に関する分析的研究を，王立協会の討論に付してもらうことに成功した。

　7月28日，会議が終わるにあたって，私が標本のとりまとめに没頭していると，協会会員の列から1人の人が近づいて，私に話しかけてきた。その人は魅力に富んだ親しさで，私の研究の現状，私の仕事のすべてのこと，そして私の扱おうとしている分野について質問をした。私は経験の無さと恥じらいから，どういう好意で私に関心を持ってもらえたかを尋ねることもできず，別れを告げた。

　この会話は私の将来の礎石になり，また私の科学上の目標にとって，最も力強く慈愛に満ちた後援者，友人を得たことになったのである。

　あなたは数日前にイタリア旅行から戻ったばかりで，誰もあなたがそこにいるとは知らなかった。

　他の人とて同じであろうが，世界各地からの多くの人波が大きな障壁を為して，そこで卓越した高名な自然研究者，学者と親しく個人的に接触することなど思いもよらない都会の中で，推薦状も無い無名の私は，大群集中に気づかれることもなくとり残され，おそらく脱落してしまったことであろう。こうした危険は完全に除かれた。

　この日から，すべての門，あらゆる研究所と研究室が私のために開かれた。私は，あなたが一部残してくださった生き生きした関心のおかげで，私がいつまでも尊敬する Gay-Lussac, Dulong, Thénard 諸先生の愛情と親密な友情をかちえた。あなたの信頼は，私が16年このかた，営々と励んできた領域を，それにふさわしく満たす道を開いてくれたのである。私と同様，諸

先生方の科学上の目標達成にとって，あなたの援助と善意がどれほどありがたいものであったか，私は知っている！ 化学者，植物学者，物理学者，オリエント学者，ペルシャとインドへの旅行家，芸術家，だれもが同等の権利と同等の支援を享受した。あなたの前には，国民の相違も国のちがいも無かったのである。

　この特殊な関係において科学があなたに負っているものは，まだ世間には知られず，ただ私たちすべての心の中に読みとれるだけである。

　私の心からの尊敬と，純粋で偽りのない感謝の気持を表明することを許していただきたい。

　どれだけの部分が私自身に帰属するかは不明ではあるが，この小著を勝手ながらあなたに捧げたい。42年前，あなたがJ. Ingenhouss の著書『植物の栄養について』に書かれた序文を読むたびに，私のしてきたのは結局，真実で美しく優れたものすべての，温かくて常に変わらぬ友人であるその人が，今世紀の活発で最も有能な自然研究家のすべてをそこで語り尽くし，基礎づけたところの見解を，より詳細に論述し，証明しようと試みたことにすぎないように思える。

　1837年，私はイギリス科学振興協会から，リバプールにおける会議で，有機化学分野での我々の知識の現状について報告するようにとの，名誉ある依頼状を受け取った。私の提案によって，協会はアカデミー会員であるパリのDumas氏に，私と共同してこの報告を担当してほしいと要請することを決定した。このことが本書刊行のきっかけであり，私は植物生理学および農業と有機化学との関係，有機物が発酵，腐敗，分解の諸過程で受ける変化と有機化学の関係を提起しようと試みた。

　若い世代が，最も美しく最も力強い建築物を支える大黒柱に一瞥を与えることさえ，ほとんど許されず，その大黒柱が外面の飾りと上塗りによって，皮相な観察者にはもはや認めがたくなった時代，このような時代にあって，未知の分野への闖入者が，自然研究者の注意と力とを，新しいもの，時にはきわめて無価値なものに対する飽くなき追求から，他の人々にとってはるかな昔から高い価値のあった知識対象に向けさせ，辛苦と努力の目標・目的に

選んでもらえるなら，その成果ははかり知れないものになるであろう．人間の意志と善意には限界がないにしても，人間の能力と可能性は狭い範囲に閉じ込められているからである．

　私が整理した個々の観察は全然別として，この小著で私が植物の生育と栄養に適用する機会を得た自然研究の諸原理が，幸いにしてあなたの同意を得られるならば，私にとってこれにすぎる喜びはない．

　ギーセン，1840年8月1日　　　　　　　　　　　　　　　Justus Liebig 博士

第 7 版への序文

　私の『化学の農業および生理学への応用』の第 6 版と本書との間に横たわる 16 年間に，私には科学上の学説が実際の農業の領域に入って行く際に直面する障害について，十分に知る機会があった。
　基本的には，実際と科学の間に何らの結びつきも確立していなかったところに原因がある。
　農業者にはほとんど共通して，農業は他の産業が必要とするより低い段階の教養で足りるという偏見，すなわち，農業者は思慮とか，科学が農業者のために獲得し，農業者の意のままになるようにしたものとかを身につけると，実際的な能力を滅ぼすという偏見が，根強くはびこっていた。思考能力を必要とするものは理論と考えられ，理論は実際の直接対立物として，ほとんど評価されないか，無視された。科学上の学説や理論は，実際家がそれを応用しようと試みるやいなや，害だけを与えることが多かったのも事実である。始めたことがまさに逆効果になることも多かった。実際家は，学説や理論の正しい応用がひとりでに身につくものでなく，複雑な道具の熟練した操作を学習しなければならないのとちょうど同じだ，ということを知らなかったのである。
　しかし，事業の中で人を導き経営を決定するような概念が，正しいか，まちがっているかについて，無関心な人はいないであろう。
　完全な理解の不足によって，実際は，科学が実際に手渡した正しい概念の中に，そして植物の生長経過とそれに対する土壌，空気，耕うん，施肥の寄与に関する説明の中に，何ら改善の手だてを見い出さなかった。農業者は，科学的学説と，農業が示す諸現象との関連を発見できなかったので，両者の間には何の関連もない，との結論に行き着いた。

第7版への序文

　実際的な農業者は，その土地で昔から観察され伝えられた，既知の事実に導かれており，また，もっと普遍的な見解を求める時にも，その経営方式がお手本になるような，有名な権威者に導かれている。こうした方式は，検討しようにも尺度がないのだから，何もいうことはできない。

　メクリンの Albrecht von Thaer が彼の農場で，よいとか有効であるとか認めたものは，ドイツのあらゆる畑で目的にかなった，よいものであったし，J. B. Lawes がロザムステッドの彼の小さな圃場敷地で見い出した事実は，イギリスのすべての畑に対する公理と見なされた。

　伝統と権威追随のもとで，実際家は毎日目にとまる事実を理解する能力を放棄して，ついには生きた考えで事実を識別することを忘れてしまった。そして，科学が解釈の正しさについて疑問を抱くと，科学は事実の存在に異議を唱えていると主張するまでになった。科学が，不足しているきゅう肥をその有効成分で置き換えることは進歩であるとか，過リン酸石灰はテンサイの特効成分でなく，アンモニアは穀作物の特効肥料でないとかいえば，科学がその有効性を否定したように考えられる。

　この種の誤解をめぐって，長い論争が起こった。実際家は，科学上の諸結果を理解することなく，伝統的な見解を守るべきだと信じた。この論争は，実際家が全く理解しなかった科学的原理に対してではなくて，実際家が創作した，特有の誤った見解に向けられたものである。

　この論争が解決し，農業者自身が審判官になるまでは，科学の側からの有効な援助は期待できないし，私は今がその時期にあたるのかどうか，実際に疑問に思う。しかし，私は，父親たちとは全然別の心構えを持って実際に入ってくる若い世代に希望を託している。私自身に関していえば，既に老境に達し，死滅しつつある肉体の元素が，新しい回転の開始を願う周知の願望を裏切りつつあるので，家を整理することをためらい，なおいい残すべきことを差し控えてはならないのである。

　農業における試験は，全体の結果を得るまでに1年またはそれ以上かかるので，私には自分の学説の結果を見る見通しはほとんどない。こうした状況のもとで，私の為しうる最善のことは，私の学説に精通するための労苦をい

とわない人々に，将来誤解がけっして生じないように整理することのように思える。私の著書における論争的な要素は，この観点から判断してほしい。私は長い間，科学では普通のことだが，農業においても，真理を広めること，誤ちをくよくよ気にかけないことで十分だと信じてきた。しかし，私はついにそれがまちがった道であり，虚偽の祭壇を粉砕するには，真理のために堅固な大地を創造すべきであると悟った。結局は万人が，自分の学説から埃を洗い清める権利が私にあることを承認してくれるであろう。長い年月の間に，私の学説は埃と見分けがつかないようにされてしまったからである。

　私が近代農業を略奪経営だと宣告したと，多くの側から非難されている。そして多数の農業者が自らの農業について報告してくれたところによると，そのことに関する私の告発は正しく受け取られていない。北部ドイツのザクセン王国，ハノーバー，ブラウンシュバイクなどでは，非常に多くの農業者が，持ち出すよりずっと多くのものを畑に与えるよう，きわめて熱心に心がけていて，そのため，ここでは略奪経営は問題になりえないことを，私は確認した。しかし，全体として，それが畑にとって何であるかを知っている者は，比較的少数にすぎなかった。

　私は今日まで，他産業の営業では当然のことであるのに，それぞれの耕地について会計帳簿を記帳して，毎年施用し，持ち出すものを加算，控除する努力をしている農業者に出会った試しがない。

　皆，農耕全体を自分の狭い立場から判断しており，このことはいわば旧来の農業者の害毒であり，1人が不正を避けた時，そこにすべての人が正しいことを行なっている証拠を見たと考えてよいのである。いまなお続いているドイツからの大量の骨の輸出は，リン酸の補充を心がけている農業者の数が，一般にいかに少ないかという，まさに事実に基づいた証拠である。もしバイエルンのただ1つの小工場（ホイフェルト）が，ミュンヘン周辺からザクセンに150万ポンドの骨を輸出するとすれば，それはバイエルンの畑の略奪によってしか起こりえない。

　大きなものが小さなものを，知識を有するものが無知なものを収奪する，それはいつでもこのようにして起こるのであろう。

北部ドイツでも，冒涜的な畑の略奪の行なわれている場所の多いことは，おそらくドイツのテンサイ糖製造の未来史が，多くの同時代人の前に明らかにしてくれるであろう。

　人々は，過リン酸石灰とグアノの施用によって糖度の高いテンサイの多収を狙っており，またそれが多年の間，減収なしに行なわれてきているので，テンサイ栽培者は，こうしたやり方では畑が絶えずカリウムを奪われ，ついには消耗しなければならないという事実に直面しながら，無分別にもこれらの高収量は不断に立ち返ると信じている。彼らは，カリウムはあまりに費用のかかりすぎる肥料だといい，また同じ値段で3倍から4倍も多くの過リン酸石灰とグアノを買える立場にあるので，畑に対してはカリウムの投入よりずっとよいことをしたのだと信じている。彼らがその力でカリウムを補充すると信じ込んでいるきゅう肥車のカリウムの値段がどんなに高いものにつくかは，無論ご存じでない。

　彼らは自らの仮定に欺かれているのであって，糖蜜や搾り粕の炭の形で，糖の生成に重要な物質，つまり彼らの畑を売り渡しているのだという事実ほど明白なものはない。彼らは，たぶん数十年後に初めて，フランスやベーメンで既に疑問の余地なく生じている経験，つまり，こうしたやり方では徐々にではなく，ある時点で突然，テンサイの糖含量が10-11%から3-4%に低下し，その上，それまでかくも高い収量を与えてきた畑が過リン酸石灰とグアノでは回復不可能になるという経験に直面するであろう。

　いまなおこうした体系のもとでテンサイ栽培の栄えている地方も，数十年後には，農業における人間の愚行がどこに行き着くか，ということの実例として引用されるようになるだろう。農業とは本来，畑を消耗させることなく，同じ畑で永遠に継続しうるものである。

　全く同様のことがイギリスでも体験された。カブを持ち出したカブ畑では，カリウムを補充しないと一斉に品質の劣化が起こり，収量が質的，量的に変わらなかったのは，羊に畑でカブを食い尽くさせた場所だけであった。

　本書の第1部では，以前の版にあった「発酵，腐敗，分解の化学的過程」のような農業に直接関係のない章を割愛した。Pasteur, Berthelot,

Schröder らの包括的かつ重要な仕事によって，発酵，腐敗過程に関する我々の知識は，1846 年以来きわめて根本的な拡大をみたので，これらについては特別な編集が適当であると考え，現在私はその仕事を行なっている．

 ミュンヘン，1862 年 9 月

Justus von Liebig

〔「第 8 版への序文」は省略〕

第 9 版への序文

　『化学の農業および生理学への応用』第 9 版では，第 8 版で 2 巻だったものを 1 巻にまとめた。第 9 版を以前の版から区別する根本的な改訂は Liebig の生前，私がエルランゲンおよびゲッチンゲン大学の教授をつとめていた時，既に着手されていた。改訂は Liebig の発議で行なわれ，Liebig が監督して，たとえば作物の無機成分に関する章のように，部分的に編集もされた。もし Liebig が生きていたら，おそらく印刷中にもっと多くの改訂が行なわれたことであろう。この偉大な人物を親しく知っている者は誰しも，Liebig がある事象を多面的な観点から解明するのを常としており，何かある対象を，全面的解明を行なわないで，あるいは，あらゆる疑問に事実的根拠を与えないで，そのまま残すのがいかに困難に感じられたかを熟知している。そこで Liebig は本書第 9 版のために，Schönbein が軌道にのせた亜硝酸アンモニアの生成問題に関する実験に没頭した。実験の数は十分多くなかったけれども，彼が Schönbein の見解の正しさに疑いを持ち，まちがっていることを完全に確信するには十分足りたのである。

　Liebig の『化学の農業および生理学への応用』は不朽の価値を持っている。それは科学的方法の典型として，幸いにも有益な結果に導く新発見の事実ならびに法則を含んでおり，また公開質問を考慮して，直接に回答を与えるか，または解決の道が示されるように厳密な規定を与えている。一例をあげれば，いわゆる植物呼吸に関して，Liebig がどんなに立派な姿勢をとったことか。彼の引用した de Saussure その他の人の研究結果は，証拠能力を持って登場し，その考察をつうじて，何も新しいものを与えず混乱を招くだけであるか，もしくは改善を必要とするような各種の実験を防止しえたのである。

本書が現在および未来にとって不可欠の書であるのは確かである。しかし，Liebigの指導によって科学と実際がともにかちえたもの，高度の重要性と影響力を持つ多くのものは，まだ適切に考慮されず，よく理解されてもいない。ここで私は補充の問題だけを指摘しておこう。高名で今なお存命中の化学者の1人，A. W. Hofmannは，Liebigに関する回想講演の中で，収穫物として持ち出した土壌成分を人工的な肥料資材だけで補充しても，畑の肥沃度を長期間保証できるとは考えられない，との所感を抑制できなかった。このような源泉は消尽されるもので，毎年の補給を毎年持ち出される等量の土壌成分と対置したところで，耕地は何も得るわけではない。Hofmannが行なった以上に簡単明快に，そしてLiebigと一致してこの問題を把握できる人はいないであろう。土壌の肥沃度は，畑から持ち去られた土壌成分を回収することによってのみ維持されるのであり，また人口の増加に応じて別の源泉に由来する，いわゆる人工的肥料資材を共用した時に，肥沃度は向上するのである。

　Liebigがその農芸化学で提示した教えは，ますます一般的な知識となり，正当な評価をかちえて，合理的な農業の実際の導き手として役立つであろう。その時，作物栽培を行なう国々と社会の全体には，必ずや幸福にみちた結果が生まれることであろう。

　　ウィーン，1876年7月

Ph. Zöller

訳者まえがき

　本訳稿は，ユストゥス・フォン・リービヒ(Justus von Liebig, 1803-73)の主著 "Die Chemie in ihrer Anwendung auf Agricultur und Physiologie" の最終決定版といえる第9版の部分訳である．本書は，1840年に初版を出して以来，その反響が大きかったため版を重ね，第5版以後は表題の 'organische Chemie' を 'Chemie' に改めて，著者の生前に第8版まで刊行された．その間，本書が引き起こした論争に応えて，リービヒは第7版で大幅な改定を行なったが，第8版以後もなお新版の刊行準備を進めていた．しかし，その死去により未完成に終わったので，弟子のツェラー(Ph. Zöller)が遺稿を整理して完成させたのが第9版である．こうしたいきさつからツェラー編となっているものの，第9版は決定版といえ，翻訳の底本として採用した．出版および改定のいきさつについては，本書中の「序文」および「解題」を参照していただきたい．

　リービヒは，いまさらいうまでもなく，有機化学・農芸化学の建設者として，19世紀のドイツの科学を代表する巨人である．1840年に出版された本書の初版 "Die organische Chemie in ihrer Anwendung auf Agricultur und Physiologie" でリービヒが展開した「無機栄養説(Mineraltheorie，鉱物説ともいわれる)」が，それまで広く信じられてきたアルブレヒト・フォン・テーア(Albrecht von Thaer)の「腐植栄養説」を決定的に打ち破り，旧来の輪栽式きゅう肥農業を近代農業に変革するのに，はかり知れない影響を与えたことは，よく知られている．

　その意味で，本書は既に百数十年の年月を隔てた古典に属し，個々の事実については今日の科学的水準から見て訂正を要する面が少なくないが，本書でリービヒが提起している問題，たとえば，地球的規模に及ぶ物質循環，地

力問題，環境汚染問題，資源問題，食糧問題などに関するリービヒの思想は，現在でも驚くほどの新鮮さを保っている。

　このことは，まず何よりも，リービヒの農業研究に対する態度に由来する。リービヒ自身の言葉を借りれば，「著者の任務は，農芸化学の体系的教科書を書くことではなく，農業の化学を書くことにある」，「農業の化学は，農業者の経験を自然法則，すなわち既知の確立された真理に結びつけ，そしてそれと一致せしめようと試みる」。したがって，「体系書と比較されるならば，私の著書は，無秩序を極めた，世にもまれな矛盾だらけの著作のように見える」ということになる。

　ひとことでいえば，リービヒが精魂をこめて追求したのは，人間の意志とはかかわりなく存在する冷厳な自然法則の，農業における貫徹なのであって，そもそも本書自体，リービヒ自身が行なった実験結果に基礎を置いたものではなく，「私の見解の証明法は，何らの実験を含んでいない。それは，植物の，空気および動物に対する自然法則的関係の観察に基づいている」という性格を持つ著作であった。その結果，リービヒは学生時代にシェリングの自然哲学に深く失望したといわれ，本書を非体系的と自評しているにもかかわらず，随所に体系的・思弁的な思想の組み立て，ヘーゲル的な哲学思想が顔を出しているように思われる。

　本書に集約されるリービヒの理論は，我が国の農学，特に農芸化学，土壌肥料学の分野に決定的な影響を及ぼした，と一般に信じられてきた。しかし，ドイツ農学の導入期である明治初年を含めて，我が国で本書が深く読まれ，研究された証拠を見い出すのは困難である。リービヒの名と結びついて有名な植物の無機栄養説にしても，我が国での理解がはたして原典に基づいているかどうか，疑わしい面がある。そうした意味で，リービヒは，その高名さに比して，読まれること，理解されることの甚だ少なかった1人に数えてよいであろう。この訳稿も，これまで本書の翻訳が皆無だったこととの関係で，あまり人目に触れなかったリービヒの著作の紹介が，何かの参考になるかもしれないと考えたからである。

　本書は膨大な付録を持つきわめて大部の著作なので，本書の核心部分を中

心に，約半分に圧縮して訳出することとした．割愛したのは，もはや今日的意義に乏しいと思われる章節であるが，全体の流れを理解する一助として訳者による簡単な要約を付加した．また，第2部の第1章「植物」と第2章「土壌」は一部を省略したが，省いた部分は〔略〕と示してある．付録は当時の資料が中心であり，マロン(H. Maron)による日本農業に関する報告以外はすべて割愛した．

なお，何かの参考にでもなれば，というつもりで「解題」をつけたが，もちろん不備なもので，御叱正を待ちたい．

本訳書の刊行に当たっては，多くの方々からご援助を賜った．とりわけ，北海道大学経済学部の吉田文和教授には，刊行のきっかけを与えて頂き，また，リービヒ批判にかかわるコンラート(J. Conrad)の原典入手の労を煩わせた．同じく，ローズ(J. B. Lawes)らの文献入手には，農業総合研究所(当時)の津守英夫氏のお世話になった．さらに，本書の出版には独立行政法人日本学術振興会平成18(2006)年度科学研究費補助金(研究成果公開促進費)が交付された．刊行実務に関しては，北海道大学出版会の持田誠，前田次郎両氏に終始お世話になった．ここに記して厚く感謝の意を表する次第である．

2007年2月　　　　　　　　　　　　　　　　　　　　　　吉　田　武　彦

目　次

初版への序文——Alexander von Humboldt に捧げる　　i
第 7 版への序文　　iv
第 8 版への序文〔省略〕
第 9 版への序文(Ph. Zöller)　　ix
訳者まえがき　　xi
凡　例　　xviii

序　論 ………………………………………………………………1
1. 1840 年以前の農業　　3
2. 1840 年以後の農業　　8
3. 無機栄養説の歴史　　11
4. 無機質肥料の歴史　　19
5. 農耕と歴史　　54
6. 国民経済学と農業　　85

第 1 部　植物栄養の化学的過程 ……………………………101
主　題　　103
1. 植物の一般成分　　103
2. 炭素の起源と同化　　105
3. 腐植の起源と行動〔要約〕　　121
4. 水素の起源と同化〔要約〕　　122
5. 窒素の起源と同化　　122
6. アンモニアと硝酸の源泉〔要約〕　　140

7. 硫黄の起源〔要約〕　140
8. 植物の無機成分　140
9. 耕土の起源〔要約〕　169
10. 耕土の成分〔要約〕　170
11. 作物の灰分成分に対する耕土の反応　170
12. 休　閑　176
13. 輪栽農業〔要約〕　185
14. 肥　料〔要約〕　186
15. 考　察　186

第2部　農耕の自然法則　205

1. 植　物〔一部省略〕　207
2. 土　壌〔一部省略〕　228
3. 肥料中の植物養分に対する土壌の挙動〔要約〕　248
4. きゅう肥　248
5. きゅう肥農業　263
6. グアノ〔要約〕　309
7. 乾糞，人間排泄物〔要約〕　309
8. リン酸土類〔要約〕　309
9. 油　粕〔要約〕　310
10. 木灰，カリウム塩〔要約〕　310
11. アンモニアおよび硝酸　310
12. 食塩，硝酸ナトリウム，アンモニア塩，石膏，石灰〔要約〕　341

付　録　343

A　巨大な海藻〔省略〕
B　異なった生育段階におけるブナの葉に関する研究(Zöller)〔省略〕
C　植物病ほか〔省略〕
　　1863年のジャガイモ栽培試験(Nägeli および Zöller)〔省略〕
D　ヤシの幹のデンプンについて〔省略〕

　　　　　　　　　　　　目　次　　　　　　　　　　xvii

　　E　汁液の移動〔省略〕
　　F　排水，ライシメーター排水，河川水
　　　　および沼沢水に関する研究〔省略〕
　　G　吸 収 実 験〔省略〕
　　H　泥炭粉末でのインゲン栽培試験〔省略〕
　　J　ホーエンハイムの農業経営と合理的な畑管理について〔省略〕
　　K　日本農業に関し，ベルリンにおいて
　　　　農業大臣に行なわれた報告から（H. Maron 博士）　345
　　L　スペインの農業〔省略〕
　　M　熱帯の耕地土壌〔省略〕
　　N　収穫結果とその意義〔省略〕
　　　　上部イタリアの畑の現状について〔省略〕
　　O　Pincus 博士のクローバ分析〔省略〕
　　　　植物灰分の組成について〔省略〕

解　　題………………………………………………吉田武彦　361

　　1．リービヒの生涯と業績　362
　　2．農 芸 化 学　367
　　3．物質代謝，物質循環，自然法則　372
　　4．批判者たち　380
　　5．日本農業の評価　391
　　6．日本の農学とリービヒ　396

凡　例

1. 本書の訳出の底本には，農業技術研究所（現独立行政法人農業環境技術研究所）所蔵の "Die Chemie in ihrer Anwendung auf Agricultur und Physiologie" 9. Auflage Vieweg und Sohn, Braunschweig (1876) を用いた．
2. 訳出にあたってはできるだけ学術用語に従ったが，当時とは意味の異なる場合や現代では意味の通じにくい表現もあり，訳者の判断で選択したものもある．たとえば，リービヒの提唱した 'Mineraltheorie' は「鉱物説」と訳されることが多いけれども，元来は，植物は腐植や堆きゅう肥等の有機物を栄養源にして生長発育すると考える「腐植説」に反対して，緑色植物の栄養源は炭酸ガス・水・アンモニア・リン酸・カリウム等の無機物質だと主張して名づけられた名称であり，「鉱物説」では意味が通りにくいと考えて「無機栄養説」とした，などである．
3. 本文中の地名は片仮名書きとしたが，人名は検索の便を考慮して，原則として原語のままとした．また，解題での人名は，読みの便を考慮して，片仮名書きをしたうえでなるべく完全な原語表記を加えた．また，訳者のわかる範囲で生没年を示したが，すべての人名に完全な原語表記や生没年を付けることはできなかった．
4. 植物の名称は，原則として片仮名表記としたが，底本で学名が表記されている植物のうち，和名のあるものは適宜これを補い，和名のない植物については，学名のあとに訳注を加えた．なお，学名はイタリック体で表記した．
5. 本文中の引用文献などの出典については，底本でも表記の統一がとられておらず，示された出典も正確なことがわからないものが少なくなかった．そのため，出典が明らかなものについてのみ書名や雑誌名を（　）内に表記し，正確さを欠くものについては全て省いた．なお，原則として書籍名には日本語訳，雑誌名については原語表記のままとした．いずれも巻号数や刊行年のはっきりしないものがあり，それらは名称のみを掲載した．また，出典のうち人物名しかわからないものについては，人物名を（　）内に示した．
6. 解題の中で，日本語文献を数編引用しているが，旧漢字表記はなるべく常用漢字に改めた．
7. 本文中，原注のあるものについては各章末に掲げた．また，訳注は〔　〕で示した．
8. 第2部の第1章「植物」と第2章「土壌」は一部を省略したが，省いた箇所は〔略〕と示した．

序論

1. 1840年以前の農業

　18世紀の最後の25年には，農業において畑の肥沃度および農耕による畑の肥沃度喪失の根拠を示したものは何もなかった。太陽の輝き，露と雨の他，農業者は植物の生育条件について何も知らなかったといってよい。多くの人は，土壌は植物に支点を与えるのに役立っているだけだと信じていた。

　何世紀も前から，耕作者には，畑の耕起が収量を高めること，動物や人間の排泄物によって収量を増大しうることが知られていた。

　きゅう肥の作用はよくはわからないが，人工的には作りえない，ある特性によるもので，それは動物や人間の食物が体内を通過する際に獲得するものと信じられていた。

　それぞれの土地における肥料は，一定の作物交代に見合った頭数の家畜により，好きな量を不断に生産できると信じられ，収量の高さは畑耕作における農業者の勤勉さと熟練度，さらに正しい作付順序によってたいてい向上することから，高い収量は人間の心がけ次第であって，技術を有する者だけが，明らかに肥沃でない砂原を肥沃な草地に変えることができる，との意見が根を張っていた。ある所有耕地である者が没落し，同じ場所で別の者が豊かになった事実，土地の地代が経営する人によって上がったり下がったりした事実だけで十分なことが多かった。人々は，作物を創造する力は種子と土壌の中にあり，人間や動物が仕事で疲れ，補充を必要とするのと同様のことが畑についてもあるのであって，農作物の生産で消耗した地力は畑の休閑ときゅう肥で回復すると考えた。

　きゅう肥と農作物は，どちらも畑の産物または畑の地力（Bodenkraft）の産物であるから，畑は，生産物の一部を戻した時，労働で消費した力をいつでも自己再生産できる機械に似ていると考えられた。人々は，地力とは何であるか，知ってはいなかった。その後，人々は地力には特別の担い手があって，その担い手は腐植であると信ずるようになった。腐植とは，詳しくは決定できない有機物起源のある物質，糞尿の一種で，その形成には動物を必要

としないものとされ，畑の収量の増減は，畑における腐植含量またはその増減に比例し，腐植は，入念な管理経営によるよりも，むしろきゅう肥によって増加しうると信じられた。

　この考え方で正しいのは，肥沃でない畑より肥沃な畑で植物がよく生育し，同時に豊かな土壌には，やせた土壌よりも多くの有機物残渣が集積する，ということである。農業者が多くの腐植を作ることを理解さえすれば，不毛の耕地も高い収量を与えるだろうと考えられた。

　したがって，この見解によれば，畑の肥沃度の第2の根拠は，土壌の中に眠っていて農業者の技術で呼び覚ますことができる，ちょうど昔の生理学者や医者が栄養物や医薬の中に仮定していた，栄養力とか治癒力のような力である。収量向上に関連したこの力の作用は，腐植の形で植物の生活を，そして植物の部位の形で動物と人間の生活を，回帰しながら支えている有機物の循環いかんで左右される。この力は至る所に存在すると考えられた。事実，地球のすべての地方，あらゆる気候下で，花崗岩，玄武岩，砂質土壌，石灰質土壌など各種の土壌で，太陽光と雨の作用のもとに，しばしば同じ植物が同じように旺盛に繁茂しているのが見られるので，土壌の特性にはほとんどよらないように思われた。

　つまり，人々は腐植に肥沃度を発見したと信じたのであるから，ある畑の不毛を腐植の不足に帰したのは当然である。泥灰岩，石膏，石灰のように，畑に施用すると収量の高まるある種の無機物質は，ちょうど食塩や香料が人間の消化の進行，体液の循環を促進するように，刺激剤として地力を呼び覚ます能力を持つとされた。骨粉の作用は，それに含まれる有機物質(にかわ物質)に帰せられた。

　実際の経営は，失われた地力を補充し，それによって同一収量を回復する手段としての糞尿生産を基礎にしていた。飼料作物のような特定の作物は，糞尿製造者と見なされ，糞尿は収穫物を作ると考えられた。飼料がすべてをもたらすのであって，大量の飼料は多量の肉と肥料を作り，多量の肥料は穀物の収量を高める。飼料が十分にあれば，穀物は自然にできるのである。きゅう肥は農業者の技術によって穀物や肉に変えられる原料である，という

ことが教科になり，人々は，穀物やある種の工芸作物は土壌を吸収し尽くして消耗させるが，飼料作物は土壌を愛護し，改善すると教えられた。

同じ畑に連続して栽培した穀作物がもはや割に合う収穫を与えなくなると，その畑は消耗したといわれる。その他，たとえばクローバやカブのような作物がもう繁茂しなくなれば，畑は病気になったといわれた。

同一の現象に対して，人々は2通りの解釈をした。ひとたびは，生育不良の理由が特定の物質の不足であったが，別の時は，正常な能力あるいは力の障害であった。穀物畑の消耗は肥料で救済したが，飼料畑に対しては医薬ないしは怠け馬の場合と同じく鞭を求めた。

実際家は，革の貯えがどうなるかも考えずに仕事をし，しだいに破局に近づいて行く靴屋のように，自分の事業を管理した。植物も生き物であって固有の要求を持つことは，実際家の心には浮かばなかった。

ドイツの農業者は，上部を切断すれば下部が再生長して終わることのない革の一片のようにその畑を取り扱った。彼らにとって肥料とは，皮革を引き伸ばし切断に際してしなやかにするための手段であった。農業学校では，土壌中にある無尽蔵の革の貯蔵からできるだけ多くの靴を裁断する技術を教え，このような集約農耕を極端まで推し進めた人が最良の教師と見なされた。

収穫物を作るのは人間だと信じられていたので，農業者が畑で安定した高い収量もしくは増大する収量をあげるか，そうした可能性の獲得に成功した時，実は別の人があらゆる勤勉さと明敏さをもってしても勝ち取れなかったものを自発的に与えてくれた土壌に感謝すべきところであるにもかかわらず，むしろ分別と熟練のせいと映ったのである。

どの国，どの地方においても，収量低下の無数の実例に出くわすのは簡単であったが，それは単に農業者の無知とか労働や肥料によるものであった。まだ畑で豊富なクローバ，カブの収穫をあげている者は，他人が労働や肥料に大量の支出をしたにもかかわらず，疲れた畑でクローバが育つようにできなかったことを理解しなかった。自分の豊かなクローバ畑，カブ畑の土壌が，いつかは病気になるかもしれないなど，彼には考えられもしないことだった。

もし，靴屋が靴を作るように，人間が収穫物を作るのであれば，仕事場の

位置は問題でない。ペテルスブルグの靴屋が熟慮と経験によってパリの需要に応ずることができるように，ロザムステッドあるいはザクセンの農業者は，ヨークシャーやバイエルンの他の農業者に結構な教えを下すことができるであろう。ロシアがロシア皮で，フランスがモロッコ革で，そしてバイエルンが美しいエナメル塗の皮革製品でという風に，多くの国が固有の製品で秀でているのと同じような意味でデンマーク，イギリス，フランス，ドイツの農業が成り立っていると信じられていた。

当時にあって，農業経営についても同様の概念が農業文献を支配していた。

de Saussure, H. Davy の偉大で重要な研究は，実際家の注意を全く引かず，お察しのとおり，実際とのかかわりを全然持たなかった。

メクリンの小地域の土地における農耕の経営体系は，ドイツの全農業の模範となり，そこで一定量の糞尿が見合った量の穀物をもたらすと，人々はどの国においても同量の糞尿が同じ量の穀物を生産するということが確認されたと信じた。この立場から，糞尿は農業者が穀物や肉に変化させる材料である，と直ちに結論された。人々は自然草地，人工草地がすべて同じ乾草を産出し，すべての乾草は等しい栄養価を持つと信じていた。その他の飼料は乾草価で測られ，食塩にも乾草価があった。また，それぞれの飼料には糞尿価がつけられた。羊の糞尿は「熱く」，馬の糞尿は「乾いて」，「温かく」，多汁の牝牛の糞尿は，あらゆる畑に等しく有用なのであった。

メクリンで畑に有効な作用を示した肥料資材は，どこでもその作用があった。メクリンで穀物収量に影響のなかった骨粉は，ドイツのあらゆる畑で効果がないとされた。

農業者が相互に与え合う忠告，ひとりが別の人に勧める改善策について，その場所や国の緯度，海抜，年間雨量，季節ごとの雨の分布，晴天および雨天の平均日数，春・夏・秋の平均温度，季節における温度の極値，土壌の物理的・化学的・母材的特性のようなすべての関係は問題にされなかった。

実際家が「理論」という言葉で表したのは，あれこれの人が農耕の諸現象について行なう偶然の思いつきや説明であって，「理論」が一文の価値も持たず，実際家が「理論」ではなく「状況」と「関連」を実践の導きとしたの

は当然といえよう。これらの状況あるいは関連とは本質的に何であるか，そのことを実際家は知らなかった。「可能性」または「実際」が要点であるにしても，「可能性」について何が問題であるかを知ることに，人々は重きを置かなかった。

人々は経験に頼るべきで，理論では痩せた耕地を太らせることはできなかった。

実際的な人々は農業は結果が熟練に依存する技術であるとしたし，何世紀このかた，危急の時が来ない限り，肥沃な耕地で農耕が行なわれてきた。しかし，危急の時がやって来て，飼料作物がもはや繁茂せず腐植に富んだ畑がもはや肥料を生産しようとしなくなった時，経験ある人も幼児のように為す術を知らず，彼の経験には全く基盤のないことが示された。彼がそのように名づけたものは，結局のところ真に保証付きの経験ではなかったのである。

「もし，現在の経験による時以上に，同じ場所でより長く，結果の水準を落とさないでこれらの作物（クローバ，アルファルファ，セインフォイン）を栽培しうる方法を，自然科学が我々に授けてくれたら，それは農業に対する賢者の石が見い出されたことになる。我々は早くから，それを人間の要求にふさわしい形に加工することを心がけたいと考えていた（ホーエンハイム農林学校校長 S. Walz『作物の栄養』p. 127, 1857）」。当時の学派の優れた実際家は，このように科学の援助を呼びかけたのである！

前世紀の終わり，農業者は石膏の中に，さらに以前には泥灰岩の中に，クローバの収穫つまりは糞尿生産を，腐植や糞尿なしに向上させる手段を見い出していたが，これらの魔法の手段も，もはや効果を発揮しようとしなくなった。そこで，彼らの熟練と経験ではもう不十分だとすれば，クローバ，あるいはカブ，エンドウ，インゲンが再び育つようにする賢者の石のひとかけらを創り出すことのできるのは，自然科学だけになったのである。彼らは，人類維持のためではなく，人類の幸福が流れ出る源泉についての思考を節約するために，神が奇蹟を下し給うと考えた。誰も，今後どのくらいの収穫を数えうるか，との疑問に答えられる状況になかった。大多数の人は，土壌が肥沃であるのを停止したとしても，終わりにはならないだろうし，土壌に終

わりはないのだ，と信じていた。

　実際家は皆，彼らの祖先が外部から一切肥料を買うことなく，同じ畑で同じように高く，あるいはいっそう高い穀物収量をあげていたのを熟知しているにもかかわらず，なぜ飼料作物がこれまでのように盛んに繁茂しようとしなくなったのか，ということについて，考えるなど心にも浮かべなかったのである！　今，彼を悩ませている肥料欠乏の真の原因が土壌にあるなどとは，彼には思いもよらない考えであった。

　しかし，実際家というものは数千年来そのままである。あらゆる「理論」の不倶戴天の敵である実際家は，土壌の肥沃度が無尽蔵である，との理論を自分で作り出したのであるが，近代的な農業者も，畑の収量を回復する手段を外部から今も供給し続けている源泉は無尽蔵である，という理論によって，すべての管理を組織しているのだ！

　これらの源泉が実際に涸れ尽きた時に，畑から，国と国民から生ずるであろうものは，彼を悲しませたりはしない。呑気で無知な主人公はいつでも，今日のごとくまた明日が来るであろう，と信じるものなのである。

2. 1840年以後の農業

　これが1840年までの農業経営における指導的な理念であった。

　自然科学の中で，化学は当時までにしっかり建設されていたので，他の領域の発展に寄与することができた。また，化学者の研究が動植物の生命の条件に向かっていたために，化学は農業と触れ合うことになった。植物生理学は既に，植物の生育過程中に空気の受ける変化と炭素含有成分の増加，さらに緑色植物の部位が太陽光の作用下で酸素を排出する能力に対する炭酸ガスの影響について知っていたが，植物の水素および窒素の起源については，全く不明であった。人々は，植物を灰化した後に灰分中に残るある種の塩類や土類物質は，生育の場所，母材的特性によって変化する偶然的な成分であると信じていた。化学は強力な方法で，植物のあらゆる部位に関し，きわめて正確な研究を開始した。化学は葉，茎，根，果実中に何が存在するかを研究

し，動物栄養の経過を追って栄養中の何が動物の肉体になるかを追求し，地球のいろいろの地域の耕地土壌を分析した。

種子，果実，根，葉は，土から一定の成分を吸収し，それはすべての土壌種で同一であること，灰分成分は場所によって変化する偶然的な成分ではなくて植物体の構成に役立っていること，したがって，これらの灰分成分は植物栄養にとって，人間にとってのパンや肉，動物に対する飼料と同じものであること，肥沃でない土壌にその一定量を増加させれば肥沃になること，が示された。

このことから，作物の栽培と持ち出しとで土壌中の養分貯蔵が段々小さくなれば，土壌はしだいに肥沃でなくなるはずだということ，土壌を肥沃に保つには土壌から持ち出したものを完全に戻さなければならず，補充が不完全であれば同じ収穫の回復も期待できないこと，収量を増加しうるのは，土壌中に各成分を増大させた時だけである，ということが結論される。

さらに化学は，荒っぽいたとえでいえば，人間と動物の栄養物は体内において，ちょうど栄養物を燃焼させる炉の中にあるかのように振る舞うことを示した。尿と固体排泄物は，煤と不完全燃焼産物の混じった，栄養分の灰のようなものである。

きゅう肥は，農作物の形で土壌から持ち出したものを還元しうるのであるから，畑に対するきゅう肥の作用は容易に説明できる。しかし，いずれにしても，穀物や家畜として都市に運ばれ，持ち去られたものは，きゅう肥としては絶対に戻らないのだから，畑地で製造されたきゅう肥で畑を引き続き維持することはできない。

農業者が高収量の継続を確実にしたければ，きゅう肥に欠けている養分を別の源泉から補充するよう，気を配らなければならない。これらの物質に関し，畑の含有する量はごく限られているからである。このことは，化学がきわめて明確に証明しているから，貯蔵が無尽蔵であるかのような管理は愚行である。もし，農業者が補充に無頓着であれば，農作物を全く生まなくなる時が，どの畑にもやってくるにちがいない。

農業者の課題は，畑の犠牲において高収量を獲得すること——それは畑の

劣悪化を促進する作用しかしない——ではなくて，人間社会における利益と同様に畑でも高く，かつ増加を続ける収穫を未来永遠に勝ち取ることにある。

　農業者が自分の事業について考える努力をするならば，畑に対して農業者がほとんど力を持たず，いかなる技術と熟練も組成の不適当な土壌から割に合う畑作物の収穫を生み出す能力はない，などと信ずるのは妄想であることがわかるであろう。適切な植物を選ぶのは農業者ではなくて畑であるから，彼には一見，選択しかないように思われるし，農業者は畑に植物を呈示するだけで，彼の明敏さが実証されるのは，畑の語りかけるところを翻訳しうる点にすぎないように見える。彼の意志によるもの，彼の技術を構成するものは，欠乏を見つけ出し，畑が彼の捧げる鋤に報いるのを妨げている抵抗を排除することに限られるかのようである。

　農業者が「状況」，「関連」と名づけて，農業を展開してきたところのものは「自然法則」である。これまで農業者はこの法則の奴隷であったので，それを支配したければ，自然法則に精通しなければならない。すべて科学が自然法則について教えるものは，農業者を目標からそらすのではなく，彼の行為に初めて真の繁栄を与える。なぜなら「状況」および「関連」に関する農業者の知識を実り多く，利益豊かにするためには，いわゆる技術，経験と同様に，それが不可欠だからである。

　「知識」は「可能性」の対立物ではなく，正しい可能性に導いてくれる。

　科学は，敵対物として実際に対立するものではなく，その中心にあって，実際が正しいことを行なう時には同意を与え，畑に損害をもたらす時には農業者を誤りから保護する。科学は，畑に何が不足し，何が過剰であるかを示し，畑の富を有効に活用するにはどのように展開したらよいかを指示する。自然科学の歴史を一瞥すれば，ある説の支配している場所に新しい説が登場する時，新しい説は順調な発展を遂げるのではなくて，古い説の直接対立物になることがわかる。まちがった説も正しい説と同一の法則に従って発展するのであるが，前者には根がないので死滅し，一方，後者は生長し勢いを増す。すなわち，まちがった説はその固有の発達の中で，最後には誰もが，理性に反し事実上も不可能だと認めるような結論と見解に導かれて，その対立

物である別の席を与えられる。なぜなら，真理は常に誤謬(ごびゅう)の対立物であるからだ。

かくして，燃焼を分解であると考えたフロギストン説には，燃焼は結合過程であると認識した反フロギストン説が続いたのであるが，新しい説は古い説の発展の結果であった。直視する必要があるのは，フロギストンはマイナスの重さを持ち，それと結合した時に物体は軽く，それが逃れ去る時に重くなるという，ばかげた結論に達した時に，古い説は没落しなければならなかった点である。

その点では，植物の生活に関する新しい説と古い説の関係も同じである。古い説は，植物固有の栄養，農産物の量の増大を規定する栄養分は，有機態つまり植物体や動物体で作られるものだと考えている。これに対して新しい説は，緑色植物の栄養が無機態のもので，無機物質が植物の体内で生物的能力の担い手に変化するのだと考える。植物は，無機元素から植物体のあらゆる成分を作りあげるのであって，植物体内では，低次の成分から動物を形成する最も高次の複雑な血成分までが作られるのである。従来の説の対立物である故に，新しい説は「無機栄養説」という名前を獲得した。

3. 無機栄養説の歴史

無機栄養説の発展には，私自身が決定的な役割を果たしたのであるから，無機栄養説，特に私の見解の基礎をなしている原理をやや詳細に論議したとしても，本書の読者にはきっと受け入れてもらえると思うし，また20年もの間，本理論が被ってきた反対や評価について，正しい判断をしてもらえると思う。

植物の栄養に関して，私は次のことを提起した。

1) すべての緑色植物の栄養手段は，無機質または鉱物質の物質である。
2) 植物は，炭酸ガス，アンモニア(硝酸)，水，リン酸，硫酸，ケイ酸，カルシウム，マグネシウム，カリウム(ナトリウム)によって生活しており，多くのものは食塩を必要とする。

3) 植物の生活に関与する土，水および空気のあらゆる成分の間，植物・動物のすべての部位とその部分の間には相互関係が成立していて，無機物が生物的能力を持つ担い手に移行する際の，仲立ちをする諸要因の連鎖全体の中で，ただ1つの環が欠けても，植物や動物は存在しえない。

4) 動物および人間の排泄物である糞尿は，有機質要素によって植物の生活に作用を及ぼすのではなく，腐敗・分解過程の産物をつうじて間接的に，したがって，その炭素の炭酸ガスへの移行，その窒素のアンモニア（または硝酸）への移行の結果として作用を及ぼすのである。それで，植物や動物の部位または遺物から成る有機質肥料は，それが分解して生ずる無機化合物に置き換えられる。

これらの事柄は，従来の見解とは何の繋がりも持たず，かつ直接対立するものであった。

炭素の起源に関していうなら，一般に認められていたのは de Saussure の説である。同氏によれば，炭酸ガスの吸収とその炭素の植物成分への移行は疑いないところであるが，野生植物と栽培植物では2通りの栄養法則が想定された。野生植物は，有機物質を炭酸ガスから獲得するけれども，農業上はほとんど価値を持たないのに対し，栽培植物は，3次および4次物質の大部分を腐植ならびに肥沃な土に含まれる可溶性有機物から獲得しているのであって，このことが施肥の理論にとって最も重要なのである (Annalen der Chemie und Pharmacie, vol. 42, p. 275)。

このような見解は，植物を他の生物，または別の種類の過程と何のかかわりもない存在と見なすならば，けっして嫌悪すべきものではなかった。植物は，自己の存立を無限に伝達しうる炭素の循環を自己の中で完結していた。植物が投げ捨てたものは，再び生命あるものとなり，植物に欠けたものは大気がつけ加えた。

この見解自体は証明されたものでなかったが，世上に行なわれる根拠のすべてを検証してみる時，私にはそれが証明可能のように思われた。私の見解は，実験の中で自己完結したものでなく，植物の，大気および動物に対する

3. 無機栄養説の歴史

自然法則上の関係の考察に基づいたものである。

　私は，植物の生活を動物の主要な生活機能である呼吸過程，ならびに空気の恒常的な酸素含量に結びつけた結果，炭素の唯一にして主要な源泉は炭酸ガスでなければならず，かつそれは酸素の循環の中にある，という結論に達した。この見解は，Knop および Stohmann の実験によって，直接に，また反論の余地なく立証された〔本書「植物の無機成分」参照〕。

　アンモニアが植物(および動物)の窒素の源泉である点について，誰も簡単には，この見解に一面の真実がある，といおうとしなかったのは，周知のとおりである。というのは，この見解は，動物体の諸過程に関する私の研究，そして腐敗・分解過程の中で動植物の窒素含有物質が被る変化についての私の知識に基づいていたからである(「発酵・腐敗・分解過程の諸現象について」Annalen der Chemie und Pharmacie, vol. 30, p. 250 参照)。私は，動物や人間が生活中に栄養として摂取したすべての窒素は，圧倒的な部分が尿素として尿中に排泄されるが，尿素は，通常の存在条件下で，きわめて速やかに炭酸アンモニアに移行する化合物形態であること，窒素含有物質の最終変化産物はアンモニア(硝酸)および炭酸ガスであることを，信ずるままに述べておいた。パリのアンノサン教会の発掘の際，何千という遺体の窒素含有組織は，脂肪というよりはむしろガス状の化合物に変化して，脂肪中の残骸はアンモニアとして残留していた。骨の窒素含有物質も，空気および水分が加わると，同様の変化を受けるのである。

　Scheele(著作集，第2巻，p. 273)，de Saussure, Colard de Marligny は，塩酸を入れて室内に保存したフラスコの口，あるいは硫酸アルミニウムや硫酸溶液を空気に曝した時にアンモニア塩が生成することを観察し，私自身も 35 年前に，雨水にはアンモニアと硝酸が存在することを発見したが，どちらも私の見解にとって全く無意義だった。なぜなら，これらは，空気および雨水中にアンモニアが恒常的に存在する，という証明が行なわれた後になって提出されたものであり，また，自然界において，植物に窒素を供給しうる化合物はアンモニア以外にない，ということがわかり，他のすべての窒素化合物が排除された後に提起されたものだからである。

植物の窒素の源泉がアンモニアであることは，de Saussure が知っていた，と何度も主張された。引合いに出されるのは，de Saussure の著書『植物の研究』で，Voigt によるドイツ語訳の 190 ページである。事実，ここには 1 か所，アンモニア性という言葉が現れるけれども，その箇所を除いて de Saussure の著書ではアンモニアに何も触れていない。de Saussure は，空気の成分としてのアンモニアは知っていたが，植物の窒素源としては知らなかった。de Saussure は，多くの源泉が考えられるが，アンモニアは絶対にそうでないと考えていて，それに関してはきわめて決定的，断定的に述べている (Bibliotheque univereslle, vol. 36, p. 430 および Annalen der Chemie und Pharmacie, vol. 42, p. 273 参照)。この論文において，同氏は私の見解に対する反対者として登場し，アンモニアが植物栄養素として同化されることを否定して，植物にアンモニアが有効に働くのは，腐植ならびに土壌および空気中に含まれる有機物の溶解剤として役立つためだと説明した。

　私が自著で，植物養分として硝酸に特に重きを置かなかったのは，その価値を過小評価したからではなく，私の観察によると，あらゆる条件下で，土の中で生成する硝酸はアンモニアの分解または酸化産物である，という結果になったからである。植物が生育に硝酸を利用するにしても，もともと硝酸を生成したアンモニアの代理をつとめるにすぎないのである。

　硝石形成について，私が 20 年前に自著の中で，また後に『化学書簡』(p. 98) の中で行なった説明と，最近，フランスの卓越した化学者の名を高からしめた，同課題に関する実験および観察とは，ほとんど一言一句に至るまで同じである。私の硝酸形成に関する見解は，真の硝石栽培場において，私が多年にわたり行なう機会があった観察を基礎にしたもので，それは，私の家の近くにあるギーセン憲兵駐在所の馬小屋の西側の壁であった。その壁は，乾燥した温かい日に潮解性硝酸塩の結晶の毛髪状風化物で覆われて，それを取り去った後も絶えず更新した。私は，土壌から上方に向かって，壁中の液体を調べてみたが，ごく少量の分解中の物質の他には，炭酸アンモニアしか見られなかった。

　植物養分としてのリン酸に関しては，私が述べたように，私に先立つこと

40年前，既に de Saussure が，リン酸のカルシウム塩が植物の生育に必要である，と記述していたのだが，同氏の見解は全然注目されなかった。de Saussure はこういっている。「私は，研究したすべての植物灰分中にこの塩を見い出した。我々は，植物がそれなしに存在できると主張する根拠を持たない」(de Saussure『植物の研究』)

de Saussure は，植物栄養におけるカルシウム，カリウム，マグネシウムの必要性の問題について研究した。しかし，同氏の観察は2種の樹木に限定されていて，灰分中のカリウム，マグネシウム，カルシウムが土壌の特性や植物の年齢などで変化したことは，植物生理学の発展にとって，誠に不幸な条件となった。こうした変化は，植物の葉および茎の組織でも現れるが，種子の灰分組成はかなり一定していて，変動はごく狭い範囲にとどまる。リン酸，カリウム，カルシウム，マグネシウムは植物の血液形成物質と，そしてカリウムは糖と明白な関係があり，この関係は種子の組成にきわめて明瞭に表れている。

植物灰分中のアルカリ，アルカリ土類が栄養素であって，偶然的な成分でないという説は，Sprenger に帰せられることが非常に多い。たしかに，同氏の土壌学では，すべての灰分成分が必要である，と説明されている。しかし，これらの物質の植物の生活に対する有用性または必須性についての同氏の見解は，科学でも農業でも同意を得られなかった。

de Saussure の実験によると，植物の根には各種の塩類溶液から溶解塩類を吸収する能力があるので，ある灰分成分の現存はその必要性の証拠と見なされなかったのである。農業者が個々の灰分成分の有効性を試験して確認する際，Sprenger の見解が農業に大きな利益を与えた，という結論にならないのは，このことから見て当然である。それは，理論的な見解を根拠にした時と同様，経験的な方法によっても達成できた。灰が有効な肥料資材であることは，遠い昔からすでに知られていたのである。

Sprenger の説が結果のすべてを採用しているのは，同氏が植物の灰分成分を事実上知らなかったという事情によるものである。同氏は，多くの植物灰分中に木灰と同じ成分を想定した。しかし，たとえば，エンドウ植物の灰

分中には18%のケイ酸と4%のリン酸が，ライムギ植物の灰分中には15%のケイ酸と8%のリン酸があるが，どちらの植物の種子の灰分もケイ酸を含まず，エンドウ種子は38%，ライムギ種子は48%のリン酸を含んでいる。

　これらの物質の必要性とそれが養分であることは，個々の相互関係，たとえばセルローズ形成に対するカルシウム，窒素含有成分に対するリン酸の関与が知られる以前にも，別の疑いえない関係から推論できたのであるが，現在でも，全体の関係はまだ明らかでない。植物中で，カリウムは常に植物の酸，つまり酒石酸，シュウ酸などと結合して存在しており，食用植物の恒常的な灰分成分は，すべて動物の栄養過程において決定的に役割を果しているとみられる。栄養中にリン酸またはリン酸カルシウムが常に存在しないと，脳または骨物質の形成は考えられないし，鉄やアルカリがなければ，血液の造成および筋肉成分の形成もやはり考えられない。これらの物質が，動物体内の諸過程の媒介に不可欠であるならば，植物の諸過程にも必要なはずだ，というのが，私の到達した結論である。もし，これらが偶然的なものなら，その変動は動物の生命を脅かすであろうからである。

　多くの人々は，言葉や文章から私の説の反対者であることが知られるのであるが，ほとんど科学的事実，特に化学的な事実を正しく判断する能力を持っておられない。多くの人たちは，私の仕事をつうじて体験しただけで，それまで何も知らなかった事柄を，私に対抗するために奇妙な形で持ち出してくるし，別の人たちは，誰であれ正確な方法に習熟した者にとっては一文の価値もない，自分自身あるいは論敵の生理学的研究や農業研究を引合いに出してくる。

　敵の言葉を学ばなければ，敵国語の本を理解することは誰にもできないが，同様に，化学現象の意味するところがわからないと，化学的過程を判断し，理解することはとうていできない。化学分析の初心者は，物体の性質，または，いわゆる反応に精通することから始める。それで，化学者の目をもってすれば，わかりきっていて簡単に識別できる物質をも相互に区別することを知らない者に，化学的に適合するよう，要求はできないのである。それは，単語を字母に分解できないような言語を用いて，人に事柄の意義の判断を求

めるようなものである。一例を挙げれば，以前に生理学的な仕事で見られたリン酸とシュウ酸の取り違え，硝石と硝酸尿素の取り違えなどは，許されてよい誤りではなく，こうしたことへの完全な無知の表れである。

　また，化学操作の実施は，実験さえ思い立ったら，万人に適するというものでないのも明らかである。定性分析と定量分析，化学用機械器具の熟練した操作，実験の成功のために整えるべき諸条件に関する正確な知識，これら全部の組み合わせは，努力して学ぶ必要のある技術である。この技術を人に教えるのを職業としている者は，他の技術を誰かに教える場合と同様，適性を正当に持つ者がきわめて稀なことを熟知している。したがって，化学研究において研修も経験も積まない人は，他人の実験の単なる追試においても，記載されたことをけっして見い出さないであろうし，自分自身の着想で実験した時には，見い出すべきことをけっして見い出さないのである。そして，彼がかなりな自信家であれば，万人と異なることを見い出したのであるから，全然否定しえない事実を否定したと信ずるか，さもなければ，妄想にすぎない新事実を発見したと信ずるであろう。彼が無知かつ未熟であればあるほど，到達する矛盾は大きく，見い出す新事実は途方もないものになる。

　化学に対する農業者の位置は，生理化学の問題に対する多くの生理学者に似ている。化学についていくらかの知識も持ち合わせない農業者にとって，化学的経過の相互関係や，眼目となる事柄の意義を正確に把握することは全く不可能である。このような人が，化学的事実の正しさを検証するために実験を行なおうと決心しても，そもそも何が眼目であるか知らないことがすぐに暴露する。彼が解決したい問題ははっきりしないし，非常な努力も，理性的な目標に向かうことができない。

　いちばん具合の悪いことは，どちら側からもたらされようと，すべての事実の膨大な堆積は彼には同価値であって，まちがったものから正しいものを，また無価値なものから価値あるものを識別することを知らない点にある。事実の堆積が大きいほど，彼が意義を見誤ることが多く，ごみの山から金の指輪が見つかることもあると聞かされた子供のように，どのごみの山にも金や銀が埋もれていると信ずるのである。

未知の国で道案内を探す時，思慮ある人なら誰でも，その国をよく知っていて，以前によくその道を通って知っている者を選ぶであろう。ところが，愚鈍な人は，申し出た者を誰でも頼み，当然，いつ泥沼に入り込むか知れないと疑うこともしない。ここで，私は2, 3の言を費やして，1人の反対者のことを考えてみたい。反対は純粋に個人的な動機に発したもので，動機に関する知識がないと，その頑固さを理解するのが困難であろう。

FleitmannおよびLaskowskiは，1846年にギーセンで，Mulder博士の記述したたんぱく質に関する研究を行なって，博士のいう硫黄を含まない血液および動物組織の基本的物質は存在せず，同氏の発見は誤りであることを明らかにした。私はMulder氏がこの結果の報告に対して感謝を表明するだろうと信ずる誤りを犯した。私は，彼らが公表する前に手紙を書いて，もしまちがっていたのなら，誤りを自ら正すために，以前の実験をもう一度行なうように勧めた。私の雑誌の57巻に印刷しておいたが，同氏からは奇妙な内容の2通の手紙を受け取った。同氏は，生きている限り私の敵であり，私が一大犯罪者であることを世界に示すため，すべてをかけるつもりである，との決意を通告してきた。同氏は，私が訂正を行なうために14日間の猶予を与えようというのである。訂正の要点は，不幸なるたんぱく質が存在するとの釈明のためであった。

残念ながら，私にはこの好意を感謝することができなかった。その後Mulder氏は，否認されたたんぱく質の存在を証明する目的であったにもかかわらず，非存在の証拠を固めるような2つの論文によって，悲しむべき立場に追い込まれた。この時以来，同氏は，私の敵であるべく必死に努力した。Mulder氏は，その『耕土層の化学』で，私の耕土層に関する実験がいかに不十分かつ欠陥の多いものであるかを教えてくれた。残念ながら私はそれを自覚していたし，実際に，私が以前になしえたより，よりよく行なうために努力していたのが，せめてもの慰めであった。私にとって，同氏の訓戒があまり有益でなかったのを悲しみとするばかりである。中でも同氏に不愉快だったのは，私の科学的見解の変転である。同氏は，私が何年も昔に持っていた見解をごちゃまぜにして，いかに私が非良心的であるかの証拠にした。

それらは，私が承認する必要を認めた誤りなのである。化学は驚くべき速度で進歩しており，遅れずについて行きたい化学者が，不断に脱皮(de Plumatio, la mue)の状態にあるのは，許されるべき事態である。新たな羽毛が芽生えた者は，もはや着けようと思わない古い羽毛を羽からふるい落として，さらに高く飛翔するのだ。

Mulderのような人物が，他人の，まさに労苦の多い困難な仕事の弱点と不完全さ——それはあらゆる人間の仕事にはっきものである——焦点をあてるため，時間と労力をかけて不愉快な努力を尽くす時，科学が彼に与える真の喜びは，どんなに乏しいものであることか。多くの仕事をした者には，当然たくさんの誤りがある。全く誤りを犯さない栄誉は，働かない者に与えられるのであって，格別に羨ましいものではないのである。

Mulderの伝記(『絵入り新聞』1857)によると，同氏は初年度に化学教授グループを怒らせて，教授たちからは全然理解されなかったが，化学からは烙印を押されなかった，とされている。それで，同氏はOrfilaの『化学原論』，後にはThénardの『化学概論』第1巻を丸暗記するに至った。「科学者の資格を得るための，全く奇妙なやり方」。だが，このことは同氏の仕事ぶりをよく説明している。

悪いことに，私は自分の説の承認と普及に関して，自ら大損害を与えた。農耕で消耗した畑の肥沃度回復に役立つはずの，ある肥料の組成をつうじて，自らの無知から自説の最大の敵になったのである。この肥料は，私の説の発展に一時期を画したものであったので，今私は同肥料および同様に克服済みの観点について，後悔することなく回顧するべきだと思う。それ故，ここで同肥料の歴史を語っても，不作法とは思われないであろう。

この肥料なしには，農業が現在立っている堅固な土壌は，多分まだ勝ち取られていなかったであろうから！

4. 無機質肥料の歴史

収穫し，送り出した収穫物の中に，土壌が喪失したすべての成分を補充す

ること，あるいは，きゅう肥が収穫物に供給した成分を補うことの必要性は，私には明白であった。この補充なしに，土壌は肥沃であり続けることはできなかった。収量の持続性，絶えず増大する人口に対する需要の充足は，畑に欠乏したものを別の源泉から戻してやり，きゅう肥に補充してやる時に，初めて確実になる。

私は，1844年と1845年にこれらの問題を取り扱った。持ち出された穀物等の生産物を分析して，土壌から何を持ち出したか，土壌の生産性を維持するには何を戻さねばならないか，補充はどのように行なうべきか，を知ることは困難ではなかった。

リン酸に関しては何の困難もなかったのに対し，アルカリについては大きな困難があった。リン酸は，過リン酸の形で土中に限無く分布させうるし，リン酸塩は，土壌の至る所でカルシウムに出会って，土壌中を運動する炭酸を含んだ水に溶解する通常のリン酸塩に変化し，栄養に役立つと思われた。これに対して，カリウムは異なる。畑に木灰や可溶性塩類の形でカリウムを施用すると，畑に降り注ぐ雨水は短時間のうちに塩類を溶解して土中を浸透し，植物の根が到達できない深さに移動するであろう。

土中を運動する水は，養分を溶解するはずであるし，また実際に溶解して，それで初めて養分は植物に吸収可能になるという見解は，一般的かつ争う余地のないものであった。当時，別の見解を持ちうる者は誰もいなかった。

2, 3の実験から，私は，炭酸カリウムと炭酸カルシウムの1つの化合物を発見するのに成功した。このものはカリウムの過大な溶解性を取り除き，それを肥料に利用する農業者を雨水による損失から守れるものであった。人造肥料の製造で最も重要なことは解決したように思われた。

私の肥料は，可溶性リン酸，カリウム，硫酸を含んでいる。糞尿の窒素含有成分の窒素は，アンモニア塩の形で添加した。一般の経営では，わらを畑に残すので，ケイ酸については，私は補充の必要を認めなかった。

アンモニアの添加に関して，私は次のような見解を述べた。アンモニアが多くの作物に不必要であるのは，きわめて確からしく，特に農家が気づいているとおり，クローバ，エンドウ，インゲン等，葉の多い植物には必要でな

4. 無機質肥料の歴史

い。なぜなら，アンモニアを外せば，肥料の価格は顕著に安くなるからである。このような意見にもかかわらず，肥料は全種類，目標とする農作物に対応する量のアンモニアを含んでおり，アンモニアを欠くものはひとつもなかった(『イギリス農業者への挨拶(An Address to the Agriculturist of Great Britain, explaining the use of artificial manures)』1845)。

私の肥料は，施用時に有効化する肥料資材のすべての元素を含んでいたにもかかわらず，施用に際し，期待した効果に比べて遙かに低い効果しか示さなかった。

イギリスでは，肥料工場主のJ. B. Lawesが，ロザムステッドの同氏の畑で私の肥料を用いた一連の試験を行ない，効果の低いことを明らかにした。私には当初，これらの試験は私の説を試験する意図をもって行なわれたのではなく，私の肥料の良否または価値を試験するためのものと思われた。

私自身，その目的でギーセン市から買い取った圃場において，私の肥料の効果が初年度には低く，2年目，3年目に顕著になることを確認した。私の肥料は，効果がなかったのではなくて，遅効性のために農業に利用できなかったのである。私には理由がわからなかった。

Lawesは，さらに，別の混合物を用いた試験を行なったが，それは私にとって自説の正しさに関し十分満足できるものであった。しかし，私の肥料の無効性の根拠に関する事柄は，よりいっそう私を混乱に陥しいれた。

もし私が，王立農業協会の前会長Philip Puseyの中に，私の説に対する激しい敵意を呼び起こす不幸に見舞われなかったとしたら，たぶんLawesの試験はほとんど注目されず，同氏の報告した事実は間もなく，私の説を裏付けるものとして，正しく解釈されたことであろう。ここはPuseyをして私の反対者たらしめた事件を説明する場所ではなく，私の説が協会内で存在権を失ったことを説明するために，イギリス王立農業協会の雑誌で，同氏が公けにした点に言及するだけで満足しなければなるまい。私の説は，Pusey氏により同誌の一論文中で徹底的に抹殺された。同氏は，農業に対する化学の影響に関して次のように述べた(Journal of the Royal Agricultural Society of England〔王立農業協会誌〕, vol. 11, part 2)。

「Liebig があまりにも性急に受け入れた無機栄養説，すなわち，収穫は，土壌中の無機物質の量，あるいはこれら物質の肥料への添加または除去に比例して，増大し減少するという説は，Lawes 氏の試験により致命的打撃を受けた。我が最良の権威者である Lawes 氏は，肥料の 2 つの有効成分のうち，アンモニアは特に穀物に対して，リンはカブに対して有効なことを余すところなく実証した。骨を硫酸に溶解させるという Liebig の推奨と，アマの腐汁を肥料に利用するという Sir Robert Kanes の勧め以外には，農業者が化学から得た改良策は何もない。疑わしい化学を教えれば，農業者を作ることができると信ずるのは，大きな誤りである」

この意見表明は，私の説と，Lawes の見い出した事実とに，最高度の関心を払ったものであった。Lawes は，私が無機栄養素だと指摘したあらゆる物質を次々に試験したが，カリウム，カルシウム，マグネシウムは，同氏の畑の収量に影響がなかった。一方，アンモニア塩と過リン酸石灰は，最良の効果を示した。これら両者は，私がイギリスの畑に最終的に必要な肥料資材として指摘していたものであった。いずれも無機養分であって，それの作用は無機栄養説と一致している。私が以前に述べた，ある植物は，肥料資材としてのアンモニアなしでも済ませうるということも，同時に実証された。飼料カブの繁茂には，アンモニアの追加が不必要だったのである。

飼料カブは，イギリスで最も重要な飼料作物であるから，もし，アンモニア塩が主として穀物収量の向上に適しており，過リン酸石灰がカブ収量の増加に適していたとするなら，イギリス農業は，これら 2 つの肥料資材の形で，肉やパンを生産するために，化学から価値ある贈物を受け取ったわけで，一般にこの科学が与ええたものである。というのは，無機栄養説を知るまで，実際の農業者は，過リン酸についてもアンモニア塩についても，全然知らなかったからである。

私は，王立農業協会の雑誌にあてた短文で，Lawes のまちがった解釈を是正し，そのどれもが私の説と対立するものでなく，私の説を実証していることを説明しようと試みたが，無駄であった。私は，自分の肥料が何か理解し難い道筋で誤って製造された可能性のあること，効果の低い原因が組成に

あるのではなく，その状態と特性にあることを進んで認めた。私の肥料は，Lawes が有効性を証明したのと同じ物質，リン酸とアンモニア塩を含んでいたのだから，その不完全な作用は，私の理論の欠陥の証明ではありえない。

王立農業協会の機関誌が私に立ち入る余地を与えなかったので，私は，Lawes の試験と私の理論の関係についていうべきことを，1851 年に刊行された私の『化学書簡』の第 3 版に印刷する決心をした。その当時，私にはなお，自分の肥料の無効性の根拠がわからなかった。

しかし，この説明は，私の理論にとっていっそう悪いことになった。すでに 1847 年，Lawes 氏は，論文「農芸化学について」(Journal of the Royal Agricultural Society of England, vol. 8) の中で，私の肥料がよくないことの証明を与えたばかりか，私の説に反対する根拠を明らかにして，同氏自身の理論を提示していた。それには次のことが含まれる。

「肥料は，一般に有機質および無機質の 2 種類に分けられる。有機質肥料とは，分解その他の手段で，植物に炭素，水素，窒素を引き渡しうるものであり，無機質肥料とは，植物灰分を構成する無機成分を含むものである」

この実際家の説から必然的に導かれるのは，無機質肥料は，作物の灰分成分だけを含んだ肥料でなければならず，同氏によれば有機質肥料に属するアンモニア塩は，組成から排除される，ということであった。どの化学教科書でも，アンモニアおよびアンモニア塩は，明瞭に無機物質として扱われており，そうした状況では，無機質肥料からアンモニアを排除する必要はないと推察される。実際家の農業化学は，明らかに通常の化学とは何の結びつきもない特殊な化学であって，その点では彼の理論は十分に正当と認められるが，私の理論によれば，私は明白に別の立場に立っているのである。Lawes 氏は，論文中で，私の肥料はアンモニア臭がするからアンモニア塩を含む，と明確に述べながら，行間に，私の理論に対する同氏の解釈によると，私の肥料にあるはずのない有効性を与える，小さな策略であることを見抜いた，という訳である。

私は，本書の初版において，窒素栄養素としてのアンモニアの価値にあまりにも高い評価を与えていたので，第 3 版では，農耕全体の詳しい，より正

確な観察に基づき，以前の不正確な見解の正しくない結論を取り除くように努めた。フランスやドイツでは，肥料資材中の窒素が，最も有効または唯一の有効成分とされ，最も窒素に富むものを先頭に，肥料が系列化された結果，窒素は，使用と価格を支配する肥料尺度として，農業者の眼に映っている。そこから導かれるのは，アンモニアはあらゆる物質中で最も窒素に富むから，最も価値が高く，最も有効な肥料だ，ということである。

しかしながら，私は，自分の研究によって，もし畑の改良と収量の向上が外部からの購入窒素栄養の追加に依存するなら，農業における永遠の進歩はあきらめるべきだ，という確信に到達した(「無機質肥料の歴史」を中断しないため，その根拠については後に立ち戻ることにする)。

私は，アンモニアが他の肥料物質より何か高い価値を有するとは信じてならない，と農業者に強く警告した。私は，自分の実験室で行なった多数の分析をつうじて，最劣等の土壌を含め，あらゆる土壌種の大部分は，リン酸またはカリウムに比べて遙かに窒素に富む，ということを経験した。

私は，空気中のアンモニア測定から，土壌が吸収するものは別にして，集約経営に必要な限りの窒素栄養を付与するのは大気だけであること，問題は，熟練した畑管理と正しい作付順序の選択とによって，大気が供給する最大量を飼料作物の形で畑に濃縮することだけであることを知った。

私の説によれば，畑を引き続き肥沃に保つには，畑に不足しているすべてを補充しなければならない。そして，ゲマルクンク，ボーゲンハウゼン，シュライスハウム，ロザムステッドの畑に何が不足しているかを知るのは不可能であるから，残るのは助言だけだった。自分の畑には，まずカリウム，またはリン酸，または窒素が不足している，と知っている者に対しては，指図は必要でないが，畑に何が欠乏しているか全然知らない他の多くの農業者たちは，どの物質に注意を向けるべきかを決定するためのヒントを必要としていた。最も自然で妥当だったのは，彼らは，農作物や生産物として持ち去られた物質をまず返還するように気を配るべきである，ということであった。それが何であり，どのくらいかを示すのは，化学分析である。

その際，自分の土壌が20万ポンドのカルシウムを含むと知っている農業

者に，2ポンドのカルシウムを補充すべきだとか，カリウムに富んだ土壌を持つ別の農業者に，2ポンドのカリウムを補充しなければならないとかは，いわなかったのであるが，知らない者は，とにかくこのことを実行した方がよいのである。なぜなら，それはわずかな費用で済むし，もしかしたら，カリウムまたはカルシウムに乏しい土壌でカブやクローバの収穫を確実にするには，2ポンドのカルシウムまたはカリウムにかかっているかもしれないからである。輪作で持ち出した物質の単純な補充は，前作と同じだけの収穫を保証する。農業者は，原則として，きゅう肥以上の多くのものを与えていない。もし彼がより高い収量をあげたければ，より多くを与えるべきで，たとえば畑を50年前の特性まで回復させるには，50年の経過の中で畑から奪い去ったものを付加しなければならない。

　これが，本書で説明した私の説の基本原理であった。そこで，収量は畑の再生産条件の増減にしたがって増加または減少することになり，それが無機質あるいは鉱物質の物質であれば，無機栄養素の増減に従う，という訳である。私が無機養分と有機養分とを対立させて提起したことは，けっしてなかった。

　豊かなオーデルブルッフの畑では，多年にわたり，持ち出した養分を全然補充せず堆肥だけで豊かな穀物とカブ収量をあげていること，あるいはロザムステッドで，カリウムやカルシウムの補充抜きの単なるリン酸や窒素の追加が，小麦の高収量をもたらしうることを，私が否定した覚えはない。そうでなく，私が述べたのは次のようなことで，ブリテン島を見れば，イギリスの農場主のやり方からして，私の考えは万人に明らかになるであろう。

　すなわち，農場主は，毎年畑の農作物の形で莫大な量の土壌有効成分を大都市に与え，その成分は河川から海へと流れて，大都市の受け取ったものは全然戻らないから，すべてが畑から失われてしまう。イギリスの農場主は，これらの物質を再補充しなければ，畑の収量が低下する，ということを確実に知っている。イギリスでは，何百万ポンドの綿が紡がれ，織られ，漂白され，染色されているし，また，かみそりその他多くの鉄鋼製品が作られ，あらゆる場所に向けて製品販売のために心を砕かねばならないのであるが，そ

れは不足した肥料分を買い戻すためか，あるいは多量の穀物の買い付ける資金を手に入れるためである．

　イギリスは，畑が昔と同じだけの肉とパンを大都市に供給しうる状態に戻るために，百万ポンド・スターリングを喜んで支出するし，またそうしなければ，自国がさらに何百万ポンド・スターリングも多くを，穀物や肉の買い付けに振り向けねばならないことをよく知っている．イギリスの農業者は，道楽でグアノや骨粉を買っているのではなく，自然法則によって強制されているのである．持ち出したものを畑に補充してやれば，イギリスの——他でも同様であるが——収穫量は向上するし，無機栄養資材(グアノ，骨粉等)を全く付加しなければ，その添加量または持ち出し量に比例して，収穫量は低下するであろう．また，仮に大ブリテン全土のすべての畑が1人の農業者の手中にあり，肥料成分の付加が1人の商人の手中にあって，農業者は畑の特性および畑に何が不足しているかをよく知っていたとすれば，農業者は商人にこういうであろう．ジュラ期層にあるヨークシャー，オックスフォードシャー，グロスターシャー，ワーウィックシャーの私の畑には，たくさんのカリウムが要るが，過リン酸は要らない．一方，ロザムステッドの畑は，いっそう多くのアンモニアと過リン酸を必要とするが，カルシウムはごく僅かでよく，カリウムは要らない．そして，商人は即座に，誰に対しても必要とするものを与えることができるであろう．

　私は，無機栄養説で，全く知ることのできなかった畑が，すべて同じようにカルシウム，カリウム，リン酸などに欠乏している，といったことはないし，Lawes 氏のような農芸化学者が「畑には深さ10インチ当たり5万ポンド以上の莫大なカリウム余剰量が含まれている」と主張したにしても，オックスフォードシャーその他のシャー〔Shire: イギリスの郡に相当する地域単位〕の農業者は，Lawes 氏が自分たちの畑のことを念頭においたのだ，と単純に信じてはならず，それは Lawes 氏が他の畑はある養分にどのくらい富み，また何が不足しているか，全然知らないからである，といったのである．

　私が主張したように，大気のアンモニア含量は，農業者が正しいやり方を実行することさえ知っていれば，目標とするすべての農作物に十分足りるも

のであるけれども，そのことと私の説との関係についていうなら，私は本書で，全体として大気はあらゆる作物に十分であるが，時間的に個々の作物に十分量を供給しないこともありうる，と述べておいた。窒素の起源に関する章で，私がきゅう肥中のアンモニアに最大の関心と注意を併せて払い，あらゆる損失を避けるよう，農業者に強く勧告したのは，糞尿中の不燃性成分あるいは灰分成分が完全な効果を発揮する際，多くの作物の収量水準は，それにアンモニアの余剰が伴うか否かにかかっているからであった。単独で有効な成分はありえず，すべての成分が適正な量で，適正な時期に共存していなければならない。多くの作物，特に夏作物，一般に生育期間の短い作物は，植物体の最大を作りあげるために，同じ期間に空気が供給しうるよりは遙かに多量の窒素栄養を必要とする。しかし，農業者は空気から飼料作物中に窒素栄養を収集し，きゅう肥の中に集積する手段を持っているので，別の年に必要なだけ供給するのは，全く農業者の意のままである。循環をいつまでも維持するようにするのが技術であろう。これをたとえで表現すると，農業者は水車小屋の主人のようなものである。彼が水車を完全に働かすのは1年のうち数か月にすぎず，夏には彼の技能を満足させるだけの穀物を粉にひく十分な水量がない。そこで，彼は需要の少ない月には貯水池に水を貯めておき，貯水は，需要期になったとき，最大量の粉を生産するのに役立つのである。同様にして，農業者は，正しい作付順序によって，穀作物に必要な窒素栄養の余剰をきゅう肥中に集積することができるであろう。

　さて，私はしばらくLawes氏の証明法を見過してきたので，同氏の証明法そのものに戻ろう。同氏は，自己の施肥理論によって，無機質肥料はアンモニアを含まず，私の肥料は無機質肥料だから，アンモニアはその成分をなすものでない，と断言した。ところで，同氏はその試験で，アンモニア塩を添加すると，私の肥料の有効性がきわめて顕著に増大することを示した。同氏はこういっている。「Liebigは，自分の肥料の無効性を規定したのは，形態および特性の物理的状態であろうと考えている」が，無機質肥料が有効に働くためには，有機質肥料が伴わなければならない。もっと正確な表現をとって，ありていにいえば，同氏のいわんとしたのはこうである。もし，私

がごく少量のアンモニアでも添加していたなら，それは何といってもひとつの発見であったろう，と．しかも，同氏は自分の試験にさらに大きな射程距離を与えた．つまり，畑にアンモニアが増加すると収量が向上したのであるから，大気は穀作物にとって十分豊富な窒素栄養源であるとする私の主張は正しくない，ということになった．それが正しければ，アンモニアなしの無機質肥料は，アンモニアを添加した時と同じ増収を与えるはずだからである．穀物の持ち出しによって畑は窒素を失う，これは当然である．大気は窒素を補充するものではない，これは自分の試験で証明された．大気は窒素を含んではいるが，十分には付与しない．同氏は私の主張をこのように処理し，そして反対したのである．

　Lawes の表現によれば，アンモニアの追加は，実際の農耕にとって特に重要である．なぜなら畑の収量は，付加した灰分成分よりも，付加したアンモニア量に正比例するからである．

　Lawes 氏は，その他に一連の試験を行ない，自分の試験圃場に過リン酸，アンモニア，その他の塩類の混合物を施したのであるが，これらは同氏の幻想によって調合され，したがって，成分の選択と比率の指針として化学分析は援用されなかった．ところが，同氏はアンモニアを添加した私の小麦肥料と同等，もしくはそれ以上に高い収量をあげたので，理路整然と次のように結論した．いわく，「事実は，科学的原理なしに配合した自分(Lawes)の混合物が，小麦灰分の分析と科学的原理にしたがって調合したであろう Liebig の混合物より効果が高く，高収量をもたらすことを証明したのだから，実際家は，化学分析とか科学とかではなく，実際そのものに導かれるべきである」と．

　アンモニアは特に重要な肥料ではないし，それ自体では何らの効果も表わさない，という私の第3の主張に対して，Lawes 氏は次のような含蓄あるやり方で反論した．同氏は，1844年に試験圃場1エーカー当たりほぼ1,750ポンドのグアノの有効不燃性成分または固体成分に等しい量の過リン酸石灰およびカリウムを施し，翌年はグアノの有効揮発性成分とされるアンモニア塩を施肥した．つまり全体としてはグアノを施した訳だが，変更されたのは

1年目に固体成分を与え，翌年に揮発性成分を追加した点である。この条件下で，アンモニア塩施肥の良好な結果がほぼ確立され，実際にアンモニア塩だけを6年間続けて施した畑は，同じく無肥料区の半分に相当する，平均551ポンドの子実，933ポンドのわらの増収を与えた。ドイツでは，1イギリス・エーカーの面積に1,750ポンドのグアノ，またはその有効成分(過リン酸，カリウム，アンモニア塩)を施用して穀物を8回収穫し，同様の増収を得ている。Lawes氏が，1843年にフランスでSchattenmannが行なった試験を知っていたかどうか，私にはわからないが，そこでは，さらに多量のアンモニア塩を単独で施した10の穀物畑は，アンモニア塩を全く施さなかった別の区より数ポンドの子実も余分に生産せず，ある場合には，1エーカー当たり558-608ポンドも低かったのである。いずれにしても，Lawes氏は，事実を結論に合わせるため，なしうるすべてを行なったことがわかる。アンモニア塩にある別種の肥料物質を添加せずとも，アンモニア塩だけで，数年間は高い増収をあげうる，という同氏の証明には，何ら反対することはない。同氏は，実際にアンモニア塩だけで6年続けて高い増収を得たからである。Lawesのこの論文(Journal of the Royal Agricultural Society of England, vol. 12. 1851)へのあとがきで，Ph. Puseyは，あたかもこの事柄における最高裁判官であるかのように，疑いなく私の説を決定的に抹殺した。すなわち，「この重要な報告は，私が本誌最近号で書いた，実際農業における肥料使用の指針としてのLiebigの無機栄養説の完全な破産を裏付けている」。

こうして，私と私の理論は，何度も繰り返してあらゆる地位から蹴落とされ，否認された。化学は農業の指針であることをやめた。あちらこちらで，愚かな農業者たちがなお私に寄せている，農業に対する私の寄与を，すべて雲散霧消させるためには，今や些細なことがまだ足りないだけである。それはつまり，私の足元から大地を持ち去ることである。

幸運にも，私の説はこのような試練に耐えて，今は以前にも増して新鮮かつ健康である，といってよい。1851年にLawesの論文が現れた時，私は自分の肥料の効果が低い理由をどこに求めてよいのか，全くわからなかった。理由がアンモニア塩の不足にあるならば，もう為すべきことは何もなかった。

その時は，私の理論の要点は偽りであって，農業者に対する援助は不可能であった。Lawes の試験は，ある圃場の収量を無肥料区の半分だけ高めるには，1エーカー当たり3ツェントネルのアンモニア添加が必要で，それ以下ではこの増収がおしなべて達成されないことを明らかにしていた。統計調査によれば，イギリス，フランス，ベルギー，ドイツ，オーストリアで，照明用ガスおよび動物廃棄物から年間 2.5-3 万トンの硝石と硫酸アンモニア，あるいは両者で 60 万ツェントネルが製造されている。

アンモニア塩の助けを借りて，1ヘッセン・モルゲン当たり，アンモニアを施さない畑より半分だけ多くの穀物とわらを生産するとすれば，この量はヘッセン大公国にも十分でない。プロシャ，オーストリア，バイエルンその他のドイツ諸国家，大ブリテン，フランス，スカンジナビア諸国を計算に入れると，ヨーロッパで製造されるアンモニア塩は，1エーカー当たり毎年ほぼ1ポンドを供給する量に相当する！

照明用ガスの製造は任意に増大できないし，また同様に，アンモニア塩を製造する角，爪，骨などの動物性廃棄物の調達も，ごく狭い範囲に限られている。したがって，アンモニア塩の製造を増加させることは，いずれにせよ可能ではないのである。仮に 10 倍を作りえたとしても，それは全体から見て大海の一滴にすぎない。

窒素が，実際それに帰すべき効力を持つとしたら，アンモニアの代わりに，アンモニアを作る動物廃棄物を畑に施用する方が，遙かに目的に適っているだろう。そうすれば，とにかく2倍量の窒素を使用することになろう。なぜなら，アンモニア製造に用いた時，半分が残渣に残るか，または失われてしまうからである。

加えて，原料の動物性産物でアンモニア塩を置き換えると，さらにいまひとつ別の評価すべき利点がある。すなわち，これらの物質がリン酸，カリウムその他の不燃性養分を伴っていて，それについてはもう心配せずに済むからである。

窒素に富んだ人間の尿と排泄物を選べば，窒素その他必要なものが集まっている点から見て，最も具合がよい。

また，肥料中のアンモニア塩を原料である動物性物質で置き換えることを考えると，これは，農業者はできるだけ多くの動物性肥料を畑に与えるよう努めねばならず，それで高い収穫が確実になるという，当の理論の核心にほかならない。動物性肥料は，まさに我々に不足しているものであって，我々は十分にそれを持たず，その増産も意のままにならないのである！

こんな状況のもとでアンモニア塩を与えねばならないというのは，パンの値上がりの際，そんなにパンが足りなくて高いのだったら，貧乏な人にはお菓子とビスケットをあげたらいいのに，と母親にいった子供の考えに等しい。

こうして，窒素に関しては2つの見解が相互に対立した。

Liebig は農業者にこういう。「増大する人口があなたに期待する穀物や肉の増産は，あなたがアンモニアの購入なしに，同等に高く，上昇を続ける収量の獲得を学ぶという点を中心に回転する。あなたの進歩の主軸は，あなたが消費する窒素栄養を，自然の源泉から作り出すことを学ぶ点にある。数千の事実は，それが可能であることを教えている」と。

Lawes はこういう。「穀物の増産は，あなたが可能な限り多くのアンモニア塩を買うことを中心に動く。それ以外に道はないのだから。収穫はアンモニア塩の施用に比例するのだ」と。

Lawes 氏が自説をイギリスの畑だけに関連させようとしたのは，農業がそうであるのと同様，農業に対する意図でも正しい。'To apply to agriculture as generally practiced in this country, that is to say agriculture as it is' (我が国で一般に行なわれている農業，いうなればあるがままの農業に適用すること) (Journal of the Royal Agricultural Society of England, vol. 16, part 2, p. 452)。イギリスの牡牛や羊は，フランス，ドイツに比べて，肉が全然違い，良質だといわれる。イギリスの小麦は他に比類がなく，イギリスの飼料カブは，栄養性からみて他の全飼料作物に勝る，イギリスではこう考えられている。角を抓られた時，イギリスの牡牛もドイツの牡牛と同様，ほとんど痛みを感じないのは当然だが，このことは確かに，Liebig の理論が，イギリスにとっては何の意義もないことを前提しており，その偽りである証拠は，Lawes 氏が明らかにした。よく似ているのが，王立農業協会のスピッツで

ある Pusey 氏の到達した論理的結論であって，このような反対に出くわした私が，協会の機関誌で釈明の声をあげようと試みた努力はすべて無駄であったし，私の見当ちがいの重荷が，心ならずも拒絶にあったことは，疑いえないところである。

　農業の最重要問題の核心は，私の肥料を用いてわずかばかりのことをすることではなかった。という点を理解してほしい。私の著書のどれにも，そのことについては一言も触れていない。私の提起したのは，人造肥料製造のための最初の実験であって，仮にそれが失敗だったとしても，調製の原理が万人の目前できわめて厳正な試験を受けたことはまちがいなく，原理が正しく理解されるなら，私の肥料の無効性は，私の説が正しくないからではなくて，未熟な調製による，とされたことであろう。

　何回も述べたように，アンモニアは私のすべての肥料の一成分であったが，添加した量は少なく，経済的見地からも制限されていた。

　農業者は，肥料1ツェントネルに支払う金額を利益で測り，利益に対して支出を行なう。肥料価格は，収量に対して正当な比率になければならず，得られた高収量は支出を上回って，別に一定の利益を残さねばならない。購入肥料中のアンモニア1ポンドで肉成分5ポンドの販売収入が，上述のように肥料1ポンドの支出を上回るかどうか，という経済的問題が生ずる。前者の場合，実際は喜んで支出を受け入れるし，反対の場合には，単に興味深い科学上の事実にとどまり，当然ながら，他人の食糧だけでなく，自分および家族のためのパンと肉も生産しようという実際家の経営には，何らの影響も及ぼしえないであろう。農業者が再生産の手段を自己の手に返してもらうために，穀物と肉をもう一度引き渡さなければならないとしたら，自分と家族の手元には，彼の生産した余剰はすっかりなくなってしまうだろう。

　Lawes 氏は，その試験で，肥料問題におけるこれらのきわめて重要な観点を明るみに出す要素を，ほとんど理解しがたい，驚くべき無邪気さでもって，すべて創出したのである。私がずっと以前に提起した，アンモニア塩は実際の農耕には使用できないという見解に対して，同氏自身が記述した事実以上に強力かつ決定的な証言を発見するのは，まず不可能である。それは数

4. 無機質肥料の歴史

語に要約できる。

　要するに，同氏のすべての試験は，半ポンドの硝石と半ポンドの硫酸アンモニアでもって，コムギ子実2ポンドの増収が得られる，ということである。これは，Maron氏が日本農業に関する報告で表現したように，30グロッシェンを投入した畑から20グロッシェンを，または1シリングから8ペンスを取り戻すことである。それが成り立つのは，もちろん，アンモニア塩に対する特別の需要が，農業者の側からまだなかった時代についてだけである。

　Lawes氏は，このことに関し，次のようにいい表わしている。

　「私は，実際の目的には，窒素1ポンドを含む1ブッシェル(60-63ポンド)のコムギ子実を生産するのに，アンモニア5ポンドが必要と仮定してよい，という考えに傾いている」(Journal of the Royal Agricultural Society of England, vol. 8, part 1, p. 246)。さらに同氏は〔同誌vol. 16の〕482ページでこういう。「ちなみに，すべてが最良の条件下では，アンモニアが全く増収をもたらさなかったことに注目してよい。これは，我々の見通しと同じである」。私は，自分の記憶に頼って再現する危険を犯したくないので，ここに同氏自身の言葉を引用しておく。

　実際家がこれらのLawesの試験結果に考察を加え，ついでに，アンモニア塩を地中から石炭のように，しかも石炭よりさらに幾分多い量で掘り出せる鉱山が天然に存在するだろうか，と振り返ってみる多少の労を惜しまないならば，アンモニア塩を取り引きする訳でもなく，この塩類に特別の情熱も持たない人に対して，アンモニア塩を穀物収量向上の主要な手段として推奨するのは不可能だ，との意見に落ち着くのは確実である。

　仮に，アンモニアの効果を深く信じている実際家が，ある点でLawes氏はまちがっていたかもしれないとの危惧を表明したにせよ，また，5ポンドのアンモニアのうち窒素1ポンドしか1年の増収中に回収されなかったことを見い出したにせよ，残り4ポンドのアンモニア中の残存窒素が，将来の増収に無効になった，と証明された訳ではないかもしれない。初年度の収穫物中に僅かしか移らないものは，はたして将来の収穫を生み出しうるのだろうか!? すべての望みを捨てよ。Lawes氏(Journal of the Royal Agricultural Society of England, vol. 16, p. 475) は，いったん与えたものは永久に失われるという。毎年アンモニア塩を買いなおさねばならないのである。畑が将来の収穫に向けて，アンモニアに富化するのは不可能なのだ。同氏が 6 年続けて畑に同量のアンモニア塩を与えた後の事実は，次のとおりである。21 回の同様に高い増収をまかなうのに十分な 1,520 ポンドの残存は，畑に集積するが，その集積は爾後の収穫には全く無効であることが示された。以前と等しい増収を得るためには，永久に 3 ツェントネルのアンモニア塩を加え続けなければならないのである！

　さらに知識欲に燃えた実際家が，Lawes 氏に対し，イギリスの農業者が土壌中に埋め込まねばならない巨大なアンモニア堆積は，しだいにどうなっていくのか，と質問したとすれば，その説明もちゃんと用意されている。同氏はたぶん次のように答えるであろう。

　「アンモニアには，空気中に漂い出る特殊な傾向があり，アンモニア塩の酸基にはそれがない。そこで造物主は，イギリスの植物に酸基の障害を克服する仕組みを与え給うたのだが，このことがどうして起こるのかは，無論わからない。しかし，事実は，植物の根は小さなポンプのように作用する」

　意味を正確に理解するなら，この能力とは，明らかに次のようなものである。

　「地中から植物体に達したアンモニアは，最初にまず適当な使用を待ち，そして正当な座を見い出さなかった，窒素 5 ポンド中の 4 ポンドに相当する部分は，葉をつうじて大気中に消え失せる」

　つまり，この見解は，人間の鋤を好まず，生命維持のために空気の大海をあてがわれている野生植物に，イギリスの穀作物が不可欠の窒素栄養を授ける，という注目すべき機能を承認するものであり，したがって，人間がパンを欲する時には，大気にアンモニアを豊富にしてやって，一見無法則でその日暮らしの生育をしているすべての野生植物の繁栄を保障することを，万物に慈悲深い自然法則が強制している，という訳である！

　従来，我々は，野生植物と栽培植物の栄養および存続には同一の法則が成立しており，耕地への施肥は，植物が同じ土地で繰り返し生育しうるために

のみ必要なのだと信じてきた。しかし，イギリス第一の権威者であるLawes は，クローバ栽培に関する論文で，我々にもっとよいことを教えてくれた。同氏は，経験上有効なあらゆる物質を施肥することによって，クローバがもう育たなくなった畑にクローバが再び育ち，クローバがかかっていると信じられた病気から解放しようとした。

　もし，同氏が自然研究の定石にしたがい，これまで有用だったありとあらゆるもの，過リン酸，カリウム，アンモニア，カルシウムなどで土壌を十分に養ったのに，なぜそんなに頑強に拒否するのか，と真剣にクローバ植物に尋ねたならば，おそらく植物は次のように答えたであろう。

「友よ」

植物はこういうだろう。

「もし君が私と私の要求についてよく知らないのなら，自然は，たぶん他の種属への賢明な配慮から，君の穀作物については必要なものを上層に，私については下層に求めよ，つまり私の栄養物は深層に求めよ，全くちがう根で探せ，と指示したことを教えよう。私がまだ若かった時には，君の土地に感謝できたものだが，君がオオムギのため，たっぷりと豊かな栄養を与えてやった軟い土壌層を突き抜けて，私の根が深層に達した時，根の生命をつなぐには，従来に比べてあまりに少ない栄養分しかなかったことを，君にいいたい。私は病気だったのでもなければ，無邪気な土壌が私に毒を盛ったのでもなく，そこには私があきらめて餓死する以外にどうしようもないものしか残っていなかったのだ。君の農業技師の Thompson と Way は，君が施したあらゆる養分は鋤の届く以上深くは入れない，とはっきり君にいったことだし，深さが十分で私の役に立ったかどうか，私の根のことも考えてほしいものだ。君は確かに多くを土地に負っている実際家だが，私の本性を理解していないので，私を複雑な物質で生活する下等な菌類に，そして同時に植物以下の肉食者に退化させてしまった。これはほとんど許しがたい侮辱である。君が私を糞尿生産者のように扱い，私が糞尿を分解しなければならないとしたら，いったい君にはどういう利益があるのかね？」

　このような見解との闘争が，可能な改良や人為の成果に関するすべての希

望を抹消するのにふさわしかった，とは容易に考えうることである。しかし，私は，自分が1人の兵士，善良な目的のために戦い，最後の血の一滴までそれに捧げようと決意しているけれども，飢えや渇き以外にあらゆる従軍の困苦に耐え，ぬかるみや沼を越えて道を拓く術を知らなければ，勇気も勝れた武器も勝利の助けには全然ならないような兵士と同じだと考えた。それで，私は，私の説が出会った反対について，自然が一度は与え，堅忍と忍耐で乗り越えるべき障害であると考えた。イギリス王立農業協会の側から受けた困難は，もちろん克服できなかったが，また別の道があり，私は，1855年に刊行された『農芸化学原理』によって，私の説のよりよい理解のための道をつけるべく努力した。私は，自分の説が経験から芽生えたもので，けっして捏造ではないこと，それぞれの試験は，Lawes 氏が行なったような例外は別として，承認され，反対のないこと，私はロザムステッドで穀物やカブを栽培すべき処方箋を書いたことがなく，私が誤りを犯したと主張するのがいかに不可能であるかを説明しておいた。Lawes 氏は，一度も私の説を気にかけることなく，私の道ではなしに彼自身の道を歩んだ。それは，同氏が私の見たことを見，私の達した結論に到達するために，しなければならないことであった。同氏は，最も明瞭な事柄を，誤解に基づく収拾不能の混乱の中で育成し，それによって不明瞭かつ理解不可能にしてしまった。私は，アンモニアが穀作物に有用で必要なことを一度も否定しなかったし，アンモニアが無機質肥料で有機質肥料でないのを謗ったこともない。私が教えたのは，きゅう肥の窒素含有成分はアンモニアまたはアンモニア塩で置きかえうるということであって，同氏が非常に誇りにしている成果はすべて，私の経験したことを同氏が実行したためである。私はアンモニアの効果を否定するアンモニア反対論者ではなく，この養分に特別の地位を与え，実際の農業では今後ともありえず，また主張もできないような意義を付与する Lawes 氏の意見に反対しているのである。私は同氏の事実の正しさを攻撃しているのではなくて，耕作する農業者に害をもたらすにちがいない同氏の結論の真実性を批判しているのである。ヨーロッパに，かつて畑にアンモニア塩を施肥して長続きした農業者が1人でもいるかどうか，見回し，問うてみるがよい。何

が有利で何が有害かをよく知っているはずの農業者で，Lawesの方法によりアンモニア塩を肥料資材に使い，収入をあげて，正しさを確認した者は，どこにもどの場所にもいないのである。このことは結局，いかに農業者がアンモニア塩の効果に頼れないかの最善の証拠であろう。

　農耕に関するLawesの理解全体は，同氏が高収穫を目標とするすべての条件，そして土壌肥沃度と肥料の作用の原因について，正しい概念を持っていないことを示している。

　炭酸ガス，水，アンモニア，リン酸，カリウム，カルシウム，マグネシウムなどが植物の養分であると確認され，争う余地のない真理であることがいったん認められたならば，それは，いつでも，どこにおいても真理である。したがって，ある土壌において，それらが植物の栄養に役立つ能力を欠くということを，何らかの事実から証明するのは，完全に不可能である。

　カリウムと過リン酸石灰をある畑に施して，収量が増加しなくても，両者が無効である証明にはならない。

　また，アンモニア塩，アンモニアあるいは硝酸塩が，ある畑の収穫を向上させただけでも，その有効性については何の証明にもならない。

　これらすべての物質の作用性または有効性は，周知かつ確立したものであるから，否定することは全く許されない。

　したがって，有効であると認められた肥料物質が，植物の生育を向上させ，または向上させない時にも，こうした事実は，畑のある状態，一定の特性としては，何も示していないのである。

　アンモニアが土地の収穫を増大させたとすれば，それは，アンモニア塩を加えた時，土壌中には有効化した一定の数の物質が一定の比率で存在したことを示す。また，カリウムまたは過リン酸が畑の収量を高めない時には，両者の増加に対応して，植物体の増収が得られるであろう場合に共存しているべき他の特定物質が土壌中に欠乏していたことを示している。

　実際の経営における畑の収量は，2つの要因に依存し，または比例する。そのうち，土壌が主要因であるのに対して，肥料は補完要因にすぎない。土壌および土壌中に存在する物質は，収量を規定するが，肥料は以後の収穫を

以前と同じ高さにするように作用するだけである。ところで，あらゆる国，地球上の諸地域の畑は，異なった特性，つまり異なった比率および量の植物養分を含んでおり，そして肥料の作用は，これらの土壌中にある吸収に適した養分の共同作用に依存するのであるから，10万の異なる畑に同一肥料資材の等量を施した場合でも，10万の異なる収量がもたらされる。畑の生産力の相違は，どこでも広く知られ，認められているので，国家が地租を取っている国々では土壌の豊度によって生産力を査定し，多くの国では16段階に査定している。

あらゆる国の農耕の経験は次のことを示している。万能肥料のきゅう肥で得られる増収は，きゅう肥の量が等しい時でも，すべての場所で異なるし，等量の骨粉，グアノ，油粕またはアンモニア塩も，どんなところでもすべて，各畑ごとに異なった収量をもたらす。そして，科学も，何でも知っている実際の経験も，未知の畑における過リン酸や肥料資材の効果を予言する能力を人間に与えない。したがって，畑の施肥とか生産力の向上とかの共通の手本は一般に成り立たないし，仮にそういう人がいるにしても，施用した肥料物質が彼の畑にもたらした効果から，同じ肥料物質であれば，彼の知らない他の畑でも同一の効果をもたらすだろうと結論する権利を，まじめに請求できる者は誰もあるまい。さて，ロザムステッドで行なわれた肥料試験は，その解決があらゆる国の農業経営，あらゆる畑にとって有用であるような問題を取り扱っていないのだから，すなわち，科学の言葉でいえば，Lawes は農耕の法則や原理の研究に携わったのではなく，ただロザムステッドの一組の畑で穀物やカブの収量を高めるために，それに適した肥料を発見しようと努力したのであり，同氏の認めた事実はロザムステッドだけに意義があるのであって，他の畑にも等しい意義を持ちうるのではないのだから，Lawes の試験は，いかに数が多かろうと，実際の農業全体にとっては最小限の価値も持たないのである。

窒素に富む多くの肥料資材およびリン酸塩が，これらの養分を使い尽したイギリスの畑で有効であることに関して Lawes の認めたことは，以前からよく知られ，無数の事実によって確立され，科学が予言してきたところで

あって，同氏の努力と試験は実際の農耕に何ら利益を付加するものではなかった。このこと以上に明白なことはないであろう。同氏以前に，窒素に富む肥料が穀作物にしばしば有益であることはよく知られていたし，同氏のずっと前から，過リン酸石灰はカブに対して有利に用いられてきた。全体として，同氏は昔から知られた事実の巨大な集積を増加させたにすぎない。

欠けているのは事実ではなく，理解力である。同氏がくよくよしなかったのは，そのためである。もし，同氏が個人的満足のために，各種の肥料物質の効果を試したかったのであれば，同氏は全然別の道を選ぶべきであった。まったく例外的にカリウムに富んでいるため，Lawes が行なったように，8年も間断なく連続して過リン酸石灰だけを施肥してカブを栽培し，1エーカー当たり平均 164 ツェントネルをあげることのできた畑で，いったい，同氏の期待したようなカリウム施肥のめざましい効果が得られるだろうか？

ある畑に対する過リン酸石灰の有利性（それがいつでも持っている有効性ではなく）は，ただ1回の高いカブ収量によっても，10回連続してと同様，立派に証明される。なぜなら，仮にこの肥料資材が2年目にはもっと低いカブ収量を与え，3年目には全く増収を与えなかったとしても，1年目には効果があった訳で，その根拠は肥料資材にはありえず，土壌に求めなければならないし，その有効性に反対する証拠には全然ならないからである。同様に，Lawes 氏が8回続けて得たカブ収量をつうじて明らかにしたのは，単純な農業者が信じ込んだかもしれない過リン酸石灰の驚くべき有利性ではなく，同氏が試験で証明したのは，その畑の驚くべきカリウムの豊富さだった訳である。もし，土壌がカブの形成に必要なカリウムその他の元素を供給できなかったならば，過リン酸石灰には全然効果のなかったであろうことは自明であって，あらゆる畑において差別なく，過リン酸石灰だけで8回連続してカブの収穫が期待できると理性的に信じられる人はいないであろう。しかし，そういうことがないとしたら，つまり，Lawes が認めた事実は，同氏の畑についてだけ真実であり，他のすべての畑では正しくないか，成り立たないとしたら，このような試験は実際の農業にどんな利益があるのか？ 8回カブを収穫すると，根および葉の中に，40回のコムギの収穫に等しい量のカ

リウムが土壌から持ち去られるのだから，カブを用いた同氏の試験は，少なくとも40回のコムギ収穫に足るだけ，畑がカリウムに富んでいたことを証明しており，そのような畑では，カリウム塩の施沃は後に続くコムギの収穫に全く効果を及ぼさないはずだ，ということが理解される。なぜなら，畑は，1回の収穫に必要なカリウムに比べて，遙かに多量を既に含んでいたからである。

ロザムステッドの圃場でカリウム塩は何ら効果がなく，多年の間カリウムの補充は必要でなかったという事実から，それ以外の畑に関する結論が作られ，イギリスのすべての畑が穀物とカブに関して肥沃であるために必要なのは，リン酸と窒素だけであったと主張するなら，これは全く許されないことである。Lawes氏が，私の説の本当の意味を理解して，実際に公正な試験にかけようと企図したならば，どんなにかちがった成果が生まれたことであろう。私は『イギリスの農業者への挨拶』の中で，耕地に対する極限的な肥料量は，耕地がそれまでの収穫で失ったものを畑に戻すようにして計算できる，と述べておいた。それがジャガイモまたはコムギであれば，ジャガイモ肥料またはコムギ肥料を与えなければならない。ジャガイモ，コムギ，クローバ，コムギの4年輪作の後では，新しい栽培の開始に先立って，これら4回の収穫で奪ったものをまず畑に返すべきである。もう一度コムギから始めたければ，畑にはジャガイモ肥料，クローバ肥料と2倍量のコムギ肥料を施す必要があり，畑にきゅう肥を施用する通常の経営でも全く同様に行なうべきで，その量は以後の輪作全体に十分なものでなければならない。

さて，Lawes氏は，私の肥料の比較試験ではどのようにしたか？ 同氏は，自分の圃場を，先行する一連の収穫によって最高度の消耗状態に置いた (Journal of the Royal Agricultural Society of England, vol. 8, p. 7)。このことを実行してから，同氏は私のコムギ肥料4ツェントネルを施肥したのであるが，それはただ1回のコムギ収穫で持ち去られた成分の補充について計算したものである。別の圃場には，2ツェントネルの硫酸で分解した骨粉2ツェントネルを与え，第3の圃場は，この物質にさらにアンモニア塩2ツェントネルを添加し，第4の圃場にはきゅう肥14トンを施して，相互に収量を比較した。

同氏は第2および第3の圃場に対して，私の肥料が含む量に比べて，約4倍のリン酸と20倍のアンモニア塩を多く与えたのだから，私の肥料にとっては，当然きわめて不幸なことになった。そのため，私の肥料がそれ自体の効果にさえ達しなかったとしても，不思議ではない。

　こうしたやり方は2通りにしか解釈できない。Lawes氏が私の指示を理解しなかったか，最初から私の肥料が平常なしうるよりさらに劣悪なことを見い出そうと思ったか，どちらかである。いずれの仮定も，同氏が不正確かつ非科学的な取り扱いをしたという主張を裏付けている。ある人物が他人の見解に反対するために，不正確で非科学的な実験を行なうならば，彼は自分の見解の正しさを証明する際にも何ら考慮を払わないだろうし，同時に彼自身の実験を解釈する場合も不正確で非科学的であろう。事実，このことは，赤い糸のようにLawesの試験を貫いている。

　1843年，同氏は，1つの区に過リン酸石灰2.5ツェントネルと油粕2ツェントネルを，別の区には15ブッシェルの粘土と雑草灰(clay and ashes of weed)を施用して，第1の区から11トン7ツェントネル3ポンドのカブを収穫した。つまり，同氏は，過リン酸を与えた区から，粘土と灰しか施さない第2の区以上の増収をほとんど得なかったのである。1844年には，同氏は，1つの区に腐骨400ポンド，硫酸258ポンドおよび食塩134ポンドを施し，同面積の別の区には，硫酸の代わりに塩酸で過リン酸に変えた同量の腐骨を施して，第1の区から14トン10ツェントネルの飼料カブと6トン11ツェントネルの葉を，一方，第2の区からは9トンの根茎と4トン6ツェントネルの葉，すなわち，根茎で5トン，葉で2トン5ツェントネル少ない量を収穫した。ある場合には等しい収量，他の場合には非常に異なった収量になった理由は何であろうか？1つの試験では，肥料が違って収穫は同じであり，他の試験では，有効リン酸の量は等しいが，収穫は考えうる限り不等であった。同氏はこの問題をとりあげなかった。Lawes氏がどんなにトランプをきろうが，並べた時には，いつも穀物の隣にはアンモニアが，飼料カブの隣には過リン酸石灰が来て，それ以外の成分，あるいはそれまで有効であったかもしれない成分は，収穫に何の意義も持たなかったのである。

イギリスには，ロザムステッドの圃場のごとく，Lawes 氏が中断なく 12 年間連続して全く施肥せずに，2,856 ポンドのコムギ子実およびわらの平均収量をあげ，12 年目にもなお最初より 400 ポンド多く収穫したような畑，あるいは過リン酸だけでカブ 168 ツェントネルという連続 8 回の平均収量をあげうる第 2 圃場のような畑が，ただ 1 つでも他にある，ということは不可能ではない。しかし，同氏のクローバ生育に関する論文 (Journal of the Royal Agricultural Society of England, vol. 21, part 1, p. 192) において，私が，同氏の種播き農夫は播くべき種子を別の種子と取り違えること，見たところ，施肥，収穫，収量調査はきちんとした良心的な管理なしに行なわれていることを経験して以来，私が同氏の公表した事実に何らの価値を認めないとしても，正当なものとして承認されるであろう。ただし，私は，同氏が意図的に真実でないことを述べたとは思っていない。

　私の『農芸化学原理』は，以下の言葉で結ばれている。

1) Lawes 氏は，同氏の圃場が，7 回のコムギ子実およびわら収穫物が，7 年間完全に生育するのに必要とした無機成分の余剰を含んでいたことを証明した。

2) Lawes 氏は，理論および人間常識の推測どおり，こうした圃場の収量は，前記の無機物質を施した場合も明白にならず，あるいは，たかだか土壌中に含まれる土壌成分の総量に比例して上昇しうるだけであることを証明した。

3) Lawes 氏は，理論の教えるところ，すなわち，そのような圃場の収量は，アンモニア塩の施用によって高めうることを証明した。

4) Lawes 氏は，同氏が証明しようとしたこと，すなわち，その場合における増収は，土壌中に含まれるアンモニアに比例するので，単位量，2 倍量，数倍量のアンモニアは，単位量，2 倍量，数倍量の増収をもたらさず，増収量は一定である，ということに反対した。

5) Lawes 氏は，同氏が反対しようとしたこと，すなわち，全体の収量が，同氏の試験で作用した唯一の恒常的な量，つまり有効化した無機栄養素の存在総量に比例することを証明した。同氏は，理論の教える

ところ，すなわち，アンモニアは，土壌成分の作用を時間的に促進すること，つまり，大量の土壌成分の有効化を証明した。

私は『農芸化学原理』において，Lawes 氏の試験が，有機質肥料（きゅう肥）の効力全体は無機物質によって置き換えうる，との証明を中に秘めている点に最大の注目を払った。なぜなら，硫酸アンモニアおよび硝石は無機物質だからである。

Lawes の結論に対する私の『化学書簡』中の覚え書きが，既に私の説にとってきわめて具合の悪いことになったのであれば，私の新しい文書は，怒りに満ちあふれた Lawes のビール腹の底をぶち抜くことになろう。私は，同氏の技術と錬達を尽くした反論には，これ以上詳しく立入らないことにする。そのエッセンスは数語に尽きるからである。つまり，Lawes は，30 年にわたる講義において，アンモニアを無機物質あるいは鉱物質として取り扱ってきた私が，同氏のまちがった見解に賛成し，アンモニアを有機物質と見なした，ということを証明し，私がずるいやり方で，アンモニアは農業の主軸であり，イギリスのコムギ畑に対する特別の肥料であることを立証した同氏の試験の功績を横取りしようとした，ということを証明する。

「かくして，アンモニア塩，硫酸アンモニア，硝石は，いまや無機質肥料に数えられている！ これは，いわば問題全体の基盤を奪うことだ。しかし，このように見えすいた術策が言及にも値しないとすれば，ただ科学的な読者の判断に待つのみである！」(Journal of the Royal Agricultural Society of England, vol. 16, p. 447) その後で同氏はこういっている。「報いのない悪だくみ（ruse）はあったためしがない」(同，p. 448)。

これで私は論争の曲り角に達して，さらに一言をつけ加える必要があるとも思わない。アンモニアは，炭酸ガスや水と同様に無機化合物であって，その塩とともに無機質肥料に属する。ある化合物がどの分類に数えられるべきか，そのことを決定するのは化学だけである。科学による以外の定義は存在しないのである。

農業者が，本論争から正しい教訓を引き出すだけ十分な理解力を持っていれば，また農業にとってひとつの利益でもあったろう。論争が，生涯にただ

の一度も化学の教科書を手にしたことがなく，あるがままの実際の農業すら全く未知の分野であったような人物から私に仕掛けられたことに留意すれば，論争全体は，ある喜劇的側面を含んでいた。他の人と同様，Lawes 氏も私の肥料の有効性を自分の畑で試験する権利を持っており，試験は同氏および他の人にも有用でありえた。ところが，私の肥料が実際の農耕に適用できないことに対する，公開され腹蔵のない私の説明は，論争への同氏の興味を失わせた。Lawes 氏の達成しようとしたことは達成され，同氏はそれで満足すべきであった。しかるに，同氏はその権利を遙かに飛び越えて進んだ。同氏は，化学および農業分野での経験をまったく持たないまま，私の肥料の適用性に対する疑問を語る事実でもって，経験と事実により疑問の余地なく確立している農耕の基本的法則の正当性に反対したと，無意識のうちに思い込んだ。自然の成り行きとして，同氏は，似ても似つかぬものにしたがって科学的原理の根を断ち切り，その位置に，同氏が実際的経験と称する自分自身の原理を据えたのである。しかし，同氏は，経験とは何かということを知らなかった。

　正しい概念は，その本質にしたがい，発展の過程（これは概念を正しい方法で適用することを学んだ時にいわれる）で，実際の経営の進歩と改善に到達しなければならないのと同様に，偽りでまちがった概念の行きつく先は，当然ながら，誤謬および不合理な何ものかでしかありえない。

　Lawes 氏が原理なしに行なった実験と概念は，どこに行きついたか？

　第1には，科学的な諸原理は，農耕に全然応用されず，農業の健全性は，肥料工場主の気まぐれな思いつきに依存して，経営の収益性は，彼の施肥設計に縛られる，ということであった！

　第2には，穀物栽培の基本原則であって，同氏の語るところによれば，穀物収量の向上は，農業者がたくさん買おうにも絶対に買うことのできない肥料資材の施肥にかかっているのだ。

　第3には，1ポンドの窒素を畑で穀物や肉に変えるためには，5ポンドの窒素を土壌に埋め込まねばならず，余分に与えなければならない窒素の余剰分は，畑ではなくて空気を富ませ，そしてその富化は，野生植物のためで

あって，栽培植物には利用されないのである。

　もし農業者が，こうした説は人間常識および自分自身の経験に矛盾すると見抜かなければ，農業者は救いようがない。もし農業者が，自分の知覚を使用する意志を持っているのに，彼自身の経験が語るものより他人の意見に重きを置くならば，そしてまた，農業者が，相互に関連がなく，全土壌，全経営に関係していない雑多な事実の集積によって，経験的なやり方で有用な結果や不変の真理に到達できると信ずるならば，その農業者は救いようがない。

　グアノは，窒素とアンモニアに富んだ肥料資材に属し，20年来，数千の畑に施用されている。当初この肥料を穀物畑の万能薬と考えたきわめて多くの農業者は，正しい考え方を踏みはずしていて，かつて過大評価したと同じくらい，今は不当に過小評価している，と主張して差し支えないと信ずる。というのは，農業者は，いかなる特殊肥料も畑を消耗させるにちがいなく，実際的な原因に根拠を求められないような欠乏を畑に発生させることを考えていなかったからである。

　テンサイに対する過リン酸についていえば，それがテンサイに有益で，多くの場合不可欠な肥料であることは確かである。しかし，過リン酸の真の価値を知るには，ドイツとフランスの製糖工場主に，彼らがイギリスのカブ栽培者に比べても，テンサイ栽培でどんなに多くの周到な経験を持っているか，聞いてみるがよい。彼らの経験は，各工場で毎年数十万ツェントネルについて行なわれている分析に基づいているので，きわめて確実であり，信頼できる。砂糖の調製は，テンサイ成分の分離にあり，成分の1つ，つまり糖をそのつど秤量するからである。これらの製糖工場主は，テンサイ栽培が比較的少量の過リン酸によって高収量をあげていることを指摘されても，その時の収穫量はたいてい見かけだおしで，収量の高さは子供だましにすぎない，と答えるであろう。巨大な大根中に収穫されるのは，いつも水や細胞物質，木質ばかりで，糖は乏しく，かつ汁液の清澄さで非常にはっきり認められるように，テンサイ中に存在する血液および肉を形成する物質は，糖に比例，つまり糖とともに増加するのである。

　この点で，飼料カブはテンサイと変わらず，テンサイの糖の場所に他のい

わゆる炭水化物が入ることは確定的であるが，味のない炭水化物に比べて糖の量は確実かつ簡単に測定できる．それで，飼料カブの特性と栄養価については，テンサイよりごまかされやすいのである．

　私ではなく，Lawes 氏が開始した論争で，誠に奇妙なことは，明らかにイギリス農業に最大の影響力を持つ組織が，Lawes 氏の見解と主張を自らのものとし，しかも Journal of the Royal Agricultural Society of England 上に，前例もなければいかなる根拠も目的もなしに，正義もしくは不正義の裁判官として登場して判決を下し，私しか最良の解釈をなしえない私の見解を説明することによって，論争問題を実り豊かな土壌に移しかえる可能性を私から奪ったことである．これは単に僭越な横車であるばかりか，善行に対する犯罪的行為であった．もし，私がいっそう高い目的を意識していなかったなら，イギリスの農業者が畑をどう耕そうと，彼らが私の見解をどう思おうと，それが私にとって何だったろうか！　私の地位と職業からして，このくらい無関心でいられることはなかったのである．何となれば，農業者が私の説を正しいと思っても，私個人には何の利益もないし，反対の場合にも，私は何ものをも失わなかったからである．Lawes 氏が私に対して投げつけた反感を抱いている立場全体は，あまりにも粗野かつ無礼であるので，現在雑誌の編集者である Thompson 氏も，なぜ私に対してそのような言葉を許したのか，弁明の必要があることを自覚していた．しかし，その弁明の根拠とは何であるか？

　「私は，主義として，確かにアンモニアは穀物に，リンは飼料カブに格別適していると主張するには，相手に対する正確な知識の不足を補う，なみなみならぬ勇気が必要だ，と唱えていたからである」

　そして「Lawes 氏は，同氏の証明しようとしたことの，まさに反対のことを証明した」．

　さらに Lawes の試験に関して，

　「それは，反対すべきであった理論のための，疑う余地のない証明であるかもしれない」

　「そうした人物のあのような攻撃(Thompson 氏は釈明すべきであったろ

う。私はLawes氏を攻撃したことはないのだから)の後で，私はLawes氏が命令的に，本誌で彼の見解を陳述させるよう要請したことに，どうして疑問をさしはさむことができたろうか？」

Thompson氏は，このように言い訳をしている(Journal of the Royal Agricultural Society of England, vol. 16, part 2, p. 501)。それより前に，同氏はこう述べている。

「現代イギリスの農場主の科学的な信仰告白は，窒素は穀物の肥料の主要因子であり，リンは飼料カブの肥料の主要因である，との2つの公理に始まり，それで終わる。これは事実である」

住民全体の幸福に関係するきわめて重要な問題の2通りの解決の核心が，2行の処方箋の中にあるという，この信仰告白は，どんなに子供じみたものであることか。さらに，Thompson氏がロザムステッドのごく小さい圃場区画で観察された，無価値な一組の事実を公理と信じ，公理のもとにいい表しえたものは，はたして何であったであろうか？ その際，この表明を行なったのが，読み書きもできない無知な農夫ではなく，最高の知識を有し，しかも，独立してアンモニアに対する耕土の吸収能を観察した功績を主張できる，大ブリテンの紳士の1人であることは，誠にやりきれない限りである。

私の理論が出会ったある冒険のエピソードは，ここで言及するのに実にふさわしいものである。

グラスゴーにおける自然研究者会議の化学部会の席上，次のような出来事が私に起こった。Lawes氏の化学上の協力者であるGilbert博士は，論文を提出して，一連の数字的な結果から——容易に考えられることであるが，報告中のそれらの価値や正当性はすべて判断の限りでない——「農耕の力学に関する私の説はまちがっており，彼およびLawes氏の試験によって否定され」，さらに「私の著書の休閑に関する章から明白にわかるように，私はアンモニアと畑におけるそれの作用を全然知らず，そこではアンモニアについてただの一言も述べていない。もし，私が知っているのなら，大気と雨が休閑中の畑に何を付加するかについて語るべきであった」ことを証明したのである。

Lawes 氏は，Journal of the Royal Agricultural Society of England(vol. 16, p. 477)において，Gilbert 博士のこの攻撃に関し，次のように述べている。「グラスゴーにおける発溂とした自然研究者会議の期間中に，彼(Liebig)はこの問題を論議しようと企図した」。さらに 488 ページで同氏はこうつけ加える。

「彼の著書の，休閑および機械的耕うんの有用な効果に全面的に捧げられた章では，土壌中への大気栄養素(窒素)の集積について，一言も触れていない」

しかしながら，私は，自分の著書の全 1 章をアンモニアに捧げているのであって，仮に休閑に関する章でアンモニアについて語らなかったにせよ，それは私が，休閑畑も他と同様に畑であって，あらゆる畑の空気および雨に対する関係は休閑畑と同じことであり，休閑畑もテンサイ，穀物あるいはジャガイモが生育している他の畑と全く同じであるという，当然世にも珍しい見解を抱いていたためである。私は，植物が生育しているか否かには全然無関係に，どの畑も，例外なく毎年空気と雨から炭酸ガスおよび窒素を受け取っていることを説明しておいた。そして理性ある人々が，休閑畑だからといって，他より多く受け取ると信ずるだろうなどとは，けっして考えなかったのは当然である。

加えて，先に述べたように，私は 14 年前にギーセンの私の実験室で，Kroker 博士に 20 種の各種土壌の窒素含量を定量してもらい，その分析——私の著書の 1846 年版の付録に印刷されているにもかかわらず，Lawes 氏には知られないままだった——から，肥沃な耕土は，一般に 10 インチの深さに，コムギの全収穫物に必要であり，かつ土壌に十分施肥して得られる窒素の 500 倍ないし 1,000 倍を含むことを知っていた。

我々は，今日，休閑期間には硝酸塩が生成し，雨によって深部に運ばれる結果，大多数の畑の窒素含量は，増加するよりもむしろ減少する，ということをかなりの確度で知っている。

従来も計算に入れることができたかもしれない，こうしたすべてのことは，私に痛手を与えなかった。というのは，理性と経験をつうじて，事柄の真実

4. 無機質肥料の歴史

性に確信がない時，そして反論が正しく，自分がまちがっているので，反対が痛切に感じられる時にのみ，いかに穏和な形であるにせよ，反論は手痛い痛手の原因になる。それによって，必然的に脱皮を強制されるからである。古い羽があまりに深く皮膚に刺さっている時は，羽毛を毟(むし)り取られるのが苦痛になり，さらに新しい羽毛が全然伸びない時は，当人はかえって古いものに固執して，ちょうど虫歯のようにちょっとした刺激にも古い痛みが蘇る，ということになる。

　私にとって非常に長く続き，けっして穏やかでない悩みとなったもの，それは，私の肥料の効果がきわめて遅いのはなぜか，ということを見抜けない状況であった。私は，至る所で何千回も，それぞれの成分が単独では作用するのに，私の肥料のように，集めてしまうと効果がなくなる事例を見てきた。その後，私は，あらゆる事実をあらためて注意深く，一歩一歩検討して，1850年代の終わりに，ついに根拠を発見した！　私は造物主の智恵に対して罪を犯し，それで正当な罰を受けたのだった。私は，造物主の仕事を改善しようとした。つまり，地球表面において生命を規制し，いつも新鮮に保っている諸法則の不可思議な連鎖のうち，1つの環が忘れられているのであるから，弱くて無力なうじ虫にすぎない私が，無暴にもそれを補わなくてはならない，と信じ込んだのである。

　しかし，当然ながら連鎖はきわめて不可思議なやり方で配慮されていて，当時は，人間の知識も，そのような法則が成立している可能性について考えが及んでいなかった。たくさんの事実はそれを語ってはいるが，真実を述べる事実は押し黙るか，あるいは，真実が誤りを乗り越える際に発する言葉は聞えないのである。当時の私がそうであった。雨が運び去るだろうから，アルカリは不溶性にしなければならぬ，と私は思い込んでいた！　私は当時，溶液が土に接触する時と同様に，土がアルカリを保持する，ということをまだ知らなかった。耕土層に関する私の研究が導いた法則は，次のようにいう。
「生物生命が成長するのは，地球の最外殻，太陽の影響のもとにおいてであるが，偉大な建築技師は，この殻の破片に対して，磁石が鉄粉を引きつけ，保持するように，植物の栄養に役立ち，したがって動物にも役立つすべての

元素を引きつけ，保持する能力を授け給うたので，それの1分子も失われないのである。造物主は，この中に第2の法則を含められ，かくして植物の存在する大地は巨大な水の浄化装置となり，その能力をつうじて，土は，人間と動物の健康に有害なあらゆる物質，死滅した動植物世代のすべての腐敗分解産物を隔離する」

私の肥料では，アルカリは溶解性を奪われ，可溶性リン酸は熔融過程でこうした物質中に埋め込まれていた。したがって，私は，アルカリやリン酸が土壌中に拡散することを妨げ，畑における作用を弱めるために，あらゆることをしたに等しかったのである。

私は，多くの年月を経て初めて，私の肥料の個々の要素が，Lawes その他の多数の試験で畑に施用された時，それにふさわしい効果を示すのに，私の技術が効果を張消しにしてしまったのはなぜか，という理由がわかったのである[1]。

私が弁明できるのは，人間というのは時代の子であって，一般に正しいとされている支配的見解から抜け出せるのは，暴力的な圧力に強制されて，誤謬の紐帯から解放され，拘束から脱するために全力を振り絞った時だけだ，ということである。私の体内で成長した見解のすべては，植物は，土壌中に存在し，雨水によって生成した溶液から栄養素を吸収する，ということであった。この見解は誤りで，私の愚かなやり方の源であった。

私の肥料がなぜ有効でなかったか，ということの根拠を知ってから，私は，新しい生命を授けられた者のように，農耕のすべての成り行きを説明した。法則が明白になり，万人の前に明らかになった現在では，長い間それが認められなかったのは，不思議という他はない。しかし，人間精神とは奇妙なもので，一度与えられた思考範囲から抜け出すことはできず，それ自体としては存在もしていないのである。Bronner, Huxtable, Thompson および Way が観察した事実は，既に数十年来，科学の中で落ち着く先もなくさまよっていたのであって，このことは，太陽の光に照らされて初めて，空気中の埃の存在がわかるようなものだったと，誰もが認めたのである。かくして，科学的事実もまた，精神の光に照らされて科学の所有物になった時，初めて

4. 無機質肥料の歴史

固有の存在を確立することとなった。

　Lawes氏がその試験で到達した結論について，詳細に考察する価値があると考えられている本書読者の多くも，同氏の結論がごく普通の経験と人間常識に対立しているのは明白だから，私は不当に多くの非難を受けていると，おそらく思われるであろう。しかし，Lawes氏の試験および結論は，ヨーロッパで最初の農業雑誌に発表され，イギリスの非常に有名な農業権威者たちがこぞって承認したものであるから，それには全然根拠がないなどとは思えない，といった考えが，いっそう非難を強めることになったのである。

　Lawesの試験と結論の帰結は，あらゆる思考および科学的原理の拒否だったのであるから，何らかの注目を集めえたのは理解しがたいことである。同氏が証明しようと努力し，王立農業協会が同調した見解というのは，科学から農業が受け取った最初にして唯一の理論は偽りであり，その地位によりよいもの，または多少よいものをつけない限り，実際には全然適用されない，というものであった。Lawesは，栽培を助ける代わりに，現存の栽培を破壊した。同氏の努力にはすべて理性的な目標がなかった。私には，このことが，イギリスにおける以前の化学の状態，それほど遠い昔でない時代にイギリスでこの科学を覆っていた見解と関連があるとしか思えない。

　私は，ヨークにおける自然研究者会議に出席して，高名なSir Roderick Murchisonが，海底土における硫黄結核の形成に関するコペンハーゲンのForchhammerの論文を朗読する席に居合わせた。そこでは，他のこととともに，2, 3の海藻の灰分組成への言及があった。Sir Roderickが塩素およびヨウ素成分のところにきて，それがドイツ風に書いてあったので，どのように表現すべきかわからなくなり，塩素およびヨウ素という代わりに，クロールおよびヨードと読み上げた。そして，数人のイギリスの化学者の顔に嘲りの笑いを認めると，同氏の最も得意とする愛すべきうぬばれさ加減で，こういってのけた。「みなさん，私が犯したかもしれない間違いを不思議に思わないでください。実をいうと，私は化学については何も知らないのですから」。同氏が報告した対象について理解していない，ということがよくわかった一方，その無邪気な告白には全く驚きいったものである。

ドイツやフランスでは，地質学の試験を受けようとする学生が，化学について何も知らないことがわかれば，彼は確実に(資格を与えられず)落第点を頂戴するだろうというものだ。しかし，以前のイギリスでは，紳士は，責められることなく，化学にはいっこうに不案内で，ということが許されていた。なぜなら，イギリス精神においては，「化学者〔ここでは錬金術師の意味が込められているらしい〕」の概念は，長らく，軟膏，肝油，駆虫剤の臭いのする，汚れた手と前垂れ姿の，もじゃもじゃ頭の小僧とほとんど区別されなかったからである。

イギリスは，化学工業の偉大な躍進を，その功績が全世界に知られた少数の卓越した人々に負っている。漂白粉製造は，Charles Tennant の名と切り離しえないし，James Muspratt がリバプールに工場を建設するまでは，ソーダ工業は，イギリスでほとんど意義がなかった。「しかし，James Muspratt 氏がリバプールに工場を建設した 1823 年は，わが国におけるソーダ灰工業の端緒の日として記されるであろう」(『イギリス科学振興協会〔The British Association for the Advancement of Science〕報告』p. 114, 1861)

Thomas Thomson 博士がグラスゴー大学の化学教授に招へいされた 1817 年以前には，大ブリテンには，若い人が実際に化学の講義を受けられる研究室が 1 つもなかった。それで，この優れた人物がスコットランドの化学工業の基礎を作るのに，本質的な寄与をしたことは疑う訳にいかない。しかし，Thomson の門下生の数は，何といってもごく限られたもので，私は，イギリス旅行でしばしば化学製品の工場主たちと接触したのであるが，全体として，工場主の間における化学知識の普及がいかに乏しいかを認識することができた。

私は，装置および労働節約の面での工場の到達点には，いつも感心したものだが，事業の科学的な基礎は，原則として，およそ信じられないほど知られていないことを示していた。他の人たちといっしょに，MacIntosh 氏(耐水服を導入したことで知られている)は，私にグラスゴー近郊にある彼の血塩工場とベルリン青工場を見せてくれた。足を踏み入れたとたん，私はものすごい騒音に驚かされ，感覚を失ってしまったが，それは，鉄製の釜の中で

融解している動物性物質と炭酸カリの塊を磨砕するために，鉄製の撹拌棒が磨っていることから生じたものであった。詳しい質疑のさい，MacIntosh 氏は，ずるい顔をして私にいう話しかけた。「先生，理論の説明しない何かがあるとは思いませんか？ 私の釜が金切り声を出すと，たくさんの血塩ができるのですからね！」彼は 2, 3 馬力の出費で，塩の生成に必要な鉄を釜から削り取っていたのである！ 一握りのやすり鉄粉で，彼の目的はもっとうまく達成できたはずである。ベルリン青については，彼は，硫酸鉄の淡青色沈殿と血塩をポンプで汲み上げる階段を建設した。流下にさいして空気に触れ，暗色のベルリン青になるというわけである。私が彼に話しかけて，数ポンドの漂白粉 (bleaching powder) を使えば，遙かに上手に，しかもあっという間にできる，と指摘した時ほど，彼が最高度に驚いたことはなかった。

それと対照的なのが Walter Crum で，多くの手固い科学上の仕事(私は，彼が発見した水に著しく溶解するアルミニウムしか思い出さないが)をつうじて，化学者の間に卓越した地位を占めた，例外的な人物である。

こうした状態は，30 年このかた，改善に向かって著しく変化した。私は，これが基本的にはドイツ学派の移住に帰すべきであって，一部はドイツで育ったイギリスの化学者によるものだし，一部は私の友人である Sir James Clark が大きな貢献を為し，A. W. Hoffmann 教授がボンおよびベルリンに呼び戻されるまで幸福に満ちた活動を行なったところの，ドイツをお手本にした実際的な教育施設の創設によるもの，と信じて疑わない。ロンドン，マンチェスター，オックスフォード，エジンバラなど多くの大ブリテンの地に化学講座が設けられてからは，優れた実際的教育施設が成り立っており，イギリスは，純粋化学・工業化学の立場では，もはやどの外国にも劣ってはいない。

しかし，農業においては，こうしたすべてのことがあまり影響を与えていないのである。最後のイギリス旅行で，私は，農業は科学から何の援助も期待してはならない，という見解がかなり一般に広がっていることを見い出した。大多数の科学者たち，Playfair，Way たちから私の友人 Da 博士に至るまでが，農業の領域から去って，農業は再び経験の手に帰した。人造肥料

の施用は増加したが，人々が科学を放棄したので，さらに進歩する基礎は失われてしまった。科学的知識は実際家に有用でないとか，害にしかならないとかいう奇妙な評価が根絶されて，よりよい理解の新鮮な種子が，生長に適した土壌をイギリスで再発見するまでには，長い年月を経なければならないであろう。

　イギリスの無知な実際が科学に仕掛けた論争は，ドイツの農業者に関する限り，大きな利益であった。それで農業者の思考が呼びさまされ，農業者は科学の教えを正しく理解することを学んだので，いっそうよく検証できたからである。その結果，ドイツの農業者は，イギリス農業に対する盲目的な感嘆と模倣から立ち直り，生半可な知識は害になるとの確信を得た。このことで，ドイツでは絶えざる進歩が確実になったのである。

原　注

1) 耕土層の2, 3の性質に関する私の研究を参照のこと。Annalen der Chemie und Pharmacie, vol. 105, p. 109.

5.　農耕と歴史

　現代における自然研究の方法と目的は，以前とは全く異なっている。「観察」，「説明」，「原因」に関する今日の概念は，VerulamのBaconの世紀にはまだ成立していなかった。その著書『博物学』〔"Silva Silvarum"あるいは"Natural History"〕において——その中で，この偉大な哲学者は，自然現象というものを，神が，人間ではなく神が創り給うたとおりに描写したと信じたのであるが——Baconの行なっているどの説明も，我々の見解では，根拠のない，空しい作りごとである。Baconが説明した大部分は，我々には不可解であるし，我々が「説明」と名づけるものは，彼の全く知らないところであった。永久に堅固不変な自然法則が，天上ばかりでなく，地上の諸現象をも支配していることは，その当時誰も知らなかった。人々は現象を独自のものと考え，それと他のものとの関係は，幻想によってのみ生まれると信じ

ていた。人々は作りあげた原因を現象の中に持ちこみ，現象およびそれと他のものとの関係を内から外へ向かって説明した。それぞれの事実，いや，ある物体のそれぞれの性質にはその根拠があり，説明はこれをつうじてできたものである。で，説明といっても，もともと記載ないしは前例の書き換えにすぎなかった。

　今日の我々の自然研究は，たとえば地球表面における生命を規定する鉱物界，植物界，動物界の2つまたは3つ，いやすべての現象の間には法則的な連関が成立しており，単独で存在するものは1つとしてなく，1つまたは多くの他のものと結ばれ，これはまた他のものと結ばれ，こうしてすべては相互に結合していて，初めも終わりもなく，そして諸現象の継起，その発生と消滅は，ちょうど波紋を描く波の運動のようなものだ，という確立した信念の上に立っている。我々は自然が1つの全体であり，すべての現象は網の目のように連関したものと考える。「観察する」というとき，我々が感覚的に感知しようとするのは，網の1つの結び目のどれが一緒に動き，または変化するかということである。1つのものまたは他のものはともに動き，あるいは変化するはずである。ある現象を研究するというときは，網のある結び目が他の2つまたは3つの結び目と結ばれている糸を探し出すことである。常に相互に付随していたり，常に相互に継起したりする2つの現象に関して，我々は両者を相互に結び付けている紐帯を探し求める。それぞれの自然現象は複合している。つまり諸部分から成り立っているから，自然研究者の最初にしてしかも最も重要な課題は，その部分を見い出すこと，その本性と特性（それの質）およびそれらが共同作用する相関（その限度あるいは量）を発見することである。我々は事実そのものではなくて，それら相互の関係を解明するのであり，それらの相互依存関係を知ることにのみ，一定の価値を認めるのであって，この相互依存関係のことを法則という。我々は，諸現象を内から外へではなく，外から内へと解明するのであって，我々は諸現象がどのように共同作用するか，何が先行し何が後続するか，さらに後続のものに何が続いて行くか等々の条件を探求する。

　自然はこれまで単純なものと見られてきたが，けっしてそうではない。自

然における単純さとは，我々にとって，そのすべての目標が最短距離でもって，しかも最も簡単な方法で到達しうるということ，そこに到達する手段もまた完璧に歯車が噛み合っているということである。単純な諸法則の共同作用の中に，我々は複雑でさらに高次の法則を見い出すのであり，作用する事物に我々自身の思考を差し挟んだり，我々の幻想によって相互依存性を創り出したりすれば，自然の研究は不可能になることを認める。

　時計の振子や針の動きは，どんな子供にもわかるけれども，時計を注意深く，長時間観察する人には，振子と2本の針が歩調を揃えて動いていて，振子が振れるごとに2本の針は円弧を描いてある距離を進み，長針は短針より12倍早く進むことがわかる。さらに観察者は，おもりが下方に動く，つまり落ちるということ，そして彼がおもりの落下を妨げ，あるいは針の進行を妨害するならば，振子が振れるのを停止することを見るであろう。こうして，彼は，時計のおもり，振子と2本の針の間に，ある連関または関係の存在することを知るであろう。2つの現象間にある依存関係が成り立っているという認識，そこに観察の本質がある。

　時計を分解して，その内部機構から針，振子および時計のおもりの関係を探求することによって，観察者は時計全体についての完全な理解を得る。

　自然の諸現象の研究はそれほど簡単ではない。なぜなら，彼の前にあるのは，分解して覗き込める機械ではないからである。したがって感性的な観察は，時計に即していえば，それを分解する前に到達した点で終わりになる。自然の探求における研究の大部分は，過程がどうであり，他の関係が変化したもとでそれがどうなるかという，ひとつの経過を完全に知ること以上には出ないのである。

　自然研究者の独自の仕事はこの点から始まるのであって，それが思考の仕事である故に，ここでは「追思惟」と呼ぶことにする。つまり，感性的な観察の立場から知性的な観察へと進むのであるが，それは他の過程を研究するのと同じ尺度で測られる。思考が働きかける素材のことを「知識」といい，自然科学では諸自然力，すべての自然法則，感覚上区別して認められる無数の現象について知っていること，と理解される。自然研究者は追思惟をつう

じて，実行した観察を振り返り，自然法則と関係づけようと努める。このことによって，自然研究者は類似の諸現象がその自然法則に規定されることを知り，彼の精神中に諸現象の内部機構に関する図式(仮説)が形づくられ，そして，彼は考えた原因または推定した関係が実際に成り立つかどうかを確かめるために実験をする。

ここで，彼の表象を強力な試験にかけること，それが真理であることを自分自身と他の人々に確信させること，これが意図的に導入した相関による，つまり彼の実験をつうじての課題になる。

自然研究者の実験は，第1に彼の理念の試金石であり，第2に他者にとっての証拠物件である。彼は，彼の精神が観察したところのものを，実験によって達成し，論理的に整理した事実をつうじて他者に提示する。ここで他者とは，説明の際に法則が考慮されることを知っている人々である。時計に関して正しい表象を持つ者は，誰でも時計の進行を支配し，それを遅く，早く，あるいは全然停止させることができるのと同様に，作用する事物の関連を知っている者は，いまや現象および過程の主人公となるであろう。法則を知らず，立証の正当性の判断がつかない人には，当然のことながら証拠物件というものは成立せず，説明はしばしば何かでっちあげたもののように見なされ，そして根源的なものといえども，きっちりと噛み合った自然法則の知性的な表現になったとたんに存在することを止めてしまう。正しいものとして承認された自然研究者の説明は「理論」と名づけられ，それを理解する者にとっては，疑問の余地がなく，反対しえないものである。反対する権利があると考えるのは，いつでも無知だけである。技能や技倆(りょう)が学ばなければならないものであるのと同様に，実験を行なうこともひとつの技術であるのは，自明の事柄である。私が国家の福祉と国民の存続，一般に人類の生存と密接な関係にある諸現象，諸状況について話を進める前に，読者の注意を現在のわれわれの研究並びに立証の方法——それは以前に人間の精神を満足させていた幻想の遊戯とか，すべての恣意的な要素とかを完全に取り去ったものであるが——に向けようと試みるとき，それは読者の誤解と無関心を取り除き，読者がこれらの相関について自ら作りあげた見解を，同様に厳しい試

験にかけることができるようにするためであって，その時，読者はおそらく自然研究者と同じ立場を獲得することになるであろう。

　仮に人間が空気と水で生きることができるならば，主人と召使，領主と領民，友人と敵，憎しみと愛，美徳と悪徳，権利と無権利などの概念は存在しないであろう。また，国家社会，社会生活と家庭生活，人の往来，産業，工業，芸術や科学，手短かにいえば，人類を現在あらしめているすべてのものは，人間が１個の胃を持ち，その存続のために毎日一定量の食物を摂取しない訳にいかないという自然法則に規定されていることも，あえていうに及ばないほど，平凡な真理である。そして，自然は十分な量の食物をひとりでには提供せず，あるいは長期間は提供しないので，人は勤勉と技倆とでもって，それを大地から取り出さねばならないのである。

　どんな理由であれ，この自然法則を何らかの方法で破壊し，妨害する作用を加えれば，それに対応する影響が人間の生活条件に跳ね返ってくるのは明らかである。これらの連関の多くは昔から知られており，あらゆるものの中で最も重要な問題が全く注意を払われず，ほとんど評価されないと等しいことに，ただ驚きを覚えるだけである。

　多くの人々は，その第一義的な生活条件の源泉について，ぼんやりした表象しか持っていない。太陽が昇り，沈むのと同様に，そして地球の旋回とともに季節がまた戻ってくるのと同様に，収穫もやはり回帰するものと思われている。それは数百年，いや数千年の昔から絶え間なく続いてきたのだから，自然は，人類がその存続の手段の不足から破滅し，没落してしまわないように気を配ってくれているにちがいない，という訳である。

　たしかに，至仁の造物主は最高知をもってこのことに心を配り，全能の手をもって自然という偉大な書物の中に人間が従うべき規則を書き込み，人間の理性の中に神の一部を与え，その書物を紐解いて神聖な世界秩序を把握する能力を授け給うた。こうして造物主は，人間をその運命の主人公となし，人間の繁栄と永続とをその手に委ねられたのである。自然法則は人間の召使であって，召使は主人に仕えても，主人の心配などしないものであるから，人間のことを心配する自然法則はありえない。

5. 農耕と歴史

　我々は，土壌中に存在する人類の維持増殖の諸条件をきわめて明確に認識しており，それは最も肥沃な土地においてさえ，非常に乏しく，分散しており，貯蔵は短期間間に合うだけだということを知っている。

　生物の秩序においては，それぞれの動物には特定範囲に分布を持つ他の動物が対立しており，その結果，すべてが自分の食物割当てを見い出して何ものも他を排除することがない。それぞれの動物種の生活と存続のための要件は自然法則をつうじて保障されている。もし，人間が自然法則を支配する代わりに，動物と同様，それに支配されるならば，自然法則は人間にも同じ作用をする。最後の被造物である人間の秩序において，人間に対立するのは人間だけであって，食物の貯えと住民の必要との間の不均衡から平衡を取り戻すためには，ある者が他者を抹殺して，逆にその数を制限せざるをえない。

　そして，神の似姿である人間がネズミと異なるのは，食糧不足に際して，ネズミのように所構わず食い破ったりしないという点だけである。社会のテーブルに席を見い出せなくなった者は，やすやすと飢えに身を委せたりはせず，小は盗賊，殺人者になるか，大は国外に移住したり侵略者になったりする。世界史におけるどの戦争も，この実り多かるべき法則の，戦慄すべき流血の作用を示しており，人間は，肥沃に保つことを知らなかった土地を，血で浸さなければならなかった。

　肥沃性の次第に低下した国の国民が，段々に飢えて死に絶えるか，国民が強力な場合には肥沃な土地に住む別の弱小民族を暴力で抹殺して，その場所を占拠するかは，全体として見れば，それほど重要なことではない。

　ローマ民族が歴史に登場する前，そしてローマ市建設の遥か以前から，既にイタリアはヨーロッパの農耕地の模範であった。我々が今日でも驚嘆する古代ラテン人の土地における奇怪な建造物の遺跡は，こうした状態の証拠であり，そしてすべての報告から，突然に花開いた古代ラテン人の状態が推測される。(Schlosser が彼の『世界史』p. 140 で述べているところでは) この国は別の時代に植民されたのではなく，また歴史時代以前の諸世紀に比べても，ひときわ美しい繁栄の光景を呈していたという。

　その後，強力なローマ人がラテンの最も豊かな国々の財宝を集積した時代

には，この地方の状態はそれまでと全く比較できないものになった。大ローマ時代のラテンは少数の家族の富裕さを示すだけであるが，それ以前の時代には高度の繁栄が国全体，すべての住民に及んでいた。現在，ポンチノ沼沢地は，牧畜にしか使用できない広大な地帯となり，空気も汚染しているけれども，その当時は少なくとも 23 の人口稠密な村落が存在していた。したがって，ラテン人の勤勉さは，エトルリア人が運河とダムによってロンバルジアの沼地を初めて住めるところにしたのと同様に，この湿地を肥沃な耕地に作り変えることを知っていた訳である。ローマの史家の書物に引用されている大小のラテン人の村落の多くは，異常に高い，狭隘な空間に密集した住民数と，最高の肥沃度をもつ土壌とを推し量るに足るものである。その土壌は，人口の維持に必要な食糧を供給するために，園芸的耕作を行なっていたにちがいない(Schlosser『世界史』p. 141)。

同様に高度な文化状態は，エトルリア人との境界からイタリア人の最南端に至るアペニンの山麓全体の，サムニート人の領域でも見られた。1 年の一定期間が雪で覆われるモンテ・マチスの全域は，サムニートの時代以後，2 度と耕作されなくなったが，その当時は，鍛えられた幸福な人々の努力によって，あるところは耕地に，あるところは牧場に変えられ，信じられないほど多くの人が住んでいた。山また山の全サムニート地方において，利用されないのはわずかの地域だけであった。この土地の宗教は，農耕・牧畜と密接に結びついていて，民族的な祭りもまたそれに関連があった。特殊な僧侶(fratres arvales)が農耕組合を組織し，単に祭祀に関してだけでなく，科学的な観点からもそれに関与していた。宗教的行事の全制度，民族の祭りのすべては，土地の耕作を公的監視のもとに置き，宗教上の義務を通して農民の慣習に対する愛情を鼓舞するためのものであった。

当時の状態がどうであり，現在の状態がどうであるか！ バラ園と豊かな穀物畑に変わって，今はペストゥムス寺院がわずかばかりの牧草とアザミの生い繁った荒地に取り囲まれている！

人口の増加を平和に結び付け，人口の減少を戦争や破滅的な疫病に結び付けるのに慣れている無知な人々は，それらの国の状態を彼ら自身の行為で説

明する．ご本人は，あれやこれやの王様が人間の大量虐殺にどんなに練達していたか，たくさんの虐殺用具を所有する栄誉をどんなに渇望していたか，そしてそのことが同様の才能をつうじて，あれこれの領主に月桂冠を授けたということはご存じである．彼はそれに歴史の名を与える．しかし彼は，自分の生命とごく密接な関係にある土くれの歴史についてはご存じないのだ．人民を養うのは平和でなく，人民を滅ぼすのは戦争でなく，どちらの状態も人口には一時的な影響を及ぼすにすぎない．人間社会を団結または離散させ，民族と国家を消滅または強化するもの，それはいつでも，そしてどんな時代にあっても，その上に人間が小屋を建てる土壌である．人間の手中にあるのは畑の肥沃さではなくして，畑の持続なのである．

　伝説的なローマ市建設の遥か以前，ギリシャ民族は，古代ギリシャの地と小アジア沿岸において，文化と文明の転換期に入っていた．そして，肥沃度を消尽したギリシャの土地は，ローマ帝国がその当時知られていた全世界を支配するに至る以前から，あらゆる破滅の徴候を示していた．紀元前700年において早くも，ギリシャ民族の没落は黒海や地中海沿岸への大量の移民と，進行する人口減少，土地の荒廃の中に認められる．

　スパルタ国家は，プラタイアイの戦い（紀元前479年）に際して，ペルシャ人との戦闘になお6,000人の戦士をあてることができたが，その100年後には，Aristotelesによれば，同国は兵士にあてる屈強な男子を1,000人とは数えあげられなかった．さらに150年後には，Strabonが，当時のラコニアの100都市のうち，スパルタを除いては30の小都市すら余力がないと嘆いている．Strabonの1世紀後，Plutarchus（『モラリア』p. 143）は，ギリシャならびに旧世界の荒廃を記述した．そして，ローマ帝国もまた，自らの運命として没落しなければならなかったのである．Cato（紀元前230年）はその農業論において，まだローマの耕地の肥沃度の低下についてではなく，耕地を収奪して利益を得る最良の方法について述べていた．Catoののち3世紀を経て，Columellaは農耕に関する12巻の書物の序言で次のようにいっている．

「国家指導者たちは，すぐに耕地の不毛について，遠い昔から農作物に害

を与えてきた不順な天候について嘆き悲しむのを習慣としており，別の人々は，前の時代に土壌があまりにも肥沃であったがために，消耗し力がなくなったように考えている。しかし——と彼は続ける——理性ある人間には納得できるものではない。我々人間と同様に，土もまた年老いたにしても，不毛性はむしろ我々の扱いに起因する。我々は農耕を無器用な奴隷たちの理性に反した裁量に委ねているのであるから」

Nero の時代に早くも農業に関する書物が書かれ始めたという単純な事実そのものが，ローマ没落のひとつの指標であったが，いっそう確実な証拠は，第3次ポエニ戦争以後の人口減少の中に見い出される。もし土壌がそれまでの生産性を失っていなかったならば，イタリア同盟市戦争，Marius と Sulla の内乱も，これら2つの出来事が，Appian および Diodor の推定より5倍も多く，50万の人命の喪失をもたらしたとの前提に立ってさえ，人口減少に対しては一時的な影響を与えたにすぎなかったであろう。

土壌肥沃度がまだ消耗していない国々の人口状態に対して，血生臭い戦争の与える影響がいかに一時的なものであるかは，近代フランスの歴史からも知られる。1793年から1815年までの戦時において，フランスは300万人以上の成年男子を失い，ヴァンデの蜂起は100万人以上を犠牲にした。1815年から数年たって，革命は数十万 ha の肥沃な土地を死の手から鋤のもとに取り戻し，その結果，人間の再増殖の条件が向上したので，人口は23年前よりも多くなった。

Julius Caesar（紀元前46年）のもとで実施された国勢調査は，人口減少の事実を疑問の余地なく明らかにし，この偉大な人物の前に一目瞭然たる証拠を提示した。しかし，彼の農地法——3人またはそれ以上の子供を持つ2万の貧民に農地を分配した——は，疲弊した農村地域に失われた肥沃度を復活させることができなかった。その目的は達成されなかったのである。

Augustus の治下では，兵役に適した男子の不足がきわめて大きくなり，そのためテウトブルヒの森における Varus 指揮下の小兵団の壊滅によって，首都一帯は恐怖と恐慌に襲われた。ローマはもはや2軍団の負担にも堪えきれず，兵役の志願を呼びかける演説も既になく，1個の小軍隊を編成するの

にさえ，最も苛酷な強制手段を必要とした。Livius は，内部イタリアの非常な荒廃について語り，年老いた軍人の土地について次のように述べている。「今では，土地が完全に荒れ果て，そこが小練兵場に近くならないように，奴隷たちは気を配らねばならなくなっている」

その幸運な結末が Pompeius の権力の基礎を固めた海賊戦争(紀元前79年)は，ローマがいかに外国穀物の輸入に頼っていたかを示しており，また Mommsen(『ローマ史』vol. 3. p. 492, 1856)が述べているように，Julius Caesar 以前，既にローマの住民が食糧不足と完全な飢餓に直面していたとすれば，それは一括して，イタリアの農業が食糧の面で，例外的にしか都市および軍隊の需要を満たしていなかったことの証拠になる。

既に Augustus 以前から，征服した国々の残酷な収奪による巨大な富がローマに集中しており，Augustus の治下，それは世界都市の利益のため属領に課した法外な課税をつうじてさらに増大した。国家と諸都市は，その一部を大規模な公共事業，浴場，橋，軍用道路，水道の形で受け取ったが，商工業の急激な成長は，ローマの土地に人間世代永続の諸条件を還元せず，このことが耕地を絶えず間断なしに失わせるに至った。

ローマが一見，繁栄と堂々たる勢威のあらゆる徴候を誇示している間に，既に害虫はその生命の源泉を涸渇させるのに忙しかったのである。そして，その害虫は2世紀来，ヨーロッパ諸国で同じ仕事を開始しているのだ。

ローマ帝政時代の最初の1世紀においては，いかに多くの洞察と力と善意に満ちた人々が統治したことか！ しかしながら，自負において自ら祭壇に列し，神々として崇められようとした最高権力者の力も，哲学者の知恵，法律家の深い知識も，有能な将軍たちの勇気も，創意に富み，きわめてよく組織された軍隊も，自然法則の働きに対しては何をなすことができたか！ すべての偉大さと強大は卑小と弱小とに落ち込み，最後には昔の栄光の輝きさえ失うに至ったのである！

文明と教養が普及し，技術・工芸が異例の躍進を遂げ，外面的な生活の目的に役立つすべてが着実に前進しているかに思われ，そして新しい宗教が古い世界を新たな活力で満たそうとしていた間に，これらのすべてがその没落

を加速していた。

　何者にも増して自由独立であるのが農民である。彼の畑は自分自身と子供たちの手で耕やしうる以上に大きくはないが，国の負託に対する自分の責任を果たし，家族に十分な収入と確実な幸福を保障するに足るだけは肥沃である。子供たちは，農民にとって天の恵みである。

　耕地の消耗と劣化によって自由な農民が消え失せる時には，農民とともに，真の市民精神と祖国愛もまた色褪せる。すなわち，宗教的な感情，自らが生をうけた郷土と鋤き耕やす土地への愛情は，農民の中にこそ保たれているのである。農民は誰よりも天の恵み――生命を賦与する太陽の光，稔りを与える雨――の価値を知っており，それなしにはどんなに困るかを知っている。農民の所有する小さな農場は売り物ではない。彼はその価値――金額ではない――について，しっかりとした尺度を持っている。農民は，侵略者に対して抵抗の武器を棄てた国における最後の者，他のすべての人が生来の領主への忠誠を失った時にも，それを堅持する最後の者である。

　しかし，農民が無知から自然法則を軽蔑したり侮辱したりすれば，その行為に対しては報いが襲いかかってくる。畑を耕作する際の心労と労苦，勤勉は畑の消耗を促進するだけである。やがて，略奪農業で消耗した土壌からは，もはや家族を養うに足るだけのものが得られない非情の時がやってくる。彼は貧窮の根拠を知らず，絶対に正しくない他のもろもろの原因に収穫低下の原因を求める。彼はよりよい年を待望し，差し迫った必要を借金で糊塗し始める。ついに徴税吏は収穫前に彼の穀物を青田売りさせるに至り，何代かの後に彼の財産は債権者の手に落ちる。こうして多数の小農民経営から大経営が成立し，大土地所有者は農民の家族を追い払い，働き手だけをとどめておく。大土地所有者はもはや以前のようなものを生産せず，生産物の大部分を自分の家畜と家族の生計のために消費してきた農民に比べて，はるかに多くの生産物を運び出すのである。この自然法則に立ち向かい，1世紀にわたって不断の改定を重ねたローマの立法の闘いは，誠に教訓的で注目に値する。

　自然法則について何らの表象も持たなかった立法者は，与えられた状態と土壌の状況を永続不変のものとして受け入れ，土地生産力と人口の低下の原

因を人間に求めた。しかし，人間はその本性からして，自己を保存し，増殖する本能の点では変わらないものである。ところが，立法者は法律で人間の行為を規制しようと試み，回復不能な状態を回復し，あるいは現状を維持するための命令は，十分に強力なものであると信じ込んだ。法律によって農民を鋤から引き離して兵士にすることはできても，都市住民や兵士を強制して農民や農夫に変えるのは不可能だったので，この事業は困難をきわめた。農民は1週間をつうじて夜明けとともに起き，毎日16時間も働かなければならない。農民は今朝何をしなければならないかを知っていなければならないし，それぞれの日にはまた別のことをしなければならない。天候，季節は待っていてくれないから，農民はそれを仕事の中で体得するのであり，手仕事や工芸を学ぶようにして学ぶのではない。

　Gaius Gracchus の強権的な土地配分も，Julius Caesar や Augustus の努力も，人民の要求と土地生産力の間の矛盾した関係，若しくは飢餓と耕地の間のもはや収拾のつかない関係を復元する意味では，全く惨憺たる結果に終わった。そして権力者は，必要に迫られて属州を収奪し，不足する穀物を補給する以外にほとんど道がなかった。

　ローマの貧民に対する国家の穀物倉庫からの穀物支給は，早くも Scipio（紀元前196年）の時代に始まっていた。Gaius Gracchus のもとでは，登録した市民に毎月5モディ（＝年間376.5 kg）の穀物を交付しなければならなかったし，Julius Caesar の治下では，受給者数は35万人，Augustus 以後の皇帝の時代には20万人にのぼった。そのため，国家の側からの穀物支給は年間150万ないし250万ツェントネルに達した。これはもちろん，ラティウムの住民と軍隊の需要の一部を除いたもので，ローマの資本家たちは副業として，利益が多く，活気にみちた穀物取引に従事した。穀類を主に生産したのはアジアの属州，アフリカ沿岸地方，シチリアおよびサルジニアであった。ローマは，シチリアからその島で作付けされる全穀物の1/10を受け取り，サルジニアからも同額を受け取った。アジアの属州は Gracchus のときに既に直轄領と宣言されていたのであるが，何世紀にもわたる大収奪がこれらの国々の土壌の性質にどんな影響を与えたかということ，そして，ローマ

への穀物輸出が終局的には自由民の根絶と，奴隷労働に基づく大規模農場経営の導入によって，やっと成り立ちえたという事実は，よく知られたところである。

それ以後の皇帝の治下では，ローマの住民ばかりか，イタリアの半分が外国の土地によって生きていた。人民の必需品，日々のパンは権力者の意志と恩恵に頼ることになり，同様に，人民の生存は国家維持のために外部の世界の住民の労働力を破壊し尽くした恐るべき国家機構の歯車のひとつが停止すれば，直ちに脅かされることになった。この国家への従属をつうじて，ローマの人民の中には，労働が与える活力と自立の喜びに代わって，利己心，卑屈な弱さ，下等な奴隷精神，そして道徳的退廃のあらゆる悪習がはびこった。

Augustus の 3 世紀後，Diocletianus 以来，自由農民制は完全に姿を消し，その位置はコロヌス，すなわち土地に縛りつけられた農奴がとって代わった。それとともに 1000 年来の過程が終わりを告げ，引き続く数世紀を通じて巨大な体躯の死滅と内部腐敗が始まった。それは同時に，うじ虫の栄える土壌を増大させ，膨れ上がった徴兵制度は，農業の健全で生産的な活力の残りかすを一掃し，分解した肢体の離散が完了したのである。Constantinus は，ネズミが沈没する船を見捨てるように，破滅した土地を見捨てて，同じ破壊過程が他の国々に拡がるにまかせた。

かって Polybius は，ギリシャにおける男子不足の主要な原因として，結婚の不毛と結婚への恐怖をあげたが，この現象は全く同じ形でローマ帝国にも現れ，Augustus は可能なあらゆる手段を講じて闘いを試みたが無益であった。ここでもまた，仮に立法者が国家の災厄の徴候を正しく見極めたとしても，根源の根拠を知ることがなければ，災厄の除去に対していかに無力であるかが示されている。

あらゆる自然法則の中で，個体は生長の条件と同じ割合で増殖する，という法則ほど，どの動物種にもあてはまり，また理性にとって理解しやすい法則はない。国民経済学はこの法則が人間にもあてはまることを証明して，結婚数も子供の数も一定の割合で穀物価格に依存する，という表現を与えた。これらの数は，物価の安い年には増加し，パンや生活物資の価格が上昇すれ

ば減少するのである。

　我々はスペインにおいて，非常によく似た過程が完了したことを見よう。ローマ帝政下で Trajanus, Marcus Aurelius の生地であったスペインは，世界で最も豊かで繁栄した国に属していた。Livius と Strabon は，イスパニアの肥沃さと百をもって数えるアンダルシアの多様な産物を列挙している。Livius の報告によれば，新しい戦役の度ごとに新しい武器と新しい富が見い出され，まるで一度も戦争で荒されたことがないようであった。

　Abderrahman 3 世 (912-961) の時代の回教スペイン(現在のポルトガルの南半分を含むアラゴニア，ヴァレンシア，ノバ・カステリア，ムルシア，エストレマズラ，アンダルシア，グラナダの諸州)の住民数は 2,500 万ないし 3,000 万で，当時でもヨーロッパで人口の最も多い王国であった。ローマ治下で王国第二の都市であったタラゴナは 100 万の人口を擁し，Abderrahman 3 世のもとでも 35 万の人口を有したのに，今は 1 万 5,000 人である！

　グラナダ市は単独で 5 万人の戦士を戦場に送ることができたし，またコルドバに関するアラビアの物語作者の報告を信ずるならば，この都市は区域内に 21 万 2,000 の家屋と 600 の回教寺院を持ち，今世紀初頭のロンドン市をも遙かにしのいでいた。

　Abderrahman から 6 世紀後，Felipe 2 世が逝去した年 (1598) に出版されたスペイン農業に関する著作の中で，Herrara は次のような問いを発している。

　「今日，生活物資の不足が全国で痛感されるようになり，現在のような平和時に，1 ポンドの肉が戦争の真っ直中における 1 頭の羊よりも高い理由はいったい何なのか？　昔，1,000 人のムーア人が活気に満ちて働いていたところに，500 人のキリスト教徒が暮らしているにすぎないのだから，人口過剰が原因ではありえない」

　そして彼は問う。

　「休んでいる土地が原因だろうか？　しかし，土地には冬の休閑以外の休息は必要でないし，そのうえ 30 年このかた，幼苗の要求を満たすだけの冬季の雨にも不足はなかった。それではいったい，土地がもはや我々を養おうと

しない原因は何であるか？」

「その原因はラバである」と Herrara は考えた。

「ラバは13世紀の中頃に普及し，その時からスペインの荒廃の日々が始まった。ラバには十分深く耕す力がない！！」

カトリック諸王の布告は，スペインの土壌がしだいに消耗していく有様をよく示している。早くも12世紀に Alonso Onzeno 王およびカスチリア残酷王 Pedro は，放牧地と草地救済の布告を発していたし，Carlos 5世皇帝は，最近耕地に鋤き返した放牧地を再び放牧地に戻すべし，との命令を下した！

現在，農地が農作物の収穫をもたらすのは，カタロニアで2年に1回，アンダルシアで3年に1回である。(von Thienen-Adlerflycht 男爵，『スペインのスケッチ』1861参照)

キリスト教徒とムーア人との長期の闘争は，自然法則から容易に理解できる。すなわち，それは日々のパンをめぐる両国民の闘いであった。国土のあまり肥沃でない部分でキリスト教徒の人口が増加したため，食糧の不足が生じた。人々はこう考えた。自分たちに向かい合っているのは，宗教信仰の点で何らの生存権もないくせに，満ちたりた穀倉を未だに所有する異民族である，と。この神を恐れぬ人種を根絶するには十分すぎるほどの根拠があった。しかし，ムーア人の追放後1～2世紀で穀倉は再び空になり，以前にそれを満たしていた源泉は涸れ尽きてしまった。新世界の富，スペインに向かって流れ込んだ金銀の奔流も，増大する人口を養うのに必要な物資の調達には足りなかった。そして最後には，食糧生産地域を拡大する闘いの中で，国民の力も尽き果ててしまった。

ローマならびにスペインの世界帝国を終末に導いたのは，農業の軽視でなく，略奪農業による畑の肥沃度の破壊であった。同一の原因が2つの国に同一の作用を現したのである。

国々を荒廃させ，無人の境にしてしまう略奪農業について手短に述べよう。

古代あるいは処女地において，農民は穀物を連作していた[1]。収量が低下すると，農民は別の土地に移動するのである。人口の増加は次第にこうした移動に制限を加えるようになり，農民は畑を交互に休閑させている間にその

表層を耕した。収穫は不断に低下して，今日では農業者は収穫を回復するために，自然草地が生産する肥料を施している(三圃式農業)。

この補充も継続的には不十分なので，耕地自体の上での飼料作による肥料生産(輪栽農業)に引き継がれた。これは肥料生産放牧地と同様に，最初は間断なく，次には飼料作物のための休閑を設けて，下層土を利用するのであるが，結局は下層土も消耗して，その土地ではもはや飼料作物が生育しなくなる。まずエンドウの病気が入り，続いてクローバ，テンサイ，ジャガイモの病気が現れ，ついには農耕が中止される。その土地はもう人間を養わなくなってしまうのである。

人間が自分の管理の結果に気づくまでに，この過程は何百年も，ある畑では千年も続きうる。そこで人間は改良によってしのごうとするが，その改良のひとつひとつが畑の消耗の指標なのである。

北アメリカの農耕の歴史は，休閑も施肥もせずに，畑から穀物や工芸作物の収穫をあげうる期間が相対的にどんなに短いものであるかを示す，反論の余地のない，無数の事実を知らせてくれる。数千年にわたって蓄積した土壌中の植物養分の余剰も，数世代のうちに既に使い果たされて，畑はもう施肥なしには採算に合う収穫を生産しないのである。

ワシントン議会の下院において，バーモント州選出の Morell 議員は，一連の統計調査から次のことを立証した。コネチカット，マサチューセッツ，ロード・アイランド，ニューハンプシャー，バーモントの諸州を一括して，コムギの収量は10年間(1840-50)で半分に，ジャガイモ収量は1/3になったし，テネシー，ケンタッキー，ジョージア，アラバマ，ニューヨーク州でも，過去に比べてコムギ収量が半減した。バージニア州およびノースカロライナ州における 1850 年のコムギの平均収量はエーカー当たりわずか7ブッシェル，アラバマ州ではたったの5ブッシェルであった。テキサス，アーカンソーの新領土では，エーカー当たり平均して 700-750 ポンドの綿花が収穫されるのに，サウスカロライナの古い土地では，その半分どまりである。

アラバマ州選出の Clay 議員はこう語っている。

「土地を歩いてみると，かつては勤勉で教養ある自由人の住まいであった

多数の農家にぶつかるが，今日，これらは空屋になって放棄され，荒れ果てている。そこに，昔は肥沃であったが，今は雑草に覆われた畑がある。以前には活気にあふれていた箇所の壁は苔むして，かつては清らかな12の家族に幸福な炉端を与えた全財産は，たった1人の旦那の手中にある。その土地はまだ少年期を過ぎていないのに，額には早くも老年と凋落の皺が刻まれている。アラバマ，バージニア，両カロライナではかくのごとしである」

　世界各地，地球のあらゆる地方で，注意深い眼は，土壌の状態そのものの中に偉大な自然法則を見い出している。すなわち，かつて強大な帝国が栄え，高密度の人口が土壌から食糧と富とを勝ち取ったところが，今や開墾に値するだけの実りをもたらさない，文字どおりの原野と化しているのだ。

　化学および物理学ほど，1つの自然現象が単一の原因でなしに，多数の原因に規定されているかをよく，しかも確実に示してくれる科学はない。最も簡単な化学反応も，それが現実のものになるには，一定の関係で共同作用する3つのものが常に存在する必要がある。したがって，ある国民の没落を専ら単一の原因に帰することは，到底許されないであろう。そこには，他に多数の原因が関与しているからである。

　しかし，それらが変化しうる要因であるのに対し，略奪農業による土壌の消耗は，常に付随し，ともに作用するただ1つの原因である。人民大衆は国家および家庭生活の諸現象，人口の状態が常に1つの根拠に基づいて起こると考えるが，適切に原因を見ている訳でないから，けっして正しい見方ではない。人々が認めるのは，いつでも1つの作用だけである。一般大衆は，物価値上がりをパン屋とか高利貸のせいに，伝染病を井戸投毒のせいにする。大衆はモグラを殺し，スズメを絶滅させるけれども，それらは大した害がなく，むしろ多くの利益を与えるものである。政治家の見解も，政治的な事柄についてはしばしば民衆の考えに非常に似かよっていて，民衆の間の政治的な気分や運動，革命そのものまでも個人と結び付けるが，個人の行為というものは，彼自身が自然法則の要求の認識をつうじて呼び起こした諸状況の指標にすぎないのである。ある国民の没落の政治的原因のすべてが土壌に影響を及ぼす訳でないし，土壌の特性を継続的に変化させることもできないけれ

ども，土壌の特性が変化した時，必ず起こるのが国民の没落である。

　農民が自分を養わなくなった土地を見棄てて，新しい土地を求めるのと同様に，国土の状態に従って国民の文化と文明も移り変わり，移動する。ある民族は，国土の肥沃性に比例して興隆，発展し，国土の消耗とともに確実に滅亡するが，文化と文明の果実である精神的遺産は滅亡せず，ただ所を変えるだけである。

　国民の興隆と没落を支配するのは，同一の自然法則である。国土の肥沃性の諸条件の収奪は国民の没落を，諸条件の維持は国民の永続，富と力を規定する。

　一民族または一国民の興隆，没落とは何らかかわりのない，地上の最も偉大な帝国の歴史がある。Abrahamがエジプトに進んだ時から現代に至るまでの間に，中国においては，内戦で時折中断するだけの規則正しい人口増加が認められ，広大な領土のどの部分をとっても，土壌が肥沃でなくなって耕作者の鋤に応えなくなった所はない。山が多く，最大でも国土の半分しか耕作できないにもかかわらず，住民数が大ブリテンよりも多い島帝国日本は，牧草地も飼料作も，グアノ，骨粉，チリ硝石の輸入もなしに，住民のあらゆる食糧を完全に生産しているばかりか，開国以来，毎年少なからぬ量の生活物資の輸出さえしている(『東アジア調査団のH. Maron博士による農業大臣あての日本農業に関する報告書』〔本書「付録」参照〕)。

　中国および日本の農業は，経験と観察に導かれて，土地を永久に肥沃に保ち，その生産力を人口の増加に応じて高めていくのに適した，無類の農法を作りあげた。そして，最も驚嘆に値するのは，これらの国で，農業の長い繁栄状態が，主として祭祀ならびに強い宗教的戒律との結合に基づいている点である。中国人の「神」は，本来の意味からは鋤のことである。中国と日本の農業の基本は，土壌から収穫物に持ち出した全植物養分を完全に償還することにある。日本の農民は輪作の強制については何も知らず，ただ最も有利と思われるものを作るだけである。彼の土地の収穫物は地力の利子なのであって，この利子を引き出すべき資本に手をつけることは，けっしてない。

　我々が荒廃と不毛に陥ったのを見てきたスペイン，イタリア，ペルシャな

どの国々一般と同様に，ヨーロッパの農業は日本農業とは完全に対照的であって，肥沃性の諸条件に関しては耕地の略奪に頼りきっている。ヨーロッパの農業者の目標，および農業者が技術を尽くす主な目的は，耕地から可能な限り多くの穀物と肉を取り出すこと，そしてその収穫を実現した諸条件を買い戻すための金はできるだけ節約することである。ドイツの農業者で最も経験ある者と見なされるのは，肥料資材を購入せずに，最大量の穀物と肉を市場に運び出すのに成功した者であって，彼はその結果を誇りにし，人々は彼がいかに巧みであり，畑を扱うのに熟練しているかを誉め称える。理性ある人間は，誰もこのようなやり方を放置することはできないし，また略奪農業によって，他の国々に生じたと同じ結果がヨーロッパに起こらないなどとは信じられない。もし自然法則が人間のことを気にかけないとすれば，そして，畑の肥沃度維持が造物主から人間の手に委ねられたものであり，自分の行為で子孫の被るすべての災厄に対して彼に責任があるとすれば，人間が自分の生命と自分の子供たちを養うのに役立ってきたこと，かつ，すべての新しい未来の世代の発展のために役立つべく自然により定められていると知っている諸条件を，たとえその回復と維持に幾らかの費用がかかり，多少面倒であるからといって，無駄に浪費して，生命の輪廻を故意に狂わせるとき，それは神と人類に対する罪悪にほかならない。

　Schubert らが記載した前世紀の中期から末期にかけての農業耕作は，もし農業者が耕地の非消耗性について広く行きわたっている誤りに気づかず，それに合わせて経営を営む時に，我々が直面する状態の１つの姿である。

　「粗悪な，酸っぱくなった牧草の他，農家は家畜の冬期飼料を全く持っていなかった。カブ，キャベツ，ジャガイモは幾らかあるが，畑ではもう何も育てられないので，すべてのものはそうたくさんはない。これらの乏しい飼料は，冬に入り，冬が長引く限り，ますます薄く煮られるようになり，それも尽きると，家畜はオオムギ，エンバクやエンドウの茎稈で我慢しなければならなかった。そのため，牛乳，バター，チーズは質が悪く，量も少なかった。人々はわずかなコムギの蘗(ひこばえ)を手に入れるために，首を長くして春を待った。家畜は，牧草が１インチほどの丈になると牧場に放牧され，草がなくな

ると，放たれた時と同様に再び空腹のまま帰ってきた。家畜は，ファラオが夢の中で見たやせた牝牛のように見えた」

Johann Christian Schubert は当時の状態について，このように書いている。同氏は，クローバ栽培を導入した功績によって，Joseph 2 世皇帝からクローバ畑の神聖ローマ帝国騎士と呼ばれた人である。

仮に，略奪農業を正当なやり方と見なすような欺まんを，1 世紀にわたって長引かせるに至った 3 つの出来事が起こらなかったとしたら，切迫した必要から，その当時既により正しい考え方が普及したであろうし，また農業者も自分たちの誤った経営法を自覚したであろう。3 つの出来事とは，クローバ栽培に対する石膏施用，それにジャガイモおよびグアノの導入である。

イギリスとフランスでは，農耕は既にきゅう肥農業への移行をつうじて，最終の時期にさしかかっていた。耕土層は何世紀にもわたって一般に行なわれてきた三圃式農法により消耗しきっていたが，クローバと飼料作物の作付けで，その生産力は下層土を犠牲にしながら一時的に回復することができた。

石膏は多くの場所でクローバの収量を飛躍的に引き上げたので，人々は石膏の中に，施肥なしできゅう肥生産を増進し，きゅう肥の力で穀物収量を向上させる手段を見い出した。ジャガイモについていえば，消耗した穀物畑から，人間と動物の栄養分を，他のいかなる作物もなしえないほど大量に獲得しうる作物を入手したのであった。

ジャガイモの意義を評価するには，1847 年という年を指摘するだけで十分であろう。この年，穀物の収穫は良好であったにもかかわらず，ジャガイモの不作は，あらゆる生活物資の高騰と，シュペッサルト，シュレージェン，アイルランドにおける飢饉を招いたのであった。

フランスとドイツでは，人民の 1/3 がジャガイモを主食にしていると認められる。かりに農業者の輪作からジャガイモが永久に脱落した場合に起こるべき事態が，身の毛もよだつ不気味なものであることを承認するのは，絶対に楽しい夢とはいいかねる。

ヨーロッパの現在の人口水準は，石膏とジャガイモのおかげであって，もし石膏の施用がなく，ジャガイモの導入が行なわれなかったとしたら，ヨー

ロッパの住民数が 2,000 万ないし 3,000 万人少なかったであろうことには，いささかの疑問もありえない。既に前の世紀に，最も重要な食用作物のエンドウ，そしてマメ科作物一般の栽培が耕地の消耗の結果衰退していたのは確実であるから，当時ジャガイモが導入されたことは，大きな恩恵以上のものと考えられる。農家は当然，普通の気象条件のもとで，良好な生育と確実な収穫をあてにできなくなった作物など作りはしない。これらの栄養豊富な穀作物の代わりに，勤労者にとって現実に肉の代用になるジャガイモが登場した，という訳である。

　ジャガイモ植物は，その発達した分岐根で豚と同じように土壌を掘り返し，割に合う穀物収量がほとんど得られなくなった，比較的やせた畑においてもよく繁茂する。ジャガイモは，きゅう肥農業によって耕土層に集積した養分の貯蔵を穀作物と分け合う。ジャガイモは，他のすべての作物の栽培が割に合わなくなったとき，なお土壌の最上層に作付けが可能な，一連の作物の最後のものである。

　ジャガイモの導入と石膏の施用が農業の真の改良と見なされるのは，それが土壌の稼働資本を増すためではなくて，農家の収入を増加させたからである。土壌がジャガイモに対しても肥沃であることを停止し，石膏がクローバ収量の向上にもはや効果をもたらさない時が，いっかはやってくること，そして何も与えずに多くを奪う耕地において収穫を続けると，必ず収量水準が低下するということは，当時の農業者には到底考えられなかった。彼の事業は何世紀このかた，土壌の生産力は農耕をつうじて減少するどころか，むしろ増大する，との前提の上に立っていた。

　農業者は全体として，農耕の諸現象について理屈をつけるのに慣れているにしても，彼はやがて次のことに気づいたであろう。すなわち，10 年前にはまだ肥沃度が消耗していないと思われたクローバ畑が，多くの場所で，幾ら石膏を施しても，もう以前のような高収量を与えてくれないこと，そして，すべてのクローバ畑が，肥沃度の一定の限界，既に他の子実用マメ科作物の栽培を不確かなものにし，正常な経営から排除するに至ったのと同一の限界にぶつからざるをえないということ，これである。

最後に，ジャガイモが存在しなかったとすれば，おそらくドイツの農業者は必要に迫られて，イギリスの農業者がどう決心したのかの根拠に思いを寄せ，肥料資材としての骨粉にきわめて高い評価を与えざるをえなかったであろう。ドイツの農業者は，その価値をほとんど理解できなかったので，数百万ツェントネルの骨粉の輸出を70年以上もきわめて冷淡に傍観してきたのである。

 イギリス人にとって骨粉の輸入が必要であったとすれば，ドイツの畑からの骨粉成分の収奪が当方にとって不利だった，という考え方には十分な理由がある。この資材がイギリスの畑で穀物とクローバの収量を高めたとすれば，ドイツの畑の穀物とクローバの収量は，イギリス人が受け取った分だけ低下したにちがいない。

 石膏とジャガイモは，非科学的な実際家の手によって，畑の収奪を強め，畑の消耗を促進する手段にされた。

 ジャガイモ栽培の結果生じたもうひとつの，たぶん最大の害悪は，主にジャガイモで栄養をとっている人民の労働力の減退であって，これはジャガイモがなければおそらくわからなかったか，あるいはさほどに感じられなかったであろう。ここではその相互関係に深く立ち入ることはできないが，ジャガイモの導入以来，ドイツおよびフランスで平均身長が低下し，更にいえば，これらの国では70年このかた，徴兵基準を引き下げざるをえなかったことを指摘すれば足りるであろう[2]。

 Boussingaultの研究[3]は，その影響に関して全く疑問の余地を残していない。すなわち，豚もまたジャガイモだけで飼育した場合，平均体位にもって行くことは不可能で，普通に肥育した豚に比べて常に小さく，肉重量は一定の限界以上には増加しないことが示されたのである。これはよく知られた事実で，そのため農業者は，ジャガイモにそれよりずっとリン酸に富むエンドウを添加している。この添加により，上述の関係は直ちに変化して，豚は生長を続ける。ジャガイモと同量のエンドウに高含量で含まれている血となり肉となる物質が，その増加に関与していることは，いうまでもあるまい。

 前世紀末にクローバとジャガイモが導入されて，人口の維持増大に役立つ

栄養手段は以前より非常に顕著に増大したが，それにもかかわらず，人口が自然法則の道筋に従って増加したとすれば，10年か20年後には，おそらく生産の不足が顕著になっていたことであろう。

しかしながら，人間を根こそぎにする戦争が次々に起こって，ほとんどすべてのヨーロッパの国の住民数に制限を加え，自然に即した増加を妨げたので，実際の欠乏と激しい物価上昇は，戦時には表面化しなかった。

もしもこれらの戦争が起こらず，1790年から1815年に至るまで，大陸の人口が現在と同じテンポで増大していたら，さらに200万人以上の人が1816年，1817年の飢饉を経験することになったろうし，その時ヨーロッパ諸国に発生した事態は中年の人の想像を越えた恐慌状態であったろう，ということは，当時を覚えている人なら誰しも疑いを差し挟むわけにいくまい。

その後の数年間に生産と消費の関係は変わった。穀物と土地の価格は，1830年代の半ばに人口の増加による一種の平衡に達するまで，異常に低落した。この頃から大量の移民が始まるのだが，それは結局，多くの場合に勤労人民が母国において，労働によって家計を維持しうるだけのものを得られないという，至極尤もな理由によるものであった。

こうした大量移住にもかかわらず，1816-46年の間に，穀物，ジャガイモ，肉の消費人口はプロシャ王国で54%，ザクセンでもほぼ同率，オーストリアとバイエルンではそれぞれ27および26%，その他の諸国でも同様の比率で増加した。その需要の一部は，前には作付けが引き合わなかった広大な畑が耕作され，収穫をあげたことで疑いなく覆い隠された。しかし，1841年以降のグアノの輸入と施用という偶然の出来事が起こらず，かつ，消耗の極みに達し，略奪農業で衰弱しきったヨーロッパの畑において，食糧生産が増加しなかった際のヨーロッパ人民の状態を想像してみるがよい。

耕地に対するグアノ施肥によって，4-5年の間は，この肥料資材なしの生産に比べ，グアノ1ポンドにつき畑から5ポンドの穀物または穀物価(コムギ，オオムギ，エンバク，ジャガイモ，クローバ)の増収が得られると考えてよいであろう。

1855年にグラスゴーで開かれたイギリス自然科学者協会の公開討論の席

上，Argyll公爵は次のように述べている。1841年から1855年までに，大ブリテンには150万トンあるいは3,000万ツェントネルを超えるペルーグアノが輸入され，ヨーロッパ全体では同じ期間に，200万トンあるいは4,000万ツェントネルのグアノが輸入された(1841年には2,881トン，1859年には286,000トンがイギリスに輸入された)と考えられるが，正確な数字はまだ不明である，と。それから見積れば，ヨーロッパの畑ではこの15年間にグアノのおかげで，通常肥料だけに限定されていたときに生産したより2億ツェントネル多くの穀物または穀物価が収穫された訳である。この肥料の流入は穀物，家畜の輸入と同義であって，2,670万の人間を1年間，あるいは180万人を毎年完全に養うに足る量である。今の計算にはグアノ輸入が少なくとも以前の15年間と同じであった1855-62年の分は含んでいない。

1853年，ペルー沿岸に駐在していたMoresby提督は，イギリス政府に対して，チンチャス諸島の測量によれば，当時のグアノ埋蔵量は860万トン，または17,200万ツェントネルと見積られると報告した。(Puseyによれば)その時以来イギリスだけでも毎年300万ツェントネル(15万トン)が輸入され，さらにチンチャス諸島からイギリス船舶でアメリカ合衆国に運ばれた輸入グアノのトン数を考慮に入れて，Moresby提督が明らかにしたところでは，「中程度の見積りによっても，イギリス市場で販売される本諸島の良質のグアノは8-9年のうちに採掘し尽くされるであろう」。

Puseyはいう。

「ペルー政府の言明によれば，北方および南方地域になお800万トンのグアノがあるのは事実である。しかし，スペイン流算術が大げさであることを考慮するなら，この別の鉱区も長くは我々の需要を満たさない恐れがある」

「グアノ取引は政府の専売であるが，この自由な共和国において，Don Domingo Eliasが公然と，埋蔵グアノは9ないし10年間でなくなるだろう，と主張したかどで，昨年の夏カリャオの監獄に送られたという噂である」

これが，ペルーの権力者たちの意見どおり，グアノ埋蔵量はまだ長期にわたって豊富なのだ，との考えを支持する事実でないことは確実である。

我々は，Moresby提督が誤りを犯し，彼が1853年に推定した3倍，6倍

あるいは9倍の埋蔵量があると考えたい。そうであれば，ヨーロッパ農業はもうしばらくの間，その欠乏を覆い隠す見通しを持つことができよう！　だがしかし，その後はいったいどうなるのか？

　ハノーバーとオルデンブルグを含む関税同盟の住民数は，1858年には1818年に比べて1,100万人多くなった。1人の人間を完全に養うのに必要な食料を，1日当たり穀物価2ポンドであるとすれば，年間1人当たりにすると穀物価7.25ツェントネルになる。

　したがって，1858年において関税同盟諸国の人民は，1818年に比べ8,050万ツェントネルの穀物価を余計に消費したことになり，もし次の40年間に人口が同じ割合で増えるならば，ドイツの畑は増大する人口を維持するために，年間最低200万ツェントネルずつ多くの穀物価を生産しなければならない。そこで次のような疑問が生ずる。ヨーロッパ以外の国々からの肥料輸送が停止した場合，ヨーロッパ農業は，この増大する人口のための追加需要をどのようにして畑から獲得すべきか？　増加した人口は，いったい生き延びられるのか？　その際，新しいグアノ鉱床の発見は計算に入れる訳にいかない。最近，あらゆる海が探索され，どんな小さな島も，どのような岸辺も，グアノを求めて踏査されたが，いずれも不成功に終わっているのだ。

　ヨーロッパ以外の諸国からの穀物の輸送に関していえば，世界のどの国も継続して穀物を輸出できる状況にはない。特にアメリカ合衆国については，そこで農業環境がどんなに激しく変化しているかが，よく知られている。イギリスがグアノ輸入を開始した初期，アメリカの農場主たちは，自分の豊かな土地に対する一種の誇りと，消耗したヨーロッパへの同情を合わせて見下していた。しかし，その後北アメリカのグアノ消費はすべてのヨーロッパ諸国の合計よりも多くなった。アメリカ農業の状態については，全く幻想を抱くことができない。1850年にアメリカの住民は23,191,836人を数えたが，1856年にはその数が27,605,527人に増加し，人口は6年間に4,605,527人，つまりバイエルン王国の全住民数だけ増大した。1856年に，合衆国の住民は1850年より3,350万ツェントネル多くの穀物及び穀物価を消費した。この総量が，1850年に北アメリカで需要を上回って生産され，ヨーロッパに

向けて積み出された量(800トン=1万6,000ツェントネル積みの船200隻)であることを考えれば,未利用地が新たに農業耕作に使用されないとの前提のもとで,1856年には同量の輸出ができなくなるのは当然である。

　穀物輸出が行なわれるのは,耕地面積に比較して住民数の少ない,肥沃な国だけだというのが,自然法則である。何年かの後,農耕地の生産力は低下して,以前より穀物生産が少なくなり,一方穀物消費人口は増加する。その結果は輸出量が減少し,やがて輸出が停止する限界に達する,ということである。しかも,この時点以前に土地の分割が進行し,野蛮な収奪は略奪技術を向上させ,長年月の後その国に逆行現象が生じてくる。小農は自分の畑の収量が次第に低下するにつれて,自分と家族の生計を維持するだけのものが得られなくなり,そのために土地の所有権を主張できなくなる。これまでは20エーカーで足りたのに,今では40エーカーが必要である。小農民は畑を売り払い,残りの財産をまとめて移住するか,落ちぶれて大地主の日雇労働者になるかであろう。このことは集約的な土地管理を招来して,地主は穀物畑の数を減らし,同時に穀物畑に不足しているきゅう肥生産のために飼料畑を拡張する。こうして地主の穀物畑はたえず縮小し,結局は所有地が1つの広大な牧場になる。国の大平野は少数の地主の手に落ちてしまう。

　これが略奪農業の自然法則的な道筋であるが,従来はどの国でも,北アメリカにおけるほど大規模に進行したことはなかった。ところで,まるきり考えられないことではあるが,仮に合衆国での過剰生産がこのまま続くとしたところで,前述の巨大な穀物輸出総量も,ヨーロッパの人口については約6日間,イギリス,フランス,ドイツについては2週間しか毎日の需要を満たしてくれない。

　イギリスの港の輸入リストによれば,1850年代の末期において,北アメリカからの総輸入額は,大ブリテンの人口を5.5日養うのに必要な量より多くはなかった。1861年には,コムギの輸入は890万クオーターに達した[4]。

　あらゆる農業者が否定できない肥料不足の激化,ヨーロッパ以外の国々からヨーロッパの畑に不足している植物養分を輸入せよ,との高まりつつある要求は,明白に進行する土地劣悪化の争い難い証拠である。

ヨーロッパ諸国の人口を，これらの国々の生産力に照応しない，つまり不自然な割合で増加させ，現在の土地管理を真の循環農業に転換して初めて維持できる水準にまで高めたのは，偶然の積み重ねである。我々が示したとおり，現存のグアノの量では補充は達成されない。したがって，我々は豊富に存在する自然産出の新しい植物養分の源泉を思いのままにするか，さもなければ，畑から収穫物とともに持ち出したものを無駄なく還元できるように，集める必要がある。この前提が実現しないなら人間を駆り立てて生活条件の保持のために狂奔させる自然法則の存在を実証し，その法則の侵害からどれほどひどい罰を受けるかを立証するには，一定時間の後には，科学も理論的説明も必要としないであろう。諸民族は自己を保存するために，平衡に達するまで悲惨な戦争の中で相互に傷つけ合い，絶滅し合うことを余儀なくされるであろうし，1816年と1817年のような2か年が続いた時には――どうかそんなことにならないでほしいが――それに遭遇した数十万の死者が路上に倒れているのを見るであろう。それに戦争が重なれば，母親たちは30年戦争のときと同じように，その肉で子供の飢えを和らげるために，打ち倒された敵の死体を家に曳いて行くことになるであろう[5]。また1847年のシュレージェンにおけるように，病気で死んだ動物の死体を地中から掘り起こし，腐肉で死期を永らえようとするであろう。

　これらのことは，漠然とした曖昧な予言や病的な幻想の産物ではない。なぜなら，科学とは予言でなく，計算をするものだからである。明確でないのは，……かどうかではなくして，いつということである。1,000個の金貨から毎日1個分の目方を削り落としても，残りに対する1日当たりの重量差はわずかなものである。しかし，精密な天秤を持つ貨幣検査官は見逃すことがない。通常の取引では，最初は誰も気がつかないし，各ドゥカーテン金貨が均等に削られる訳でないが，2個を比較した場合にやや偶然的に差異が現れる。こうした切削が1,000回繰り返されると，総計ではあとに何も残らないことになる。

　高度に文明の発達した国民の側からすると生命回路への破壊的干渉をわかりやすく示す事例としては，イギリスの農業が役に立つ。

5. 農耕と歴史

　18世紀の最後の25年間にイギリスへの骨粉輸入が始まり，1841年にはグアノの輸入が始まった。1859年にはグアノ28万6,000トン（または572万ツェントネル）が輸入され，骨粉の平均輸入量は6万ないし7万トンに達した。骨粉1ポンドは3年輪作で10ポンドの穀物価を，グアノ1ポンドは5年輪作1回で5ポンドの穀物価を生産する[6]。

　まちがいなく承認できるのは，骨粉として表現されるリン酸に関していえば，1810-60年までの50年間に穀類，豆類，ナタネおよび亜麻仁油粕，骨粉および骨灰の形で400万トンまたは8,000万ツェントネルが輸入されたこと，それがイギリスの畑で1億1,000万人の年間需要を満たすに足る8億ツェントネル，または10倍量の穀物価を生産したということである。

　1845-60年まで，つまり15年の間に，イギリスの畑に年間10万トン，総量で150万トンのグアノが施用されたとすれば，それによって2,000万人の生活を維持するに十分な750万トンまたは1,500万ツェントネルの穀物価がもたらされたことになる。

　いまひとつ明白なのは，仮に1810年以来輸入されたリン酸塩と1845年以来輸入されたグアノの成分が，全く損失せずにイギリスの畑の循環内にとどまっていたならば，1861年にこれらの畑は，それだけで1億3,000万の人間の食糧を生み出す基本的条件を備えていたであろう，ということである。こうした計算は，大ブリテンが2,900万の住民に毎年必要な食糧を生産しておらず，またイギリスの大都市における水洗便所（Water-closet）の導入が，350万人の人間の食糧を再生産できる諸条件を毎年一方的に失う結果をもたらしたという，驚くべき事実とは両立しない。

　イギリスが毎年輸入する莫大な量の肥料は，大部分が河川の流れにのって再び海へと流れ去り，肥料の生み出す生産物は人口の増加分を養うに至らないのである[7]。

　このまさに自殺的な過程が，イギリスにおけるほど大規模ではないにしても，すべてのヨーロッパ諸国で起こりつつあるのは困ったことである。大陸の大都市では，耕地の肥沃性を維持し回復させる諸条件を，農業者の手から引き離すために，官庁が毎年巨額の資金を無駄使いしている。

ある国における福祉の維持は，何よりも源泉そのものを涸渇させないことにかかっている。そして農耕を行なっているどの国も，他のすべての国にまさって，畑の肥沃度を保持したいという，差し迫った要求を持っている。このことが実現するのは，当然ながら条件そのものを軽蔑せず，無用に浪費しないときだけである。これに関する最大の危険は，農業者の意見を尊重することであって，農業者1,000人のうち自分の土壌を知っている者はほとんど1人にすぎず，そのくせ自分の経営についてあれこれ弁解するのが上手である[8]。

　土壌中の植物養分貯蔵がどれだけの大きさかは誰も知らないが，それが無尽蔵であると信じこむのは愚者だけである。どのくらいあるかは誰にもわからないが，どれだけの利益を生むかは誰にもわかる。我々が毎年畑から0.5%を取り去ったら，100年後の畑にはどのくらいの生産力が残るかということは，子供でも計算できる。一方，この0.5%を毎年補給してやれば，畑は100年も，そして永久に同じく高い穀物収量をあげることになる。

　仮に，450万の住民をもつ国において，その住民が毎年必要とする穀物価を生産する条件の1/4だけが年々失われて行くとすると，これは100年間に8億6,000万ツェントネルの穀物価に相当する。一定の期間後，浪費した生活諸条件を買い戻せるほど豊かな国はないし，もしその国が非常に豊かであったとしても，世界にはそれを購入できるだけの市場が存在しない。

　ヨーロッパの人民を破滅させるおそれのあるこの慢性病に対して，正しい治療法を適用するのは非常に難しい。というのは，病人が病気であると信じないからである。人民大衆は，鏡には健康な姿が映るので，その不幸を全く都合よく解釈し，軽度の疲労だけを訴える結核患者のような状態にある。すなわち，農業者は畑のわずかな疲労を訴えるだけで，他には何もない。結核患者は，医者が病気の進行を促進するとの理由で彼に許さないぶどう酒の少々が，力をよみがえらせてくれるだろうと考える。同様に農業者も少量のグアノが畑によく効くと考えるのだが，それは畑の消耗を促進するだけである。年を経るにしたがって，多くの不良経営者が破産宣告を受ける。彼は友人，縁者のすべてが貧しくなり，最後の銀のスプーンが質屋に入って初めて，

救済へのはかない希望をあきらめるのだ。

　諸民族が恒常的な貧困化と人口減少の状態にまで没落するのは，緩慢な，何世紀もかかる過程であるにせよ，あらゆるヨーロッパ諸国の子供たちが，父親の罪を償わねばならないことを思い知る日は，日程にのぼってきている。

　地球上のどの民族も国民も，その永続と増殖の諸条件を維持することを知らずに生き延びることはできなかったし，地球上のどんな国や地域も，収穫回復の諸条件を人の手によって畑に戻さなければ，人口稠密な時代から荒廃と不毛の時代へと転落することを見てきた。多くの人々が自ら慰めにしている希望，すなわち，かつては現在もう得られない高い穀物収量をあげたことが知られているギリシャ，アイルランド，スペイン，イタリアの畑が，最善の耕作をつうじて，いつの日か再び恒常的に肥沃になる，との希望は全く空しいものである。アイルランドからの移民は1世紀にわたってまだ続いており，スペイン，ギリシャの人口は，一定のごく狭い限界をけっして越えることはできない。

　私にはよくわかるのだが，農業を営んでいる人々のほとんど全部が，自分の経営方式は正しく，畑は収穫をあげるのを絶対にやめないであろう，という確信を抱いているし，人民の間には，未来が農耕のいかんにかかっているにもかかわらず，将来に対する完全な無頓着と無関心が広がっている。それは自らの行為によって没落を招いたすべての民族に見られたことで，政府と人民が畑の劣悪化の徴候，歴史と科学の厳粛な警告に相応の注意を払わなければ，いかなる国家指導者といえども，ヨーロッパの諸国家をその終末以前に救うことはできないであろう。

原　注

1)　農耕民には，当然ながら狩猟民と遊牧民が先行しており，そして諸民族と諸国家の文化，文明に対する農耕の作用は，我々の最古の歴史書である『聖書』の「創世紀」第4章に次のように暗示されている。「農耕は遊牧民から牧草地を奪い，追放する（耕す者カインは羊飼いアベルを殺した）」「農耕の子供たち（カインの子孫）はもう放浪することなく，堅固な住居を建てる（アダはヤバルを産んだ。彼の血統をひく者は，天幕に住んで，家畜を飼う者となった）」「平和な芸術は農耕に源を発している（その弟

の名はユバルといった。彼は琴や笛を執るすべての者の先祖となった）」「工芸や工業もそうである（チラもまたトバルカイを産んだ。彼は青銅や鉄のすべての刃物を鍛える者となった）」「農耕は男の仕事であって、何よりも神の恵みでなければならず、故郷がある訳ではない（カインは不死であった）」

2) 有名な解剖学者 Tiedemann は，その最後の報告——これは同氏の婿，Bischoff 教授の好意によって私の自由に委ねられたものである——において次のように述べている。「体位を厳密に研究すれば、ある民族の肉体的特性に関して、隆盛と繁栄の確かな結論が得られる。一般に、その種（species）の平均基準を超えることは、一定の限度内で、生物の繁栄を物語っている。人間についても、原因が物理的な条件か社会的な条件かはともかくとして、繁栄が損われるときには体位が低下する。ある民族の体位の研究は、民族そのものの力の決定に確固たる支点を与える。１つの民族はその平均体位基準の低下に伴って、さまざまな程度に衰退する。有産階級に属する者は下層人民よりもよい生長を示す。生長基準に基本的な手段を提供するのは、徴兵名簿である」

比較研究によれば、徴兵制を敷いているすべてのヨーロッパ諸国で、徴兵制の実施以来、成人男子の平均体位基準、および兵役に対する全体的な適合性は低下したことがわかる。フランスでは、1789 年の革命以前には歩兵の最低身長は 165 cm であったが、1818 年には 157 cm にされ（3 月 10 日の法律）、さらに 1832 年 3 月 21 日の法律によって 156 cm となった。ザクセンでは、1780 年には兵役の基準が 178 cm であったのが、今日では 155 cm である。プロシャの兵役の基準は 157 cm、オーストリアの兵士の基準は 160 cm、スウェーデンでは 162 cm である。

3) 重さ 120 ポンドの 8 か月齢の豚は、ジャガイモによる 93 日間の飼育で 14.5 ポンド体重を増加し、同年齢で重さ 120 ポンドの第 2 の豚は、同じ飼料で 208 日間に 48 ポンドの体重増加を示した。ジャガイモで飼育した場合、豚が 1 歳になった時の体重は同一であった。8 か月齢で重さ 120 ポンドの第 2 の豚は、ジャガイモ、乳漿、脱脂乳、台所の残飯で飼った時、97 日間に 104 ポンド増体した。総重量で 1,174 ポンド 9 頭の豚は、同じ混合飼料で 97 日間に 826 ポンド増体し、平均 1 頭当たり 92 ポンドであった。

4) 穀物税の廃止以前、外国穀物に対する年間需要を賄うため、大ブリテンが毎年支払った額は 500 万ポンドであったが、その廃止後には 1,900 万ポンド・スターリングに増大した（Roscher）。

5) ノルドリンゲンでは、包囲された人々が 1 つの城塞を占領し、市民たちがそれに自ら火を放った時、飢えた女たちは半焼けの敵の死体に突進して、その肉片を子供らのために家に運んだ。

6) これらの数字は実際からとったもので、骨粉やグアノの効果のすべてを十分に表してはいない。なぜなら、骨粉 100 ポンドは小麦子実 2,600 ポンド、クローバ乾草 5,700 ポンド、またはジャガイモ 17,000 ポンド中のリン酸を含み、グアノ 100 ポンドはコムギ子実 1,300 ポンド、クローバ 2,850 ポンド、またはジャガイモ 8,500 ポンド中に存在するリン酸を含んでいるからである。

7) 収穫物中に持ち去られる全土壌成分の一定部分が，毎年必ず失われるとすると，規則正しく継続して行なわれる肥料輸入は，それがどんなに長く続こうとも，土壌の特性を本質的に改善することができず，12-13年後には，土壌中にある定常状態が成立する。いま輸入肥料成分の半分が毎年消失すると仮定すれば，そのときには年間輸入が実際額の2倍になり，そのかわり輸入された肥料の全量が年ごとに喪失し去るかのような状態となる。また，毎年の消失が1/3にとどまれば，年間輸入が実際額の3倍になったかのようなところで定常状態になる。

　ここから，下水溝や便所施設のささいな改良によってさえ，その国がどれだけ多くの肥料資材を保持できるかがわかる。イギリスが毎年平均して20万トンのグアノと10万トンの骨粉を輸入し，そのうち1/3しか失われないとすれば，約12年後には，毎年60万トンのグアノと30万トンの骨粉が輸入されるかのような比率になる。すなわち，イギリスの畑の生産は，これら肥料資材の3倍量を施用したのに等しい割合で増加するであろう，

8) 鋤を操り，名声といえば牡牛を追う棍棒であるような者，仕事とともにさすらい，牡牛について語ることも知らぬ者がどうして賢者になれようか？　彼の考えるのは，いかに耕すかということ，そして朝早く，夕べ遅く，牡牛に餌を与えねばならぬ。(Jes. Sirach，第39章，第26詩および第27詩)

6. 国民経済学と農業

　Adam Smith は，諸国民の富の源泉に関する不朽の著書の中で次のように述べている。

　「食物生産における土地の多産性を増進させるのがおよそどのようなものであろうとも，それは，改良が施されるその土地の改良を増進させるばかりではなく，他の多くの土地の生産物に対する新しい需要を創造することによって，これらの土地の価値の増加にもまた寄与するのである。土地改良の結果としての豊富な食物，つまり，多くの人民が自分たちだけの消費を超えて自由に処分しうるものを持っているほどの食物は，貴金属や宝石はもとより，衣服・住居・家具および什器という他のあらゆる便益品や装飾品に対する需要の一大要因である」(Asher によるドイツ語版，p. 169)〔大内兵衛・松川七郎訳『諸国民の富』岩波文庫，第2分冊，p. 68〕

　「食物は，世界の富の主要部分を構成するばかりではなく，多くの他の部類の富にその価値の主要部分を賦与するのもまた，食物の豊富さなのであ

る」〔同上，p. 68〕

　「およそ一国の人口が濃密であるのは，その国の生産物が衣・住を供しうる人民数に比例してではなくて，それが食を供しうる人民数に比例してである。食さえ供給されれば，必要な衣・住を見い出すのはたやすい」(同上，p. 158)〔同上，p. 46〕

　「もし人間が作った諸制度がこういう自然の傾向を全然妨げなかったならば，都会は，すくなくともそれが位置する全領域が完全に耕作され改良されるようになるまでは，どのようなところにおいても，その領域の改良や耕作によって維持されうる以上には拡大されえなかったであろう」(同上，p. 373)〔同上，p. 357〕

　「戦争や統治という通常の変革は，商業だけから生じる富の諸源泉をたやすく涸渇させてしまう。ところが，農業のいっそう堅実な改良から生じる富は，これよりもはるかに耐久力のあるものである」〔同上，p. 500〕

　私が一国の富と繁栄，そして人口増加の源泉としての農業耕作に関するこの Adam Smith の見解をここに引用するのは，それが数千年来知られなかった何か新しいものを含んでいるからではなく，同氏がその著書で最初にこの真理を認識し，立証したためである。Adam Smith の創始した国民経済学が，ほとんど1世紀の間，この源泉の本質，多産性と持続性にほとんど関心を抱かず，何か自らの領域に属さないもの，別世界のものとして遠ざけ，他の諸科学に押しつけてきたことは，それが経済学に固有の原理であり，あらゆる社会生活の諸法則がそれに依存しているだけに，まことに不思議なことである。

　人間の生命維持に役立つ食糧は，それが分解されて初めて栄養上本来の作用を現すものであるから，ある個体集団の生命の継続性は，これらの生活条件の不断の再生産に依存し，その増大は生活条件の増加向上に依存している。国民経済学もやはり，農作物を生産した畑が，本来の性質上人間の労働および一定の経営方式をつうじて再生産可能のものであり，したがって土壌は，あらゆる働きをし終えた(農作物を生産した)時にも，何らの部分をも消耗しない，ということを自明のことと見なしている。

Adam Smith は「あらゆる広大な国のはるか大部分の農場では，十分に耕作された土地の面積は，農場で生産される肥料の量に比例するにちがいないし，また肥料は肥料で，そこに飼育される家畜頭数に比例する」〔同上，p. 162〕と考えた。

　Adam Smith の時代まで，人々は畑の肥沃性の本質について全く説明できないか，または不明確な説明しかできなかった。約1世紀前には，労働する人間が労働と熟練とで畑の収穫物を生み出すのだという考えが，大部分の人の心を支配していた。つまり「ぶどう山には埋もれた宝があって，掘り起こせば取り出せる」のであった。前世紀の錬金術師は，鉛鉱石や鉄鉱石から鉛，鉄を作りだすのは彼の技術であり，その技術によって鉛から銀や金をつくる方法が見い出されると信じていた。生理学者は，動植物の生命過程で，鉄，カルシウム，リンが生成するということ，胃にはセイヨウアザミ，キャベツ，乾草や穀物を肉や血に変え，デンプンを熱いかゆに，肉粉をスープに，つまりいずれもすぐれた滋養物であるところのものに変える不思議な力があるということを信じていた。技師は，力は無から生じ，てこと歯車の精巧な組み合わせで，永久に働くことのできる機械が作れると信じていた。

　Adam Smith はこういっている。

「土地の多産性が作物を生みだし，栽培や耕作は能動的な多産性を活発化させるというよりは，むしろそれを規制するものなのであって，この地代は，その使用を地主が農業者に貸付けている自然の諸力の生産物とみなしてさしつかえない」〔同上，p. 396〕

　その意味では，滝の所有者が毎年借料を取って，それの利用を製粉業者に貸付けるのといくぶん似ている。

　正しい観察や研究の原理がほとんど知られず，あまりにも慣習に捉われていたことから，人びとは知覚できても説明のできないあらゆるものを，自己生成するものと見なした。今世紀の初めにおいても，知識層の間でさえ，土には植物の生成のための部分はない，との意見がまだ広く流布していた。

　植物の生長に関する de Saussure の研究をドイツ語に翻訳した Voigt 博士は，1804年に，その書物の補遺の中で「私は，作物の各成分がきわめて

規則的に土壌から取り入れられたものであって，それがどうして植物に保持されているかは，化学分析をもってしても，このこと以外には説明のしようがない，と述べた(de Saussure の)主張の根拠のなさを，読者諸氏に認めて頂けたものと信ずる」(Recherches chimiques sur la végétation, p. 187)といっている。Voigt 博士は，植物灰分中のカリウム，カルシウムが燃焼の過程で生成することを確定した事実と見なしており，さらに進んでこれらの物質の起源について次のような仮説さえ提出した。すなわち「私は Trommsdorf とともに，燃焼の過程で重要な役割を果たすのは窒素であって，カルシウムおよび主要なアルカリ類の形成にたぶんそれが本質的に関与する，との考えに傾いている」

こうした考えの支配下にあっては，土壌から高い収量を勝ち取る手段としか見られていなかった農業の正常な発展がいかに不可能であったか，ということを認識するためにも，今日では千年も前のことのように思われるこれらの思想によく注目しておく必要がある。

自然科学の発達につれて，これらの概念は根本的に変化した。

現代の金属学者は，鉛鉱石にはそこから抽出できる鉛，銀，金がすべてあらかじめ含まれており，彼の技術はつくり出すのではなく，分離するのだということを知っている。

医者はもはや，医療における治癒力，さわやかにしたり丈夫にしたりする手段とか，傷をいやす聖油とかを信じていない。

生理学者は，血液の主成分が，セイヨウアザミの中でもキャベツや穀物の中におけると全く同様に，既に完成した形で存在するのであって，胃は何ものをも創造せず，単に変形するだけだということを知っている。

同様にわれわれは今日，人間が生活目的に利用する作物が生産されるのにちょうど比例して，土壌が消耗することを知っている。

工芸家が手本を，芸術家が理念をもとにして仕事をするのに対して，農業者の労働は自然法則の命令に従うのであって，彼の任務は，目的とする生産物を人手をかけず製造するために，反応物質を最良の条件に持って行こうと努める化学工場主の任務と全く同じである。

6. 国民経済学と農業

　いかなる人間もソーダとか石けんを創造することはできない。これらの生産物は化学的な力で生成するのであって，化学的な力は最近接の距離でしか作用しないから，製造業者の仕事は諸原料を最適の状態で集合させることにあり，彼はそのために機械的な手段や溶融炉などの炉の熱を利用する。つまり彼はそのことによって，化学的な力の発現を妨げている抵抗を取り除くのである。

　同様に，農業者は作物を創造することはできないのであって，彼の仕事は，太陽の光と熱の作用のもとに，種子の中に眠っている固有の能力が空気，水および土壌の一定の成分と相互作用しうるようにしてやって，芽から植物体が生じるようにするだけである。農業者はあらゆる作業に際して，植物が作用器官を上方および下方に展開するためには，空気ならびに土壌を必要とする生物であることに留意する必要がある。農業者は，植物の能力を妨げるすべての有害なもの，障害になるものを取り除かなければならず，そのため，彼の優れて精巧な機械であるところの，植物の構成に必要な物質が土壌に欠けることのないようにしなければならない。こうすることによって，植物は彼のために多くの生産物を作り出し，生産してくれるのである。

　土壌がこれらの物質を含まない時には，労働は無効であり，かえって耕地を不毛にする。土壌は，人間が生活必需品にあてるすべての物質，価値の源泉であり，また土壌は，農耕をつうじてある国につけ加わる富を，再び一定の土壌成分に還元することによって，農産物の生産を仲介している。大きさが同じ2国で他の事情が同一であるならば，人口と人間の増加は土壌中におけるこれらの物質の含有量に比例するであろう。

　作物，穀物，肉の消費者が生命機能の維持のため消費，分解するのは，植物が空気から取り入れた栄養素だけであって，土壌が植物に供給し，人間や動物が栄養として消費する物質は分解されない，という仕組みが自然の中で成立している。後者はごくわずかの部分を除き，物質代謝産物の形で体内から再排出され，それが畑に還元されるならば，絶えず同量の食糧を再生産する可能性を持つ。栄養を摂取し終わった個人にとって，それが体内から排出された後には，これらの物質は全く価値のないものであり，人間は（腐敗，

分解の結果)拡散する有害物を住居の近くから引き離すべく強制される。したがって，ある国の富の維持が本質的には有効物質の全体を土壌に保持させることに依存しているのは明白である。

　農業者は，1シェッフェルの穀物によって，その畑が1シェッフェルの穀物を生み出す条件を奪うのであり，100万シェッフェルの穀物を毎年輸出する国は，将来において人民を養うべき同量の穀物価をもたらす可能性を失うのである。穀物生産国は一定の土壌価値を別の価値(金および銀)と交換しているが，それらは人間の必要を満足させるものではなく，反対に将来富を生産し，そして絶えず富を蓄積する可能性をなくすものである。

　ここから，都市に集積する物質代謝産物を人民が無駄に失うままにまかせている場合と同じく，継続的な穀物輸出によってどのような国も貧しくなるにちがいない，という結論が自ずから出てくる。ある都市が100万シェッフェルの穀物または穀物価の土壌成分を浪費することによって国に与える損害は，その国が100万シェッフェルの穀物を外国に輸出してこうむる損害と全く等価である。

　さらに，穀物を長期にわたって輸出している国，あるいは農業の継続に必要な物質を農業者に還元しうる機構を備えていない国では，穀物輸出の停止する時が到来するにちがいないし，また，国民が穀物や穀物価と交換しうる価値を生産しない時は，増大する人口の要求におされて，穀物や穀物価あるいま浪費した畑の肥沃度を肥料または肥料物質の形で買い戻すために，金銀として蓄積した富を引き渡さなければならない時がやってくるにちがいないということも明白である。穀物の輸入はある国が肥沃でないことの確かな指標にはならないが，肥料の輸入は常に畑の生産力衰退の証拠である。

　ごく完全なものであっても，機械的な手段では耕地を多産に保つための畑地改良が達成されない，ということを証明するにも，特別な論議は何も必要でない。長年月の後には，最も肥沃な畑においても収穫は低下するのであって，それを回復するのは施肥しかない。物理的性質の改善や畑の排水は，きゅう肥の肥効を高めるのであって，つまり，排水した畑では同量のきゅう肥でより高い収量が得られ，あるいは，一定の期間，もっと少量で従来と同

じ収量があがるのである。こうした認識から，農業者は輪栽農業またはきゅう肥農業を，排水と同様，農業における進歩と見なしているが，これは特に進歩とは考えられない[1]。

労働が土壌を次第に劣悪化させ，最後には消耗し尽くすにちがいない，ということは誰にもわかるし，畑に何も与えなければ，常に収量が低下することも知られている。しかし，自家生産のきゅう肥施用や排水が機械的な耕うんと等価であることは，そう簡単にはわからない。

それを認識するには，機械的な仕事が何を目的としているかに目を向ける必要がある。耕うんは，前作の植物によって養分を奪われた土壌粒子を，養分含量がまだ完全な他の土壌粒子と一様に混合させる他，以前には存在しなかった養分部分を土壌中に行き渡らせて跡作の植物の根に吸収可能にする。これは大気と水の化学的作用によって起きるのであって，鍬や馬鍬によるのではない。これらの農具は，空気と土壌粒子とを互に触れ合うようにするだけである。土壌中で一定量の養分を拡散性かつ可吸性の状態に移行させるのは，大気または時間の作用の一定の持続による。念を入れた砕土と反覆する耕起は，多孔質の土粒内部の空気流通を促進して，空気の作用する土壌粒子表面積を拡大更新するが，畑の収量増加がその畑に用いた労働に比例することはありえないのであって，収量ははるかに小さな割合で増加するのは，容易に理解される[2]。

2倍量の労働は，与えられた時間に単位労働が有効化する量の2倍の養分を可給態化することはできない。この物質の量はあらゆる畑で同じ大きさではなく，貯蔵が十分にある畑においても，養分の有効態への移行は労働に直接依存するのではなくて，外部要因の支配を受ける。すなわち，空気中の酸素および炭酸ガス含量は限られているから，労働が比例的な効率を現すには，それらの量もまた労働と同じ比率で増加しなければならないためである。したがって，多くの畑に耕うんがもたらす収穫増は，大気と水が土壌粒子に作用する時間が長くなった場合，労働に対する比率よりもむしろ大きくなる。農業者は，彼の労働に時間がつけ加わると，原則として労働に比例し，しばしばそれを上回る増収が得られることを知っている。休閑は，土壌と土壌耕

うんに対するこの大気と水との自然法則にのっとった関係の上に成り立っているのである。

　一定量の労働によって与えられた畑に生育する植物が，労働をかけない畑に比べて，1年間により多くの養分を受け取るようになった場合，または，農業者がその労働と同じ割合で畑に対する大気の作用を強めるのに成功した場合には，結果として収量はさらに増大するであろうし，条件が同じであれば，労働と大気の両者がその畑に作用する度合いに比例して収量が向上するであろう。このようにして，畑の収量増加に対する排水の効果は容易に理解されるようになる。

　土壌中に停滞したり，土壌中を流動したりする水は，空気が深い土層と接触する道を閉ざし，土壌粒子に対する空気の有用な作用を妨げる。排水はこのような水を流去して，土が上から下へと通じる空気に触れ易くするだけでなく，非常に重要なことであるが，上方に通じた孔隙によって，弱いながらも連続した空気の循環を全土層にわたって生じさせるのである。

　さきに述べたように，畑の耕起には，土壌を混合することの他に，空気と土とを互いに触れ合わせるという目的があるので，地中孔隙系の形成をつうじて，ある時間後には土粒子に対する空気の作用が強まる。つまり，排水した畑の内部では，与えられた時間のうちに多数の微細な気泡が土壌粒子と相互に代謝作用をするようになり，排水しなかった畑に比べて，休閑中に排水した畑は短期間のうちに植物生育に好適な前記の特性を回復することがわかる。耕起は土壌粒子を動かして空気分子との接触をよくし，排水は空気分子の運動に作用して土壌粒子との接触を強める。したがって，最終的には，機械的な仕事と排水は畑に対して同じ作用をするのであって，両者がともに畑に対する大気の作用を強化することは明らかである。

　その他の条件が同じときには，耕うんが等しければ，排水した畑は排水しない畑よりも，生育する植物により多くの養分を供給する。

　自分の土地で自家生産したきゅう肥の施用を基礎にしたきゅう肥農業は，上述のとおり，労働の独特の形態にすぎない。

　農業者がもし，耕地に不均等に散らばり，ばらまかれた植物養分を集めて

高所に汲み上げ，耕土層に集積するために，排水以外の機械的な方法手段を駆使したとすれば，それを実現するのが労働であることは疑いえないところであろう。農業者が飼料作物の栽培をつうじて狙いとするのは，一般に，地中深く入った分岐の多い根が，地中に分散した養分を吸い上げるのを助け，その主要部分をクローバの葉や茎，カブの根茎に集積させること以外の何ものでもなく，これらは最終形態としてきゅう肥になって耕土層の肥沃化に役立つわけである。

　土壌にきゅう肥の有機質成分を投入すると，きゅう肥が分解するために，土壌中には継続して炭酸ガスの発生が起こって，土壌の風化および養分の溶解と拡散に強力に関与するとともに，それをつうじて耕起並びに大気の作用が強化，促進される。

　ある畑の2つの等しい区画のうち，1区画ではきゅう肥施用による深層の犠牲において耕土層に養分が富化されているとすれば，そこは，全作物がもっぱら土壌表層からの養分を吸収する他の区画に比べて収量が高く，また，同量のきゅう肥を施した2つの等しい畑があって，1つは排水され，もう1つは排水されていないとすれば，前者は後者より高い収量を与える。なぜなら，排水した畑では，空気の流通をつうじて炭酸ガスの発生が繰り返され，その作用が数倍にもなるからである。当然のことながら，両方の場合とも，得られた高収量には畑の養分収奪が対応するから，これらの手段は農業者が土壌中に存在する養分総量のより大きな部分を取り去ることをも助ける。しかし，現存貯蔵量に相当する以上は作物の形で養分を取り去ることはできないし，貯蔵には限度があるのだから，土壌改良——今の場合には排水ときゅう肥施用をあげなければならない——によって引き出された収量増加は，むろん，永続的なものではありえない。高い収量は，畑に養分を富化させる技術ではなく，畑をより速やかに劣悪化させる技術に基づいているのである。

　したがって，多くの国で見られる，きゅう肥農業や排水の導入による収量増加は確実な進歩の指標ではありえない。ある産業や産業部門の進歩とは，元来正しい思想の獲得に依存するものであり，第1の責任を負っているのは諸生産物に必要な諸力(労働と資本)の経済学である。

「勤勉ではなく，節倹が資本増加の直接原因である。」(Adam Smith, Asher によるドイツ語版, p. 1, 330)〔大内兵衛・松川七郎訳『諸国民の富』岩波文庫，第2分冊, p. 351〕

これらの改良が，何年かの間，農業者にいっそう豊かな収入を与えるということは，まさしく畑の消耗によって収穫物をあがなっていることにほかならない。人民はそれによって単に一時的な利益を受けるだけで，一定の時期に大量に提供された食糧は，将来において再び人民のもとから離れ去ってしまう。あり余る年の後に，連続した飢餓がやって来るのは，まさに自然法則といってよい。

その原理において，農業は普通の工業と何ら異なるものではない。工場主や手工業者は，自分の事業を破滅させたくなければ，投下資本，事業資本を継続的に取り崩してはならないことを知っている。同様に合理的農業もまた，高い収量を欲するならば，生産物を作り出す土壌の有効物質総量を増加させなければならない。このことが前提である。

農業者は，作物として畑から持ち出したものを肥料の形で還元するとき，彼の事業と生産水準を持続的なものとし，確実なものとすることができるのである。

ドイツでは2, 3の実際的な農学者たちが次のような見解を広め，擁護している。すなわち，休閑中の畑の挙動からわかるように，既存の土壌有効養分総量は，土壌の風化をつうじて年々一定量ずつ増加するのであるから，その補充のために何かをする必要は別になく，消費し尽くしてもよろしい。持ち出し分は自然が補充してくれるのであるから，畑はいつも有効物質に富んだままである。こういうわけである。

ある国の人口が増加しなければ，収穫物の形で持ち出される物質の再補充を，休閑による可同化養分の増加がもはや起こらなくなる時点まで延ばすことができる，という点では，この意見はおそらく正当であろう。

これが略奪農業の無責任な言い訳にすぎないのはもちろんであって，知識の不足からどのように果たしてよいのかわからない責任，あるいは怠慢から実行しようとしない責任を子孫に押しつけるものである。土壌中における作

物の養分は，最も賢明な仕組みによって，きわめて徐々に，しかもゆっくりと，人間の労働をつうじてのみ植物が吸収できるような形になっている。最初から全部が栄養に適する形で存在したならば，人間および動物が無限に増殖して，人類の歴史はごく短期間しか続きえなかったであろう。人間が全力を尽くしても短期間に大地から肥沃度を奪えなかったこと——その馬鹿さ加減からはおおいにありうることだが——にこそ，世代継続の秘密があるのだ！

風化過程により年々養分として有効化するもの，土壌中の現存量に付加されるものは，人口増加に対して定められているのであって，もし現世代がそれを破壊する権利を持つと信ずるなら，そのことは賢明な自然法則のひとつに対する侮辱以外の何ものでもない。

循環するものは現在に属するが，それは一定している。土壌がそのふところに秘めているものは現世代の財産ではなくて，未来の世代に帰属する[3]。

科学は，最も肥沃な土壌における生活諸条件の貯蔵が，永続する人間世代に対してどの時期に相対的に乏しくなるかを決定する方法を知っている。反対に，実際はこの貯蔵に終わりが来ることはありえないと主張する。実際のあらゆる知識は，まさにこの意見に奉仕している。実際は，今日いかにあるかの経験は持っていても，将来いかにあるかについての経験は持っていない。また，非常に多くの畑が高収量をあげているとか，さらに多くの畑で収量を高められるとか，広大な土地，数億エーカーの肥沃な土地が今なお人類の手に触れることなく，豊富な収穫を与えるべく人間の養育を待っているとか，いうことは可能である。これは全く的を射たことであって，人類の永続に対する主要な地上的危機が非常に遠くにあること，そのため，我々は差し当たり何もする必要のないことは，何らの思索なしに受け入れることができる。しかし，ここで重要なのはもっと近い将来のこと，畑の収量が年ごとに低下したときにヨーロッパ諸国の状態がどうなるのか，あるいは穀物および肥料の輸入が限界に達したときのイギリス，またはコムギの輸出に終末がやって来たときのハンガリーの状態がどうなるのか，という問題に正確に答えることなのである。

理性ある人は誰も，世界の文化と文明の現在の担い手であるヨーロッパ諸国民が，古代のギリシャ，ローマと同様に，一定の使命を果たした後衰亡に向かい，貧困，粗野，野蛮のうちに滅亡するのが神意であって，そのため，人民の精神に，大地は天賦のものとして無尽蔵であり，人類の永続は自然法則によって保障されているという思想を移植したのだ，などと信ずることはできない。自然科学について一知半解の人が，そんな法則は成立しないのだと称して，思慮深い人をすべて説得できたにしても，人民の理性はその未来を確実なものにするため，自由に使えるあらゆる手段を行使するよう命じているのだし，科学と歴史の提供する事例を十分に検討して，現在および未来における農業の状態について完全な解明を行なう義務を課しているのだということを考えるべきである。畑はけっして収穫を生み出すことを止めないであろうという実際家の見解，そして，世界においては肥料の不足など絶対に起こりえないとする肥料商人や肥料製造業者の見解が，どれだけ信頼に価するかということは，こうした個々の畑や地域にとどまらず，国全体に拡張した研究から，ただちに明らかになるであろう。
　この研究から，農業者は，自分の畑の生産力を全未来をつうじて確実にする道はただ1つ，その事業において補充の原理を十分念頭に置くという道が開かれているだけだ，との確信に達するであろうし，一方，人民は，農業者が全体の利益のための目標に向けて，可能性を切り開くこの道を進むのを援助することに，喜びを感ずるようになるだろう。
　農業者が，収穫物の形で持ち出した植物養分を畑に戻そうと決心し，彼がそれまでに作物中に取り去ったものを毎年肥料の形で買い戻そうと心に決めたとき，それに比例して彼の失費は減少し，軽減されるであろう[4]。
　有効養分を補充することなく，毎年それを持ち出すことに起因する畑の収量低下は，1年にすればどのみち大したものでないにしても，いずれはその畑に投下する労働が報われなくなる限界に到達することは明白である。同様にして，農業者が，持ち出し分とちょうど同じだけを畑に与えるならば，規則的な補充による毎年の収量増加は微々たるものにすぎないであろうが，何年かの後には，単に高いというだけでなく，恒常的に高くなって行く利子つ

き資金を貯金箱に入れたのだという体験を得るであろう。彼の収穫物は，ある時点から規則正しく増加して行くにちがいない。なぜなら，その畑では現存貯蔵量の上に風化過程による一部の有効養分が年々付加されるからである。こうして彼の稼働資本は継続して増加するようになる。もし農業者がこの補充を正しいやり方で実施するならば，彼には将来深い確信，すなわち，従来彼が手中にしていたのは，より高度な畑の収奪手段にすぎず，いま初めて，農耕上の改善が持続性のある正しい改善となり，自分の労働が真の成功を勝ち取るのだ，という確信が生まれるであろう。

　一方，人民大衆が単純な自然法則をもっとよく知るようになれば，永遠の時の中で，未来の幸福にしっかり注意を向けるようになり，さらに人民大衆が次のこと，すなわち，どのような実際農家も，肥料の補給なしには一国の畑の生産力を継続して回復する保証ができないこと，もしこの補給を外国に依存するならば，収穫の維持向上と増大する人口への食糧供給とを結ぶ連関は，人民自らが支配しえない偶然的なものになり，精密な統計調査が示すであろうように，最も好都合な場合でも，結局肥料の輸入は比較的短期間(半世紀とか1世紀とかは，その意味ではきわめて短期間である)のうち終末を迎えざるをえないということを十分認識するならば，国家の富と幸福の維持，そして文化と文明の発展が，都市下水問題の解決いかんにかかっている，との洞察に行きつくであろう。

　事業主や工業家は，勤勉と熟練とによって，彼の労働が生産しうる財貨を増やし，その価値を高めることができる。たとえば，1人の勤勉な靴職人は，1日に他人の2倍の靴を作ることができるし，あるいは彼の技術をつうじて，品質のよい，高い価格に価する，より立派な靴を作ることもできる。工場主は彼の事業の拡大と生産の増加，そしてそれらの全体でもって製品価格の低落がもたらす損失を償うことができる。

　ヨーロッパの自営農民は，収入増加のためにこれらの手段を全然用いることなく，ここ数年間にその地位を著しく改善し，他の産業のいずれにもまして順調に過ごしている。その原因は，好天候によるものでも収量の改善向上によるものでもなく，また農業の進歩——これは結果的に，生産費の増加な

しにいっそう多くの生産物を生み出すことを農業者に強制する——によるのでもなくて，むしろ大陸のあらゆる地点ですべての農産物価格が着実に値上がりしていることによるのである。農業者は，生産費(たぶん日雇賃金は例外であるが)あるいは生産量が増加しなかったにもかかわらず，穀物・肉・バター・卵を以前より25ないし50％多くの銀と交換しており，一方，鉄，一般農具，荒物などの必需品価格は変化がなく，むしろ下落気味であった。

このことによって，農業者の収入は実際に増加したのである。農業従事者の福祉の増進は，現在のところ，すべての工芸，工業の諸部門と商業に好ましい反作用を及ぼしていて，国内のあらゆる関係がうまくいっているように見える。流通経路と流通手段が拡大し，安価になった結果としての販路の拡張は，大陸のあらゆる地点で農産物価格が値上がりした事実を説明しえない。というのは，単純な平衡関係によって，あるところでは価格が上がるのに対応して，別のところでは価格が下がるであろうからである。同様に，この騰貴の原因を凶作に求めるのも根拠薄弱である。異常な形での凶作は起こらなかったからだ。

真の原因は，農業生産が全体として人口の増加と歩調が合わなかったこと，消費者数が増加したのに畑の収量が同じ割合で増加しなかったことにある。つまり，需要は以前よりも大きく，貯蔵は以前より少ないのである。

最も重要なことは，人民大衆が，価格騰貴をつうじて財産と存立に悪影響を及ぼすにちがいないこの不均衡に関し，一切の欺まんを許さないことである。人民の自己保存本能は，自分たちが直面している状態に対して真剣な注意を集中するように命ずる。そして，すべての思慮深い人々が自然法則の関係全体をよく検討すれば，ヨーロッパ諸国の未来は，堅固で広い基礎の上に立っているのではなく，針先によろめいているのだ，との信念を得るにちがいない。もし農業者がこのことから，自らの事業に対する認識を深め，生産の向上に必要な方策を実施しようとしないならば，ある時点から戦争，飢餓そして伝染病が自然法則として，平衡状態への道を開くに至るであろう。それらはすべての人々の幸福を深刻に動揺させ，ついには農業の荒廃をもたらすにちがいない。国家を統一し，外敵に対抗するため国力を充実させようと

する愛国者たちのあらゆる努力，すなわち国家組織のすべての改善，現在および未来の世代の幸福と利益の増進のために，これまで政府や議会のなしえたものも，存立の基礎である農業が耐久性をもって確立しない時には，浅はかな独裁者の得手勝手な世界と全く同じように，堅固きわまる岩をもついには微塵に変える，絶え間なく落下する水滴の抗し難い威力の前に屈してしまうであろう[5]。

原　注

1) ここ，およびこれからの論議における土地改良，排水，休閑による畑生産力の増大ということは，どれが条件であり，どれが作用するかはともかくとして，農業者にはよく知られたところである。

2) この法則は，John Stuart Mill によって『経済学原理』第1巻，p.17 において，初めて次のようにいい著されたものである。「土地の収穫は，他の事情が同じならば，従業労働者の増加に対して漸減的な割合で増加する，ということは，農業の一般的法則である」同氏がその根拠を知らなかったのは，誠に奇妙なことである。

3) 「創世記」第4章第12節「あなたが土地を耕しても，土地は，もはやあなたのために実を結びません」

4) 農業者が受け取っただけのものを畑に補充すべきだという意見は，私が，可能な場合にも，もっと多く与えることをよい，あるいはいっそうよい，と見なしていないのだ，というように解してはならない。このことに関しては疑問の余地がない。多くの富裕な農業者はそうしているが，これは他の大多数が無知蒙昧で，補充に関してあまり気を使わないからにすぎない。あらゆる人が補充するようになれば，持ち出した以上のものを買い戻すのは，誰にもできない相談である。

　　統計報告によれば，イギリスおよびアイルランドの年間穀物(コムギ，オオムギ，エンバク)生産量は 6,000 万クォーターまたは 2 億 4,000 万ツェントネルまたは 1,200 万トンと見積られる。風乾物 1 ツェントネル中のリン酸を平均 0.8% とすれば，イギリスおよびアイルランドの畑から 190 万ツェントネルのリン酸が収穫物中に持ち出されることになる。これをグアノの形で補充するには，1 ツェントネルのグアノは平均 10-12 フント以上のリン酸を含まないから，毎年 1,600 万ないし 1,900 万ツェントネル，または 80 万ないし 90 万トンのグアノを施さなければならない。骨粉は平均 24% のリン酸を含み，前記のリン酸量は 40 万トンの骨粉中に含まれることになる。イギリスの年間グアノ輸入量は，1848 年以降の平均で 20 万トン以上になったことはなく，骨粉の輸入量は最高 8 万トンと見なされる。

　　ここでは，カブ，クローバ，一般牧草のような，その他の作物栽培による土地収奪は計算に入っていない。

5) 都市に集積する肥料物質の農業的利用に反対して提起される抗議は，根拠のあるも

のではない。今なお我々が，土壌生産物の持ち出しに起因する耕地からの植物養分損失を，自然の源泉から補充している状態にあるのは自明のことであって，このようなものを持続的な対策という訳にはいかない。一方において，未分解状態の排泄物をできるだけ速やかに生成の場所から引き離し，それがもはや有害な作用を及ぼさない場所に運ぶことは，争う余地のない公衆衛生上の要求である。公衆衛生と農業が触れ合うのは，まさにここにおいてである。排泄物を都市から引き離し，下水に流すだけでは公衆衛生上不十分である。それで有害性は除かれないからである。有害性の除去は，農耕の中にある土壌を通してのみ，有効に行なわれる。

　どういう方法で排泄物を都市から遠ざけ，農業に再び役立たせるかは，ようやく研究の対象になり始めたばかりである。どこでも同一の関係が成立する訳ではないから，あらゆる場所に通用する提案を行なうのは，不可能ではないにしても，率直にいって困難である。多くの小都市では，耐水性の肥溜（こいだめ）の設置とか，消毒した内容物を畑に運ぶ一時的な輸送法とかを記載した，既存の警察法規を厳格に実施すれば足りるし，さらに大桶方式またはリールヌル方式が効果的なことも多い。しかし大都市においては，これまでの経験から，下水の農業的利用を伴う下水道の敷設が唯一の道と考えられる。残念ながら，この最重要問題はやっと端緒についたばかりで，その上奇妙な偏見が解決を妨げている。そこで，ロンドンの実情を基礎にしこの問題にいろいろの面から光をあて，事実と自主的判断のための原理を提示することを目的として研究を行なった。

〔研究の内容については省略。リービヒはロンドンにおける人間および家畜の排泄物，台所や屠殺場の廃棄物に含まれる肥料成分の推定を試み，それが流入する下水を草地の肥料として利用するよう，具体的な提案を行なっている。〕

第1部
植物栄養の化学的過程

主　題

　有機化学は，生命および全生物の完全な生育の化学的諸条件を研究する任務を有する。

　生きとし生けるものの存在は，食糧といわれる特定物質の摂取と結びついており，食糧は生物体内において，生物自体の成長と維持のため用いられる。したがって，生物の生命と成長の諸条件に関する知識は，栄養となる物質の発見，その栄養の由来する源泉の探求，それが生物の同化作用で被る変化の研究を含むことになる。

　植物は人間および動物に対して，その生長と維持の第1の手段を提供する。植物の栄養の第1の源泉を為すのは，もっぱら無機的自然である。

　本書の主題は，植物栄養の化学過程の記述ならびに農耕の自然法則である。

　第1部では，食糧の探索とそれが生物体内で被る変化を扱う。ここでは，植物にその主成分である炭素，窒素，水素，酸素，硫黄を供給する化合物形態，および植物の生命機能と動物との関係，さらにその他の自然現象との間に成り立つ関係を考察するであろう。

　第2部では，土地の耕作および施肥の関連のもとでの自然法則について考察しよう。

1.　植物の一般成分

　炭素と水素は，あらゆる植物，そして植物の各器官それぞれの成分である。

　植物の主要部分は，炭素，および水の成分を水と同じ割合で含む化合物から成り，セルローズ，デンプン，糖，ゴムがそれにあたる。

　炭素化合物の別の一群は，水の成分に加えて一定量の酸素を含み，わずかの例外を除いて，植物に数多く存在する有機酸を包含する。

　第3のものは，炭素と水素の化合物から成り，酸素を含まないか，酸素を一成分として取り出したにしても，その量は，水素と結合して水になる重量

比率に相当するよりも常に小さいかである。したがって，第3のものは，水の成分プラス一定量の水素および炭素の化合物と考えられる。脂肪および油，蠟，樹脂がこの群に属する。その多くは酸の役割を果たす。

有機酸はあらゆる植物汁液の成分であって，わずかな例外を除き，無機塩基，金属酸化物と結合している。後者はどの植物にも存在して，植物を灰化した後に灰の中に残る。

窒素は，酸，中性物質，そして金属酸化物のすべての性質を備えた独特の化合物の形で植物に含まれている。最後のものは有機塩基と呼ばれる。あらゆる種子は，例外なく窒素化合物を含んでいる。窒素は，重量比率からすると植物体の一小部分を占めるにすぎないが，どの植物にも，植物のどの器官にも欠けていない。器官の成分でない時にも，窒素はすべての場合に器官を満たしている汁液中には存在する。

植物の種子と汁液とに必ず存在する窒素化合物は，一定量の硫黄を含んでいる。多くの植物種の種子，汁液または器官は，水とともに蒸留すると，特有の油状化合物を与え，それは硫黄および窒素の高い含量で他のものと異なる。セイヨウワサビやカラシ種子の油は，この種の硫黄化合物に属する。

上述のことから，すべての植物成分は2つの大きな群に分けられる。これらの群の1つは，成分として窒素を含み，もう1つはこの元素を含まない。

窒素を含まない化合物には，酸素を含むもの(デンプン，セルローズなど)と酸素を含まないもの(テルペン油，シトロン油など)がある。

窒素を含む植物成分は，3つの化合物小群，すなわち，硫黄，酸素を含むもの(すべての種子における)，硫黄を含み酸素を含まないもの(カラシ油における)，硫黄を含まないもの(有機塩基など)に区分される。

この説明からわかるように，植物の生長は，炭素を供給する炭素化合物，窒素を供給する窒素化合物，硫黄を供給する硫黄化合物の存在に依存しており，さらに水と水の成分元素，ならびに無機物質を提供する土壌を必要とする。これらのものなしに，植物の生長は成り立たない。

2. 炭素の起源と同化[1]

　農学者および若干の植物生理学者は，腐植の名で呼ばれる耕土，腐植土の一組成を，植物が土壌から吸収する主要な栄養分と考え，その存在が土壌の肥沃度の最も重要な条件であると考えてきた。

　この腐植というのは，植物および植物部位の腐敗腐朽産物である。

　化学では，植物性物質の分解産物であって，酸またはアルカリの作用を受けない，水にはあまり溶けないがアルカリには容易に溶ける褐色の物質を腐植という。この腐植は，外観上の特性の差異と反応から，異なった名称を有する。ウルミン，腐植酸，腐植炭，フミンは，化学者が呼ぶこれらの腐植のいろいろの形態であって，泥炭，セルローズ，暖炉のすす，褐炭をアルカリで処理するか，酸を用いて糖，デンプン，乳糖を分解するか，あるいはタンニン酸や没食子酸のアルカリ溶液を空気と接触させることによって生成する。

　腐植酸はアルカリに溶ける腐植の形態をいい，フミンおよび腐植炭は不溶性の形態をいう。

　これらの物質に与えられた名称は，それが組成的に同一だという誤解を生みやすい。だが，このことは人々が陥りやすい重大な誤りである。なぜなら，成分の重量比率において，糖，酢酸，樹脂のような差はもはや存在しないからである。

　水酸化カリウムを用いておがくずから得られた腐植酸は，Peligot の分析によれば 72% の炭素を，泥炭と褐炭からの腐植酸は，Sprenger によれば 58% の炭素を，希硫酸を用いた糖からの腐植酸は，Malaguti によれば 57%，塩酸により同一の物質及びデンプンから得られた腐植酸は，Stein によれば 65% の炭素を含有する。

　Malaguti によれば，腐植酸は水素と酸素を同じ当量，したがって水と同じ比率で含んでいるが，Sprenger の分析では，含まれる水素はもっと少なく，また Peligot によれば，腐植酸は 14 当量の水素に対してわずか 6 当量の酸素を含むにすぎない。つまり，水の比率に対応するより水素が 8 当量も

多いのである。

　腐朽したヤナギ材，泥炭，腐植土は，水やアルコールで抽出すると，アルカリによって腐植酸を生成する褐色の固形物を残すが，このものは，炭素と水の成分元素のほか，化合物中に一定量のアンモニアをも含んでいる(Mulder；Hermann)。

　化学者がこれまで，褐色または黒褐色をした有機化合物のあらゆる分解産物を，アルカリに溶けるか溶けないかによって，腐植酸あるいはフミンと呼びならわしてきたこと，しかし，これらの産物が組成および生成様式において，相互に最小限の共通点も持たないことは，容易にわかることである。

　このような分解産物のあれこれが，腐植土の植物成分の持つ形態と性質を付与されて自然界に存在するとの，取るに足らぬ根拠を信じてはならない。分解産物のひとつが栄養分として植物[2]に役立つという意見は，一度も証拠だてられていないのである。我々が腐植土の腐植酸の化学に関して知っているすべてのことから，各土壌，そしてそれぞれの耕地は，化学組成の点で他とは異なる腐植酸を含んでいるにちがいない。

　化学者の腐植および腐植酸の性質は，同じ名称を付された腐植土中の物質に信じ難いやり方で移植され，植物界に帰すべき役割にかかる概念がその性質に結びつけられた。腐植土の成分としての腐植が植物の根によって吸収され，腐植の炭素があらかじめ別の形態をとることなしに，養分として植物に利用されるとの意見は，なんら科学的な知見でなかったのであるが，腐植含量が不等であることがわかっている土壌種における，目立った植物繁茂の差異は，この意見の完ぺきな証拠のように思われた。

　この仮説に厳密な試験を課した時，腐植は，土壌に含まれているような形では植物の栄養に全く寄与しないという，明々白々な証明が引き出される。

　次に，化学者が黒褐色の沈殿で観察したような諸性質を持つ耕土の腐植について考えることにしよう。これは，腐植土または泥炭のアルカリ煮沸物を酸で沈殿させて得られ，腐植酸と名づけられたものである。

　新しく沈殿した腐植酸は，綿のような外観を呈し，その1部は18°Cで2,500部の水に溶解する。このものはアルカリ，カルシウム，マグネシウム

と結合し，後2者は同じ溶解度を持つ化合物を形成する(Sprenger)。

こうした状態で腐植は，水の媒介によってのみ，根で吸収される能力を獲得する。ところで，化学者は，腐植酸は新しく沈殿した状態でしか可溶性でないこと，腐植酸を空気中で乾燥させると完全に溶解性を失い，それの含む水を凍結させると，さらに完全に不溶性になることを見い出した(Sprenger)。

冬の寒さと夏の暑さは，それ故純粋の腐植酸の溶解性，さらには同化性をも奪い，かくして腐植酸は植物に到達することができないのである。

この観察の正しさは，よい耕土や腐植土を冷水で処理してみれば，容易に認めることができる。水は可溶性有機物を1/10,000も含まず，液は褐色でなしに無色透明である。

Berzeliusは，私がブナとモミの腐材で確認した観察と一致して，腐朽したカシ材——腐植酸が主成分を成している——が冷水中に痕跡量の可溶性物質を放出するにすぎないことを見い出した。

このような不溶性の状態で，腐植酸が植物の養分として役立ちえないことは，植物生理学者に気付かれなかった訳でなく，そこで彼らは，植物の灰に存在するアルカリおよびアルカリ土類が溶解性，さらには同化性を媒介していると考えた。

腐植物質には，多量のアルカリおよびアルカリ土類を吸収する能力，すなわち，それらを水に不溶な状態に変える能力がある。たとえば，1lの風乾したシュライスハイム泥炭(324g)は，7.892gのカリウムと4.169gのアンモニアを吸収した。この量のアルカリを吸収することによって，泥炭の腐植酸はますます水に溶けなくなるが，このアルカリ含量は既に，泥炭から植物の成長に役立つ土壌としての特性を奪ってしまう。ミュンヘンで行なわれた試験では，アルカリで飽和した泥炭その他の土壌において，それ以外のすべての条件が揃っていても，植物を生育させることはできなかった。このように，アルカリ過剰にされた土壌は，存在する腐植酸の一部が水溶性になるとはいえ，植物に対しては完全に毒物として作用する。こうした腐植酸溶液はアルカリ性で褐色を帯び，かつ現在までに行なわれたすべての観察が示すように，根の細胞膜は，このような液中の着色物質に対して全く非透過性であ

る。

　一方，根細胞の汁液がいつでも必ず酸性反応を呈することは，そこに遊離の酸が存在する証拠である。根の細胞膜はこの酸性の根汁液で浸されているので，酸で分解されて腐植酸を分離する腐植酸塩が，そのものとしては根細胞に到達できず，それから先に進みえないことは明白である。ただ，腐植酸と結合したアルカリおよびアルカリ土類は，根汁液の酸と可溶性の化合物を生成する場合に限り，こうした状態のもとでも植物の内部に入ることができる。

　もっとも高度な，別の考察もやはり，腐植酸の作用方式に関する上述の見解をきわめて決定的かつ疑問の余地なく反駁する。

　耕地は，木材，乾草，穀物その他の作物の形で炭素を生産するが，その量は大きく異なっている。中位の土壌の森林 2,500 m² には，風乾して 2,650 ポンドのモミ，トウヒ，シラカンバ材が生長する。

　同じ面積で，平均 2,500 ポンドの乾草が生産される。

　同面積の畑は，18,000 ないし 20,000 ポンドのテンサイを供給する。

　同一面積で，800 ポンドのライムギと 1,780 ポンドの麦稈，つまり合計して 2,580 ポンドが収穫される。風乾したモミ材 100 部は 38 部の炭素を含むから，さきの木材 2,650 ポンドは 1,007 ポンドの炭素を含む。Will によれば，100 部の風乾乾草は 40.73 部の炭素を含み，したがって前記の乾草 2,500 ポンドは 1,018 ポンドの炭素を含む。

　テンサイは 89 ないし 89.5 部の水と 10.5 ないし 11 部の固形物を含み，後者は 40% の炭素を含んでいる (Will)。

　これから，20,000 ポンドのテンサイは，葉の炭素を計算に入れないで，880 ポンドの炭素を含むことになる。

　風乾した麦稈 100 ポンドは 38% の炭素を含む (Will) から，1,780 ポンドの麦稈は 676 ポンドの炭素を含む。100 部の穀物には 46 部の炭素が含まれ，したがって 800 ポンドでは，368 ポンドになる。両者合計すると炭素 1,044 ポンドである。

　かくして次のようになる。

2. 炭素の起源と同化

2,500 m² の森林……………………………………1,007 ポンドの炭素
2,500 m² の草地……………………………………1,018 ポンドの炭素
2,500 m² の耕地，葉を除いたテンサイ…………880 ポンドの炭素
2,500 m² の耕地，穀物……………………………1,044 ポンドの炭素

　この争い難い事実から，同面積の可耕地は同じ量の炭素をもたらす能力を持つ，と結論しなければならない。しかし，そこに生育した植物の生育条件は，なんと無限に異なったものであることか。

　次のような疑問が出るにちがいいない。養分として，炭素は全く与えなかったのだから，草地の牧草，森林の樹木はどこから炭素を取ってきたのか？　土壌は炭素に欠乏していくどころか，年々炭素に富みつつあるが，それはなぜか？

　我々は毎年，森林や草地から乾草，木材の形で一定量の炭素を取り去るが，それにもかかわらず，土壌の炭素含量は増加し，土壌が腐植に富んでゆくのを見ている。

　穀物畑や果樹園には，肥料をつうじて，葉，茎，種子または果実として取り去った炭素を還元しているから，そこの土壌は，炭素を補給することのない森林や草地に比べて，持ち出される炭素は少ない，と人々はいう。だが，耕作によって植物栄養の法則が変更されたり，穀物，飼料作物には草地，森林の牧草や樹木とは別の炭素源が存在する，といったことが考えられるだろうか？

　ところで，腐植がなく，あらゆる有機質成分を全然含まない土壌種，さらには炭素以外の植物栄養素の水溶液による多数の直接的な試験は，最小量の炭素含有有機物すら根に供給する必要はなく，植物は繁茂し最高の収量を上げ得ることを明らかにしている。本書で後述する Wiegmann および Polstorf, Salm-Horstmar, Boussingault, Henneberg, Knop, Stohmann, Nobbe らの多数の実験は，大気こそ植物が炭素を汲み取る源泉であることの直接的な証拠である。

　植物中の炭素の起源の問題解決にあたって，この問題が同時に腐植の起源を含むということは，完全に考慮の外に置かれてきた。

あらゆる人の意見によれば，腐植とは植物および植物部位の腐敗と分解から生じたものである。したがって，腐植以前に植物が存在するのであるから，原腐植土，原腐植などというものはありえない。それでは，植物はどこから炭素を取ってくるのか？ 炭素は大気中にどんな形で含まれているのか？

　この2つの質問は，限りない昔から動物および植物の生活と存続を最も驚嘆すべき方式で，規定，結合し，作用面では相互に切り離しがたい，実に不思議な自然現象の2つを包含する。

　本問題の1つは，空気の酸素含量の不変性に関連がある。どんな季節，どんな気候のもとでも，空気100容の酸素は21容であって，その偏りは非常にわずかであるから，観測誤差と見なさなければならない。空気の酸素含量が途方もなく大きいものであっても，その量はやはり無限ではなく，反対に，消費し尽くされる大きさであることが計算から示される。1人の人間が24時間に57.2立方ヘッセン・フィート[3]の酸素を呼吸過程で消費すること，10 ツェントネルの炭素が燃焼する時，58.112立方フィートの酸素を消費すること，個々の暖炉が100立方フィートの酸素を消費し，ギーセンのような小都市でも，暖房に使われる薪が10億立方フィート以上の酸素を大気から取り去ることを考えれば，消耗した酸素を再供給する原因が存在しない時には，数え切れぬ年月の後[4]，空気中の酸素含量が低下しないのはなぜか？ 1,800年前にポンペイでひっくり返った小さなコップ中の空気が今日より多量の酸素を含んでいないのはなぜか？ ということは，全く理解できないことになろう。では，この酸素含量がけっして変わらない大きさであるのは，なぜであろうか？

　この問いに対する答えは，もう1つの問い，すなわち，動物の呼吸や燃焼過程で生成する炭酸ガスがどこへ行ってしまうのか？ という問題と密接な関係がある。1立方フィートの酸素が炭素と化合して炭酸ガスになる時，その体積は変化せず，それ故消費された数兆立方フィートの酸素からは，同じく数兆立方フィートの炭酸ガスが生成して，大気中に送り出されたことになる。

　de Saussureの完全で信頼すべき研究によれば，3年間の観測の後，全季

節の平均として，空気は容量比で 0.000415 容の炭酸ガスを含むことが見い出された。この含量を低下させるであろう観測誤差を考慮すると，炭酸ガスの重量は，空気重量のほぼ 1/1,000 を占めると考えてよい。この含量は季節によって変動するが，年が違っても変化はしない。

我々は，空気の炭酸ガス含量が数千年前には今よりずっと高かった，と推測しうる事実を知っているが，それにもかかわらず，毎年大気の現存量につけ加わる莫大な量の炭酸ガスが，その含量を年々顕著に高めてこなかったにちがいない，と考えるべきである。ただ，以前の観測者によれば，炭酸ガス含量が 1.5 ないし 10 倍高いとされてきたことがわかる。しかし，それから推論できるのは，炭酸ガス含量が低下したということだけである。

時間の経過の中で常に不変である大気中の炭酸ガスと酸素の量が，相互に一定の関係を結んでいるにちがいない，とは容易に気がつくことである。つまり，炭酸ガスの集積を妨げ，生成する炭酸ガスを不断に除去する原因があるはずで，それは燃焼過程，分解，そして人間や動物の呼吸によって消耗される酸素を空気に再補給する原因でなければならない。2つの原因は，植物の生命過程の中で1つに統一される。前記の観測の中に，植物の炭素がもっぱら大気に由来することの証拠が存在する。

さて，大気中において炭素は炭酸ガスの形，したがって酸素化合物の形でのみ存在する。

前述のとおり，植物の主要成分は，炭素および水の構成元素を含み，それらの量に比べると，他のものの量はきわめてわずかである。ひっくるめて，炭酸ガスよりも酸素含量は少ない。

したがって，炭酸ガスの炭素を同化する植物には，炭酸ガスを分解する能力が備わっていなければはならない，ということは明らかである。植物の主要成分の形成は，炭素と酸素の分離を前提とするので，植物の生命過程の中で炭素が水または水の構成元素と結合する過程において，酸素は再び大気に戻されるはずである。炭酸ガス——それの炭素が植物の主要成分になる——1容につき，大気は同容の酸素を受け取らねばならない。

植物のこの注目すべき能力は，無数の観察によってあますところなく証明

されており，最も単純な方法で，誰もがその正しさを認めることができる。

すべての植物の葉と緑色部は，光にあてると，いわゆる炭酸ガスを吸収し，同容の酸素ガスを放出する。

葉と緑色部は，植物から切り離した時にもなお，この能力を持っている。このような状態の葉や緑色部を，炭酸を含んだ水の中に入れ，太陽光にあてると，一定時間後に炭酸は完全に消失する。また，こうした実験を水で満たしたガラス鐘を用いて行なうと，生成する酸素を集めて試験ができる。酸素の生成が止まったとき，溶解している炭酸も消失しており，新たに炭酸を添加してやれば，新しく酸素が発生する。炭酸を含まないか，同化を停止させるアルカリを含んだ水中では，植物は全くガスを発生しない。

これらの観察はまず Priestley と Senebier が行ない，de Saussure は周到に実施された一連の実験において，植物は酸素の分離および炭酸の分解とともに，目方を増すことを証明した。この重量増加は，吸収された炭素量が示すものより多く，植物は炭素と同時に水の構成元素をも同化する，との考え方が全く正しいことを物語っている。

賢明かつ高貴な目的は，驚くほど単純なやり方で，植物と動物の生活を相互に緊密に結び付けたのである。

動物の生活との共同作用がなくても，豊かに繁茂した植物相の成立は考えられるが，動物の存在は，もっぱら植物の現存と生長に結び付いている。

植物は器官内に，動物の身体の栄養，更新，増殖のための材料を作り出すばかりでなく，また大気から動物の存立を危うくする有害物質を取り除くだけでなく，高等生物の生命活動である呼吸にとって不可欠な栄養を供給する唯一の存在でもある。植物は最も純粋で新鮮な酸素ガスの尽きることのない源泉であって，あらゆる瞬間をつうじて大気が失ったものを補給している。

他の関係が同じであれば，動物は炭素を吐き出し，植物は炭素を吸い込む。このことが行なわれる媒体，つまり空気は，その構成の中で変化しない。次のような疑問が出るかもしれない。見たところ，重量で 0.1% を占めるにすぎない，きわめて微々たる空気中の炭酸ガス含量は，地球表面の全植物相の要求をみたすのに十分なのか？ 植物の炭素が空気に由来するというのは本

2. 炭素の起源と同化

当なのか？

いずれにしても，この疑問には容易に答えられる。1平方ヘッセン・フィート[5]の地球表面当たり，1,295ヘッセン・ポンド[6]の目方の空気柱が存在することがわかっている。地球の直径を知り，それから地球の表面積がわかれば，大気の重量はきわめて正確に計算できる。その重量の1/1,000が炭酸ガスであり，これは27％ちょっとの炭素を含む。こうした計算から，大気は2,800兆ポンドの炭素を含むことになり，地球全体の植物，既知の石炭，褐炭鉱床の重量を合わせたものより大きい。したがって，炭素は要求を満たすのに十二分である。海水中の炭素含量は，それに比べてさらに高い。

炭酸ガス吸収の行なわれる植物の葉と緑色部の表面積は，森林，草地，穀物畑など，植物が生育し，大部分の炭素が生産される土壌表面の2倍であるとしよう。さらに，1モルゲン上にある高さ2フィートの空気層，つまり80,000立方フィートの空気から，毎日8時間の期間ごとに，容積で0.00067容，または重量で1/1,000の炭酸ガスが取り去られるとすると，これらの葉は200日間に1,000ポンドの炭素をとり入れることになる[7]。

植物器官の機能が障害によって抑圧されない限り，植物の生活に停止は考えられない。前記の能力を有するすべての部位自体も，根とともに絶えず水を吸収し，炭酸ガスを排出している。この能力は太陽光とは無関係であって，炭酸ガスは夜間にあらゆる植物部位から吐き出され，光が作用を及ぼす瞬間に初めて，炭酸ガスの分解，炭素の同化，酸素ガスの排出が進行するのである。芽が地上に現れた瞬間から，芽は最先端より下方に向かって着色し，独自の木材形成もここから始まる。

大気は水平方向に，また垂直方向にと絶えず動いている。ひとつの場所は，北極または赤道からやってくる空気で次々と洗われる。非常に微弱な風も1時間に6マイル進み，8日以内に，我々と熱帯もしくは北極を隔てている距離を動く。冬期，寒帯や温帯で植物界が，燃焼あるいは呼吸過程で空気から取り去られた酸素の補給を停止した時にも，植物相が遊離した酸素を我々に送る仕事を完全に遂行している地帯がある。地球の加熱によって起こるこうした気流は，異なる緯度線の異なる回転速度で決定される道を，赤道から極

へと進み，赤道へ戻る行き帰りに，そこで発生した酸素を我々にもたらし，我が国の冬の炭酸ガスを赤道に運ぶ。

de Saussureは，上層の空気は植物と接触している下層よりも炭酸ガスを多く含むこと，空気の炭酸ガス含量はそれが吸収，分解されている昼間よりも夜間に高いことを証明した。

植物は炭酸ガスを除去し，酸素を新生することによって空気を浄化する。この酸素は何よりも人間と動物に直接有用である。水平方向の空気の動きは，我々に多くのものをもたらし，同時に持ち去る。下方から上方への空気交換は，温度平衡の結果，風による交換に比べて著しく小さい。

農耕はその地方の健康状態を改善する。すべての農耕が停止すると，それまで健全であった多くの地方は人が住めなくなる。

褐炭，石炭，泥炭層は，何千年も以前に滅亡した，限りなく豊富な植物相の遺物である。それに含まれる炭素は大気に由来し，植物が炭酸ガスの形で大気から取り入れたものである。

現代の大気が古代世界に比べて酸素に富んでいるのは明らかである。現在の大気が含んでいる過剰分は，明らかに古代植物の栄養として使われた炭酸ガスの容積と等しく，我々が埋蔵遺物に見い出す炭素および水素と一致しなければならない。

シュプリント炭(Newcastleによれば比重1.228，分子式$C_{24}H_{26}O$) 10立方フィートの沈積に伴って，18,000立方フィート以上の炭酸ガスが大気から取り除かれ，同一量の純粋な酸素を増すとともに，10立方フィートの石炭は水素も含むから，水の分解によってさらに4,480立方フィートの酸素がつけ加わる。

古代世界の大気が酸素に乏しく，炭酸ガスに富んでいたことは，植物相が繁栄した主要条件のひとつであった(Brogniart)。

限りなく広がったこの植物の世界の没落によって，高等動物の世界が成立し，継続する条件ができあがった。

もし，地球表面において，生物の増殖または燃焼過程による炭酸ガスの生成が増大すれば，あれこれの場所では植物相に栄養過剰が現れるであろうが，

その炭酸ガスが野生または栽培植物の成分に移行することで，酸素含量は再び平衡に達するであろう．大気の酸素および炭酸ガス含量の不変性は，人類の出現により永久に確立した．

我々は，植物の生活の中，炭素同化作用の中に，植物の最も重要な機能としての酸素放出作用，いうなれば酸素供給作用を認めるのである．

組成が植物そのものに等しいか類似している物質，すなわちその機能を満足させずに変化を起こしうるような物質は，植物の栄養として全く考えられない．大気からの炭素同化，植物による空気の浄化について考えれば，夜間，光の存在しない時の植物の反応は，たしかに謎めいたものであった．

植物が空気を浄化する，という見解に反対の議論の多くは，Ingenhoussの実験と関連している．緑色植物も暗所では炭酸ガスを呼出するというIngenhoussの観察は，de Saussureと Grischowの研究の契機となり，そこから，たしかに植物は暗所で酸素を吸収すると同時に炭酸ガスを呼出すること，植物が暗所で成長した場所の空気は体積の減ることが明らかにされた．すなわち，吸収された酸素ガスの量が，排出された炭酸ガスの容積よりも大きいことは明白である．もし両者が等しければ，空気の減少は起こりえないはずである．しかし，この事実は何も不思議とするにはあたらない．ただ，下された解釈は非常にまちがったものであり，植物および大気の化学的な関係に対するひどい不注意と無知とが，そのような見解をもたらすに至った理由を明らかにしてくれるだけである．

不活性な窒素ガス，水素ガスおよび一定量のその他のガスは，生きた植物に対して特有の，多くは有害な作用を及ぼすことが知られている．最強力な試薬の1つである酸素が，植物が固有の同化過程を停止した生活状態に置かれた時，植物に作用を及ぼさないことが考えられるであろうか？

周知のように，光が存在しない時，炭酸ガスの分解は限界に達する．夜になると，葉，花，果実の成分に対する空気中の酸素の反作用の結果，純粋の化学的過程が始まる．

いろいろな植物の葉の成分に関する知識から，それら成分が光の存在しない間に，生きた状態で酸素の大部分を吸収するであろうことは，非常に容易

かつ確実に予想できることである。すべて植物の葉と緑色部位は，酸素を吸収して樹脂に変化する油，一般に芳香性液体成分を含んでおり，これらを含まないものに比べて多くの酸素を吸収するであろう。また，汁液中に没食子成分あるいは窒素に富む物質を有する別の植物は，こうした成分を欠くものより多くの酸素を取り込むであろう。de Saussure の観察は，この反応の決定的な証明である。香気も味もない肉質の葉を持つリュウゼツラン(*Agave americana*)は，24 時間に暗所でその体積の 0.3 倍の酸素を吸収するにすぎないのに対して，樹脂化する液体油で飽和したマツ(*Pinus*)，モミ(*Abies*)の葉は 10 倍，タンニン酸を含むイングリッシュオーク(*Quercus robur*)の葉は 14 倍，香油に富むギンドロ(*Populus alba*)の葉はリュウゼツランの葉が吸収した量の 21 倍の酸素を吸収する。こうした化学作用は，*Cotyledon calycina*〔ベンケイソウ科の一種〕，*Cacalia ficoides*〔キク科コウモリソウ属の一種〕などの葉で，いかに疑問の余地なく明白に現れていることか。その葉は，朝にはスイバのように酸っぱく，昼にかけて無味になり，夕方には苦い。つまり，夜間には純粋な酸生成過程，酸化過程が起こり，昼間と夕方にかけては酸素放出過程が出現して，酸は，水素と酸素の比率が水と同じか，あるいはすべての無味および苦味物質がそうであるように，酸素含量のいっそう少ない物質に移行するのである。

　空気の作用によって，植物の緑色の葉が変色するのに要する時間の違いから，吸収された酸素の量をおおよそ決定することも可能である。長く緑を保っている葉は，成分変化が速やかな葉に比べて，同じ時間に吸収する酸素量が少ない。色を保持する安定性の優れたセイヨウヒイラギ(*Ilex aquifolium*)の葉は，簡単迅速に変色するドロノキ〔ギンドロ〕やブナ〔イングリッシュオーク〕の葉がその 8 倍または 9.5 倍容の酸素を吸収するのと同じ時間に，葉の体積の 0.86 倍を吸収する事実が認められている(de Saussure)。

　光の存在しないところで通気ポンプで乾燥し，水で湿した後，酸素とともに目盛付きガラス鐘の中に置いたカシ，ブナ，セイヨウヒイラギの緑葉の反応は，このような化学反応に関する一切の疑問を氷解させる。すべての葉は，色が変わると同時に，封入した酸素ガスの体積を減じるのである。この酸素

減少は，高次酸化物の形成，または水素に富む植物成分の水素酸化の証拠にほかならない。

酸素を取り込む緑葉の特性は，新鮮な木材にも備わっているので，材を枝から取ったか幹の内部から取ったかにはかかわらない。木から採取した時のように湿った状態で，木材を細片にし，酸素とともにガラス鐘の中に置くと，最初に必ず酸素の体積の減少が見られる。一方，ある時間大気中に置いて乾燥させてから湿らせた木材は，体積変化を伴わずに周囲の酸素を炭酸ガスに変える。つまり，新鮮な木材は酸素を多く吸収する[8]。

Petersen と Schodler は，24 の木材を注意深く元素分析した結果，木材は炭素および水の構成元素の他，一定量の水素を過剰に含むことを明らかにした。木から新たに採取して 100°C で乾燥したカシ材は，49.432 の炭素，6.069 の水素と 44.499 の酸素を含有する。

44.499 の酸素と結合して水を生ずるのに必要な水素の量は，酸素量の 1/8，すなわち 5.56 であって，カシ材がこの比率に対応するより 1/12 多くの水素を含むことは明らかである。マツ，カラマツ (*Larix*)，モミ，トウヒ (*Picea*) は 1/7，ボダイジュ (*Tilia europaea*) は実に 1/5 もの水素を余計に含んでおり，水素含量が比重と密接な関係を持つことは容易にわかる。コクタン (*Diospyros ebenum*) は，水の構成元素をその比率で含んでいる。

各種木材の組成が純粋のセルローズと異なることは，水素に富んで酸素に乏しい，部分的に可溶な成分が，樹脂などとして存在しており，分析の中でその水素がセルローズに加算されたことを明らかに立証している。

さきに述べたように，分解を受けるカシ材が水素の過剰なしに炭素と水の構成元素を含んでいて，分解中に空気の体積を変化させないとしたら，分解初期における前記の関係はきっと別のものになったに違いない。したがって，水素に富んだ木材成分の中では水素が減少した訳で，この減少は酸素の吸収によってしか実現されえないのである。

夜間における炭酸ガス排出は，大気からの酸素吸収と結び付けて考えられてきたが，認められているのは，酸素の取り込みの結果炭酸ガスが生じることだけであって，夜間に植物が排出する炭酸ガスの大部分は，こうした酸化

では説明できないのである。説明には別の道を探さなければならない。

　葉や根から水とともに吸収された炭酸ガスは，光が存在しないともはや分解されずに，植物の全部位を浸している汁液中に溶解しており，その含量に対応する量の炭酸ガスが，あらゆる瞬間に葉から水と一緒に蒸散する。

　植物が勢いよく生い繁っている土壌には，どんな状況のもとでも，植物の生活に不可欠な条件として一定量の水分が含まれており，また空気から吸収したか，植物の分解で発生したかはともかくとして，こうした土壌には炭酸ガスが欠けていない。泉の水も井戸の水も，雨水も，炭酸を含んでいないものはない。植物は，生活のどんな時期にも，水分および水分中の空気と炭酸ガスを根から取り込む能力を停止することはない。

　炭酸同化の原因である光が存在しない時，植物から蒸散する水とともに，この炭酸ガスが変化しないで再び大気に戻るというのは，果たして奇妙なことであろうか？

　このような炭酸ガス排出は，同化過程とは全く関係がなく，純粋に物理的な過程である。ランプに浸され，炭酸ガスで飽和した液を含んだ綿の芯は，夜間における生きた植物とちょうど同じ行動をするので，水と炭酸ガスは毛管を通じて吸い上げられ，両者とも芯から外へ再蒸発するのである[9]。

　湿った，腐植の多い土壌に生育する植物は，乾いた土地の植物より夜間に多くの炭酸ガスを放出し，両者には乾燥した天候の時より多くの炭酸ガスを放出する。生きた植物または切りとった枝が，光の存在しない時，あるいは通常の昼間光のもとで引き起こす空気の変化に関して行なわれた諸観察の多くの矛盾は，これらの影響によって説明される。こうした矛盾は，解答を要する質問ではなく，事実を示しているだけであるから，注意を払う必要はない。一般に，植物が吸収するより多くの酸素を大気に付与する証拠には，さらにもうひとつ決定的なものがある。それは特別の装置なしに，水中に生育する植物を使って確実に示しうる証明である。

　緑色植物が土壌を覆っている池や堀の表面が冬に凍結し，透明な氷の層で水が大気から完全に遮断された時，昼間，太陽が氷上を照らす全期間に，葉の先端や小枝の先から絶えず細かい気泡が分離して氷面下に大きな泡を形成

するのが見られる。この不断に増加する気泡は純粋の酸素である。太陽が照らさない昼間または夜間には，その減少が観察される。これらの酸素は，水中に存在し，または植物が取り去ったのち，枯死した植物遺体の腐敗過程の進行に伴って部分的に補充される炭酸ガスに由来するものである。もし植物が夜間に酸素を吸収するのなら，酸素の量は周囲の水に溶解して存在する以上にはならないであろう。つまり，ガス状に分離したものは再吸収されないのである[10]。H. Davy は牧草地から4インチ平方の芝を切り取り，磁製の皿に入れて大きな容器中の水に浮かせた。同氏は，ゴム管をつけたガラス鐘を全体に被せて，草を外界の空気から完全に遮断した。芝はガラス鐘のゴム管を通して時々湿らせ，芝を入れた皿を浮かべた水には時に応じて炭酸ガス飽和の水を少しずつ添加した。

したがって，草は一定量のガス状炭酸を含む既知容積(230立方インチ)の遮断された空気中で生育した訳である。この装置を光の存在する所に置いたとき，ガラス鐘中のガス容積は，通常の昼間光で増大することがわかった。8日後の増加は30立方インチで，分析より，ガラス鐘中の空気は外気より酸素を4%多く含むことが見い出された(『農芸化学(Agricultural Chemistry)』第5版)。

その他多数の研究者の実験も，同じような結果を与えている。植物はいつでも，夜間に酸素を取り込んで再遊離するよりも著しく多量の炭素を，昼間に炭酸ガスの分解によって同化している。有名な Boussingault の研究によれば，同一面積のキョウチクトウの葉は，7月と8月に，夜間，酸素吸収によって生成しうる量の平均16倍の炭酸ガスを分解する。

これは植生に対する酸素含有大気の必要性に関する新しい問題である。現在の観察によれば，この質問には肯定的に答えねばならない。

既に de Saussure が示したように，光を当てた植物の炭酸ガス分解は，相当するエネルギーをもった酸素を含む培地でしか起こりえないのであるが，最近の実験も皆，酸素の不可欠性を示している。酸素がなければ，植物細胞で原形質流動が起こらず，根も植物の地上器官も機能しない。

ごく希薄な純粋の炭酸ガス大気中でも，炭素の同化が起こることを示した

Boussingaultの実験[11]は，当然のことながら，植物の生命過程における酸素の関与を否定するものではない。実際のところ，上述の事実が我々の知っているすべてであって，酸素なしには，ある必要な物質変化が行なわれないのか，酸素が植物の特定機能を維持すべき張力の緩和に役立つのか，いずれが植物の生活における酸素の特殊な役割を満たすのに適合しているかについては，いまのところ，推測以上に出ることは不可能である。

　以上に述べた事柄が，植物の炭素は大気に由来すること，炭素を供給するのは大気の炭酸ガスであることの証明である。

原　注

1)　肥沃な土壌が供給しうる抽出液(可溶性部分)の重量と，そこに生育した植物の重量とを比較すれば，植物固有の物質中ごくわずかの量しか土壌から受け取りえなかったことがわかる(de Saussure, Recherches sur la végétation. Voigt によるドイツ語訳，p. 249)。

2)　以下単に植物について論議する場合，植物とはクロロフィルを含む高等植物，すなわち緑色植物をさす。

3)　1立方ヘッセン・フィート＝15.625 ℓ

4)　大気がどこでも海面と同じ密度であるとすれば，その高さは24,555プロイセンフィートである。その中には水蒸気が含まれるから，大気高度は1地理マイル＝22,843プロイセン フィートとみなすことができる。地球の半径＝860地理マイルとすると次のようになる。

　　　　大気の体積＝9,307,500 立方マイル
　　　　酸素の体積＝1,954,578 立方マイル
　　　　炭酸ガスの体積＝3,862.7 立方マイル

　人間ひとりは毎日45,000立方インチ，したがって年間9,505.2立方フィートの酸素を消費する。10億の人間はそれ故，9兆5,052億立方フィートを消費する。動物と分解・燃焼過程でその2倍が消費されると考えても過大ではないだろう。こうして毎年2.392355立方マイル，まるめて2.4立方マイルの酸素が消耗し，80万年で大気はもはや酸素の痕跡も残さないことになる。しかも，空気の酸素含量が8%に減少すると，動物の生命に致死的な作用を及ぼし，可燃物ももう燃え続けなくなるから，もっと早い時期に呼吸及び燃焼過程は全く不適当になるであろう。

5)　1ヘッセン・フィート＝250 mm

6)　1ヘッセン・ポンド＝500 g

7)　一定時間に空気中の炭酸ガスがどれだけ除去されるかを知るには，次の計算がある。(壁と天井を合算して)面積105 m^{2}の小部屋を石灰乳で塗るには，4日間に6回の塗

装を要する。空気が炭酸ガスを供給して，石灰乳は炭酸石灰の被膜を形成するであろう。正確な測定によれば，100 cm² の平面は，重さ 0.732 g の炭酸石灰の被膜を有する。したがって，前記の 105 m² は 7,686 g の炭酸石灰で覆われ，4,325.6 g の炭酸を含んでいる。1ℓの炭酸ガスの重量は 2 g (1.97978 g の重さ) と考えられるから，前記面積は 2,193 m³ の炭酸ガスを 4 日間に吸収する。

 1 モルゲン＝2,500 m² の土地は，同様の計算によって，4 日間に 51.5 m³＝3.296 立方フィートの炭酸ガスを吸収し，これは 200 日間では 2,575 m³＝164,800 立方フィート＝10,300 ポンドの炭酸ガス＝2,977 ポンドの炭素になる。したがって，その土壌の上に生育する植物の葉と根が実際に同化する量の約 3 倍である。

8) 河川の氾濫による洪水で家屋が水没した際，このような木材の性質は致死的な病気の原因になる。水の引いた後にも，家屋の木材は水浸しのまま残って，非常にゆっくりとしか乾かない。木材は，湿った状態では現実に酸素吸収体であって，人間や動物の住む空間の空気中の酸素を奪うだけでなく，空気中に炭酸ガスを放出して，一定の比率(7-8%)のもとで有害な作用を及ぼす。

9) Boucherie は，盛んに生長している木の新しく切った切株から，炭酸ガスの巨大な流れが吐き出されるのを見た。これは明らかに根が土壌から吸収したものである (Dumas『講義録』p. 17)。

10) Boussingault の研究(Comptes Rendus, vol. 61, p. 605)によれば，1 m² のキョウチクトウの葉は，暗所で 1 時間当たり 0.0831 という微量の酸素を吸収するだけである。

11) 圧力 170 mm の炭酸ガス大気中で，ゲッケイジュの小さな葉は，光のもとで 1 時間以内に 1 cm³ の炭酸ガスを分解した(Comptes Rendus, vol. 60, p. 872)。

3. 腐植の起源と行動〔要約〕

〔Liebig は，土壌中の腐植の源泉は死滅した植物部位であり，腐植は分解過程にあるセルローズであると考えた。したがって，腐植はやはり大気中の炭酸ガスに由来する。

腐植は水の媒介によって植物中に移行できないから，植物の炭素源にはなりえない。土壌中の腐植の効用は，分解して緩やかに炭酸ガスを発生することで，土壌鉱物の風化を促進し，栄養分を可溶性，拡散性にし，肥沃度を増進する。また，Liebig は，腐植の分解で発生する炭酸ガスが根を通して吸収され，葉に移行して光合成に役立つ，と考えていたが，これは誤りである。〕

4. 水素の起源と同化〔要約〕

〔植物成分のすべての炭素は炭酸ガスに由来するが,無窒素物質のすべての水素は水に由来する。

シュウ酸,酒石酸,糖,デンプン,セルローズなど,すべての無窒素植物成分は,生きた植物の中で,太陽光の共同作用のもとに,根および葉が摂取した炭酸ガスから酸素を取り除き,その位置に水から由来した一定量の水素を付加して形成される。したがって,同化過程は,水からの水素と炭酸ガスからの炭素の摂取として,ごく簡単に表現される。その結果,酸素を含まない油などが生成する時には,水と炭酸ガスの酸素の全部が,別の時には酸素の一部が放出されるのである。〕

5. 窒素の起源と同化

腐植に富んだ土壌では,窒素または窒素含有物質の関与なしに,植物の生長は考えられない。

自然は,どのような形で,またどのようにして,植物性たんぱく質,グルテンや果実,種子の存在に絶対に欠くことのできないこの成分を供給しているのであろうか?

植物は,灼熱した土と泥炭灰または石灰粉末の混合物に雨水を灌漑した時にも,生長し生育しうることを想起すれば,この疑問には簡単に答えられる。雨水は,溶解した大気か,アンモニアおよび硝酸の形でしか,窒素を含有できない。

我々は,大気中の窒素が動物または植物の同化過程に何らかの関与をしている,との意見については,全く証拠を持っておらず,我々が知っているのはその反対のことである。多くの植物は,根が空気または水に溶けた形で吸収した窒素を放出している。さらに,Boussingault は,50年間に試みた多数の栽培試験をつうじて,大気の遊離(非結合)窒素が栄養にならないことを確認した。Boussingault は,植物灰を施用した灼熱土壌(軽石粉末!)にイ

ンゲン，カラシナ，エンバク，ルーピンを播種した。同氏は，生育中の植物にアンモニアおよび硝酸を完全に除去した大気を与え，ただ１つの実験系列においてのみ空気に炭酸ガスを混合した。給水には純水を用いた。種子は発芽し，小さな植物が生育して，上述の状況のもとで数か月以上生きていた。乾燥収穫物の重量は，種子乾物重量より数倍——1.5倍から4倍——多かったが，重量増加は窒素含有成分と無関係であった。播いた種子の窒素含有量と収穫物の窒素含量は，相互に最小の違いしかなく，大部分の場合はマイナスの側に傾いた。すなわち，収穫物の窒素含量は，播きつけた種子の窒素含量よりわずかに低かった。

一方，多数の試験は，アンモニアと硝酸が植物に窒素成分を供給する養分であることを示す化学上の行動について物語っている。

アンモニアは，どの点から見ても，他の物質と接触した際に生ずる変態の多様さにおいて，きわめて高い地位を占めること，水に劣るものではない。純粋な状態では高度に水に溶け易く，あらゆる酸と可溶性化合物を作ることができるし，他の物質と接触する時には，アルカリとしての特性を余す所なく発揮して，相互に直接移行する多種多様の形態をとる能力がある。こうした性質は，他の窒素含有物質では見い出すことができない。

ギ酸アンモニアは，高温の作用で，元素の分離なしに青酸と水を生成する。アンモニアは，シアン酸と作用して尿素，揮発性のカラシ油や苦扁桃油と作用して一連の結晶性物質を，リンゴの根皮の結晶性苦味成分と作用してフロリジンを，*Lichen dealbatus*〔地衣類の一種〕の甘味成分と作用してオルシンを，そしてリトマスゴケ（*Roccella tinctoria*）の無味成分と作用して，水および空気の存在下で青または赤色の華麗な色素に変化するエリトリンを生成する。これらのものは，リトマス，オルセールとして人工的に製造される。アンモニアは，こうしたすべての化合物中でアンモニアの形，アルカリの形で存在することを停止する。酸で赤色になる多くの青色色素，アルカリで青色になる多くの赤色色素は，窒素を含んでいるが，その窒素は塩基の形ではない。インディゴも窒素化合物である。

キナ皮のキニン，阿片のモルフィン，タバコのストリキニン，ニコチンな

どの有機塩基は，有機化学が教えるように，アンモニアから生成したことに疑いはなく，有機基の結合によって，1箇または多数の水素原子が置換した結果生ずるアンモニア類似の化合物である。

　硝酸は，適当な化学的条件下で多様な変化を受けて，窒素含有物質の形成に導くことができる。硝酸は，化学結合から水素が引き離される場合には，いつでも容易にアンモニアに移行する。

　ただし，これらの反応は，植物の窒素含有成分に窒素を供給するのがアンモニアと硝酸である，との見解を立証するには十分でない。

　それにもかかわらず，別の面からの考察は，この見解に，他の窒素同化形態はありえない，との確証をある程度賦与する。

　実際，よく管理された土地の状態を目に浮かべてみると，そこには動物，人間，果実の形で，また動物や人間の排泄物の形で，財産目録に盛られたと想像してよい一定の窒素総量が存在し，土地は何かある形から別の形への窒素移動なしに管理されている。ところで，こうした経営の生産物は，毎年現金やその他の生活必需品，窒素を含まない物質と交換される。そして，穀物，家畜とともに一定量の窒素が出て行き，その流出は，人間の手をつうじて，最小限の補充もなしに毎年繰り返される。ある年数の間に，財産目録中の窒素はさらに増加している。年々流出する窒素はどこに由来するのだろうか？人びとはこう質問するであろう。

　排泄物中の窒素は再生できない。土地は窒素を生産できず，大気から借用した窒素を保持するだけである。したがって，土地は，植物が，それに続いて動物が窒素を消耗する最後のものでしかありえない。動物体の窒素含有物質の腐敗と分解の最終産物は，2つの形態で出現する。温暖気候，寒冷気候では，主として窒素の水素化合物，つまりアンモニアの形で，熱帯では酸素化合物，つまり硝酸の形で出現することが多い。しかし，地表においては，多くはアンモニア形成が硝酸の発生に先行する。アンモニアは動物体腐敗の最終産物であり，硝酸はアンモニアの分解産物である。10億の人類の世代は30年ごとに更新し，10億の動物はさらに短期間に死に，そして再生する。それらが生きた状態で含んでいた窒素は，どこへ行ったのであろうか？

5. 窒素の起源と同化

疑問には確実さと確信をもって答えられる。動物および人間の肉体は，死後の腐敗をつうじて，含有する窒素をすべてアンモニアに変える。パリのアンノサン教会では，地下60フィートの遺体中で，すべての窒素が死蠟に包まれて残留し，アンモニアの形で含まれている。アンモニアは，全窒素化合物の中で最も簡単な最終化合物であって，水素は窒素に対して特別かつ最も重要な関係を示す。すでに述べたように，アンモニアは硝酸に変化し，硝酸は一定の還元過程を経て再びアンモニアになりうる。

ところで，アンモニアと硝酸は，窒素を含む有機体の腐敗と分解とによって生成するだけでなく，空気中の非結合窒素と水蒸気の関与のもとに，蒸散，燃焼(酸化)，電気放電など，その他多くの現象によっても生成する(後に詳述する)。

アンモニアは大気の恒常的成分である。空気のアンモニア量は，とりわけ変動しやすく，時と所の相違によって非常に差異がある。

Horsfordは，重量比100万部の空気について次のことを認めた。

7月3日	アンモニア重量	42.99部
7月9日		46.12
7月9日		47.63
9月1-20日		29.74
10月11日		28.23
10月14日		25.79
10月30日		13.93
11月6日		8.09
11月10-13日		8.09
11月14-16日		4.70
11月17日-12月5日		6.98
12月20-21日		6.98
12月29日		1.22

Horsfordの測定(北アメリカ，ボストン)によれば，空気のアンモニア含量は温度に比例する。

重量比100万部の空気につき，アンモニアの重量は，

De Porre(冬期)			3.5 部
Ville, 1850年		平均	23.73
〃 1850年		最高	31.71
〃 1850年		最低	17.76
〃 1851年		平均	21.10
〃 1851年		最高	27.26
〃 1851年		最低	16.52
Kemp, アイルランドの海岸			3.88
Grager, ミュールハウゼン,雨天の4日間			0.33
Fresenius, ウィースバーデン(1848年8月および9月)		昼間	0.10
		夜間	0.17
Bineau, リヨン(測候所)		最低	0.15
		最高	0.26
〃	リヨン(ラッツ埠頭)	最低	0.13
		最高	0.54
〃	タラール(庭園)		0.06
〃	カリュイール	最低	0.02
		最高	0.09

　大気中でアンモニアが遊離状態にあるとは考えられない。空気は，恒常的成分として，同時に炭酸ガスおよび硝酸(亜硝酸)を含むからである。また，2つの酸とアンモニアの化合物は，きわめて水に溶けやすく，どちらの窒素化合物も大気中には多くないことが理解される。水蒸気が液状の水に凝縮するたびに，アンモニアと硝酸は濃縮され，大気は降雨のたびに，一定期間アンモニアと硝酸を含まなくなるに違いない。

　私の研究室で，十分かつあらゆる注意を払って行なった実験から，雨水にアンモニアが含まれることは全く疑問の余地がなくなった。しかし，このことは，実験開始の時まで全然関心の外にあった。アンモニアの存在については，誰も問題にしていなかったからである。

　この実験を行なった雨水は，すべてギーセン市の南西約600歩の場所で集め，雨天の時の風向は市の方に向かっていた。

　数百ポンドの雨水を純銅製の蒸留器で蒸留し，最初に溜出する1ポンドに

塩酸を加えて蒸発すると，適当な濃縮の後，冷却によって，明瞭にわかる網状の塩化アンモニアの結晶が得られた。こうした結晶は常に褐色または黄色に着色していた。

同様に，アンモニアは雪の中にも欠けていない。雪は降雪開始時に最大のアンモニアを含むが，降雪開始後9時間目に降った雪にも，アンモニアははっきり検出できる。

雨水にアンモニアが存在することは，新しく集めた雨水を清潔な磁製皿に採り，少量の硫酸か塩酸を加えて，乾固近くまで蒸発させてみれば，誰でもごく簡単に認めることができる。これらの酸は，アンモニアと結合することによって，揮発性を取り除くのである。残留物は塩化アンモニアまたは硫酸アンモニアを含み，塩化白金を用いて，またもっと簡単には，水酸化カルシウム粉末を添加した時に発生する刺すような小便臭で検知できる。

著者が1826年から1827年にかけて行なった雨水の研究(Annales de Chimie et de Physique, vol. 35, p. 239)では，77の雨水残渣の分析をつうじて，そのうち雷雨の雨水を蒸発して得た17には，多かれ少なかれ硝酸が含まれることが証明された。その後の雨水に関する研究は，すべての雨水，露などに硝酸が含まれることを明らかにした。

近年，多数の研究者が降水中の硝酸およびアンモニア含量を測定したが，この方面できわめて傑出した研究は，ドイツにおいて1864-65年，1865-66年，1866-67年にかけてプロシャ各地の農業試験場が行なったものである。

前記の観測は，雨水を集めた場所によってアンモニアおよび硝酸含量が異なることを明らかにした。たとえば，1865年における雨水1ℓ(12か月の測定の平均値)の含有量は次のようであった。

試験地における降雨量は，レーゲンワルデで470.9 mm，ダーメで433.8 mm，インスターブルクで504.7 mmであった。

雨水中の硝酸およびアンモニア含量は，同一の場所でも変動し，また年が異なると，同じ月でも等しくない。

レーゲンワルデの雨水1ℓは次の組成である。

異なった年のあらゆる月におけるこの差異は，レーゲンワルデの雨水ばか

	1月		2月	
	アンモニア	硝酸	アンモニア	硝酸
1865年	2.700 mg	5.350 mg	7.050 mg	5.860 mg
1866年	2.972 mg	1.362 mg	1.954 mg	0.661 mg
1867年	2.180 mg	2.056 mg	1.350 mg	1.998 mg

	5月		12月	
	アンモニア	硝酸	アンモニア	硝酸
1865年	6.700 mg	2.891 mg	22.116 mg	2.742 mg
1866年	3.010 mg	2.660 mg	2.010 mg	2.781 mg

りでなく，プロシャの他の試験場所の雨水すべてについても示された。1865年12月の雨水に関して実施したアンモニアおよび硝酸の測定値から，異なったある年の12月の雨水の含量が同一ないしほぼ同一とは推定できないのである。原則として，冬期の雨水は夏期よりアンモニアに富んでいる。

Bineauが1853年にリヨン測候所で行なった試験によれば，$1\,dm^2$の面積に降った雨量と，それが含有するアンモニアおよび硝酸の量は，次のとおりである。

Bineauによる雨水の測定結果(リヨン, 1853)

	$1\,dm^2$当たりの雨水量 mm	$1\,dm^2$当たりのアンモニア mg	$1\,dm^2$当たりの硝酸 mg	$1\,dm^2$当たりの全窒素 mg
冬	0.808	13.1	0.2	
春	1.108	13.4	0.9	
夏	1.878	6.7	3.6	
秋	2.740	11.2	2.3	
	6.534	44.2	7.0	38.2

ドイツの試験では，1865-66年にかけての雨水$1\,\ell$は，次表のとおりである。Horsfordの測定によれば，空気のアンモニア含量は温度に正比例するのに対して，雨水では反比例するように思われる。したがって，夏には雨水のアンモニア含量は低く，空気のアンモニア含量は高い。また，寒い季節に

5. 窒素の起源と同化

イダ・マリエンヒュッテ	夏	=2.14 mg	アンモニア
	冬	=4.39	〃
レーゲンワルデ	夏	=1.76	〃
	冬	=3.63	〃
ダーメ	夏	=1.47	〃
	秋[2]	=3.08	〃
ラウェルスフォルト	6, 7, 8月	=1.64	〃
(1865年)	10,11,12月	=3.66	〃
レーゲンワルデ	夏	=2.55	〃
(1866/67年)	秋[2]	=4.85	〃

* [2] は章末原注

は，空気はアンモニアに乏しく，雨水，雪はアンモニアに富んでいる。

　Bineau の試験の表から，雨水の硝酸およびアンモニア量の間には反比例関係の成立することがわかり，硝酸含量が高まると，アンモニア量は減少する。この表はさらに，夏の雨水には硝酸が多くてアンモニアが少なく，冬の雨水は多くのアンモニアと少ない硝酸を含むことを示している。

　ラウェルスフォルトにおける Karmrodt の試験も同様の結果を与えた。この地点では，1865年5月中旬から10月下旬にかけて，雨水中のアンモニア1当量につき常に2.3-2.9当量の硝酸が見い出されたが，11月および12月の雨水では，アンモニア1当量に対する硝酸は1/2当量にすぎなかった。

　その他のプロシャの試験場の測定では，上述のような規則性がほとんど見られない。しかしながら，雨水の硝酸とアンモニアの間に一定の関係があることには，疑問の余地がない。より可燃性の高いアンモニアの前に，空気中の窒素から活性の酸素によって硝酸が生成するとは考えられず，反対に，空気にアンモニアが含まれている限り，活性の酸素によってアンモニアが酸化されると考えなければならない。さらに，一般に酸化過程は高温の際，容易に進行することも認める必要がある。このことは，熱帯における硝石鉱床の存在，暑い季節における急速な硝酸形成と寒い季節における緩やかな形成の裏付けになる。牧草を播きつけた無肥料の石灰質土壌層(園地土壌)に降った雨の量292 mm に相当する降水20.2ℓ中の硝酸は，1859年の夏期半年間(3月20日から11月16日まで)に1.125 g であったが，冬期半年間(1859年11

月16日から1860年4月12日まで)の降水13.5 ℓ は0.025 g の硝酸を含むにとどまった(Zöller)。したがって，冬の降水1 ℓ はわずか1.8 mg の硝酸しか含まないのに対して，夏の降水1 ℓ には55 mg もの硝酸が存在したのである。このことから，暑い季節には酸化過程がどんなに速やかに進むかがわかる。

そこで，窒素含有有機物の腐敗過程で生成するのは，もっぱらアンモニアだけであり，硝酸は主としてアンモニアの酸化によって生成するとするならば，雨水のアンモニアと硝酸の間の前記の関係は，自ずから大かたが明白になるであろう。しかし，現在における我々の知識の立場からは，アンモニアにせよ硝酸にせよ，また別の生成様式(後述)があるのであって，その面で我々の知識がまだ完全といえないのは明らかである。

しかし，空気のアンモニアおよび硝酸が，場所により時期により強度の異なる各種の源泉に由来し，活性の酸素とアンモニアの間にある関係が成立するのは疑いないとしても，雨水中の両窒素化合物に関する前記の関係はうまく表現できないことが多い。

周知のように，年間降雨量は地点によって変化する。一般に降水量は，海から遠ざかるにつれ，平野が広がるにつれて減少し，また，硝酸およびアンモニアとして土壌に加わる窒素量は，多くの場合，雨量に比例するが，この点では何らの規則性も観察されていない。たとえば，プロシャの試験の大多数では，8月に降雨量が最大で，かつ窒素も最大であった。ところが，インスタープルクでは，冬期の雨は，同じ面積に夏期に降ったより1/5 少なかったにもかかわらず，冬の少量の雨には暖い季節の雨に比べて1/3 近く多くの窒素が存在した。Bineau も同様の関係を観察している。

土壌が毎年降水によって受け取る窒素量は，場所により年により異なっている。

Bineau の試験によれば，1 ha (100万 dm^2) 当たり，

  リヨン 1853年 全窒素38.2 kg

プロシャの試験では，

レーゲンワルデ	1864/65 年	全窒素 17.0 kg
	1865/66 年	11.6 kg
	1866/67 年	18.2 kg
	1867/68 年	15.6 kg

　次の表は，都市および地方に降った雨のアンモニア量とその不等性について一定の概念を与える。

雨水中の窒素含量

	アンモニア		硝酸
	mg/ℓ	mg/dm^2 または kg/ha	kg/ha
パリ，1851 年(Barral)	3.4	15.3	61.7
〃 ，1851-52	2.7	13.8	46.3
リヨン，1852(Bineau)	4.4	36.8	―
〃 ，1853	6.8	44.4	7.0
フォール・ラモット，1853	1.1	7.7	23.0
ラ・ソルセー，1853	3.0	21.1	―
ウーラン，1853	0.9	―	―
リープフラウエンベルク，5-10 月	0.79	―	―
〃　　　　　　　 5-11 月	0.52	―	―

　わずかな，雨水として測定できない降雨，露，霜は，その量に比し，雨水よりも多量のアンモニアを含んでいる。Boussingault は，リープフラウエンベルクで集めた露で 1 ℓ 当たり 1-6 mg のアンモニアを検出した。霧の凝縮した水が強いアルカリ性で，そのため，赤いリトマス・チンキが青くなったこともある。パリで濃霧の時に集めた水は，1 ℓ に実に 137.85 mg のアンモニアを含んでいた。Bineau は，樹氷の水で 1 ℓ 当たり 70 mg，1 月に温度計の周囲にできた氷の水で 60-65 mg のアンモニアを検出し，Horsford は，氷河の氷を溶かした水 1 ℓ 中に 2 mg のアンモニアを見い出した。

　Bineau は，4.5 か月(1851 年 12 月 16 日から 1852 年 4 月 30 日まで)に雨量計中に集めた雨水のアンモニア量が，露，霜や測定できないほど少量の降雨で降下するアンモニア量の 11.4-10.9 倍であること，この比率が年間をつうじて同じだとすると，土壌は露，霜，霧雨によっても，雨水と同様に多量

のアンモニアを供給されることになることを見い出した。1年をつうじて雨が降らない北アメリカの高原では，植物はしばしば強力な結露によって必要とする大部分の窒素を得ているのは明らかである。降水中のアンモニアおよび硝酸の測定で，これまでに得られた成績を通覧すると，この方法では一般に通用する規則性に到達するのが不可能に近いことを認めざるをえない。一定の場所，一定の時期に行なわれた研究のひとつから，このような規則性が得られたように見えても，その後，別の場所で実施した研究は，すぐにそれと矛盾してしまう。

したがって，規則性はさしあたり，長期にわたって種々の場所で実施された降水中のアンモニアおよび硝酸含量の測定に依存するよりも，むしろSchönbein の前例のように，アンモニアおよび硝酸の生成変化の様式，与えられた地域の諸条件時期により異なるのは確かだが，その過程にいかに影響するか，ということに関する既往の研究に大きく依存している。現存のひとつの研究から導かれる規則性は，将来の研究者に対する指針であるにすぎない。観察された規則性が法則性に高められるかどうか，規則性がしばしば明快な表現に達しえないのは何の影響によるのか，ということは将来確立されるであろう。さて，解決すべき問題は，土壌および作物中におけるアンモニアと硝酸の存在，そして疑問の余地のない事実として確立された大気中におけるこれら窒素化合物の恒常的な存在である。アンモニアや硝酸は根で吸収されるのか？　植物の窒素含有成分の生産に役立つのか？　前述したアンモニアおよび硝酸の化学反応は，この種の化合物に入り込む能力，つまり多様な変態を為し遂げる能力に関して，ごく僅かの疑問をも一掃するであろう。このことやその他の事実は，前記の化合物がまちがいなく植物に窒素成分を供給する養分であることを示している。

アンモニア化合物および硝酸(亜硝酸)化合物は，どんな植物にも存在する。
Alwens と Sutter の広汎な研究は，植物における硝酸塩の存在がいかに広いかを証明した。異なった多数の地上植物の根の大部分，研究に供した茎および葉には硝酸塩が検出され，硝酸の量は定量可能であった。当然のことながら，硝酸の量は差異がきわめて大きかった。たとえば，マメ科植物の葉

をつけた茎の乾物は 0.02 ないし 0.05% の(無水)硝酸を含むにすぎないのに対し，葉をつけたトウモロコシの茎は 0.62%，さらにタマチシャの葉は 1.54 ないし 1.71% を含んでいた。テンサイ(*Beta vulgaris* の変種)の根は乾燥した状態で 0.83 から 3.01%，シロカブラ(*Brassica rapa* var. *rapifera*)の根は 0.184, 2.002, 3.49% の硝酸を含んでいた。最後の測定値からは，同じ品種の同一器官において，硝酸の量がどんなに変動するかがわかる。注目に価することに，Alwens と Sutter は，多くの種子において，それが形成される植物の根や葉をつけた茎には多量の硝酸が含まれているのに，全く硝酸を含まないか，せいぜい痕跡しか含まないことを見い出した。また，乾燥したジャガイモの葉が 0.49% の硝酸含量を示したにもかかわらず，調査したジャガイモ塊茎には硝酸が痕跡量しかなかった。同様に，シラカンバ，ブナ，モミの木材のおがくずには硝酸が含まれていない。

　Schönbein が証明したとおり，多くの植物の汁液には亜硝酸塩が存在している。たとえば，レタス(*Lactuca sativa*)やタンポポ(*Leontondon taraxacum*)の搾汁にヨードカリ・デンプンおよび少量の硫酸を混合すると，ヨードの遊離によって強い青色の着色が起こる。このことは確かに，Schönbein がその他多くのもので観察したのが事実であると認められる。空気中に置くと，汁液は亜硝酸による本反応をきわめて急速に喪失する。

　アンモニアは従来，植物中には比較的少量しか見い出されなかったことが多いが，すべてに共通して存在している。あらゆる植物器官，汁液では，アンモニア化合物だけでなく，植物体内で中性のアンモニア塩として保持され，かつアンモニアから生成したことが明らかな窒素含有物質の検出に成功している。

　私は，1834 年ギーセンにおいて，主に植物学の教授である Wilbrand 博士と共同して，無肥料土壌で育った各種のカエデの糖含量測定に従事していた。我々は，結晶糖を添加することなく，すべての抽出を単なる蒸発によって行なったのであるが，その際，砂糖精製時に行なうように汁液に石灰を添加すると，大量のアンモニアが発生するという思いがけない事実を観察した。人がいたずらをして，汁液を収集するため木に取り付けた容器に小便をする

かもしれない，という前提で，樹木は注意深く監視していた。それでも，この完全に無色で，植物色素に対して何の作用もしない汁液を同じように処理すると，必ず大量のアンモニア発生が起こった。

同様のことは，すべての人家から2時間隔った森林の木から得たシラカンバの汁液でも観察された。石灰で清澄にした汁液を蒸発すると，多量のアンモニアが発生したのである。

ブドウの蔓の分泌液は，数滴の塩酸とともに蒸発すると，無色でゴム状の潮解性のものを残すが，このものは石灰の添加によって多量のアンモニアを発生する。

テンサイ糖工場では，毎日数千立方フィートの汁液が石灰で清澄にされ，すべての粘質物や植物性たんぱく質が除かれて，蒸発して結晶化されている。こうした工場に入った人は誰でも，異常なほど大量のアンモニアに驚かされるが，それは水蒸気と一緒に蒸発して，空気中に広がっているのである[3]。このアンモニアもまた，アンモニア塩の形あるいは類似の反応をする化合物として，汁液中に存在するものである[4]。中性のアンモニア塩がアンモニアを失うと酸性に変わるように，中性の汁液も蒸発によって酸性反応を呈する。ここで生成した遊離酸は，よく知られているように，テンサイ糖工場にとって砂糖損失の原因になる。酸によって，砂糖の一部が非結晶性のブドウ糖や糖蜜に変わるからである。薬局で花や葉や根を蒸留して製造される水，すべての植物エキスはアンモニアを含んでいる。未熟な，透明なゼリーに似たアーモンドやモモの核は，アルカリ添加によって大量のアンモニアを発生する(Robiguet)。新鮮なタバコの葉の汁液は，アンモニアを含んでいる。根(テンサイ)[5]，幹(カエデ)，あらゆる花，未熟な状態の果実には，皆アンモニアが存在する。

アンモニアと硝酸が植物に窒素を供給する別の証拠は，動物性肥料，グアノ，硝酸およびアンモニア塩の施用から得られる。動物性肥料の作用は，後に示すように，きわめて複雑であるが，窒素成分に関していえば，アンモニア(硝酸)生成をつうじてしか働かない。腐敗した人尿中で，窒素は炭酸アンモニア，リン酸アンモニア，塩化アンモニアとして存在し，アンモニア塩以

外の形では含まれていない。

　フランドル地方では，腐らせた尿が肥料として使用され，非常によい結果をもたらしている。尿が腐敗した場合，もっぱらアンモニア塩だけがあり余るほど生ずるといえ，尿に存在する尿素は，温度と水分の影響のもとに炭酸アンモニアに変化する。

　腐敗しつつある窒素含有物質は，皆アンモニアと炭酸ガスの給源であって，その中に窒素が存在する限り継続する。腐敗物質は，腐敗のどの段階においても，灰汁で湿すとアンモニアを発生し，それは臭気で，また，酸で湿した固体を近づけた時の濃い白煙で検知することができる。このアンモニアは土壌にしっかり保持され，直接に，または硝酸に変化することによって間接に，植物の用に供される。揮発性のアンモニア化合物が主成分をなす，分解(つまり発酵)中のきゅう肥から発生するガスや蒸気が，いかに植物に有効に作用するかは，既に Davy が知っていたところである[6]。

　主として尿酸アンモニア，リン酸アンモニア，シュウ酸アンモニア，炭酸アンモニアと若干のリン鉱石から成るグアノの優れた増収効果，畑に硝酸塩やアンモニア塩を施肥した時の効果は，すべての農業者が知っていることであって，アンモニアと硝酸の意義は，植物に対する窒素含有養分という点にあるとされている。これらの無機窒素化合物が，なお別途の収量増加作用をもたらすことは否定できず，それについてはまた後に立ち戻ることにして，ただ窒素を含む植物養分としての意義は，二次的な作用に何らの制約も加えないのである。この点でなお疑問があるとしても，以下の事実はそうした疑問を氷解させるであろう。

　我々は，植物がその他の必要条件の共同作用のもとに，一定の土地面積上で生育してもたらす収量，窒素含有産物と，アンモニアや硝酸の形で植物の根に与えた可吸態窒素の間に，一定の関係があるという多数の試験結果を持っている。

　植物を灰分成分しか含まない灼熱土壌で育て，アンモニアおよび硝酸を含まない大気中に置いたとき，窒素含量が増加しないことは，既に前述したとおりである。Boussingault の実験がその証拠であった。さて，Boussingault が同氏の実験において，あらかじめアンモニアと硝酸を除かない大気を植物に送り——露と雨は防いだ——そのこと以外には何も変えなかった時，窒素の増加が起こった。当の植物と土壌は，収穫時に，土壌及び種子が播種時に持っていたよりも 1/12 だけ多くの窒素を含んでいた。土壌及び収穫物は，空気のアンモニアと硝酸を使って，窒素含量を 8% 高めたのである。

イネ科植物を用いた実験で，Hellriegel[7] は，100 万部の砂土が，他の必要植物養分の他に 70 部，つまり 63 部の可同化窒素化合物（硝酸塩の形）を含む時，コムギ，ライムギが純粋の砂で最高収量をあげることを見い出した。Hellriegel が，窒素以外のものを同じ状態のままにして，可同化窒素量を減少させた時，収量もまた減少した。

動物性肥料による土壌中のアンモニアと硝酸の増加は，種子数の増加，一般にその結果として収量の増加をもたらすだけでなく，窒素含有成分の含量増加に対しても影響を与える。最近の研究は，穀物の窒素含有有機成分の含量が，窒素含有量の異なる肥料によって定量的に増大するという，Hermbstädt の記述をむろん証明しなかったし，むしろ，同様に生育した種子の化学的組成はほぼ同一であること，さらに，窒素養分は他の必須植物養分と一定の比率で存在する場合にのみ，植物中で同化されることを直接的に明らかにした。にもかかわらず，同一種の植物種子の有機窒素化合物含量が，相対的に狭いにせよ，一定の範囲内で変動しうること，土壌中における窒素含有養分の増加が収穫物の窒素含量に影響しうることは否定できない。この点に関して Siegert は，全く同じ状態で，アンモニアおよび硝酸塩の施肥が春播きコムギの窒素含量を高めることを観察したし，同様の結果は，Boussingault がかなり前に窒素に富んだ肥料を穀物に施して得ており，また，Barral も類似の結果を得た。Siegert が観察した増大は，もちろん有意でなかったし，さらに，窒素含量の増大が実際に春播きコムギの窒素含有有機成分の増加に対応するのか，あるいは，単に吸収はされたが同化されなかったアンモニアまたは硝酸塩をつうじて，増大が起こったかのように見えただけなのかについては確証がない。Boussingault，Siegert らが得たと同様の結果は，Ritthausen の最新の実験でも得られた。

最後に，ごく最近に至るまで，植物に窒素源として硝酸塩およびアンモニア塩だけを与えた多数の栽培実験が行なわれている。これらの実験の完全な成功と，試験植物における窒素含有機物の増加は，硝酸およびアンモニアが実際に植物の窒素養分であることの直接的な証拠である。

古くは Salm-Horstmar および Boussingault が，最近では Knop, Stohmann, Nobbe ら多数の研究者が，栽培実験をつうじて，植物は，アンモニアの共存なしに硝酸塩でその窒素要求を満足させ，最高の収量をあげうることを確実に証明した。

同様にして，G. Kohn, Hampe, P. Wagner, Hellriegel らは，アンモニア化合物が植物の窒素源として有効であり，その際，アンモニアの硝酸への変化は全く必要でないことを見い出した。上述のことから，植物には既に部分的に有機物に移行した炭酸ガスまたはアンモニアを吸収同化する能力，すなわち，さらに高度の植物物質に変化させる能力がない，とは当然のこととして考えられない。

Cameron は既に，オオムギを用いた実験で，溶液中の尿素が変化せずに植物に吸収されうること，尿素の窒素成分で植物を育てるには，あらかじめアンモニアに変化する必要がないこと，さらに尿素の肥培力はアンモニア塩にきわめて近いことを結論している。S. W. Johnson[8] は，尿成分として見られる尿素以外の各種窒素含有物質，尿酸，馬尿酸，塩化グアニンが，灰分成分を与えた灼熱砂土に生育するトウモロコシ植物に好ましい影響を及ぼしたと報告している。しかしながら，これらの実験にはすべて，当該有機窒素化合物が実際にそのままで植物に移行したのか，あるいは，それらが容易にアンモニア(硝酸)に変化しうることから，後者の形で上記の植物培養効果を示したのではないか，という疑問がどうしてもつきまとう。

P. Wagner が確認した Hampe の実験は，正常なトウモロコシ植物が，尿素を唯一の窒素源とする培養液中で生育しうることを示す最初の確実な証拠であった。Wagner[9] は，さらにグリシン，クレアチン，馬尿酸——このものは植物体内で分解され，根をつうじて安息香酸が排出されるから，その効果は明らかにグリシンの効果である——もまた，窒素養分として役立ちうる，

ということを見い出した。一方，W. Wolff[10]は，水耕培養液の窒素源として，アンモニアおよび硝酸の代わりにチロシンを用いたのであるが，分解産物——この他にアンモニアは存在しない——だけが植物に同化されることを認めた。KnopとW. Wolff[11]は，ロイシンについてチロシンと同様の結果を得ている。

複雑な窒素化合物を用いた実験で，今日特に注目に価するのは，アンモニア誘導体，ないしはアンモニアにごく近縁と考えるべき化合物が植物に有効に作用することであって，一方(Knop[12]によれば)ニトロ化合物(ニトロ安息香酸など)は，植物に全く窒素を引き渡すことができず，しかも有害な影響を及ぼすのである。

水耕栽培において，アンモニアおよび硝酸の代替植物養分として用いられた前記の有機窒素化合物は皆，一般にはけっして自然に分布しないものである。上記の化合物のあれこれを肥料として土壌に加えるのはおそらく可能であろうが，これらは比較的速やかにアンモニアおよび硝酸に変化するので，通常の環境下で育った植物について，このことを論ずるのはまず不可能であろう。こうした化合物は，植物の窒素の僅かな部分をまかなうにすぎない。

我々は，大気，雨水，井戸水とあらゆる種類の土壌中にアンモニア及び硝酸を見い出すが，それは現世代に先行するすべての動物界，植物界の分解と腐敗の産物であり，また自然において継続して起こる多数の反応の産物である。我々は，あらゆる植物にアンモニアあるいは硝酸が存在すること，収穫物及び植物の窒素含有成分の生産が，植物に供給したアンモニアや硝酸の量と一定の関係を持つこと，これら2つの物質が植物に吸収同化されることを承認する。そして，次のことほど確かな根拠を持つ結論はありえないであろう。植物に窒素を供給するのは，アンモニアおよび硝酸であり，これらの窒素養分は直接間接に大気に由来したものである。

原　注

1) 「同様に，我々は植物の窒素がどこから来たかを知らないし，植物が窒素を空気から取り入れるとは考えられない。そこで，この成分に関しては，植物は，土と混じり

5. 窒素の起源と同化

合ったモデル(腐植)——それ以外の破壊された有機物は除く——から窒素を獲得するということしか残らない」(Berzeliusの教科書，1837)

「アンモニアまたはアンモニア塩(または硝酸)だけに，植物への窒素輸送の役割を負わすLiebig氏は，蒸留水にも常にそれが含まれるという」「我々は，肥料，泥灰岩，粘土などの成分としてのアンモニアの有用性には反対しないであろう。ただ，それは単独で植物と結合するためではなくて，腐植や土壌や空気に含まれている有機物の溶解剤として使われることをいいたいのである。しかも，これら個別の源泉(アンモニアおよび硝酸)を共同作用させるためには，いかなる観察も植物がアンモニアまたは硝酸を直接同化しうることを示したものはない，という経験を度外視する必要がある」「植物がほとんど全部の窒素を，可溶性有機物の吸収をつうじて獲得するということは，前述の観察から自ずから出てくる」(T. de Saussure, Bibliothèque universelle, vol. 36, p. 430 および Annalen der Chemie und Pharmacie, vol. 42, p. 275, 1842)

2) ダーメでは，1865/66の冬には，1 ℓ の雨水が0.67 mgのアンモニアを含むにすぎなかった。レーゲンワルデでは，1866/67の冬にわずか1.90 mgであった。したがって，両方の場合とも夏に比べると低かった。

3) 製糖工場では，テンサイ汁液1 ℓ から0.653 gのアンモニア(硫酸アンモニア2.193 gに相当する)が発生する。毎年2,000万kgのテンサイを加工し，加工のさいに逃げ去るアンモニアを捕捉しうる工場は，硫酸アンモニア4,386 kgを生産できるであろう(Renard)。

4) テンサイ100部は，窒素含有有機物の形で0.1490部の窒素を，アンモニア塩の形で0.0116部の窒素を含む(M. Ad. Renard, Comptes Rendus, vol. 68, p. 1334, 1869)。

5) 飼料用ビートの汁液(8回の実験値の平均)で，H. E. Schulzeは0.0158%のアンモニアを見い出したが，その変動幅は0.0084から0.0223%であった。スェーデンカブの汁液には0.0118%のアンモニア(2回の実験値0.0063と0.0172%の平均)，白ダイコンの汁液には平均含量0.0215%のアンモニア(変動幅0.0159-0.0285%の4回の実験値)が含まれていた(Landwirthschaltliche Versuchsstationen, vol. 9, p. 434)。

6) 1808年10月，私(H. Davy)は，大きなレトルトに，大部分がわらと牛の糞尿から成る高温で腐敗中のきゅう肥を満たした。私はそれを受器に結合したが，このものは発生するガスを採集できる装置に連結してあった。

受器の内側は直ちに水滴で曇り，そして3日のうちに21立方インチの炭酸ガスが得られた。受器中の液体は重さが1/2オンスで，酢酸アンモニアと炭酸アンモニアを含んでいた。

さて，私は同様に非常に温い肥料で満たした第二のレトルトの口を，庭の境の芝生にある芝草の根の下に導いたのであるが，1週間たたないうちに，きわめて顕著な作用が認められた。発酵しつつある肥料の影響にさらされた場所では，庭のどの部分よりも芝草が非常に旺盛に生育した(H. Davy『農芸化学』)。

7) Preussische Annalen der Landwirthschaft, [週刊誌], p. 460 1867.

8) Sillim. American Journal (2), XLI, p. 27.

9) Journal für Landwirthschatt, vol. 4, p. 82 1869.
10) Landwirthschaftliche Versuchsstationen, vol. 10, p. 13.
11) Chemische Centralblatt, p. 744 1866.
12) Landwirthschaftliche Versuchsstationen, vol. 7, p. 463.

6. アンモニアと硝酸の源泉〔要約〕

〔植物に窒素を供給する化合物は，アンモニアと硝酸である。アンモニアは大気の恒常成分であるが，鉄が酸化する過程で水を分解して水素を発生させ，それが空気中の窒素と結合してアンモニアを生ずるという説，無窒素物質を水酸化カリウムと灼熱した時，アンモニアが生ずるという説は，いずれも空気や水中のアンモニアの混入によるもので，信ずるに足りない。

硝酸は，土壌中でアンモニアから生成する他，空気中での電気放電によっても生成する。したがって，稲妻でも硝酸形成が起こるであろう。

また，Schönbein は，リンを空気中で燃焼させた時，亜硝酸アンモニアができることを認めた。この現象も，空気および雨水におけるアンモニアと硝酸のひとつの源泉の可能性がある。〕

7. 硫黄の起源〔要約〕

〔すべての植物はアルブミン，フィブリン，カゼインなどの動物血液成分と同様の成分を含み，また，ある植物は，水とともに蒸留すると刺すような香りのする揮発性成分を与える。これらの成分は皆，硫黄含有化合物である。

空気は極微量の硫黄化合物しか含まないから，植物に硫黄を供給できるのは土壌だけである。しかし土壌から供給されるのは硫酸塩であって，その硫黄が植物体の一定成分に移行するには，炭酸ガス同化と同じ原因をつうじて，硫酸から酸素を取り除かねばならない。〕

8. 植物の無機成分[1]

炭酸ガス，アンモニア(硝酸)および水は，植物諸器官を構成する元素を含

8. 植物の無機成分

んでいるので，どの植物にも不可欠である。しかし，これらの元素を同化し，特定の器官に各種の植物に固有な，特別の機能を発達させるためには，植物が土壌から獲得する，さらに別の物質が必要である。

　状態はさまざまであるが，我々はこれらの不燃性物質を植物の灰分中に見い出す。

　植物が生育する土壌それぞれについて，この不燃性成分は多種多様であって，常に植物に存在するのは，その一部だけである。

　イネ科植物やエンドウ，インゲン，ヒラマメの種子には，リン酸のアルカリ塩およびアルカリ土類塩が欠けていることはない。このものは小麦粉からパンに移り，オオムギの塩類はビールに移る。ムギのふすまは多量のリン酸マグネシウムを含んでいるが，これは粉を碾く馬の盲腸にしばしば重さ数ポンドの結石を作ったり，ビールにアンモニアを混ぜると白色沈殿を生じたりする塩である。

　全部といってよいくらい大多数の植物は，多種多様な組成と性質を持つ有機酸を含んでいる。これらの酸は皆，塩基，つまりカリウム，ナトリウム，カルシウムまたはマグネシウムと結合していて，遊離の有機酸を含むのは少数の植物にすぎない。すべての植物は鉄なしには存在せず，また多くのものは恒常的成分としてマンガンを含んでいる。多数の植物ではケイ酸が主成分になっているし，塩素化合物もあらゆる植物に見い出される。海藻は常にヨード化合物の含有を示す。

　さて，植物で確認された特定灰分成分の恒常的な存在は，次のような疑問をもたらした。これらの物質は，植物の繁茂に必要であるのか？　現在，この問いには肯定的に答えなければならない。一定の灰分成分は，植物の生育に不可欠である。

　我々は，各種の植物にさまざまな酸を見い出す。その存在と固有性が偶然の産物だとの見解を抱くことは，ほとんど誰にもできない。地衣類のファル酸，シュウ酸，アカネ科のキナ酸，リトマスゴケのラクムス酸，ブドウの酒石酸など多くの有機酸は，植物の生活の中で一定の目的に役立っている。その存在なしに，植物の発育は考えられない。さらに，争う余地のないと思わ

れる上記の仮説において，植物中ではすべての有機酸が中性塩または酸性塩として存在することから，アルカリ塩基も同時に植物の生活の条件である訳である。灰化後に炭酸を含む灰分を残さない植物はなく，つまり植物酸の塩類を含まない植物はない。ただし，ケイ酸やリン酸に富む植物灰分は，灼熱後に炭酸を残さず，ケイ酸またはリン酸によって追い出される。

　たとえば，イネ科やトクサ科の植物は多量のケイ酸とカリウムを含み，葉の外縁と桿には酸性ケイ酸カリウムが沈積している。穀物畑にこの塩を肥料として，分解したわらの形で還元しても，含量は目立った変化を示さない。

　こうした関係は草地では全く異なっている。カリウムに乏しい砂質土壌，あるいは純粋な石灰質土壌においては，植物に不可欠な成分を全然欠くために，旺盛な生長はけっして見られない。玄武岩，火打石，粘板岩，硬質砂岩，斑岩は，風化をつうじて良い草地土壌になるが，それはこれらの岩石種がアルカリに富むからである。

　タバコ植物，ブドウの幹，エンドウおよびクローバの灰分は，多量のカルシウムを含んでいる。こうした植物は，石灰の欠乏した土壌では繁茂せず，石灰欠乏土壌にカルシウム塩を添加すると生育が促進される。我々は，その旺盛な生育が本質的にカルシウムの存在と結びついている，と信ずるに足る十分な根拠を持っている。同じことはマグネシウムについても考慮すべきで，マグネシウムは多くの植物（ジャガイモ，テンサイなど）の恒常的成分として存在する。

　以上のごく周知の事実から，アルカリ，金属酸化物，一般に無機物質の現存については，いまさらいうまでもない。

　種子が食糧になるイネ科植物が，家畜と同じように人間に従うのは，不思議なことである。イネ科植物は，塩類植物が海岸や製塩所を追い，アカザ科植物が廃虚を追うのと同じ原因によって，人間を追うのを強制されている。マグソコガネに動物の糞があてがわれているのと同様に，塩類植物は食塩を，廃虚植物はアンモニアと硝酸塩を必要とする。そして，我が穀物，野菜植物はどれも，十分な量のリン酸アルカリおよびリン酸マグネシウムなしには，またアンモニアなしには，粉にする種子の形成ができず，完成種子をつける

ことができない。それらの種子は，前記3成分がともに存在する土壌でしか成熟しないのであって，豊富な土壌は，人間と家畜が家族のように共同生活している場所以外には存在しない。イネ科植物は人間，家畜の尿と排泄物を追うのであるが，それは尿，排泄物の成分なしには稔実しないからである。

我々が海岸から数百マイルも隔たった製塩場の近くで塩類植物を見い出すとき，植物が自然の道を通ってそこに到達したこと，種子が風や鳥や海流に乗って地球の全表面に広がり，生活条件の存在するところだけで生育していることを認識する。

ニッダの岩塩工場の製塩場の地下水槽には，2インチをこえない小型のトゲウオ (*Gasterosteus aculeatus*) の無数の群が見られるが，そこから6時間隔たったナウハイム製塩所の地下水槽では，全く生物に出会わない。後者では炭酸およびカルシウムが過剰で，製塩場の壁は鐘乳石で覆われている。つまり，何らかの方法で運ばれてきた卵も，ある水では生育するが，別の水では生育しないのである。

海水が重量の1/100以下しかヨードを含まず，ヨードのアルカリ化合物が高度に水溶性であることを考慮すれば，ヒバマタ目ヒバマタ〔海藻の一種〕には，生活中に海水から可溶性塩類の形でヨードを取り込み，周囲の培地に戻らないようにヨードを同化するよう，植物に賦与された原因が存在すると想定しなければならない。陸上植物がアルカリの収集者であるのと同様に，これらの植物はヨード収集者なのであって，海水から得ようとすると海全体の蒸発を前提にしなければならない量のヨードを，我々に供給してくれる。

我々は，海藻にはヨウ化金属が必要であって，海藻の生存はヨウ化物の存在と結び付いていると考える。同じ確度で，我々は，陸上植物，一般に植物の灰分中に必ずアルカリ，アルカリ土類およびリン酸化合物が存在するのは，植物の生活において生育に必要なためであると結論する。

実際，前記無機成分が作物の発育に不可欠でないとすれば，まずそれらは野生植物には見い出されないであろう。

根は植物が生育する土壌に対して，強力な吸引ポンプのように作用するから，植物に各種の塩類溶液を潅漑した場合，生命維持のためには不必要なも

のも多量に吸収する。こうした状態の植物を燃焼すれば，灰分中に当該塩類の不燃成分が見い出されるのは当然である。しかし，このような場合，その存在は純粋に偶然的であって，ここから別種の灰分成分の存在の必要性については，何らの結論も引き出せない。我々は Macaire-Princep の実験により，植物の根に酸化鉛の酢酸塩の希薄溶液を与えてから雨水中に移すと，根は酸化鉛の酢酸塩を雨水に再放出すること，つまり土壌に再び戻るのだから，植物の生存には不必要であることを知っている。

　日光，雨，大気から遮断した植物に硝酸ストロンチウム溶液を注ぐと，この塩は最初は吸収されるが，根をつうじて再排出され，雨で土壌が湿るたびに根から分離して，一定時間後植物はもはやその痕跡も含まなくなる(Daubeny)。

　俊敏かつ有能な分析家である Berthie は，ノルウェーの土壌に生育したモミの灰分が，土壌に雨水に溶かした塩類，主に食塩を与えた時にも成分を変化させず，食塩を含まないことを見い出した。しかし，モミは雨水によって食塩を吸収したにちがいないのである。

　食塩の不存在は，他の植物で行なわれた直接かつ肯定的な観察でも証明されており，この場合，生育に不必要な全成分を土壌に還元する植物の能力に由来する，とされた。植物体内で硝酸カリウムおよび塩化アンモニウムから分離した未利用のカリウム(Knop；Stohmann)や塩酸(G. Kohn)の分泌も，同様にこのことに起因する。

　これまでに報告された事実を正確に解釈すると，植物の完全生育は，そこに現存する一定でしかも恒常的な灰分成分に依存する，ということになる。灰分成分が全く存在しないと，植物の形成はある限界にぶつかり，これらの物質が不足すると生育は抑制される。

　上述の無機成分が植物の生育過程に不可欠なことについては，別にきわめて直接的な証拠がある。それは最近行なわれたもので，他の諸条件を同じにし，灰分成分の存在および非存在のもとに植物を育てた多数の実験である。これらの実験は2つの課題，すなわち，一般に灰分成分が植物の生活に必要なことを証明するだけでなく，個々の灰分成分が植物体内で果たす特殊な機

8. 植物の無機成分

能を明らかにするために実施された。今日までに成し遂げられたのは，無論，第1の課題だけである。第2の課題に関して，植物体における灰分成分の作用とか，植物有機成分の生成と変化との関係とかにつき，何か確実なものを知るには，なお道は遠い。それで，実施された実験や研究は，今後の研究に重要な指針と示唆を与えているにとどまる。

　de Saussure および多数の古い自然研究者の実験は，カラスノエンドウ (*Vicia angustifolia*)，インゲン，エンドウ，セルデレ(*Lepidium sativum*) の種子が，湿った砂や湿気を含んだ馬の毛の中で発芽し，ある程度まで生育することを明らかにした。しかし，種子に含まれた無機物質がその後発育に不十分になると，植物は弱り始め，時には開花するが，多くの場合は種子をつけない。Wiegmann と Polstorf の追試験も全く同様の結果を与えた。本実験は，灰分成分が植物の生活に必要なことを完ぺきなやり方で証明した最初の実験として，特に興味深い。

　Wiegmann と Polstorf は，栽培実験を白い石英砂，いわゆる人工土壌で実施した。石英砂は灼熱し，王水とともに煮沸したのち，注意深く蒸留水で洗浄して，すべての酸を除いた[2]。

　人工土壌は，いろいろの化合物の形で植物の灰分成分を添加した純粋の石英砂から成る[3]。

　実験した植物は，ソラマメ(*Vicia sativa*)，オオムギ(*Hordeum vulgare*)，エンバク(*Avena sativa*)，ソバ(*Polygounm Fagopyrum*)，タバコ(*Nicotiana Tabacum*)，クローバ(*Trifolium pratense*)であった。

　すべての種子は，純粋な砂および石英砂において発芽したが，アンモニアを含まない蒸留水で灌漑した幼植物は，もちろん非常に異常な生長を続けた。純粋な砂における植物の生育は貧弱なもので，実験植物のたった1つも種子形成には至らなかった。オオムギとエンバクは1.5フィートの高さに達し，開花はしたが実を結ばず，開花後に枯死した。ソラマメは，10インチの高さになって開花し，さやを着けたが種子は含んでいなかった。5月5日に早くも出芽したクローバは，10月15日にやっと5インチの高さになった。

　砂に播種したタバコは，ごく正常に生育したが，その小植物は6月から

10月にかけての草丈がわずか5インチで,葉は4枚しかなく,茎もなかった。全植物のうち最もよく繁茂したのは,ソバのように思われる。ソバは6月末に既に0.5フィートの高さになって著しく分枝し,6月28日に開花を始めたが,開花は実をつけないままで継続した。

これに対し,人工土壌における植生は全く異なり,植物はすべて完全に繁茂した。ソラマメ,オオムギ,エンバク,ソバは多数の実を着け,クローバは10月15日に10インチの高さに達して暗緑色の叢状になり,タバコは3フィート以上の茎と多くの葉を生じて,6月25日に開花を始め,8月10日までに種子をつけて,9月8日には成熟したさやから完全な種子が採取された。

特殊な実験において,WiegmannとPolstorfは,28個のカラシナ種子を,蒸留水に接した細い白金線上で発芽させ,幼植物を可能な限り生育させた。次に,この実に貧弱な小植物の灰分含量を測定したところ,28個の種子以上の灰分は含まれず,つまり0.0025 gであった。

上記のカラシナの実験では灰分成分の増加が起こらなかったのに対し,砂および人工土壌に生育した植物の研究では増加が観察された。もちろん,質的および量的に見て,両方の場合の増加は非常に異なっていた。たとえば,砂から採取した5本のタバコ植物は,灰化すると0.506 gの灰分を与えた——タバコ種子5個の灰分含量は数mgにすぎない——のに対して,人工土壌で生育した3本のタバコ植物の灰分は3.923 g,すなわち5本当たり6.525 gであった。砂が5本のタバコ植物に供給した無機成分を,5本のタバコ植物が人工土壌から獲得したものに比較すると,10:120になる。したがって,人工土壌のタバコ植物は,砂のタバコ植物よりほぼ13倍多くの土壌成分を取り入れた訳で,生育はこの不等な養分保持量と明らかに一定の関係を持っている。さらに付け加えるならば,人工土壌には植物の完全な生育に必要なすべての土壌成分があるのに,純粋な砂ではそうでなく,植物は砂で不完全にしか生育しないのである。

事実,痩せた砂はごくわずかの可溶性成分を含むにすぎないが,それにもかかわらず,一定量の成分を植物に与えたことになる。砂はケイ酸,桿と葉

の生育によい影響を及ぼす少量のカリウムおよびアルカリ土類のほかは，植物に何も提供できなかった。種子成分の形成に必要な物質は，砂に完全に欠けており，それで植物は種子形成に至らなかったのである。

砂で育った植物の灰分の大部分にはリン酸の存在が確認されたが，それは土壌から種子にもたらされた量に相当しただけであった。種子がごく小さくて，定量の際リン酸含有が消失してしまうようなタバコ植物の灰分には，リン酸は痕跡も発見できない。

砂の不毛性の原因の考察にあたって理論の予言したことは，WiegmannとPolstorfによって実証された。

もともと不毛の砂における前記の植物の繁茂が，添加した塩類によるのは，全く明白である。一定の物質の添加で，人工土壌にはすべてに共通した肥沃性が賦与され，添加物質の存在は生育した植物とその茎，葉，種子において示されたのであるから，土壌と作物における当該物質の存在が植物の生活に必要なことは，疑問の余地がない。

同様の結果は，その後のBoussingault, Salm-Horstmar, Magnus, Hennebergらの実験でも得られた。すべては，植物の生活における灰分成分の不可欠性を証明している。我々は，ここでもうひとつ，Boussingaultの行なった実験のひとつを報告したいと思う。

Boussingaultは，灼熱した後ヒマワリの灰分と硝酸カリウムを肥料として与えた純粋の石英砂に，2粒のヒマワリ種子を播種した。灌漑は純水を用いて行ない，生育中の植物は空気中に置いた。5月10日から8月22日までの104日間に，重さ0.062 gの2粒の種子は，生長して乾物6.685 g，あるいは種子重量の108倍に達した(Agronomie, Chimie agricole et Physiologie, vol. 1, p. 176)。

当然ながら，この実験では以下の問題はまだ未解決である。すなわち，多くの研究者が施用した灰分成分のすべてが，等しく植物の繁茂に必要なのか？ 植物の生長に際して，そのひとつでも欠けてはならないのか？ Salm-Horstmarその他の研究者は，この問題の解決に没頭したが，最初から困難にぶつかった。

中性土壌において植物に供給された灰分成分の形態，そして同氏らが気にかけずに土壌に持ち込んだ量が，養分吸収について関心のある肥沃な土壌の，やはりひとつの特性であることは，一連の実験の初期には知られていなかった。当初得られた結果が一定せず，矛盾したものであったのは，このことから説明される。しかし，彼らの実験はその後の研究へ道を開いた。植物の繁茂に及ぼす灰分成分の相対的価値が認識されたのは，いわゆる水耕法，個々の養分を排除する方法によってである。初期の実験においては，しばしば植物の生育不良が，植物中に少量ないしはたぶん偶然的に存在する灰分成分の欠乏に帰せられたが，失敗の原因は別の生育条件，光や温度などの不足に求めるべきであった。

確実さと明確さの点で中性土壌での実験結果をしのいでいる，いわゆる水耕法は，そのものとしてきわめて興味深いので，ここで詳しく述べることにする。この方法は植物を水で育てることから成り，その水は炭酸と養分を除いてあって，養分のいくつかを溶液中に溶けた状態で含んでいる。

土壌を完全に排除して，陸上植物を発芽から結実まで，乾物の顕著な増大を伴いながら育つように水耕法を完成させるのは，けっして生易しい課題ではなかった。溶解した植物養分を活性に保つような形態の探求，正しい溶液濃度の確立は特に困難ではなかったが，一方では，解決が当初緩慢にしか進まなかった別の因難にぶつかった。養分の水溶液で育てた場合，陸上植物は水生植物[4]のように単純には養分を吸収せず，希薄溶液を取り込み，そしていずれにしても，溶液に当初含まれていた養分を，与えられたのとはちがった比率で吸収する，ということがわかった。その結果，短時間たつとすぐに，根の周辺の液は，組成濃度が爾後の植物生育にあまり役立たなくなってしまう。それに加えて，たいていの場合，植物は周囲の溶液に，根をつうじて自分に有害な変化を与える物質を不断に分泌していることが示された。たとえば，Knop と Stohmann の観察によれば，中性および弱酸性の養分溶液は，いくらかの時間がたつとアルカリ性反応を呈し，そしてごく弱いアルカリ性の溶液でも，植物はまちがいなく枯死するのである[5]。

この面で得られた事実は，生きた植物の化学反応に新たな光を投げかけた

ばかりではない。肥沃な土壌には，この反応の結果生ずる，植物の生命を危険に曝すような溶液中のあらゆる毒物を，化学的・物理的性質をつうじて取り除き，不活性にする一定の特性が備わっているにちがいない，ということを示している(土壌の吸収能力の項参照)。

水耕の成否は，まず実験者がこれらの障害を知って除去すること，そして，溶液に欠けている，上記の肥沃な土壌の特性を，技術によって補う方法を習得することにかかっている。養分溶液は 0.5% を著しく超えた養分を含んではならないこと，常にごく微酸性の反応を保つ必要があること，小容量を用いる際には液自体を時々交換しなければならないことが見い出された。最後に，根を光の影響から遮断することが目的にかなっている。適当な温度および照明条件，ならびに根の周囲の養分養液中の空気(酸素)含量には，特に注意を払わなければならない。

Sachs，Knop および Stohmann は，養分水溶液におけるトウモロコシ植物の培養の完全に満足しうる結果を初めて報告したが，本培養法爾後の同様な実験の基礎に据えたことは，全く同氏らの功績である。

Knop はカリウム，カルシウム，マグネシウム，酸化鉄，リン酸，硫酸および硝酸を，硝酸カルシウム，リン酸カリウム，硫酸マグネシウムの形で含む水溶液でトウモロコシ植物を育てた。酸化鉄は新しく沈殿した白色の酸化鉄リン酸塩懸濁液の形で，液に添加した[6]。

Knop はこの溶液で，完全なトウモロコシ植物を種子の完熟まで育てるのに成功した。湿った石英砂で発芽した種子を，5月12日に根とともに溶液に入れたところ，9月1日に収穫した植物は，140粒の発芽能力のある種子を持つ穂をつけていた。植物全体の新鮮重は 317 g，乾物重は 50.288 g で，灰分 8% を含んでいた。

Knop の養分溶液では，土壌に生育したトウモロコシ植物の灰の成分である食塩とケイ酸，そしてアンモニア塩が除かれていたこと，植物は必要な窒素を硝酸の形で供給されたことが注目される。炭素に対する要求に関しては，もっぱら空気の炭酸ガスに割当てられた。

同じ年に Stohmann が実施した水耕実験は，全体として Knop の得た結

果を裏付けている。Stohmann のトウモロコシ培養液は，トウモロコシ植物のすべての無機養分を，その通常の灰分分析で見い出されるのと同じ比率で含んでいた。同氏の養分溶液と Knop が用いた養分溶液とのもうひとつの差異は，同氏がアンモニア塩，つまり硝酸アンモニアを，窒素2部につきリン酸1部を含むような比率で共同作用させた点である。同氏は実験開始時に，1ℓ中の固体物質含量が3gをこえない濃度に保った。蒸発した水は毎日補充し，液が常に当初の弱酸性を保つように，時々リン酸を添加した。植物を新しい養分溶液に移すと，非常に有効なことが示された。この方法により，Stohmann が種子の成熟まで育てた2本のトウモロコシ植物は，2.02 m および1.27 m (根の生え際から先端まで)の高さに達した。乾物重は64.38 g と56.17 g，灰分は7.5%と8.9%であった。収穫物重量に対する種子重量の比率は，灰分を差し引いて1：573および1：491であって，これから平均すると，トウモロコシ植物は水耕で，灰分を除いた種子重量の532倍に育ったことになる。肥沃な園地土壌では，1粒のトウモロコシは有機物として7倍ないし15倍高い収穫物量を生産する。

　Knop の用いた養分溶液が，ケイ酸も塩素化合物も含まなかったことは，さきに述べたとおりであるが，通常のトウモロコシのわらの灰分は，Ruschauer によれば，29%のケイ酸と6.25%の食塩を含み，またトウモロコシの茎葉の灰分は，Way によれば，約38%のケイ酸と2.25%の食塩を含んでいる。

　Nobbe は，ソバ植物について，塩素または塩素化合物が必須養分であることを認めた。同氏は Knop 溶液の主要成分の他に著しい量の(ナトリウムを含まない)塩化カリウムを含む養分溶液で，ソバ植物を旺盛に繁茂させた。その植物の1つは茎長2.74 m で，115本の枝，946枚の葉，521の花房，796の成熟した実と108の未熟な実を持っていた。全植物の風乾重は119.7 g (成熟種子は22.6 g！)，または種子重量の4,786倍であった(Landwirthschaftliche Versuchstationen, p. 3, 1868)[7]。

　植物の生育に対する塩素化合物の意義については，Siegert, Leydhecker, Beyer, Lucanus, P. Wagner らが注目すべき事実を報告している。Leydhecker は，塩素を含まない養分液で生育したソバ植物は，開花した時，他の実験植物の花に比較してほとんど差異が認められないのに，結実しなかった。「各花房は，完成した実を1つも手中に残すことなく枯死し，乾いてしまった」。全く同様の観察は，Beyer がエンバクについて，また W. Wicke の研究室の Wagner がトウモロコシ植物についてしており，塩素を含まない溶液で栽培した植物は，花粉の全くない不稔の雄花を生じた。一部の雌花は健全のように見え，ある実験植物では庭の植物の花粉によって結実し，5粒の小さな，成熟して発芽力のある種子を着けた。

　Knop が以前および最近に実施した実験は，これに対立している。同氏が1868年夏に，塩素を全然含まない溶液で育てたトウモロコシ植物は，草丈が1m近くあって，成熟した種子をつけた。しかし，種子収量は以前の実験の収量(種子140粒)に比べると目立って少なかった。同氏の意見では，さきに用いた養分溶液は硫酸塩とリン酸を含んでいたが，塩素の不存在については特に確認しなかった。無塩素の養分溶液では，2本のソバ植物はわずか25粒の種子を生産したにすぎず，Nobbe が塩素を含む溶液で栽培した植物の収量(成熟種子796粒および未熟種子108粒)に比べて，きわめてわずかな量である。それに対し，Knop は0.25%の塩化カリウムを含む培養液のソバ植物が不稔であった，とも指摘している。

　養分溶液で陸上植物の比較栽培試験を行なうことがいかに困難であるか，また Nobbe が正しく力説しているように，実験を成功裡に実施するのは幸運に属するということが理解される。したがって，上述の非常に矛盾した実験結果から導かれるのは，差し当たり不確実さであり，植物の生育過程，なかんずく種子形成に及ぼす塩素化合物の影響に関する問題の重要性に照らして，存在する矛盾を解決するためには，今後の研究が特に必要になるということである。

　種子収量の増加に及ぼす食塩の効果は，遠い昔から十分に確認されてきた事実である。私は，土壌リン酸に対する食塩の影響に関する自分の実験と，ミュンヘン農業協会評議員会の協力のもとに実施された施肥試験において，食塩の作用方式にかかわる側面で最初の説明を与えた。すなわち，食塩は，

植物が種子成分の形成に必要な土壌物質を大量に吸収できるように作用して，種子収量を向上させるのである。

しかし，食塩はこのような間接的作用の他，1864年のミュンヘンの実験が示したように，植物に対して直接の作用も及ぼす。食塩は植物体の成分になって地上部の生長を促進し，植物地上部のために地下部を消耗させることで，やはり種子収量を高める。

J. Lehmann も食塩の施用による種子収量の向上を観察している。同氏は庭園土壌における実験で，次のことを見い出した。同じように施肥(過リン酸)してインゲンとエンドウを栽培した2区画のうち，1区画には過リン酸に加え一定量の食塩を与えたところ，同区画はもう1つの区画より著しく高い種子収量を与えた。Lehmann はまた，食塩を施した植物の葉および茎の分析から，その窒素含有量は，土壌に食塩を施用せず，わずかな種子収量しかもたらさなかったインゲンおよびエンドウ植物の葉と茎に比べて，著しく低いことを証明した。

Salm-Horstmar と Zöller の実験によれば，ナトリウムは多くの穀物の種子，たとえばオオムギの生産に一定の役割を持つように思われる。また，Stohmann の実験も，植物の栄養過程におけるナトリウムの寄与を物語っている。同氏の観察によれば，ナトリウムを除いた液で生育したトウモロコシ植物には，注目すべき差異が見い出された。植物は，ナトリウムを含まない溶液で異なった様相を示し，長くて幅広い葉の代わりに，短くて尖った葉を生じ，かつ，雄花は雌花に比べて，生長がきわめて緩慢で弱々しかった。これに対し，Knop の実験では，トウモロコシ植物はナトリウムを含まない溶液において，正常な植物と比べて葉および花の発育に特別の差異を示すことなく生育した。したがって，ナトリウムの存在下または非存在下で生育したトウモロコシ植物の様相のちがいを，ナトリウムのみに帰するのは困難である[8]。そこでは，Stohmann の実験とはまた別の関係が働いていたにちがいない。

Knop の実験は，ケイ酸，塩素，ナトリウムの排除が，トウモロコシ植物の形成に直接危険のないことを明らかにしたが，Stohmann の実験は，マグ

ネシウムまたはカルシウムの欠除下で植物が繁茂しないことを示した。

養分液中の硝酸カルシウムを当量の硝酸マグネシウムで置き換えると，短時間の後に早くもトウモロコシ植物の生長は停止し，少数の小さくて貧弱な葉が発生するだけになる。硝酸カルシウムを添加すれば，直ちに顕著な変化が生じて，4週間近くも眠ったままだった植物が目覚めるに至り，植物生育の続行において，もはや何らの抑制も起こらなかった。養分液のマグネシウムを除去して，カルシウムで置き換えた実験では，植物の生育はカルシウム欠除の時と同じ形になった。植物は貧弱で，硫酸マグネシウムの添加は，やはり好結果を示した。

他の作物を用いた全く同様の実験も，カルシウムおよびマグネシウムが等しく植物の生育に必須であることを明らかにしている。エンバクを用いたWolfの実験では，当初養分液のカルシウムおよびマグネシウム含量を1/8まで減らしても，生育する植物に著しい障害は出なかったが，それ以上減らすと収穫物重量の低下が起こった。2つのアルカリ土類元素の必須性からは，生物作用の中で，それぞれが別の機能を果たしており，一者が他者に代替できない，ということが明確に結論される。Stohmannの観察は注目に値し，生長初期にカルシウムが欠乏した植物は主に雌花形成ができないのに対し，同じ時期にマグネシウム欠乏を起こした植物は不稔の雄花を，しかも早過ぎる段階で形成する。もし，この観察が確認されるならば，カルシウムおよびマグネシウムが，生物の生命過程でどのような役割を果たしているか，という研究にとって，ひとつの指針になるであろうが，この点は全体として未知に等しいのである。カルシウムとマグネシウムは，種子および葉に不可欠な成分であるが，上述の植物種における存在量は変動している。ただし，両者の量は原則として反比例する。すなわち，灰分中のマグネシウム含量が高いと，対応してカルシウム含量は低いことが多く，またその逆も成立する。そこで一面では，両者の代替性が推定されるようにも思われる。しかし，植物灰分中に必ず存在するカリウムの含量が，2つのアルカリ土類の変動に関係するらしい，ということもあって，この結論は確実でない。

de Saussureは，モン・ブルバンのトウヒ材の灰分中にはカリウム，カル

シウム，マグネシウムがあり，後2者の比率は1：7であることを見い出した。一方，モン・ラサールのトウヒの灰分は，マグネシウムを全然含まなかった。この事実は，木材組織においてマグネシウムは必要成分でない，との結論と明らかに結び付いている。しかし，モン・ラサールのトウヒ灰分中のカリウムはモン・ブルバンの2倍あったので，モン・ラサールのトウヒ材に欠けているマグネシウムが，カルシウムだけで代替されたのか，代替にはカリウムが本質的関与をしていないのか，という点については疑問がある。

　こうしたアルカリ土類とカリウムの代替はよくあることで，中でも顕著なのは無施肥土壌に生育したハンガリー種のタバコである。バナト種の葉のカルシウム含量は，ドブレチン種の葉とほとんど同じであるのに，カリウムは2/3またはそれ以下である。反面，ドブレチンのマグネシウム含量はバナトの2倍である。バナト種の葉4枚のカリウム含量はドブレチンの1/3しかないのに，カルシウム含量は50％に近い。マグネシウムの比率を同じにすれば，バナトの葉の灰は，ドブレチンのたった27％のカルシウムを含むだけである。タバコにおける前記3種類の塩基含量の非常に大きな偏りは，偶然ではありえない[9]。カリウムは，全植物で区別なしに必須植物養分と認められており，今日まであらゆる植物について，ナトリウムによる補償は承認されていない。

　さきに我々は，リン酸，カリウム，鉄，カルシウム，マグネシウムが作物の灰分に必ず存在するところから，これらが植物にとって無条件に必要であり，したがって栄養素であるとの結論を引き出した。とにかくこの結論には事実上の基礎があったので，水耕法をつうじて確信に高められた。水耕は前記物質のあれこれを完全に排除することを可能にし，その時植物の生長は危険に曝されるが，培養液に欠乏養分を添加すると生育が再開することを示した。水耕はさらに，植物が炭素を葉をつうじて空気から取り入れること，そして腐植は植物の繁茂に本質的なものでないことを証明した。

　水耕によって発見された重要な事実は，養分溶液で生育した植物の根による炭酸ガス分泌についてのKnopの観察である。

　de Saussureはかなり前に，根による炭酸ガス分泌を認めたが，同時に根

における炭酸ガス生成に関与する可能性のある酸素吸収をも認めており，その起源は不明であった。私自身も後に，無傷の根のついた野菜を蒸留水に入れると，水中に炭酸ガスを排出することを実証した。しかし，Knopは，植物の根をとりまく養分溶液に著しい量の炭酸ガスが排出されるだけでなく，その際植物は顕著に炭素含有物質を増加させることを，最初に証明したのである。たとえば，Knopは特殊な測定により，生体重800 gのトウモロコシ植物が8昼夜に45 gを増加する間に，1日平均で150％の炭酸ガスを絶えず養分液に排出することを見い出した。炭酸ガス分泌は，外気から遮断すると停止した。インゲン植物で炭酸ガス分泌が認められたのは，昼間でなしに夜間だけであり，曇天でも認められなかった。

さらに，Corenwinderの観察は，植物(*Cuphea, Eupatorium cannoberum*, キャベツ)の根が，ガス状であれ水溶性の状態であれ炭酸ガスを吸収できず，かつ，炭酸を含む水にさらに炭酸を富化することを示した(Mémoire de la Société de Sciences de Lille, vol. 1, 1867)。

最後に，植物は，葉を炭酸ガスを含まない空気中に置いた時，死滅するにもかかわらず，根に炭酸ガスを供給した場合に枯死することを，実験的に証明する努力が行なわれた(Journal de Pharmacie et Chimie, vol. 50 (4), p. 209)。

上記の観察，ならびに主として水の吸収における根および葉の異なった反応からみて，炭酸ガスは根からではなしに，唯一の器官，葉をつうじて吸収されると考えられる。したがって，他に炭酸ガス源が全然存在しない時でも，土壌は生育しつつある植物の根によって大気から炭酸ガスを富化するのであって，それは土壌の分解，ケイ酸塩の風化，アルカリとアルカリ土類の溶解と分散に不可欠なこと，こうして植物は土壌の肥沃度に本質的な寄与をすることが明らかになった。

ただし，報告された結果を無雑作に土壌で育つ陸上植物にあてはめることはできない。一般に，植物が遊離の炭酸ガスを含む時，拡散法則に従ってそれを炭酸ガスのない養分溶液中に排出するであろう，ということ以外は何もわかっていないのである。植物はその点で炭酸ガスを含まない養分溶液に対してポンプのように作用する。多くの植物が養分溶液に炭酸ガスを全く，ま

たはわずかしか排出しないとすれば，当該植物は葉をつうじて空気から炭酸ガスを吸収していないか，吸収に比例して同化しているかのどちらかである。Corenwinder の実験も厳密に証明された訳でなく，同氏の植物はいったい機能していたのかどうか，植物が炭酸を含む水に排出した炭酸ガスの起源は何なのか，酸化で生成したものか，または植物内部が周囲の液に比べて炭酸ガスに富んでいたのか，などの問題に直面する。土壌の陸上植物は，水とか炭酸ガスとかを含まない養分溶液に入れた植物とは実際上全然違った状態にある。根をとりまいている土壌空気は，大気より非常に炭酸ガスに富み，そのうえ水(土壌水分)は常に炭酸ガスで飽和しているから，土壌の植物が周囲にわずかでも炭酸ガスを放出するかどうか，疑わしい。さらに，土壌に生育する植物が根をつうじて炭酸ガスを吸収したという多数の報告もある。

　実際のところ，土壌中の陸上植物の根が，炭酸ガス分泌に関して，水中に入れた陸上植物の根，あるいは炭酸ガスを含まない養分溶液で育てた植物の根と同じに振る舞うと考えるのは，現在ではまだ早すぎる。また，植物体内への炭酸ガスの取り込みが，葉をつうじてのみ行なわれるという結論も，今日既に確立したとはいえない。いずれも，全局面を計算に入れた実験によってだけ解決されることになるだろう。

　水耕で起こるように，養分を無制限にした場合の低収量の原因は簡単に理解される。それは，土壌中に含まれるのとは非常にちがった形態で植物に供給される養分の特性による。

　水耕で用いる塩の組成を見ればすぐわかることだが，養分液に存在する塩基は硫酸，硝酸，リン酸などの強い鉱酸と結合しており，多くは金属塩化物の形で植物に供給される。植物体内においてリン酸塩の形で含まれることのないカルシウム，マグネシウムの同化や植物の酸と結合しているカリウムは，前提として，鉱酸から結合塩基が分離することを必要とする。

　根による塩酸の分離，あるいは金属塩化物を分解して塩基性物質を合成する植物の能力は，G. Kohn の水耕実験で疑問の余地のないものになった。ただ，こうした植物の能力が小さいものであることは明らかで，上述の実験でも，植物が増大させた量はわずかにすぎず，かつ，根をとりまく酸性の液は

生育に害作用を及ぼしたのである。しかし，塩基に結合した酸が植物体内で分解されて構成元素のいくつかが同化されたり，分解しないまま多量に植物に必要だったりする場合には，まるきり別の様相が発現する。この場合，酸と塩基は植物中で同時に利用できるので，そうした塩が植生に好影響を与えるのは無視できない。

　栽培実験の開始時に，中性または弱酸性の反応を呈していたある組成の養分液がアルカリ性に変化するのは，含有するアルカリ土類塩やアルカリ元素塩の酸基の多くが生体内で分解されることの証明である。その際，酸の種類に応じて分解量が変わるのは当然である。あらゆる酸のうち，最も分解し易いのは硝酸，きわめて困難なのは硫酸であり，リン酸は全く分解されない。

　硝酸を含む養分溶液において，それから硝酸を除いた時より植物がよく繁茂し，植物体収量が向上するのは，これで説明がつく。

　P. Wagner は，硝酸塩も塩素も含まない溶液を用いた実験で，硝酸を除いた場合にも成果があげられることを示した。この実験でも養分液はアルカリ性になったと報告されたが，今の場合，アルカリの遊離は硫酸の分解と関係がある。生体内で硫酸もまた分解することは，生成するアルブミンが成分として硫黄を含んでおり，硫黄は硫酸にしか由来しえないのだから，疑問を差し挟む余地がない。牧草，クローバ，そしておそらく全植物の緑色部位は，水と煮沸した時に硫化水素を発生する，という J. Lehmann の観察は，私にも確認でき，硫酸の分解を証明したものである。

　しかし，硝酸を含まない養分溶液に生育した植物の発育はごく貧弱で，Wagner の試験植物の最高収穫物重量は 20.22 g であった。Knop と Stohmann が硝酸を含む溶液で，同じ植物を用いてあげた収量に比較すると，その何ともみじめな生長が理解でき，塩素化合物の完全な排除だけに帰することは，たぶんできない。

　水耕において，実験者がかなり任意に溶液を構成し，あるものを他のものに取り替えたり，ちがった濃度で使用するのが通例という状況は，実験の価値を著しく低めている。

　植物は異なった生育時期に，各種の養分を異なった量で要求する。した

がって，とりわけ必要な物質の吸収が，溶液中で同時に根の表面に接触している第2，第3の物質によって妨害を受ける，つまり，根の膜を通って汁液に向かうこれらの物質の拡散の過程で，強まって行く物理作用が植物体内の有機的な仕事に好ましくない影響を及ぼすのは，ありうることである。最後に，溶液中の養分に対する同化能の強さも植物によって異なるのであって，多くの矛盾点もおそらくこれで説明されるであろう。

　植物はアンモニア塩を含まない養分溶液でも繁茂し，その際，植物はもっぱら硝酸から窒素を得ている事実が，水耕から明らかになった。さらに，窒素をアンモニア塩の形で含んだ養分溶液は，硝酸塩の形で供給するよりも水耕に不適であることが示された。KnopとStohmannは，あらゆるアンモニア塩のうち，最も同化されやすいのは硝酸アンモニアである，と最終的な結論を下した。

　この事実からは，他のことも説明される。なぜなら，硝酸アンモニアが同化されやすいのは植物体内の硝酸分解に基づくとすれば，硝酸のようにうまく作用しないアンモニアの培養能力は，それが分解困難な鉱酸と結合していたこと，そして植物がアンモニア同化を妨げる障害を，要求に応じて克服できなかったことに基づく，と思われるからである。いずれにせよ，人々が到達した結論，すなわち，アンモニアそのものは養分でなく，それが活性化するのは硝酸に変化した時だけであるとの結論は，水耕実験では確立されていない。むしろ，この結論はHampe，Kohn，Wagnerらの最近の実験できわめて疑わしくなった。尿素あるいはクレアチンの形態の窒素化合物が，硝酸と同じように生育過程に関与することだけでなく，リン酸と結合したアンモニアでも同様のことが起こるのである。さらにアンモニアが耕土から植物に直接吸収されず，養分として作用しないという証明は，いまのところ存在しない。したがって，多くの作物に対して，土壌の硝酸とアンモニアは等価値の窒素源でないとはいい切れない。大部分の植物は汁液にアンモニアと硝酸を同時に含み，Schönbeinの観察によれば，亜硝酸を含むものも多いのである。

　根が耕土から吸収する硝酸は，カルシウム，マグネシウム，稀にはカリウ

ムと結合しており，それらの塩基に対する植物の要求は硝酸同化に影響を及ぼすであろう。

植物体内における，組成がアンモニアに類似した多数の窒素化合物の生成は，簡単に硝酸から導かれるものではないし，タバコ植物における硝酸の豊富な存在は，むしろ根の吸収した硝酸が残留物として汁液に集積して，ニコチンなどの生成に利用されないことを暗示するように思われる。

こうした面で，植物の栄養過程に関する我々の知識はきわめて乏しく，水耕に関連して，まだ多くの疑問が解決を待っている。

当初酸性または中性であった養分液が，一定の水耕環境のもとで，根の分離するアルカリ塩基のためにアルカリ性になることは，さきに述べたとおりである。この分離が生育中の植物による硝酸塩の分解に基づくとしても，植物がアルカリ塩基よりも硝酸，つまり窒素を多く消費することは，簡単には説明できない。植物体内で両者が同じ割合で存在するか，植物が窒素よりアルカリを多く必要とするならば，アルカリの排出はありえないであろう。このような場合，アルカリが硝酸から供給されると仮定すると，栽培中に窒素が植物から分離するか，または別の窒素化合物に変化するはずである。その点で，水耕法を用いた実験は生理学的に最高に興味ある結果をもたらすであろう。しかし，このことから，特に実際の農業に対しては何らの結論も期待してはならない。目的は別なのである。実際家は，高い収量，より高い収量を手に入れる手段に最大の価値を求めるが，それは水耕では到達できず，実際家が解答を求める問題には全く無関係である。

土壌が植物に供給する養分の形態と特性は，養分溶液の成分とは非常にかけはなれている。排水の組成から明らかなように，土壌中を動く水がほとんど含んでいないか，ごく稀にしか含まないような塩類で，溶液中の植物が完全に生育できることは，全く不思議というほかはない。水耕実験の結果の評価にあたって，いつも土耕で得られた経験を念頭に置くのは許されないことである。

肥沃な土壌に生育する植物は，生体内で作物成分に変えるのに最小限の仕事しか要しない形で，養分を受け取る。一方水耕では，養分を同化するのに

きわめて強力な化学的障害を乗り越えなければならない。土耕と水耕においては，植物が要求し，かつ吸収する活性物質の量も非常に異なっている。

水耕で得た植物の種子灰分は，当の陸上植物の種子灰分の組成にきわめて近いが，水溶液で育てた植物の葉や茎の灰分は，畑に生育したものの通常2倍あって，両者の比較からは興味深い結論が期待される。

水耕で，ある養分の存在または欠除が植物体収量に及ぼす影響を評価する際，可能な限り同じ苗を選んだ時でも，他の条件を同じにしてさえ，同一溶液における生育はしばしば非常に異なるということも注意しなければならない。これに対して，土耕ではできるだけ同様の種子を選び，同一条件で生育させれば，まず同じような植物ができるのが認められる。土壌は乾燥し易く，陸上植物の根は水耕液とはちがった振る舞いをする。土壌中の根はじきにコルク層で覆われ，栄養を吸収する能力を持つのは，主に最も若い根である。

Knopは自分の実験から，ケイ酸および食塩はトウモロコシ植物に必須な養分とは考えられないと結論した。生物過程において，ある場合にケイ酸がカルシウムで代替できるという，いまひとつの観察が確認されるなら，これはケイ酸に一定の制限を課する見解である。食塩に関しては，植物生育に非常に効果のある直接，間接的作用を及ぼしうることを既に述べておいた。土壌に与えた場合，食塩は種子形成に絶対必要な大量の土壌成分の取り込みを可能にし，また植物の一成分になって，植物生育の方向と物質変化に一定の作用を与える。さきに述べたように，食塩は地上部の生育を促進し，種子形成のため栄養器官からの成分移動を促進する。そして，すべてが種子収量を高めるように作用するのである。もちろん，アンモニア塩と硝酸塩も，土壌のリン酸および地上部の生育に対して，したがって種子収量に対して全く同じ効果を現す。しかし，アンモニア化合物および硝酸塩が作用面で食塩と代替できることは，農業者が，食塩は植物の生育過程にとって無意味だと認める根拠には全然ならないのである。

食塩欠乏は地上部生育，花および種子形成を制限し，種子を形成する成分を植物から少量しか吸い取らない。

Pincusの観察によれば，クローバ畑に石膏を施した時，クローバの花，

葉,茎の相対比率と絶対比率に奇妙な変化が生じた。石膏無施用の畑では,クローバ乾草100部につき花が17部あったのに対して,石膏を施した圃場の同量の乾草は12部の花しかつけなかった。石膏施用圃場は,1モルゲン当たりで石膏無施用の3倍に近いクローバ乾草を生産したが,全体収量における花は3%少なかった。

以上のことから,石膏はクローバの花形成に抑制作用を持つと思われる。また,我々は,石膏によるクローバ収量の増加がその成分に由来するというより,かなりの深さまで耕土に化学的作用を及ぼして,クローバの特定の養分を可溶性かつ移動性にすること,石膏を施したクローバの根は,無施用の畑に比べて多いか,または吸収能が高いことによる,と理解するのである。

「養分」の概念を簡単に説明することが,いかに困難であるかは,容易に認められよう。「養分」概念を植物の組成から導くならば,植物部位に諸元素を供給する物質を養分として数えなければならないのは当然である。

しかし,生物として考えた場合,植物は生活の中で一定の仕事をするのであって,それには他の物質,すなわち,構成する元素は化学的な意味で植物体成分にはならないが,欠除すると「養分」に数えられる別の化合物グループが栄養価値を失うような物質も不可欠である。このような物質の多くは,動物の生命過程の維持にどうしても不可欠であるけれども,「養分」には数えられない空気中の酸素のような振る舞いをする。

同様の関係にあるのが,植物の生命過程に対する水である。植物は水素含有成分の生成に一定量の水を必要とするが,それだけではなく,水は植物の形成,養分の吸収および体内の有機的な仕事の媒介にも欠くことができない。

炭酸ガスもやはり,植物の炭素含有組織に炭素を供給することに限って植物に栄養価値があるのではなく,土壌中の水不溶性養分を可溶化し,作物に吸収できるようにする点でも,栄養に関して特別の価値がある。

おしなべて,植物の生活における特定物質の必須性の問題では,その有効性に留意されてきた。しかし,ケイ酸および食塩が,土壌に生育した植物に常在成分として含まれるにもかかわらず,水耕ではこれらの物質がなくても開花,結実は進行しうる。それは認めるにせよ,この生理学的に興味ある事

実から，ケイ酸および食塩が通常の生育条件，気候条件(光，温度，乾湿の交代)のもとで，植物の形成と繁茂に必ずしも有効でない，つまり不可欠でないと結論することにはならない。

　同じ土地にあって，ちがったジャガイモ品種を植えた隣接する2枚の畑で，片方には黒ずんだ枯葉と茎を持つ植物しか見られないのに，隣の畑の植物は病気の形跡も認められないことがあるのは，昔からよく知られている。この外部的障害要因は，両品種とも作用を受けたのであるが，ひとつは他よりも強い抵抗性を示して，前者が枯死したのに，後者は健全だった訳である。

　このような現象は，いつでも作用性の物質に起因するのであるが，各品種の同化能力が異なる時，あるいは土壌中の存在量に従って，植物体または植物部位の生存の不等性を規定する。2つの品種の茎葉の灰分成分は，量的にも相対比率でも同じでない。両品種は，各種の土壌で栽培した時にも差異があるし，施肥の異なる畑において，病気に対する反応の同一でないことも認められる。多くの地方では，石灰や灰の施用が，少なくとも数年間はジャガイモの病気に対抗する有効な手段として用いられてきた[10]。

　抵抗力があれば，植物は確実に生育を続け，一方抵抗力が足りないと，植物は外部的障害要因の有害作用を受ける。養分概念に結びつければそういえないにしても，外部的障害に対して抵抗力を賦与する物質を，我々が植物の正常な生育の必要条件と見なさねばならないのは明白である。

　今日までに行なわれた研究は，無機栄養素が器官の構成に果たしている役割を明確に示し，また，無機栄養素がどのように作用しているのか，種子や汁液の組成の不等性にどう関与しているのかを詳細に提示するには，まだまだ包括的でない。その面で，植物生理学には広汎な研究分野が残されている。

　リン酸については，種子および汁液の恒常成分で，他の化合物では代替されないことがわかっている。一方，硝酸とアンモニア，おそらく尿素，クレアチンと尿酸も，植物の窒素含有物質に窒素を供給し，特に最初の2つは多くの植物種に対する養分として，相互に代替が可能である。

　リン酸と同様，一定量の硫酸は，硫黄を含むアルブミンの生成に必要で，かつ代替不能である。

Mayer, Zöller, Fehling, Faist その他の穀物種子に関する研究は，リン酸とアルブミンの間に一定の関係があり，一方の増加または減少に伴って，他方も増加，減少することを明らかにした。このことは種子の2成分間の依存関係を示し，アルブミン(グルテン，カゼイン)の生成は，リン酸の存在と共同作用に規定されるにちがいない，との認識に導くものである。

　Ritthausen の最近の研究は，植物に存在するアルブミン(たんぱく質)が，リン酸との結合物として検出されることを明らかにした。したがって，リン酸はたんぱく質の組成成分ということになって，恒常的な共存が説明される。

　さらに，アルブミンの溶解性と不溶性，つまり植物体内での移動，沈積の可能性は，アルブミンが化合物を作りうるアルカリおよびアルカリ土類の存在に完全に依存している。

　アルブミン生成におけるリン酸と同様の役割を演じていると思われるのは，緑色色素のクロロフィル形成における鉄である。クロロフィル中に見い出される鉄の量はごくわずかであるが，鉄の欠乏により，植物は鉛のような色[11]になって，発育が停止する。

　植物における糖および関連炭水化物の生成に関するアルカリとアルカリ土類，特にカリウムの役割はそれほどはっきりしていない。糖に富む汁液，デンプンに富む塊茎や根は，成分として主にカリウムを含むが，それは糖ともデンプンとも化学的結合をしている訳でない。

　カリウム，一般にアルカリ元素は，植物の酸の塩の形，酸性シュウ酸塩，クエン酸塩，酒石酸塩などの形で含まれている。糖やデンプンが主として植物の酸から生成し，炭酸ガスから一足とびに形成されるのでないことはほとんど確実であり，アルカリが植物の酸の生成に関与するのは疑いないところであるから，アルカリは，糖その他の炭水化物の形成にも関与するはずである。アルカリが生物過程で果たす役割は，ここから明らかになるので，つまり炭酸ガスが植物体成分に移行するのを媒介するのである。

　滲出するゴムについては常に著しい量のカルシウム，マグネシウム，カリウムを含むことが知られている。アラビアゴムは酸性反応を呈し，弱酸の全性質を備えたアラビンと上述の塩基との塩に似た化合物であると理解できる。

カルシウムがセルローズ(繊維素)および細胞壁の形成と成立にさまざまな形で関与するのは，まずまちがいない。いかなるところでも，この面におけるカルシウムの関与，すなわち沈殿剤として作用する役割ははっきり確認されている。こうした場合，カルシウムはケイ酸で完全に代替できることが多い。多くの細胞膜は，ちょうど加硫ゴムがゴムと硫黄の拡散物と理解されるように，繊維素と各種の無機物(カルシウム，ケイ酸)の拡散物であると考えられる。カルシウムまたはケイ酸のような沈積物質なしに，細胞膜の種々の特性を考えることはできない。ケイ酸やカルシウムが存在しなければ，その機能はリン酸カルシウムが満たしていると思われたであろう。

　異なった生育時期における植物および植物部位の研究は，カリウム，一般にアルカリ元素が生育初期に大量に吸収されることを明らかにした。若い葉や芽は，灰分中の主要成分としてカリウムを含み，(生きている)葉で有機物特にセルローズの生成が進むにつれて，カルシウムおよびケイ酸含量が増加する(Zöller)。Zöllerは同様の関係をオオムギの種子形成で認めた。

　多年生作物の葉および茎の生育過程では，アルカリ元素とリン酸の株または根への移動が起こる。Zöllerは，若いブナの葉の灰分に30％，開花期のアスパラガスの茎の灰分に34％のカリウムを見い出したが，秋に木から採取した枯葉の灰分はわずかに1-4％，成熟した種子をつけた秋のアスパラガスの枯れた茎は11.77％のカリウムしか含まなかった。一方，カルシウム含量は2つの生育段階のブナの葉について，若い時の9.83％から古い葉の34％へ，アスパラガスの茎の灰分では，開花期の9％から枯死期の24％に増大した。

　リン酸の吸収は，全生育期間をつうじてだいたい一様であって，窒素の供給が十分な時は，同じ割合で生成するたんぱく質の量を増大させる。

　Arendtは，植物の上部が下部に比べて多量のマグネシウムを含むことを観察した。穀物の種子は特にマグネシウムに富み，カリウムの次に灰分の主要塩基成分になっていることは，既に述べたとおりである。

　これまでに行なわれた実験は，植物の生活において土壌が果たす役割に関し，既往の経験を確認している。土壌は，植物が繁茂するべき時に与える必

要のある一定の含有成分をつうじて，植物の生活に寄与するのである。

　ここから理解されるように，以前の「地力」概念は多数の物質的なもの，すなわち土壌中のリン酸，硫酸，カルシウム，マグネシウム，カリウム（ナトリウム），鉄，食塩およびケイ酸の含量を包含するけれども，土壌の肥沃度にはその他，収量の高さと持続性を決定する他の諸条件が含まれる。

原　注

1) 多数の著者は，植物に見い出される無機物質は，ごく微量しか含まれない時，それ自体偶然的なものであって，植物の生存には全く不必要と考えてきた。このような意見は，当の植物に恒常的に存在する訳でない物質に関してはおそらく正しいであろうが，恒常的に存在するものについては，証明済みのこととはいえない。少量であるのは，何ら不必要性の指標ではないのである。動物に含まれるリン酸カルシウムの量は，動物重量の 1/5 以上ではないが，この塩が骨の構成に本質的なものであることを疑う人はいない。私は自ら研究したあらゆる植物の灰分中にこの塩を見い出した。植物がリン酸カルシウムなしに存在できる(de Saussure)と主張する根拠は何もないのである。

2) 洗浄操作にもかかわらず，なお砂は少量の分解されないケイ酸塩を含んでいた。その組成は百分率で次のようであった。

ケイ酸	97.90
カリウム	0.30
アルミニウム	0.80
酸化鉄	0.30
カルシウム	0.50
マグネシウム	0.01
	99.81

3) 混合物の組成は次のとおりである。

石英砂	861.26
硫酸カリウム	0.34
食塩	0.13
石膏(無水)	1.25
水洗した白堊	10.00
炭酸マグネシウム	5.00
酸化マンガン	2.50
酸化鉄	10.00

水酸化アルミニウム	15.00
リン酸カルシウム	15.60
泥炭酸カリウム	3.41
泥炭酸ナトリウム	2.22
泥炭酸アンモニア	10.29
泥炭酸カルシウム	3.07
泥炭酸マグネシウム	1.97
泥炭酸酸化鉄	3.32
泥炭酸アルミニウム	4.64
不溶性泥炭酸	50.00

　上記物質の調製にあたっては，通常の泥炭をうすい苛性カリウムと煮沸し，きわめて濃く着色した溶液を希硫酸で沈殿させた。その沈殿が泥炭酸の名称で用いた物質である。泥炭酸をカリウム，ナトリウム，アンモニアに溶解した飽和溶液を蒸発させて，これらの塩基と泥炭物質の化合物を調製し，またこれらの溶液を純粋のカルシウム，マグネシウム，塩類で繰り返し分解して泥炭酸カルシウム，マグネシウム，酸化鉄，アルミニウムを調製した。周知のように，腐植は，分解によって変化した動物質，植物質と理解されるが，肥沃な耕土に欠けていることはめったにない。Wiegmann と Polstorf は，それを泥炭物質で置き換えた。泥炭酸を水とともに連続して煮沸すると不溶性の誘導体に変化する。ここで不溶性泥炭酸として用いたのはこれである。

4) このことについては，本書第2部および私がウキクサとそれを生育させた水の組成に関して行なった報告(Annalen der Chemie und Pharmacie vol. 105, p. 140)を参照のこと。

5) 1/1000 のポタッシュ(炭酸カリウム)を溶かした蒸留水では，穀物の幼根は2日間にほとんど長さを増さず，8日後には軟化して分解した。1/3000 のポタッシュも同様の害作用を示した。10,000 倍希釈で，泉の水で見られるような正常な根の生育がはじめて起こったが，緩慢であった(Handtke)。養分溶液がアルカリ性になると，硫化水素が生成して，根は腐敗する(Stohmann；Knop)。

6) Knop は，4種の可溶性塩類を用いて2種の溶液を調製した。溶液 A は硝酸カリウム，硝酸カルシウム，硫酸マグネシウムを蒸留水に溶解して作成し，溶液 B はリン酸カリウムだけを含んでいた。

　溶液 A 1 ℓ (1,000 cm³)は，各塩の成分で示すと，次のものを含んでいる。

硝酸	2.160 g
硫酸	0.495
カルシウム	0.684
マグネシウム	0.233
カリウム	0.940
	4.512 g

8. 植物の無機成分

したがって，溶液Aの濃度は0.45%，つまり，本溶液1,000部は上記の塩類4.5部を含む。

溶液Bは，蒸留水1ℓ中にリン酸カリウム10g(KO, PO₅)を含み，したがって10 cm³の溶液は0.1gの塩を含むことになる。

2つの溶液(AおよびB)を混合して，トウモロコシ植物を育てる養分液を調製し，その際，混合液に少量のリン酸酸化鉄を添加した。

栽培実験にあたってKnopは，正確に測った量の養分液にトウモロコシ植物を入れ，根のリン酸酸化鉄を洗い落とし，毎日植物が蒸散しただけの水を溶液に補給しながら，植物が通常1ℓの水を蒸散するまで生育させた(1周期)。残った液は後に分析に用い，トウモロコシ植物は一定量の新しい養分液に移した。

トウモロコシ植物は，こうした状態で生育を7周期で完了した。7回のうち最初の5周期に，植物は新しい養分液を供給されたのであるが，第5周期に与えた分は，根がそれまでに黄錆色の酸化鉄被膜で完全に覆われたため，リン酸酸化鉄を添加せずにおいた点が注目される。第6および第7周期において，植物は蒸留水だけで育てられたが，最初の5周期に植物が1ℓずつの水を蒸散したのに対し，第6周期の水分蒸散量は2ℓであり，第7周期には3.5ℓの水を蒸散した。

栽培実験は1861年5月12日に開始され，同日6枚の葉と生体重8gを持つ幼植物を養分液に入れた。実験は9月4日(収穫期)に終了した。

Knopはトウモロコシ種子を4月に，洗浄した砂に播種して発芽させた。5月12日に幼植物は前記の生体重(8g)を有していたが，乾燥後の重量は，種子に比べてほとんど大きくなかった。

第1周期は5月12日から7月12日まで続いた。この期間に植物に供給した溶液Aは600 cm³，溶液Bは12 cm³，リン酸酸化鉄は0.3gである。養分液は1回でなしに，3回に分けて与えられた。つまり，根の形成をよくするために薄い溶液で開始し，周期の第3節に本来の濃度を完成させたのである。第2，第3，第4，第5周期においては，植物を直接希釈しない溶液に入れ，各周期とも根は500 cm³内におさめた。したがって，植物に供給したのは，

第1周期

	第1節 (5月12日-6月1日)	第2節 (6月1日-7月1日)	第3節 (7月1日-7月12日)
溶　液　A	100 ml	200 ml	300 ml
溶　液　B	2 ml	4 ml	6 ml
水(希釈用)	198 ml	96 ml	—
リン酸酸化鉄	0.1 g	0.1 g	0.1 g

	第2周期	第3周期	第4周期	第5周期
	(7月12日-7月20日)	(7月20日-7月27日)	(7月27日-8月1日)	(8月1日-8月10日)
溶液A	500 ml	500 ml	500 ml	500 ml
溶液B	10 ml	20 ml	20 ml	30 ml
水(希釈用)	—	—	—	—
リン酸酸化鉄	0.1 g	0.1 g	0.1 g	—

第6および第7期においては,前述のとおり,トウモロコシ植物は蒸留水だけで育てられた。第6周期は8月10日から8月16日まで,第7周期は8月16日から9月4日まで続いた。

全栽培期間について,

	植物への供給量*	植物の吸収量*	第6,第7周期における排出量
硝酸	5.6160 g	5.6160 g	—
硫酸	1.2870 g	0.5196 g	—
リン酸	0.5750 g	0.5730 g	0.007 g
カルシウム	1.7784 g	1.0534 g	0.059 g
マグネシウム	0.6058 g	0.2184 g	0.007 g
カリウム	2.8204 g	1.7454 g	0.019 g

*少量のリン酸酸化鉄を除く。

7) この植物収量は非常に高いように見えても,肥沃な耕土で得られるソバ子実に比べると,やはり劣っている。
8) Knop の実験のトウモロコシ植物は,5月から8月にかけて15枚の葉を展開し,平均して幅7 cm,長さ60 cm であった。
9) さらにここでは,土壌に過剰に存在する養分が百分率組成に及ぼす影響は,いつも顕著であって,灰分中の個々の成分の比率にも影響する,ということを想起できる。ミュンヘンの実験において,各種の培地に生育したインゲンの成熟した茎は,灰分100部に以下のものを含んでいた。

	調合泥炭	調合泥炭+リン酸	調合泥炭+カリウム	調合泥炭+ナトリウム
ナトリウム	1.50	1.21	0.64	5.10
カリウム	28.43	29.37	58.25	33.04
マグネシウム	13.32	8.76	7.92	8.10
カルシウム	22.51	33.78	12.10	17.08
リン酸	4.18	14.14	3.39	3.85
乾物の灰分%	8.51	9.88	9.64	9.03

その他，灰分組成に関しては，植物の年齢や器官によっても異なる。植物が若いほど灰分中のカリウム（およびリン酸）含量は高く，老化するほど灰分は多くのカルシウム（およびケイ酸）を含む(Zöller)。

10) このことは，ジャガイモを用いたミュンヘンの試験結果(1863, 1864)についてもいえるであろう。初年度の試験は，ジャガイモの病気の原因を研究するために行なわれたのではなく，一般にきわめて長期にわたり土壌でジャガイモを育てると，病気になるかどうかが問題であった。ジャガイモの茎葉は良好で傷んでいないようだったし，収穫したジャガイモ塊茎も，当初は完全に健全であった。塊茎を同一環境で一定期間貯蔵して初めて，無施肥泥炭およびリン酸とアンモニアを施用した泥炭に栽培したジャガイモ塊茎に斑点が現れたのであるが，リン酸とカリウムを施用した泥炭の塊茎は完全に健全なままであって，それはカリウム含量の高さで際立っていた。次の年には，上記の3試験を繰り返したが，全試験区のジャガイモ植物は，ごく早期にすべて病気に襲われた。茎葉は早くから完全に崩壊し，塊茎は形成初期からきわめて小さいままであった。しかし，3つの試験の塊茎は土壌によって罹病したのではなく，冬期間貯蔵しておいたすべての塊茎は健全なままであった点に，本実験の眼目がある。残念ながら，塊茎は化学的に研究されなかったけれども，それらは若い塊茎のように反応したので，非常にカリウムに富んでいたはずであり，その点では，健全なままであった。1863年のカリウム・リン酸土壌の塊茎と同様の反応をしたことは疑いない。

11) Knopは，イネ科およびソバが鉄を含まない溶液で生き延びられないのに対して，トウモロコシとエンドウはそこでも生長し，全生育期間をつうじて，葉は多汁かつ緑色であったと報告している(Chemische Centralblatt, p.6およびp.9, 1865)。

9. 耕土の起源〔要約〕

〔非常に堅い石や岩石も，いろいろな作用によってしだいにその固結性を失う。この変化を受けたものは，岩石の破片と残積物であって，それから耕土が生ずる。

岩石の固結性の破壊の原因の一部は機械的であり，一部は化学的である。鉱物界には，岩石に含まれるケイ酸塩が，水と炭酸ガスの影響を受けて，絶えず分解過程に曝されている例が多数存在する。これらは風化に特有な要因であって，その作用は時間に制約されることなく，どの瞬間にも起こっており，したがって，人間の寿命の長さでは目に見える結果が認められないにせよ，現に存在するものと見なさなければならない。〕

10. 耕土の成分〔要約〕

〔土壌は砂，石灰，粘土から成り，肥沃な土壌は必ず粘土を含んでいる。粘土は，アルミニウムを含む鉱物の風化に由来し，アルカリ，アルカリ土類，リン酸および硫酸を含むことによって，植物の生活に直接関与する。炭酸ガス，アンモニア，硝酸，水，有機物は土壌に等しく含まれるが，それらはもともと大気に由来したもので，土壌は大気から借りているだけである。

土壌は，陸上植物に生活と完全な発育に必要な灰分成分を供給し，本来的成分として無機植物養分を含んでいる。しかし，土壌が作物の灰分成分に関して無尽蔵であるとはいえず，作物が取り去った養分の補充の意義は無視できない。〕

11. 作物の灰分成分に対する耕土の反応

植物の生育に適した耕地や庭園の土壌が示す反応ほど，化学の中で不可思議で，人間の知恵を押し黙らせる現象はない。

雨水を耕土または庭園土壌を通して浸透させるごく簡単な実験をつうじて，これらの浸透水は多くの場合にカリウム，ケイ酸，アンモニア，リン酸のいうほどの痕跡さえ溶解しておらず，土に含まれる植物養分は，水にほとんど，または全然移行しないことが万人に納得できるのである。機械的な流去を別にすれば，降り続く雨も，畑から肥沃度の主要要因を取り除くことは全くできない。

耕土層は，いったん受け入れた植物の栄養物質を保持するばかりでなく，養分要求に応えて植物を育てる能力をいっそう豊かにする。アンモニア，カリウム，リン酸，ケイ酸を溶解状態で含む雨水や水を耕土に混合すると，これらの物質はほとんど瞬間的に溶液から消失する。つまり，耕土は水から物質を奪うのである。

耕土を漏斗に満たし，この土に希薄なケイ酸カリウム（カリ水ガラス）溶液を注ぐと，流出する水にはカリウムが見い出されないか，痕跡しか見い出さ

れず，ケイ酸が見い出されるのは，一定の条件においてのみである。

新しく沈殿したリン酸カルシウムまたはリン酸マグネシウムを炭酸ガス飽和の水に溶かし，同様にその溶液を耕土に浸透させた時も，流出する水はリン酸を含まない。リン酸カルシウムの希硫酸溶液，あるいは炭酸水中のリン酸マグネシウム・アンモニア溶液も同様の反応をする。すなわち，リン酸カルシウムのリン酸，マグネシウム塩のリン酸とアンモニアは，土に残留する。

炭もまた，多くの可溶性塩類に対して類似の反応を示し，溶液から色素や塩類を吸収するから，両者の作用の根拠を共通の原因に求めるのは当然であろう。しかし，炭の場合は表面が示す化学的吸着であるのに対して，耕土の場合は土の成分が作用に関与するので，多くの場合，両者は全く別のものである。

周知のように，カリウムとナトリウムは化学的行動がきわめて似かよっているが，その塩類も多くの性質が相互に共通している。たとえば，塩化カリウムは食塩と同じ結晶型を持ち，味，溶解度もあまり変わらない。熟練しない者は両者をほとんど区別できないが，耕土層は完全に区別する。

耕土に食塩を通すと，注いだ時とだいたい同量の塩化ナトリウムが流出するのに対し，塩化カリウムは分解され，カリウムは土に残って塩素が塩化カルシウムとして流出してくる。つまり，カリウムでは交換が起こり，ナトリウムでは交換は部分的である。カリウムは，全陸上植物の成分であるが，ナトリウムは，灰分中に例外的に存在するにすぎない。硫酸ナトリウムや硝酸ナトリウムでは，土に保持されるナトリウムは痕跡量にとどまるのに，硫酸カリウム，硝酸カリウムの場合には，すべてのカリウムが土に残留する。

この目的のため特別に行なった実験では，$1\,\ell = 1{,}000\,\text{cm}^3$ の庭園土壌(カルシウムに富む)が，$1{,}000\,\text{cm}^3$ 中にケイ酸 $2.78\,\text{g}$ とカリウム $1.166\,\text{g}$ を含むケイ酸カリウム溶液 $2{,}025\,\text{cm}^3$ のカリウムを吸収した。したがって，同じ性質の畑 $1\,\text{ha}$ は，深さが $1/4\,\text{m}(=10\,\text{インチ})$ であるとして，同一の溶液から $10{,}000$ ポンドのカリウムを吸収し，植物の要求にあわせて保持する，という計算になる。同様に，リン酸マグネシウム・アンモニア溶液を用いて行なった実験は，$1\,\text{ha}$ の畑が，溶液から $5{,}000$ ポンドの塩類を取り去ること

を示した。壌土（カルシウムに乏しい）も同じように反応した。

このことは，土壌がこうした性質を持たなかった場合，純水または炭酸水に対する溶解度が大きくて自らは土壌に保持されえないところの，植物の3要素に及ぼす耕土の強力な作用と吸引力の強さについて，ひとつの概念を与える[1]。

耕土は，腐敗した尿，多量の水で希釈したきゅう肥漏汁または汚水から，あるいはグアノの水溶液から，含有するアンモニア，カリウム，リン酸を吸収し，土の量が多い時には，流出する水にはもはやわずかな痕跡すら含まれない。

しかし，溶液からアンモニア，カリウム，リン酸，ケイ酸を取り去る耕土の特性には，限界が存在する。あらゆる土壌には固有の容量があるのであって，土壌と溶液を接触させた時，土は溶解した物質で飽和し，過剰分は溶液中に残って通常の試薬で検出できるようになる。同一容積の砂質土壌は泥炭質土壌より，泥炭質土壌は粘土質土壌より吸収力が弱い。吸収量の変異は，土壌の種類の差と同じように大きいのである。何ものにも同一のものはない，ということはよく知られているが，農業耕作のさまざまの特徴は，上記諸物質のひとつに対する各種土壌の吸収能が不等であることと一定の関係を持つのは確実であって，我々が詳細な探求をつうじて，畑の農業的価値または資産的評価に関し，全然予期しなかった新しい立脚点を得ることも不可能ではない。注目に値するのは，これら溶液に対する有機物に富んだ土の作用である。有機物に乏しい粘土質土壌や石灰質土壌は，ケイ酸カリウム溶液から全カリウムと全ケイ酸を取り去るが，有機物いわゆる腐植に富んだ土壌では，カリウムは取り去るけれども，ケイ酸は液中に溶解したままで残す。この反応は必然的に穀物とか，いわゆる酸性沼沢土壌や湿原土壌で優勢なヨシ，トクサのように，大量のケイ酸を要求する植物の生育に及ぼす植物分解残渣の影響を想起させる。こうした土壌に石灰を施せば，よく知られているように上記の植物は消失して，良質の飼料作物が取って代わる。

腐植質に富む庭園土壌，森林土壌は，ケイ酸カリウム溶液からケイ酸を取り去らないのであるが，ケイ酸塩を加える前に若干の消石灰を混ぜると，た

ちまちその性質を獲得することが実験的に示された。この時には，ケイ酸，カリウムの両成分がともに土に残留するのである。

　耕土が水溶液からアンモニア，カリウム，リン酸，ケイ酸を奪うとしても，地上に降る雨水が耕土からこれらの物質を奪うことは不可能である。土壌は，こうした物質を不溶性ではあるが，根による吸収に適した状態で含んでいる。細根は石をも直接に腐食させ，それをつうじて，耕土層に存在する栄養物質に溶解性および植物中への移行能力を賦与する。

　たとえば，ミュンヘン周辺の数千ターゲヴェルクの耕土層は，円礫の下層土上わずか6インチしかなく，ざる同様に水を通過させてしまう。耕土層の成分や耕土に施した肥料成分が，雨水に可溶であったなら，長い間にはもう痕跡も認められなくなるであろう。土壌の能力なくして，諸成分が空気や雨の溶解作用に抵抗することは不可能だったであろう。

　耕土層の反応から，養分の吸収では植物自体が役割を果たしているにちがいない，との推論が成り立つ。葉の蒸散が共同作用をすることは疑いないが，土壌には植物を有害物の流入から保護する警察署が置かれている。土壌の供給物が植物体内に移行しうるのは，根中で働く内部要因がともに作用する時だけであって，土壌は単なる水には多量の植物養分を与えないのである。その要因が何であり，作用方式がどうであるかということは，なお詳しく探求しなければならない。これに関して行なわれた実験では，土壌から支障なく養分を吸収しつつある根を持った野菜を中性のリトマス液中で育てると，液が赤く着色することが示された。つまり，根が酸を分泌した訳である。赤くなった液は煮沸によって再び青くなるから，酸は炭酸である。きわめて注目すべき事実は，陸上植物の根をリトマス紙に挟んで圧搾すると，強く持続して赤色に着色することであって，根は固体酸を含む液に浸されていることになる(詳細は第2部の「土壌」の章を参照のこと)。

　さらに，上述の耕土の特性には，及ぼす影響の大きい，同様に注目に値する性質が加わる。それは，湿った空気から水蒸気を奪い，孔隙を湿らせる耕土の能力である。耕土が非常に強く水蒸気を吸収する物質に属することは，既に昔からわかっていた。しかし，耕土のこの特性が全物質の中で最強力な

濃硫酸に匹敵することを認識したのは、Babo が最初である。数オンスの耕土を 35-40°C を超えない温度で乾燥してから、20°C で水蒸気に完全飽和した空気、すなわち、同温度からわずかばかりの冷却によって露を結ぶ空気中に入れた時、空気は数分後に全く水分を失い、土に吸収されてしまう。その結果、空気を 8-10°C に冷却しても、水、つまり露を生じない。水蒸気張力は 17 mm から 2 mm 以下に降下する。

耕土は水蒸気飽和の空気中において、水蒸気に飽和した程度に応じて吸収力を失う。完全に飽和すると、耕土はもはや空気から水を吸収しない。耕土は、水蒸気を 2 mm 以上の張力で含む 20°C の空気から、空気の水蒸気張力、または水をガス状にする力と水を保持しようとする土壌の吸引力が平衡状態に達するまで、水を吸収する。

一定の温度で空気から水分を吸収して飽和した土は、乾燥した空気に再び一定量の水を供給するが、空気の温度が上がった時も、また同様である。逆にもっと湿った空気からは、平衡に達するまで水を取り去る。

吸収と蒸発の過程には、重要な現象が伴い、水蒸気を吸収する時に土は温かくなるし、気化に際しては冷却する。乾いた耕土を亜麻袋に入れ、中心に温度計を置いて、湿った空気の容器中にぶら下げておくと、数秒後には温度計の水銀の上昇が認められる。Babo の実験では、有機物に富んだ土で温度は 20°C から 31°C に、砂質土壌で 27°C に上昇した。同様に、露点 12°C の空気中で水分に部分飽和した土は、水蒸気飽和の空気中で温度が 2-3°C 高くなった。極端に目立つ温度上昇は稀にしか起こりえず、中間的な場合が多いにしても、この現象は植生に著しい影響を与えるにちがいない。

暑い季節に、深い土層からの毛管吸収による水分補給なしに、土壌表面の乾燥が起こるような場合、土壌がガス状の水分に強い引力を及ぼすことは、植生を維持する一手段になるであろう。

凝縮する水蒸気は 2 つの源泉から供給される。夜間には空気の温度が下降するが、空気に含まれる水蒸気の張力が下がれば、気温は露点まで下降しなくても、耕土層の吸引力による水(アンモニアおよび炭酸ガス)吸収が起こり、それに伴う温度上昇は、日没に基づく土壌冷却を緩和する。この現象は、特

に雨の乏しい熱帯地方で決定的な影響を持つであろう。我が国の温和な気候下では，熱帯ほどに作用が強くないにせよ，それだからといって，出現する土壌温度上昇を取るに足らないものと考えるべきではない。なぜなら，凝縮は緩慢に起こって，多くの場合には1°Cの数分の1にすぎないけれども，大部分の作物でより良好な繁茂が可能になるのは，当の数分の1度だからである。土壌はこうした特性のない時に，想定される温度より温められる。乾燥した耕土層が吸収能をつうじて水分を獲得する第2の源泉は，深部の湿った土層である。表面に向かって，そこからは水蒸気の絶え間ない蒸留が起こるはずであり，水蒸気の吸収に伴い，上層でやはり温度は上昇する。毛管引力で上昇する水を排水によって下降させた時，乾燥した耕土層は下層から一定量の水分をガス状で獲得し，それは作物の要求に役立つとともに耕土層を温める。

　我々は以上の事実から，最も注意すべき自然法則のひとつを認識する。

　生命は，地殻の最外層で発展するべきものであるが，至上の賢明なる仕組みは，地殻の破片に生命の条件である栄養物質のすべてを集め，保持する能力を賦与している。しかもこの能力は，肥沃な土壌に関し，一見不利な比率で含有し，または与えられている肥沃度の諸条件を引き続き保持するのである。

原　　注

1) これらの実験は，ごく簡単で容易に行なえるので，大学の学生実験に適している。その際注意しなければならないのは，浸透による通路ができやすく，液と土との完全な接触が妨げられることである。したがって，ケイ酸カリウム，塩化カリウムなどは，十分希薄な溶液にして用いることが必要で，水500部につき物質1部がよい。その他，炭酸水中のリン酸カルシウムのようなものは，飽和溶液で用いることができる。後者の塩類では，多くの場合，最初の濾液で早くも，モリブデン酸テストによるリン酸が検出されない。クルクマ〔クルクミンのこと〕で顕著なアルカリ性反応を呈するケイ酸カリウムは，単に土壌と混合するだけで，瞬間的にその反応を消失する。

12. 休　閑

　農業は技術であり科学である。科学的原理には，植物の生活の諸条件，植物の元素の起源および栄養の源泉に関する知識が包括されている。

　これらの知識に基づいて，技術の実践，ならびに作物の繁茂を準備，促進するとともに，作物に作用する有害な影響を取り除く農耕の機械的操作一切の必要性および有効性の原理に関して，一定の法則が生まれる。

　技術の実践から作り出された経験は，あらゆる観察から派生した，単なる精神的印象にすぎないから，科学的原理とはけっして矛盾しえない。

　理論は，一連の現象を最終的な原因に還元することにほかならないから，経験とはけっして対立するものでない。

　一定の年数連続してある植物を栽培した畑は，当該植物に対して，ある時は3年で，別の時は7年で，また別の時は20年で，さらに別の時は，100年で，初めて不毛になる。ある畑ではコムギはできてもインゲンはできず，別の畑ではテンサイは育つがタバコは育たず，第3の畑はテンサイの高収量を与えるけれどもクローバはとれない。

　耕地が同一の植物に対してしだいに肥沃度を失う根拠は何か？　1つの植物種がそこで繁茂し，他の植物種が育たない根拠は何か？

　科学はこうした質問を発する。

　同一の植物に対して，耕地に肥沃度を与えるための必要手段とは何であるか？　耕地を2つ，3つ，そしてすべての作物に対して肥沃にするには，どうしたらよいか？

　技術はこのような質問を発するが，それは技術では解決できない。

　正しい科学的原理に導かれることなしに，農業者がそれまで育たなかった植物に対して耕地を肥沃にする実験に没頭したところで，結果の見通しは乏しいものでしかない。数千の農業者が同じような実験をさまざまな方向で行ない，結果は最終的に数多くの実際的な経験にまとめられ，全体として，ある地方では探求した目的にかなう耕作法ができあがる。しかしながら，その

12. 休　閑

方法は早くも隣で失敗し，第2，第3の地方では有用性を失う。

このような実験で，どれだけの資本と力が失われたことだろう！　科学に従った道は，いかに異なり，いかに確実なものであることか。科学を把えた時，科学は我々に失敗を差し出すのではなく，成功の保証を与えるのだ。

生育不良の原因，第1，第2，第3の植物に対する土壌の不毛性の原因を探求すれば，それを除去する手段が得られる。

最も正確な観察は，土壌の地質学的特性に従い，栽培法が相互に異なることを示している。玄武岩，硬質砂岩，斑岩，砂岩，石灰岩その他が，植物の繁茂に不可欠で，かつ肥沃な土壌が植物に供給しなければならない一定数の化合物を，種々の割合で含んでいることを考えるならば，栽培法の差異は誠に簡単に説明できる。なぜなら，これら非常に重要な成分の耕土中の含量は，風化によって耕土を生み出した岩石種の組成と並行して変化するはずだからである。

コムギ，クローバ，テンサイは，土壌から一定の成分を要求し，それが欠乏した土では繁茂しない。科学は灰分の研究から成分を知ることを教えており，土壌の分析によってそこに成分がないとわかれば，不毛性の原因が確かめられたことになる。そして，土壌からは不毛性が除かれる。

経験は，技術の成果を皆，農耕の機械的操作に帰して，それに最高の評価を与えるが，有効性の原因がどこにあるかは問おうとしない。しかし，原因に関する知識は，力と資本の有利な回転を規定して浪費を防ぐのであるから，最大の重要性を持っている。土中における鋤や馬鍬の通過，そして鉄と土壌の接触が，魔法のように肥沃度を獲得する，などと考えられるだろうか！このような意見を表明した人はなく，したがって本問題は農業ではまだ未提起であり，ましてや解決はしていない。わかっているのは，注意深い耕起が押し並べて機械的な破砕，反転および表面積の拡大を結果し，それによって好影響が波及する，ということだけで，つまり機械的操作は，目的に対する手段にすぎないのである。

自然科学では周知の化学的作用，すなわち土粒子の固体表面に大気成分が絶えず加えている作用は，特に農業における休閑，つまり時間の作用のもと

で畑を休めることの中で把握される。耕土を形成する岩石または岩片の成分が，水に溶解して土壌中に分散する能力を得るのは，空気の炭酸ガスと酸素，水分および雨水の作用による。

　この化学的作用そのものの中に，人間の仕事を拒否しつつ，堅固な岩もしだいに微塵に変えて行く時間の破壊力が内包されているのは明らかである。耕土では，こうした作用をつうじて，土壌の成分が植物に同化可能に変わるのであって，農耕の機械的操作が到達すべき目標は，まさにこれである。機械的操作は風化を促進し，植物の新しい世代に必要な土壌成分を可吸態で供給しなければならないのである。固体の可溶化速度は，表面積の増加とともに増加するはずで，一定の時間に，我々が多くの点に作用力を加えるほど，化合が迅速に進むだろうことは明白である。

　分析において，ある鉱物を分解して成分を溶解させるために，化学者は微粉末について，きわめて困難で退屈な分解操作を辛抱強く行なわなければならない。彼は，選鉱によって微粒子を粗い部分から分離し，考えられるあらゆる試験を忍耐強く行なう。調製を注意して実施しないと分解が不十分になって，全操作が失敗に終わるのを知っているからである。

　表面積の拡大が石の風化受容性に対し，また，大気成分および水の作用によって受ける変化に対して，どのような影響を与えるか？ そのことについては，Darwin がきわめて興味深く描写したチリのヤキル金鉱で大規模に見ることができる。

　金に富む鉱石は，臼で微粒子に変えられ，洗鉱操作で軽い石と金属部分にふるい分けられる。流水で石の粒子は流れ去り，金の粒子は底に沈む。流出する泥土は貯水槽に導いて，そこで静かに再沈殿させる。貯水槽が段々にいっぱいになると，泥土をさらって積み上げる。つまり空気と水の作用に曝すのである。粉砕した鉱石の受ける水洗操作の性格から，泥土は既に可溶性成分も塩類成分も含んでいない。水をかぶっている時，すなわち空気を遮断した時には，貯水槽の底質は変化を受けないが，空気と水が共存する時には，初めて堆積物に強力な化学作用が働いて，風化作用による見事な塩析出が表面を覆って認められるようになる。

12. 休閑

2-3年放置してから,固化した泥土の水洗操作を繰り返すと,そこから1/6ないし1/7の量の金が新しく得られ,漸減する比率ではあるが何度でも繰り返される。この金は,風化の過程で顕在化,つまり出現しえた金である。

これこそ,耕土で進行しており,我々が農耕の機械的操作で高め,促進した前記の化学的作用にほかならない。我々は耕土層の表面積を更新して,各部位に炭酸ガス,酸素,水を作用させるように努め,そして新植物世代の栄養と繁茂に不可欠な可給態無機物質の貯蔵を作り出すのである。

あらゆる作物はアルカリ,アルカリ土類,一般に灰分成分を必要とする。根は土壌のあらゆる場所で,植物の繁茂に必要な量の養分を見い出さねばならないから,これらの養分は可給態で,しかも土壌中に分散して存在しなければならない。

自然に存在するケイ酸塩は,風化受容性の大小,成分が大気成分の溶解力に対して示す抵抗のちがいによって,相互に本質的な差異がある。コルシカの花崗岩やカルルスバートの長石は,ベルクシュトラッセの磨いた花崗岩がまだ光沢を失わない期間に粉末に崩壊する。

風化されやすいケイ酸塩が非常に豊富なため,コムギ全収穫物の葉と稈の形成に十分な量のケイ酸カリウムが,1年または2-3年で溶出し,同化可能になる土壌も存在する。

ハンガリーには,有史以来同じ畑にコムギとタバコを交互に栽培し,その上,わらや子実として持ち出した無機成分の一部分さえ還元したことのない土地が大面積で存在する。また,2年,3年あるいは,さらに多くの年数を経て,ようやくコムギの収穫に必要な量の無機成分が有効化する畑もある。

さて休閑とは,広い意味で,植物養分であるケイ酸塩の諸成分を,化学結合した状態から可溶性の物理結合の状態(直接可給態)に移行させるべく,土壌を風化作用に適した状態にゆだねる耕作期間のことをいう。その際にはさらに,可給態ではあるが土壌中に不均等にばらまかれた植物養分が,土壌に均質に分布するようになる。狭義の休閑は,穀作物の多収に必要な量の有効態土壌成分を,根が到達する範囲で土壌のあらゆる部分に配置するための耕作休止期間にだけ適用される。

以上のことから，畑の機械的な耕起は，土壌に含まれる養分を植物が吸収しやすいようにする非常に簡単かつ有効な手段であることがわかる。

　次のような疑問が生ずるであろう。土壌を分解し，土壌養分を分散させて，植物体への取り込みを容易にするのに役立つ手段は，機械的なもの以外にもうないのか？ もちろん，そのような手段はある。なかでも顕著なのは，イギリスで1世紀前から大規模に用いられている生石灰であるが，それを簡単かつ目的にかなったものと見るのはきわめて困難であろう。

　石灰が化学結合した耕土層の灰分成分に及ぼす作用に関して，正しい見解を得るためには，化学者が定まった短時間内に鉱物を分解して，成分を可溶化する手段に用いている諸過程を思い起こす必要がある。

　たとえば，微粒子に粉砕した長石を分解するには，1週間ないし1か月の間酸で処理しなければならないが，長石粉末を石灰に混ぜて適当な強さで加熱すると，長石の成分はカルシウムと化合物を作る。長石中で結合しているアルカリ（カリウム）の一部は遊離し，今度は冷たい状態で酸を注ぐだけで，カルシウムばかりか，それ以外の長石成分も溶解させることができ，シリカも溶出して透明なゼリーになる。

　湿潤状態で長期間相互に接触させておいた時，消石灰は多くのアルカリ性ケイ酸アルミニウムに対して，燃焼時に石灰が長石に対して行なうのと同様に振る舞う。

　一方は普通の陶土または粘土および水，他方は石灰乳という2種の混合物を振とうすると，たちまちどろどろになる。この状態で1か月放置した時，石灰粥と混合した粘土は，酸の添加で直ちに糊化するが，こうした性質は，石灰と接触する前には全くなかったものである。カルシウムが粘土成分と化合物を作ることにより，粘土が分解した訳で，とりわけ注目に値するのは，粘土に含まれるアルカリの大部分が遊離することである。この見事な観察は，ミュンヘンのFuchsが最初に行なったものであるが，彼女は水酸化カルシウムの本性と性質を明らかにしただけでなく，より重要と思われるのは，耕土層に対する消石灰の腐食作用を解明して，土壌を分解し，植物に不可欠なアルカリを遊離させる無害な手段を農業に与えた点である。

12. 休　閑

　ヨークシャーおよびランカシャーの畑では，10月になると雪で覆われたような光景が観察される。1平方マイル全体が消石灰または空気で崩壊した石灰で覆われ，湿潤な冬期間に，固くなった粘土質土壌に対して有用な効果を加えるのである。

　見捨てられた腐植説によれば，土壌に含まれている有機物は石灰で破壊され，新しい植生に腐植を与えることができなくなるから，生石灰は土壌に有害な作用を及ぼすにちがいない，と考えるべきであるが，全く逆のことが起こって，土壌の肥沃度は石灰で高まるのである。イネ科植物の要求するアルカリやケイ酸塩は，石灰の作用によって植物に対し可給態になる[1]。さらに加えて，植物に炭酸ガスを供給する代替物が存在すれば，生育は促進される訳だが，それは必ずしも必須ではない。アンモニア，そして穀物に不可欠なリン酸塩が欠乏している場合は，両者を土壌に与えると，我々は豊かな収量のすべての条件を満たしたことになる。なぜなら，大気は炭酸ガスの無尽蔵の倉庫だからである。

　泥炭に富む土地では，燃焼そのものでさえ，粘土質土壌の肥沃度に対して，劣らず有益な影響を与える。燃焼によって粘土が受ける著しい性質変化が認められたのは，それほど古いことではなく，多数の粘土ケイ酸塩の無機分析で初めてわかったのである。多くの粘土ケイ酸塩は，自然の状態では酸で腐食されないが，あらかじめ灼熱，融解まで加熱してやると，完全な溶解性を獲得する。こうした粘土に属するのは，陶土，パイプ粘土，ロームおよび耕土層に存在する各種の粘土変種である。自然状態では，たとえば濃硫酸で1時間煮ても顕著な溶解が見られないけれども，（多くの明バン工場にあるパイプ粘土のような）粘土を軽く焼くと，ごく容易に酸に溶けるようになり，含有するケイ酸は，ケイ酸ゼリーの形で可溶性の状態に分離する。

　通常の陶土は，大部分の植物が盛んに繁茂するだけの全条件を組成中に含んでいるにもかかわらず，最も不毛な土壌に属していて，単なる陶土の存在は，植物にとって大して有用でない。土壌は，根の良好な発育の主要条件である空気，酸素，炭酸ガスに対して受容性，透過性であるとともに，植物に移行可能な化合物の状態でその成分を含んでいなければならない。可塑性粘

土には，こうした特性のすべてが欠けている。しかし，弱く加熱することで，その特性が賦与されるのである[2]。

焼結粘土と未焼結粘土の反応に大きな差異があることは，多くの地域の煉瓦建ての建物で示される。ほとんどすべての建物が煉瓦で作られているフランドルの諸都市では，2-3か月で早くも壁の表面に，白いフェルトで覆ったような塩類の析出が見られる。雨で塩類が洗い流されても，直ちに再出現するのは，リール要塞の門のように1世紀も前から立っている壁で観察されるところである。塩はアルカリ性塩基の炭酸塩および硫酸塩で，周知のように，植物に対して非常に重要な役割を果たすものである。カルシウムは塩類の析出に特記すべき影響を与え，塩類はまずモルタルと石材が接する場所に出現する。粘土と石灰の混合物中には，明らかにケイ酸アルミニウムの分解およびケイ酸アルカリの可溶化のためのすべての条件が結合して存在する。炭酸水に溶解したカルシウムも，石灰乳と同じように粘土に作用するのであって，ドロマイト（カルシウムに富んだあらゆる粘土をさす）の客土が多くの土壌に与える有益な作用は，このことで説明される。すべての植物種に対する肥沃性の点で，どんな土壌にもまさるドロマイト質土壌が存在する。

いっそう有効なのは，焼いた状態のドロマイトおよび組成の類似した物質である。よく知られたように，水酸化カルシウムの製造に用いる石灰岩のすべてがこれに属する。土壌は石灰によって，植物に必要なアルカリ性塩基だけでなく，可吸態のケイ酸をも富化する。多くの加水石灰（いわゆる天然セメント岩）は，焼いた状態で水と混合した時，数時間にわたって水に多量の苛性アルカリを供給し，希薄な苛性ソーダと同様，洗濯に使用できる。

褐炭および石炭の灰は，土壌改良の優れた手段として，多くの場所で用いられている。酸で凝固し，あるいは石灰乳と混合して数時間置くと，加水石灰と同じように固まって石のようになるこの灰の特性は，特にこうした目的にかなっていると思われる。

総体として，農耕の機械的操作，休閑，石灰施用，粘土焼成は，共通の科学的原理による解釈が可能で，アルカリ性ケイ酸アルミニウムを分解し，土壌のあらゆる部位において，新しい植物の生長初期から，根に不可欠な栄養

12. 休　閑

分を可吸態で十分に供給する手段なのである。

　以上の論議は，作物の生育に好適な物理的特性を持つ畑にあてはまることを強調しておかねばならない。というのは，植物の栄養に必要なその他の諸条件と並んで，物理的特性が肥沃度に対して大きな影響を与えるからである。固い重粘土壌は，植物の根張りと根数増加に大きな抵抗を示すけれども，細砂を多少混入すれば，根ならびに空気と水分が入り易くなるのは明白であって，ごく丹念なすき起こしにむしろ勝っている。膨軟で水分や空気の流通のよい土壌では，我々が収穫物として畑から持ち出した成分を適当な形で返した時，良好な物理的特性は初期のまま残る訳である。全く同様に，固い重粘土壌においても，当初の化学組成を回復することは可能であるが，この種の土壌は，持ち出した土壌成分を灰分の形ではなく，きゅう肥の形(わらと混合した家畜排泄物)で還元した時に改良される。その際，肥沃度は物理的特性の改善をつうじて高まるのであって，化学的内容が完全に等しくても，異なった家畜排泄物では作用が自ずから異なる。こうした点で，濃厚かつ重い家畜排泄物(羊の糞尿)と軽しょうで多孔質のもの(牛および馬の糞尿)では，本質的な差異がある。

　にわか雨が短時間軽く降るだけの暑い夏には，中位であるが軽しょうな土壌の畑の収量の方が，かつて肥沃だった重い畑の収量より高いことが多い。軽しょうな畑においては，雨は直ちに吸い込まれて根に達するのに対し，重い土壌では，水は浸透する前に蒸発してしまうのである。

　流砂のような土壌は構造がないに等しく，大部分の植物栽培には不適である。最後に，化学的組成では最も肥沃な土壌に属するにもかかわらず，多くの作物にとって不毛の土壌がある。特に，粘土が大量の細砂と混じった組成の土壌がそれである。このような土壌は，強い降雨の後にどろどろの泥土と化し，空気を通さない堅固に固結した塊になって，あまり収縮もしないで乾燥する。

　軽しょうな砂，石灰質土壌，そして最後に述べたような畑は，休閑によって畑が改善される原理を全面的に適用しようとしても，狙った目標は達成されない。それ自体が軽しょうすぎる土壌は，水の透通がよすぎるか，植物を

第1部 植物栄養の化学的過程

固定できないかであるし，また組成が細分しすぎている固い土壌は，物理的特性からあまり肥沃でない。こうした土壌は，さらにいっそう細分化作用を進める農耕の機械的操作では改良されない。

　大部分の土壌にとって，休閑はただ化学的に結合した養分を植物に有効化し，有効態養分を土壌に均等に分配する手段であるにとどまらず，土壌の物理的特性を改良する手段でもある。

　いうところの耕地，すなわち，粒子が均等に混合して，根の伸長と拡大に最低の抵抗しか示さず，それでいて，植物の固定に危険がないように見える土壌の状態，約言すれば膨軟性適度の状態は，休閑の重要な成果なのである。一方，上述の例から，多くの土壌の物理的特性は純粋の休閑だけでは改善の達成が困難であり，農業者は別の手段を求めなければならないこともわかる。

　土壌の肥沃度に必要な物理的条件は化学者が計算に入れないところだが，耕土の無機栄養物質含量に関する知識は条件つきの価値を持つだけで，土壌の価値について何らの結論を示すものでない，ということが知られる。化学分析と機械分析[3]を結合すれば，もっと正確な評価の根拠が得られるであろう[4]。

原　注

1) チリ硝石，アンモニア塩および食塩のこうした面での作用については，本書の第2部を参照されたい。
2) 著者は，グロスター近郊ハードウィック・コードの Baker 氏の庭園でこのことを見た。庭園は固い粘土から成るが，単なる焼土で，高度の不毛から最高の肥沃度に転じたのである。操作は3フィートの深さまで実施したので，ごく安価な作業とはいえないが，目的は達せられた。
3) つまり，組成の不等性の測定，粗砂，細砂，粘土，植物性物質等の測定である。
4) 以上，植物の養分吸収との関連で土壌の物理的特性の意義を力説したので，ここでは多くの農業者の曖昧な見解に対して，次のことを強調しておく。
　耕土層を形成する部位には多数の性質があり，そのうち物理的特性といわれるのは，我々が感覚で感知するもの，色，密度，孔隙性，堅固あるいは膨軟な構造などである。化学的性質は，感覚では認められない耕土層のもうひとつの性質に属していて，化学的な結合または分解を伴った特性と理解される。物理的特性の欠除または存在は，化学的性質あるいは化学的な結合，分解の諸過程の出現を妨げ，もしくは促進する。た

だし，物理的特性そのものは何らの作用を示すものではない。植物の栄養とは，植物部位の量的増大と理解され，量的増大は重量の増加であって，重さを持つ分子の取り込みによってしか起こらない。ある物体は固有の質量によって植物の栄養に寄与する。つまり，それが器官または諸器官の成分になることで植物重量の増加に貢献するのである。物質の物理的特性そのものが栄養に何らの直接的貢献をしないのは，容易にわかることである。最良の物理的特性を持つ土壌が，かえって完全に不毛ということもありうる。土壌が栄養能力を持つためには，一定の化学的性質を持った物質を含んでいなければならず，土壌の物理的特性は化学的性質の発現を可能にするものでなければならない。土壌の構造によって根が張れない場合，根は栄養に使われる物質に近づくことができない。土壌が水の透過を許さない時には，栄養になる物質は植物体に入ることができない。誰でも知っているとおり，一片の肉は栄養になる特性を持っているが，それは色，繊維の固さ，組織等の物理的特性によってではなく，肉固有のある部分が生体の一部になる力を持っているから栄養になるのである。一片の肉を腹の上に置いても，何の作用も現れないのであって，肉は胃の中で完全に液化され，血液循環の中に移らなければならないのである。

13. 輪栽農業〔要約〕

〔輪作の意義は，第1に，作物が土壌から取り去る特定の栄養素の量が不等であることに基づいている。作物が繁茂する時には，すべての栄養素が適当な量で，しかも可吸態で存在しなければならないのはいうまでもないが，作物が主として糖，デンプンを生成するか，たんぱく質を生成するかによって常に異なった栄養素の量的関係を要求する。我々は，輪作の中でカリ植物の次にケイ酸植物を，その次に石灰植物を作ることができる。

輪作の第2の利点は，異なった作物が異なった根張りを示す結果として，土壌の同一層または別の層から不等量の栄養素が吸収されることに基づいている。浅根性，深根性という農業上の作物分類，ならびに輪作における作付順序は，これから理解できる。

最後に，同じ作物を不断に連作できないのは，土壌中に有害な排泄分泌物が集積するためであると考えられている。しかし，土壌の吸着力，土壌中における有機物質の迅速な酸化と分解からして，分泌物の有害作用は確からしくない。植物の生育が不良になるのは，土壌の消耗によるのであって，土壌成分の還元と植物による収奪が平衡していなかったからである。

畑を初期の肥沃度に回復させようとすれば，平衡を取り戻さなければならず，

そのことは肥料と施肥で達成される。〕

14. 肥　　料〔要約〕

　〔人間も動物も，成長期以外は，食物中の炭素と水素とを炭酸ガス，水の形で排出し，窒素および無機成分のすべてを固体および液体排泄物にしている。食物，家畜飼料の無機成分は畑に由来し，糞尿の混合物であるきゅう肥を耕地に戻せば，畑は当初の肥沃度状態を回復する。
　しかし，我々が別の源泉から，価値ある物質を供給することができれば，動物と人間の排泄物なしに済ませられることも確かである。農業の主要な課題は，我々が何らかの方法で，大気の供給できない，喪失成分を補給することである。
　一方，農業上の肥料の価値は，植物との関係だけで考える訳にはいかないので，他の2つの要因，大気と土壌を計算に入れる必要がある。すなわち，農業者に価値があるのは，土壌に与えた時，土壌または大気に既に存在する養分と共同して，持続的に希望する結果をもたらすような肥料である。
　そこで，我々は，肥料をつうじて畑に補償を行なうにとどまらず，適当な肥料組成によって，可能な限り畑の養分比率に働きかけ，その比率が栽培しようとする作物に最適になるように努める。事実，近代的な農業者は，土壌中の養分比率と植物の要求に従って施肥を行なっており，そのために最もふさわしい組成の肥料を用いている。〕

15. 考　　察

　空気中に含まれる栄養素の量は，空気の量に比べるとごく少ない。
　空気中に分散して含まれる炭酸ガスおよびアンモニアの分子を，地球周縁の一層に集めたと仮定すれば，これらのガス密度が海水面と同一であるとして，炭酸ガスは8フィートちょっと，アンモニアガスは2リニエの高さになる。両者はともに，植物に直接，間接に吸収され，大気は当然両者に乏しくなる。
　仮に地球の全表面が連続した草地で，毎年 ha 当たり 100 ツェントネルの

15. 考 察

乾草を収穫できるとすれば，大気中に含まれる炭酸ガスは21-22年のうちに，草地の植物によって消費し尽されるであろう。そして，空気は植物にとって肥沃でなくなる，すなわち，植物の生育に不可欠な生活条件の供給を停止するであろう。ところで，我々は生物の生命の永続性には心配がないことを知っている。人間と動物は植物体によって生きており，あらゆる生物の生命は一時的で比較的短い。動物を養う食糧は，生命過程で最初の形に変化するし，すべての動植物体も死後には，食糧と全く同じ変化を受ける。つまり，可燃性元素は炭酸ガスとアンモニアに還元されるのである。

周知のように，動植物体を構成する可燃性元素に関して，生物の生命の継続は，この条件回帰と密接に関連している。そのために造物主は大きな循環を備え給うたのであって，人間はそれに参加できるけれども，循環は人間の助力なしにも保持されるのである。

土壌の上に穀物とか農作物の形で栄養が集積し，生長するところには，食糧を消費する人間や動物とともに，抗し難い個体維持の自然法則によって，それらの栄養を絶えず当初の栄養元素に変化させ，還元するものが存在している。

空気はけっして静止することなく，そよ風さえ吹かない時でも，空気はいつも上へ下へと動いている。空気が喪失した栄養素は，直ちに別の場所から，不断に流出する源泉から補われる。

森林や草地農業の経験によって，大気は植物にとって無尽蔵の炭酸ガスを含むことが知られる。植物に不可欠な土壌成分が存在するなら，炭素を含む肥料を施さなくとも，森林または草地土壌は木材や乾草の形で，同面積の耕地が茎葉，子実，根の形で生産するのと同量か，多くの場合にはそれを上回る量の炭素を獲得している。

大気が耕地に対して，同じ面積の草地または森林と同量の炭酸ガスを供給し，吸収に供しているのは自明のことで，耕地上に炭酸ガスを吸収して植物成分に移行させる条件が揃っている時，作物がその炭素を同化し，あるいは同化しうるのは明らかである。

草地または同じ面積の森林の炭素収量は，炭素に富んだ肥料の施用とは無

関係で，全然炭素を含まない一定の土壌成分ならびに植物中への炭素の移行を仲立ちする諸条件に規定される。

　我々はしばしば，生石灰，灰，ドロマイトの施用，すなわち全く植物に炭素を供給しえない物質によって，作物の炭素収量が高められる事態に遭遇する。これらの十分確立した経験から，前記の物質は一定の成分を付与することで，畑に栽培した植物に対し，それまでわずかしかなかった能力，つまり重量と炭素量とを増加する能力を与えることが明白になる。

　したがって，畑の低い肥沃度とか炭素の低収量が，炭酸ガスや腐植の欠乏によるのではない，ということは否定不可能である。なぜなら，炭素を含まない物質の施用により，ある限度まで収量を向上させることができるからである。そして，草地と森林に炭素を供給する源泉は，同様に作物に対しても開かれている。そこで，農業の眼目は大気中の炭素，つまり炭酸ガスを畑の植物に移行させるよう，目的にかなった最善の手段を適用することにある。植物が汲めども尽きぬ源泉からの炭素を同化しうるように，農業技術はこのような手段を無機栄養素の形で与えている。土壌成分が不足すれば，炭酸ガスや分解中の植物物質をいくらたっぷり施しても，畑の収量はけっして高まらないであろう。

　一定時間に空気から植物に移行しうる炭酸ガスの量は，吸収器官に接触したガス量に規定される。空気から植物体内への炭酸ガスの移行は葉をつうじて起こるので，その吸収は，炭酸ガス分子が葉または植物の吸収部位と接触することなしに，自然に進むものではない。

　したがって，一定時間に吸収される炭酸ガスの量は，吸収葉面積および空気に含まれる炭酸ガス量に比例する。

　同じ葉面積(吸収面積)を持つ同じ種の2本の植物は，同一条件下で同量の炭素を取り込む。

　植物は，2倍の炭酸ガスを含む空気中にある時，他の条件が同じならやはり2倍の炭素を吸収する[1]。

　葉面積が第2の植物の半分しかない植物に2倍の炭酸ガスを供給すれば，一定時間内に第2の植物と同量の炭酸ガスを吸収するであろう。全く同様の

関係は，吸収器官の表面積と，一定時間に植物が吸収しうる窒素養分量との間にも成立する。

腐植および分解しつつあるあらゆる有機物が植物に及ぼす有用な効果は，ここから明白である。若い植物は空気だけをあてがっても，吸収面積に比例してしか炭素を取り込めないが，腐植の共同作用によって，同じ時間に大気が与える3倍量の炭素を供給してやれば，炭素同化の条件が一定と仮定して，重量増加が4倍になるのは明らかである。そうすると，葉，芽，稈等もやはり4倍量形成されることになり，植物は拡大した表面積によって，同じ比率で空気栄養素の吸収能力を向上させ，かつ，この能力は根をつうじての炭素供給が停止した時点以後も活動を続ける。

多年生植物と一年生植物の間には，養分の吸収と利用方向に関して，注目すべき差異が存在する。というのは，各種の植物で養分吸収能が同じであったとしても，生活目的に必要な需要は時期によってちがうからである。短い生活期間に最大の生育を遂げるために，一年生植物は一定期間中に二年生植物より多くの，そして二年生植物は多年生植物より多くの養分を要求する。

多年生植物にも，やはり好適な生活条件が必要であるが，偶発的，一時的な気象環境に対する生育の依存度は同じではない。多年生植物の生育は，不適当な条件下である時期停滞するだけで，再び好適な条件がめぐってくるのを待つことができる。一方，一年生作物は，単に生長が停止するだけで生命の限界に達し，枯死してしまう。

多年生植物は，年ごとに栄養摂取範囲を拡大し，根がある場所に少量の養分しか見い出せない時には，養分に富む別の場所でその要求を満たすことができる。一年生植物が毎年根を失うのに対して，多年生植物は好適な時期のたびに養分を吸収できるよう，その根を保持する。また，多くは茎や幹も保持して，そこに葉と芽の将来の要求に応えるべく吸収し，消費せずにおいた栄養部分を蓄積する。したがって，このような植物は比較的痩せた土壌でもよく繁茂するが，一年生植物は人間の手で栄養を追加してやらなければならない。

一年生植物が大気栄養素の追加に依存しなければしないほど，その行動は

ますます多年生植物に似てくる。新しい葉が展開する限り，植物は大気から栄養を吸収する能力を維持，獲得するので，吸収期間には土壌からの炭酸ガス富化はまず必要でない。

マメ科植物は，種子が成熟するのと同じ期間に，新葉や花をつけるから，開花後種子の成熟につれて葉および緑色の茎が衰弱し，大気栄養の吸収能を失う穀作物と比較して，より多量の可燃性元素を取り込み同化する。

このことから，ある植物に対して，適切な時期に有機物——分解して根に炭酸ガスとアンモニア(硝酸)を補給する——を施用すると，植物体が増大し，有機物施用で収量がほとんど向上しない他の植物より多くの種子を生産するのはなぜか，ということがわかる。

耕地中の炭酸源である腐植は，単に植物の炭素含量を増大する手段として役立つだけでなく，実際には，一定期間に増大した植物体をつうじて，必要な土壌成分を吸収しうる余地を作り出すのである。

葉数増加に関して述べた上記のことは，根についてもあてはまる。根数および根系の拡大とともに，土壌からの養分吸収は当然高まるが，陸上植物の場合，養分吸収には蒸散が関与している。周知のとおり，蒸散は温度および植物の蒸発表面積に比例する。他の条件が同じであれば，葉面積の大きい植物は，小さい植物に比べて，土壌から多くの成分を吸収する。

養分の補給が停止した時，葉面積の小さい植物の生育は直ちに限界に達するが，大きい植物の生育は継続する。後者には，大気栄養素の同化に必要な条件，すなわち土壌成分が大量に含まれているからである。ただし，両者はともに存在する無機種子成分に対応してだけしか，種子数と種子量を形成できない点では同じである。リン酸アルカリ塩や土類塩を多量に含む植物は，同じ期間に少量しか吸収できなかった同種の植物よりも，多くの種子を形成する。

暑い夏期に，水不足から土壌成分の補給が中断した時，植物の草丈と耐性，そして種子の発育は，経過した生育期間に吸収した成分量に比例することが見い出される。

我々は同じ畑で，年により非常に異なった比率で子実およびわらを収穫し

ている。ある年には，同一組成で重量も等しい子実に対し，わらは1.5倍も多かったり，またある年には，同じ重量のわら(炭素)当たり，他の年の2倍の子実を収穫したりする。

しかし，同じ面積から2倍の子実を収穫した時には，子実には対応する量の土壌成分があるし，わらを2倍収穫した時には，わらに2倍量の土壌成分が存在する。

ある年には，コムギが草丈3フィートでモルゲン当たり1,200ポンドの種子を生産するのに，翌年は草丈がもう1フィート高いにもかかわらず，種子は800ポンドしか生産しない。

いかなる状況のもとでも，収量の差は，子実およびわらを形成するために吸収した土壌成分の比率のちがいに対応している。子実と同様，わらもリン酸塩を含み，また必要とするが，その比率ははるかに低い，雨の多い春におけるリン酸の供給が，アルカリ，ケイ酸，硫酸塩と同じ速度で進まずに，後者の方が大きかった場合，種子の収量は低下するが，わら収量は高まる。つまり，本来は種子成分に移行すべきリン酸塩の一定量が，葉と桿の形成に利用された訳である。種子は，リン酸が過剰にないと形成されない。事実，我々はリン酸塩を完全に排除することによって，植物の草丈は3フィートに達して開花に至るけれども，種子は全然つけない場合を，人工的に作り出すことができる。

我々が，作物に大気栄養素同化の全条件を十分な量供給したと仮定すれば，その際の腐植の効果は，植物の生育促進，すなわち時間的な利益として発現する。

農業技術では，時間の契機を計算に入れる必要があり，その点で特に野菜園芸には腐植が重要である。穀作物および根菜は，畑の前作物の遺体が分解中の植物性物質を含んでおり，その量は土壌に存在する無機栄養素に対応すること，そして遺体には，春季の生育促進に十分な量の炭酸ガスが含まれていることを見い出す。炭酸ガスをさらに追加しても，植物に移行可能な土壌成分を対応して増さなければ，全く利益はないであろう。

アンモニアも炭酸ガスと同様に，植物の栄養手段として欠くことができな

い。肥料中のアンモニアの有効性は，水の効果を思い出せば容易に理解できる。

　水は植生に対して，二重の役割を演ずる。水は，植物の不可欠元素として成分の1つを供給し，第2に土壌成分が根をつうじて植物に移行しうるようにする。土壌がどんなに植物養分に富んでいても，土壌中に水分がなければ，暑い日に植物は生長しない。土壌水分は無機養分の移行を仲介する橋である。

　この物質の供給が不足すると，葉は炭酸ガスもアンモニアも同化せず，空気は寒い日よりも暑い日に水分に富むにもかかわらず，植物の生長は停止してしまう。空気の水分は植物に何ら役立たないのである。暖かい晴天の日は，もともと作物生育に好適なのであるが，このような場合，特に深層――そこには植物に養分を供給しうる水分がまだ残っている――に根を伸ばす時間のなかった夏作物にとっては，きわめて危険なものになる。この時，オオムギは手の高さで穂が伸長中であり，ジャガイモは塊茎をつけ始めている。適期によい雨が1回降ると，すべては魔法にかかったように変化し，また，花き園芸家が花の頂に水を注ぐように，農業者が畑に雨を降らすことができるならば，あらゆる植物は最高の収量を与えるであろう。当然のことであるが，土壌が可吸態養分に欠けていず，水だけが不足している時に限って，水の欠乏に相応した最大量を期待すべきである。すなわち，水が多くの土壌成分を移行可能にすればするほど，植物は炭素と窒素を多く吸収して，生育は促進され，収穫物重量が増加する。

　こうした関係は，アンモニアについても同様である。我々が土壌中のアンモニア含量を増すと，植物は好適な時期に，いつもより多量の栄養手段を見い出すことになり，その結果，それに対応して多くの土壌成分が有効化してくる。植物による吸収は当然，空気および土壌に含まれる炭酸ガスとアンモニア（硝酸）の量に従うのであって，植物は供給量以上のアンモニアと炭酸ガスを吸収することはできない。したがって，植物体の付加と増大には一定の時間が必要である。植物が毎日同じ量を吸収するなら，2日では1日の2倍量を取り込む。

　仮に植物が条件のよい日に，平常の2倍もしくは4倍の無機栄養素を受け

15. 考察

取ったとしても，その過剰分が有効化するには，吸収器官をつうじて大量の炭酸ガスとアンモニアが到来して，全体として植物成分に移行できるようになるまで待たなければならない。植物栄養素はどれも，他の要素が共存，共同作用しなければ，単独では作用しないのである。炭酸ガスは原則として欠乏しないのだから，土壌のアンモニア含量を増加すれば，同じ条件の植物の生育は著しく促進される訳である。それは，温床で認められるように，植物体の生長が時間的に早いことにほかならない。植物中に土壌成分がなければ，アンモニアは無論収量に影響しないであろう。

1本の細根を伸ばしたばかりの発芽種子も，土壌から既に無機土壌成分を吸収しているのは，確立した事実である。植物は，生育初期に著しい量の灰分成分を吸収する。

ミュンヘンの試験において，砂中で発芽したインゲンは，幼植物が土壌上に現れるまでに乾物の半分近くを失ったが，灰分成分は倍加した。インゲン種子100粒は65.5gの乾物と2.3gの灰分を含むが，発芽した幼植物100本は乾物36.4gと灰分4.2gを含んでいた。100本の植物は，開花終期までに乾物で265.2g，灰分含量で24.2g増加した。この灰分含量は，収穫までにさらに5.2g増加しただけであるが，植物100本の重量はさらに333.3g増大した(Zöller)。植物における灰分成分の有効化と有機物の増加は，葉の出現とともに始まることがうかがわれる。

土壌が肥沃なほど，生育する植物に多くの土壌成分が集まる。ごく豊かな土壌では，幼植物が初期にあまりにも多くの土壌成分を吸収する結果，生育は痩せた土壌の幼植物にむしろ劣っているが，葉が数枚形成されるやいなや，急速に生長が進み，新葉ごとに生長は増大して，植物は比較的早期に，あまり豊かでない土壌の植物を追い越すに至る。

このことから，特に植物が豊かな土壌に生育する場合の葉形成に作用する養分の意義が理解される。アンモニアは葉の形成に特別な影響を及ぼすのである。

こうした側面で実施された肥料試験は，すべてアンモニアの卓越した効果を実証している。ミュンヘンの栽培試験では，アンモニアを施肥すると，同

じ条件でインゲン植物の地上部生長が著しく増大した。葉数増加は別にしても，個々の葉は，アンモニアを添加しないインゲン植物より平均して1/2大きかったし，種子収量は60%多かった。ジャガイモの試験で，リン酸およびアンモニアを施肥した土壌の植物は，無肥料土壌のものより新鮮重で2,240g重かった。しかし，増量の1,700部は茎葉で，塊茎は540倍にすぎなかった。一方，リン酸とカリウムを施肥した土壌では，ジャガイモの増量は2.5倍高く，新鮮重で5,614gあった。どこがちがうかといえば，後者の増量分が913部の茎葉と4,701部の塊茎から成っていたという点である。これは実際に，アンモニア施肥による地上部生育向上の明白な証明である。

報告された実験は，生育初期にアンモニアに富んだ肥料が及ぼす好ましい効果を説明しており，灰分成分の豊富な畑では，効果がいっそう高まるであろう。さらに本試験は，農業者が窒素に富んだ肥料を使用する際，達成すべき目的を明確にしなければならないことを教えている。塊茎作物や根菜の場合と，主に地上部の生長促進が必要な作物の場合とでは，施肥と施肥量は自らちがった姿になる。葉の多い植物と葉の少ない植物，さらに生育期間の短いものと長いものでも異なるであろう。

アンモニアに富む肥料は，葉の多いキャベツの生長は促進するけれども，カブの根の発育は弱める。きゅう肥を堆積した場所では，カブはもっぱら茎葉を伸長させる。

同じ面積の土地で各種の作物から収穫される血液および肉成分または窒素の量は，非常に異なっている。ライムギの子実とわらの形で畑から収穫される窒素量を100とすると，同一面積から収穫されるのは次のとおりである。

エンバク	114
コムギ	118
エンドウ	270
クローバ	390
カブ	470

このように，エンドウ，インゲン，飼料作物は，農業耕作において穀作物より多くの窒素を供給する。エンドウとインゲンはコムギの2倍，クローバ

とカブは3倍ないし4倍多くの肉および血液成分を供給する。クローバとカブは，肥料として窒素を与えなくても，多くの畑でこうした高収量をあげ，またクローバは灰により，カブは過リン酸によって，さらに収量を高めることができる。

　窒素含有肥料は，多くの畑で葉菜類の生育を強力に促進するにもかかわらず，農業上特に有利なのは穀作物に対してであることが証明されている。一般に，飼料作物は窒素含有肥料を全然施さない畑でも，盛んに繁茂するから，穀物畑に対する窒素含有肥料の有利性もしくは必要性は，自然の源泉からする窒素の供給不足によるとは考えられないし，穀作物に窒素供給が欠けていたとの説明も成り立たないことがわかる。クローバ畑および穀物畑の上に浮かんでいる空気柱は，穀物についてもクローバと同量の炭酸ガス，アンモニア分子を与え，また，農業者が子実およびわらの形でごく低い窒素収量しかあげなかった，当の同一土壌で飼料作物を栽倍すれば，3倍ないし4倍の窒素含有成分が収穫される。クローバ植物が自らの窒素要求を満たしている自然の源泉は，穀作物に対しても開かれているので，クローバ植物が3倍または4倍を得ている限り，穀作物に不足するはずがない。穀物収量の低かった土壌も，十分量のアンモニアを施した時，穀物にとって肥沃になるのは確実である。

　したがって，穀物の生育不良の原因は，別のところに存在するはずである。そこで，その根拠を土壌の特性に求める必要がある。

　一方，2枚の畑が作物の不燃性栄養手段に同等に富んでいる場合も，ひとつがもうひとつに比べて，炭素および窒素に富んだ有機物を多く含んでいれば，穀作物に対する肥沃度が異なることは疑いない。つまり，炭素と窒素に富んでいる方が，高い子実およびわら収量を与える。また，不燃性栄養素を同じ量施肥した2枚の畑があって，一方はそれに加えて有機物の形で炭酸ガスおよびアンモニア源をも同時に受け取り，他方は受け取らなかったとすれば，前者は後者より一般に高い子実収量をあげることもよく知られている。

　収量増加のこのような関係は，葉の形成や根の分岐が弱い，他の一年生植物でも穀作物と同様に認められるので，窒素に富んだ有機物施用の有利性の

原因は，容易に知ることができる。

　農業者は，窒素に富む肥料を畑に施肥することによって，収量に直接影響を与えるのであるが，含有窒素に基づく肥料の効果は，栽培する植物の葉および根の吸収表面積，ならびに栽培期間に反比例する。肥料中の窒素の効果は，穀物に比べて，葉面積の大きい植物(エンドウ，カブ)または栽培期間の長い植物(草地植物，クローバ)で小さい。栄養手段としてのアンモニアは，すべての作物に必要であるが，肥料としてのアンモニア施用は，農業的な意味で，全作物に等しく有効とはいえないのである。

　農業者は，こうした面での区別を経験から学んできた。クローバの収量は，原則としてアンモニアの施用で顕著に向上せず，わずか高まるのにすぎないので，一般に農業者はクローバ畑に窒素に富む資材を施さない。一方，穀物畑にこうした資材を施肥すると，穀物収量が増加して利益を生ずる。そこで農業者は，穀物畑の肥沃度を高める手段に，飼料作物を利用するのである。

　窒素に富んだ肥料なしに繁茂する飼料作物は，自然の源泉から供給されるアンモニアを，血液および肉成分の形で土壌から集め，そして大気から濃縮する。農業者はこれらの飼料作物，クローバ乾草，カブなどを用いて牛，羊，馬を飼い，アンモニアや窒素の豊富な産物である固体および液体排泄物の形で，飼料中の窒素を受け取る。このようにして，農業者は窒素に富む肥料または窒素の追加を受け取り，それを穀物畑に与えるのである。

　農業者が穀物畑に施肥する窒素は，常に大気から由来したものである。農業者は毎年，一定量の窒素を肉畜，穀物，チーズまたは牛乳として，自分の土地から送り出している。そうした窒素の営業資本が維持され，増殖するのは，飼料作物の栽培により，正しい釣り合いで欠損を埋め合わせる道を知っている時に限られる。

　温帯において人間の食糧を生み出すのは，普通一年生作物であって，農業者の課題は，一年生植物をつうじて人間の栄養物質を畑から勝ち取ることにある。その量は，同じ面積の土地で多年生植物が動物の栄養物質を生産するのと同等でなければならない。動物は自分のことを自分で心配しえないから，自然が面倒をみるが，人間は自らの存立を確実にするために，自然法則を自

15. 考　察

分の要求の召使いにする能力を獲得した訳である。

　施肥をした最良の穀物畑も，全体としては，窒素含有肥料を与えない良好な草地に比べて，特に多くの血液および肉成分を生産する訳ではない。ただし，施肥しなければ，穀物畑は草地より少ないものしかもたらさなかったであろう。

　穀作物が自然の源泉から大気栄養素物質を吸収していたのでは，最大量の子実とわらを生産するのに時間的に間に合わないもの。短い生涯の間にわずかな葉が空気から吸収できないもの。農業者はそれらを根をつうじて補給するのである。

　草地の植物が8か月間に大気の栄養源から吸収するもの，吸収期間が5ないし6か月に制約されている作物が空気から獲得できなかったものを，農業者は肥料として補充するのであって，その際農業者は，草地の植物が自然の源泉から供給されたのと同量の窒素を，短い生活期間に作物が吸収同化のために見い出すよう努力するのである。

　したがって，窒素に富む肥料資材の個々の場合の効用と有利性は，次のことから説明される。つまり，農業者は葉や根の生育の貧弱な，生育期間の短い特定の植物に対して，自然の源泉から吸収するには時間的に間に合わなかったものを，肥料中の物量として与えるのであり，農業者はそのことによって，地上部の生育を著しく向上させうる立場を手に入れるのである。

　農業者はすべての場合に，穀物畑などの収量を増すための窒素を，人間や動物の腐敗しつつある排泄物に含まれるアンモニアの形で施すとは限らない。農業者は角，角の削りくず，乾血，新鮮な骨，油粕のようなものをこの目的に利用することも多い。

　我々は，それらが皆，動植物に由来する窒素に富んだ物質で，土壌中においてしだいに分解すること，その窒素は徐々に硝酸やアンモニアに移行して，後者は耕土層に吸収保持されることを知っている。

　アンモニアが収量に好影響を与えるすべての場合に，これらの物質も窒素含量に応じてアンモニアと全く同様に作用するが，土壌中の分解特性から，窒素がアンモニアに変化するのに一定の時間を要し，作用は緩慢である。乾

血，乾肉，油粕の窒素に富んだ成分は骨にかわより速効性であり，骨にかわは角や角の削りくずより速効性である。

畑の肥沃度が土壌の有機物質または可燃物質含量あるいは施用量に伴って増大する訳でないこと，窒素に富む肥料資材が収量に好影響を及ぼすのは，作物の灰分成分が伴う時だけであること，窒素に富む肥料そのものが高い効果を示すのは，作物の灰分成分に富んだ畑においてのみであることは，争いがたい事実である。仮に，循環する大気が，持ち出した農産物中の窒素養分を補給してくれるのなら，畑は連続栽培しても痩せることはなく，窒素栄養を使い尽くすこともないであろう。したがって，窒素に富んだ肥料またはアンモニアの施用だけでは，畑の肥沃度と生産力を高めることはできないのであって，畑の生産性が肥料として施した不燃性の栄養手段とともに増減することは明白である。

作物体内における血液成分，窒素含有成分の生成は，土壌に含まれる一定物質の存在と結び付いている。これらの土壌成分がなければ，窒素をどれほど豊富に供給したところで同化はされない。動物排泄物中のアンモニアが有効に作用するのは，血液成分への移行に必要なその他の物質を伴っているからである。

したがって，グアノ，乾糞，きゅう肥の価値が窒素含量と一定の関係を持つというのは不合理でないし，十分に根拠があるにしても，それから導かれる結論，すなわち，畑に対する肥料の価値と効果の全体は窒素の含有に基づくものであり，作物栽培においてこれらの肥料をアンモニアやアンモニア塩で置き換え，代用しても結果は同じだという結論は，根拠がなく，また軽率にすぎる。

そもそも，ある肥料の価値と効果を評価するにあたって，最も教養ある人々が，しばしば判断力と健全な人間知性を完全に捨て去ったことは，農業において実に悲しむべき出来事である。

収穫時または1年が経過した後に，グアノ，骨粉，チリ硝石の効果を比較しようとする時，計算だけに固執して，グアノあるいはチリ硝石は骨粉より何ポンド穀物を多く生産したから，前者は後者よりよい肥料である，などと

15. 考　察

いうことはできない。健全な人間の理性は，個々の肥料資材の効果は畑に残している状態から判断しなければならない，ということを教えている。

合理的な農業経営と不合理な農業経営があるけれども，合理的な経営とは，理性と経験に基づいて畑の肥沃性を持続的に保障し，確立している経営と理解すべきである。そこで，不合理な経営とは，畑の収量が持続的に同じ水準に回復せず，その限りでは，ある期間の後に終末を告げる経営のことであるし，最悪の経営とは，いうまでもなく耕作により畑が非常に急速に減価するものである。

私は以下に2,3の例をあげて，こうしたいろいろの管理を明らかにしたいと思う。

きわめて正確かつ入念な耕地土壌の分析から，ヨーロッパの大多数の耕地では，穀物や農作物を生産するため土壌に含まれるべき一定の成分が，量的にごく限られていること，もしこれらの条件が不足すれば，人間の技術と明敏さをもってしても，畑から高収量を得るのは不可能であることが明らかにされた。上記2つの疑いない事実は，すべての農業経営が判断の基礎とすべき原則である。

平均して5人家族を養うには十分だが，それ以上ではない量の穀物，肉，牛乳などを生産している小土地所有者を想定しよう。この家族が，収穫した全穀物をパン，プディングとして，ジャガイモ，豆などの畑作物を野菜として消費し，乾草その他を山羊や牝牛の飼料に使い，肉と牛乳の形で消費すると考えた時，耕地が農作物の生産に際して与えたすべては，人間および動物の液体および固体排泄物，敷きわら，厨芥（ちゅうかい）の形で減少することなく畑地に戻され，全体を集めるときゅう肥ときゅう肥漏汁になる訳である。農作物の生産に寄与する土壌成分は，土壌にある間は植物養分と呼ばれるが，きゅう肥やきゅう肥漏汁の中では，肥料成分と呼ばれる。どちらの名称も同一のものを指しており，そして容易にわかることだが，収穫農作物に取り込まれた全養分は，きゅう肥およびきゅう肥漏汁として全体をひっくるめて，困難なく畑に償還できるのである。このことが毎年（あるいは3年に3回，または4年に4回）実行されるならば，今の場合に即していうと，畑が供給した植

物養分のうち，きゅう肥およびきゅう肥漏汁中に回収した部分をすべて施肥によって還元したとすれば，畑は収穫年度の最初の状態に戻ったことになる。もし，日照，降雨などの外部条件が同じなら，各畑は前年に生産したのと同量の穀物，ジャガイモ，エンドウ，クローバ，牧草その他を生産しうるであろう。こうした環境および条件下では，畑はいつまでも肥沃に保たれて，5人家族を養うことができる。作用を生み出した原因が変わることなく戻ってくれば，作用もまた戻るはずである。

　農民がきゅう肥を大切にせず，価値を損ねたり売ったりするか，またはきゅう肥漏汁を畑ではなく，村の溝に流したりするなら，彼の経営は「合理的」であることを停止する。畑の収量はいつの日か，あるいは特定の作物種について低下するにちがいない。国民経済学者は，このような土地所有で耕作に必要な労働力が，5人の家族労働力の半分以下であることを明らかにしているが，我々は例を簡単にするため，半分を採用しよう。

　さて，この家族が労働力の残り半分を賃労働に活用したとすれば，合理的な経営の場合，賃労働で衣服，住居，暖房，道具，医薬等，食糧以外の必需品を入手しうることがわかる。一方，合理的でない経営では，しだいに欠損を生ずるはずである。

　同規模の家族がもっと大きい，たとえば2倍の土地面積を耕作している時は，別の状況が現れる。その場合，家族を養うには生産物の半分で済む一方，耕作には全労働力を使用するから，食糧以外の必需品を手に入れようとすれば，生産物の残り半分を手離さなければならない。この家族が，輸入品その他の商品，布地，靴，道具などと交換するため，都市住民に送り届けた畑生産物の半分には，土壌の供給した植物養分総量の一部が含まれている。したがって，最初のようにきゅう肥に全量を回収することはできない。当然，土壌資本はその部分の有効成分だけ減価して，初期収量の回復能力を失うにちがいない。こうした経営を続けるなら，部分は年ごとに大きくなり，養分総量の減少はあまりにひどくなって，畑が土地所有者の投下する労働にもう応えなくなる時が来るであろう。また，同じことであるが，畑が耕作者をもはや養わなくなる時が来るであろう。これが土壌収奪の原因をなすきゅう肥農

15. 考　察

業の第2の型であって,「略奪経営」と呼ばれる。畑が年ごとに肥沃度を喪失し，減価するのだから，これはとうてい合理的経営といえない。

　すべての畑地は，経営と終末に関していえば，上記の略奪経営と全く変わらない。畑の大きさ，広さ，豊度または養分含量の違いは，減価の時期を多少変化させるだけである。土地耕作者が，生産物を供給した都市やどこかから，畑の失ったものを肥料として回収するよう努力し，畑の生産性を回復するだけのものをその都度戻してやるならば，略奪経営が合理的経営に戻るのはいうまでもない。

　畑の収量は，植物の生育に有害で好ましくない土壌特性の除去とか排水によって，さらには土壌の養分含量に相応した選択と作物交代によって高められるし，同じく出来のよくない畑は，機械的耕起の改善によって以前より高い収量をあげるであろう。しかし，これらの手段は，耕作者の熟練や技術の尺度にはなっても，合理的経営の証明にはなりえない。なぜなら，諸手段は土壌の肥沃度条件の総量および収量の持続性を増す訳でなく，総量のうち従来は存在しなかった一部分を有効化するにすぎないからである。こうして，熟練と苦心を払った畑管理の帰結が，初年度には収量の向上をみても，翌年から再び同じ割合で収量が低下せざるをえないことになるのは不可避である。

　毎年肥沃度の一部を持ち出すばかりで償還することのない畑または国土において，高い収量を技術だけで維持し続けるのは，全く不可能である。収量が向上している限りは，販売または搬出農作物の形で所有地から持ち出した養分に関して，合理的な経営者にその補充を厳格に要求することはないかもしれないが，技術の力で最高収量に達した瞬間から再補充は無条件に必要になる。なぜなら，その瞬間に，収量の高さを持続させるという最も重要な課題が生ずるからである。しかし，収量の増減は緩やかに進行し，年ごとに変化して，どれが最大収量であるのか，いつ補充を開始すべきかについて認識する指標はないのだから，合理的な農業者は理性によって，あらゆる時に絶えず補充に気を配る義務を負っている。そうすれば，収量が低下することはありえず，増加，または水準を維持するにちがいない。

　上述のことから，ある畑，ある土地の高収量は，けっして合理的経営の証

明にはならず，経営の正確な評価についてはさらに何かをつけ加えねばならないことがわかる。それは事実に基づいた理性の根拠であり，高い収量は持続的なものでなければならぬとの確信である。

　同様に，ある畑，ある土地の低い収量から，それが悪い経営だと断定できるのは，理性の根拠と経験をつうじて，収量が低いのは経営の結果だという証拠が与えられた時に限られる。管理が同じ場合，痩せた畑が豊かな畑と同じくよい収量をあげるのは不可能であるが，たとえ収量は隣人が豊かな土壌をでたらめに管理して得た収量に比べてうんと低いにしても，痩せた土壌の耕作者が合理的な農業者であることは可能である。

　さらに，ある農業者が，穀物と家畜を都市に送って販売したとしても，このことは彼が裕福で，彼の畑が肥沃だ，という証拠にならないのも明白である。事実が示す第1点は，彼が賃金労働者でないこと，第2は，彼が自分自身と家族，雇い人の消費するより多くの作物を畑から収穫したこと，そして，彼が都市でしか満たされない別の要求を持っている，ということである。もし，彼が生産物の売上げで清算できない時は，彼は要求をあきらめなければならないだろう。

　穀物および家畜を輸出する国についても，当然同じことがあてはまる。輸出は，その国が肥沃な国または豊かな国である証明ではなく，人口が生産に比べて少ないこと，内陸性気候とか工業の未発達とか，またはその他の外的要因によって，満たされない要求を持っている証拠である。こうした国が穀物や家畜が輸出できない時は，砂糖，コーヒー，鉄など，国内で産出しないか，十分な量産出しない数千の商品をあきらめねばならない。その国の人口が増加するか，あるいは外国が合理的経営の結果として，穀物や家畜の一部または全部を国内生産しうるようになって，生産物の購入を停止した時には，意志のいかんにかかわらず，こうした断念を強要されるであろう。

　これまでに述べたことから，農業経営がよいか悪いか，あるいは農業が合理的であるか合理的でないかの唯一の指標は，ある国の農業者，または農業者の大部分が，きわめて普遍的な補充の自然法則を知り，それに従って畑を管理しているかどうか，つまり，農業者が自分の畑から生産物の形でどの植

15. 考察

物養分をどれだけ持ち出したか，肥料の形でどれをどれだけ還元しなければならないかを知っているかどうか，そしてそれを実行しているかどうか，ということである。

さて，穀物や家畜の形で土壌からどんな物質が持ち出されるかが問題にされ，畑の耕作者が補充に心を砕いて買い戻そうと決意した時，とりわけ重要になってくるのは，全物質のうち土壌に最少量しか含まれていないか，もしくは生産物中に最大量持ち出されるものであるのは当然である。たとえば，カルシウムは養分すなわち肥料に属するけれども，石灰質土壌におけるカルシウムの存在量は，畑の生産物に持ち去られる量に比べて非常に大きいので，多くの場合，施用や補充，または補充への配慮は，原則として不必要である。同様のことは粘土質土壌におけるカリウムにもあてはまるが，カリウムの量の少ない砂質土壌や石灰質土壌，そしてジャガイモ，タバコ，テンサイなど持ち出しの激しい場合には，補充を考慮しなければならない。

リン酸については事情が異なる。リン酸は，各種の土壌において最少量しか存在せず，しかも例外なしにすべての作物，すべての種子，すべての根と塊茎等々の成分である。穀作物およびマメ科植物の種子，中でも放牧した動物の骨には大量に存在する。したがって，農作物を送り出す農業者は皆，この物質を買い戻して畑に還元しなければならない。そうすることで穀物と飼料の収量，それゆえ肉の収量も維持される。しかし，補充を実行しないか不十分であると，一定期間後には収量が低下する。

補充の法則あるいは諸々の現象は，条件が回帰するか同じである時にのみ回帰または継続する，ということは，自然法則の中でも最も普遍的な法則である。変化するすべての自然現象，すべての生命現象，人間が産業や工業で創造し生産するすべてのものは，この法則に支配されているのである。

原　注

1) Boussingault は，気球中に封入したブドウの葉が，気流の通過速度がいかに速くても，導入した空気からすべての炭酸ガスを完全に取り去ることを見た。

第 2 部
農耕の自然法則

1. 植　　物〔一部省略〕

　農業における栽培法について明快な概観を得ようとすれば，植物の生活に関する一般的な化学的諸条件を思い起こす必要がある。

　植物は可燃性および不燃性の成分を含んでいる。後者は，あらゆる植物部位の燃焼後に残る灰分の成分であって，作物にとって本質的なものは，リン酸，硫酸，ケイ酸，カリウム，ナトリウム，カルシウム，マグネシウム，鉄，食塩である。

　炭酸ガス，アンモニア(硝酸)，硫酸，水からは，植物の可燃性成分が生成する。

　植物の生命過程の中で，これらの物質から植物体が形成されるので，これを栄養手段と呼ぶ。空気状のものは葉から，火に安定なものは根から吸収されるが，可燃性成分は土壌の成分であることが多く，根に対する関係は葉に対すると同様であって，根をつうじても植物に達することができる。

　空気状のものは大気の成分で，本性からして不断に運動している。陸上植物の場合，火に安定なものは土壌の成分であって，存在する場所を自ら去ることはできない。植物の生活の宇宙的条件は熱および太陽光である。

　宇宙的条件と化学的条件の共同作用によって，植物の芽または種子から完全な植物が生育する。種子は固有の質量中に，大気と土壌から栄養を吸収すると定められた諸器官を形成する諸元素を含んでいる。これは，組成の面で牛乳のカゼインや血清のたんぱく質に似た窒素に富む物質，さらにデンプン，油脂，ゴムまたは糖ならびに一定量のリン酸土類とアルカリ塩類である。

　発生して植物の根および葉になるのは，穀物種子の胚乳，マメ科植物の子葉の成分である。穀物の種子を水中で発芽させ，根が水に達するように細孔をあけたガラス板上で育て続けると，穀物は不燃性栄養素または土壌成分を1つも添加しないでも，数週間は生長を続ける。3-4週間たつと，最初の葉の先端が黄化を開始するのが認められ，その時，子実を調べると，空の籾殻の中ではセルローズとともにデンプンが消失していることがわかる(Mitscherlich)。ここで植物は枯死する訳でなく，新しい葉を生じ，しばしば細い茎を出すが，その際には最初に形成され，そして衰えた葉の成分が新芽の形成に使われるのである。

　環境が好適であれば，特に強力で栄養物質に富んだ種子，たとえばインゲンは，水だけで育てても開花して小さな種子をつけるのに成功することがある。しかし，多くの場合，発育は生物体の顕著な増加とは結び付かず，種子成分の単なる移動か，または発芽過程での分解量に対応した種子成分の新生によるものである。

　栄養とは栄養素の同化過程である。植物は量的に大きくなり，質量が増加する時に生長するが，その際植物は，本性的に植物体の成分となるか，あるいは栄養素変化を規定する能力の維持に適した物質を，外部からとり入れる。

〔略〕

　種子の芽が伸びる条件は，水分，一定の温度と空気の流通である。こうした条件の1つが欠けても種子は発芽しない。種子が吸収し，膨潤する水の影響のもとで化学的過程が起こり，種子の含窒素成分の1つが他の含窒素成分またはデンプンに作用して，基本分子の再構成をつうじて後者を可溶性にする。グルテンからは植物たんぱく質が，デンプンおよび油脂からは糖が生成する。その際空気の酸素が遮断されると，変化は進行しないか，ちがった風に進行する。陸上植物の葉原基は，水中に沈んだり，空気の自由な流通を妨げる停滞水のある土壌中に置かれると生育しない。こうした訳で，土中深く，または沼の泥土中に置かれた多くの種子は，水分と温度は好適であるにもかかわらず，発芽しないまま何年も保存される。沼沢土に空気を入れたり，下層土を深くすき返すと，生育に空気の自由流通を必要とする種子から植生が生じて，沼沢土を覆い尽くすことがよくある。低温では，発芽過程に及ぼす空気の寄与が中断または緩慢化し，温度が上昇して水分が十分に供給されると，種子中の化学変化は促進される。0℃以下で発芽する種子はなく，すべての種子は一定温度で，すなわち一定の季節に発芽する。ソラマメ，インゲンやケシの種子は，35℃で乾燥すると発芽力を失うが，オオムギ，トウモロコシ，ヒラマメ，アサ，チシャの種子は35℃で発芽力を保ち，コムギ，

ライムギ，コモンベッチ，キャベツは 70°C でも発芽力を保持する。

発芽中に種子周辺の空気から酸素が吸収されて等量の炭酸ガスが発生する。

内側に一片のリトマス紙を貼りつけたコップ内で種子を発芽させると，ごく短時間のうちに，分泌する酢酸によって赤色に変わることが多い。遊離酸の発生が最も強く，かつ速やかなのはアブラナ科植物，キャベツ，テンサイの芽である(Becquerel；Edwards)。根細胞の液状内容物の大部分の植物汁液が不揮発性酸で酸性を呈するのは確かで，ブドウ樹の若い春枝の汁液を蒸発すると，多量の酸性酒石酸カリウムが結晶する。

De Candolle と Macaire の実験は，*Chondrilla muralis*〔キク科の草本植物〕およびインゲンの丈夫な植物を根ごと土から抜き取って水中で育てると，水は 8 日後に黄色を帯びてアヘン様の臭気と酸っぱい味を持つに至るが，茎と根を切り離して両者を水中に入れても，完全な植物が与えたような物質は，水に全然出てこないことを示した。Knop によれば，無傷の根を持つ植物を蒸留水に入れた時，痕跡量のカルシウムとマグネシウム，そして含窒素物質を主体とする有機物が水に移るだけである。

チシャなどの植物を根ごと土から抜き取り，あらかじめ根を洗浄してきれいにして，青色リトマス液中で育てた場合には，おそらく下位葉の成分を消費して生長が継続する。3-4 日後にはリトマス液は赤くなり，その赤色は煮沸によって消失する。つまり，根は炭酸ガスを分泌したのである。さらに植物を入れておくと，リトマス液は分解して色を失い，色素は羽毛状に分離して細根の周りに付着する。

植物の生育は，他の条件が同じであれば，初期の根張りで決定されるから，将来の植物に適した種子の選択が非常に大切である。同じ年に同じ土壌から収穫した同一品種のコムギ子実の中にも大小の子実があり，両者にも割った時に一方は粉質，他方はガラス質の特性を示すものの存在が認められる。あるものは成熟が完全であるし，他のものは不完全である。それは，同じ畑でもすべての株が同時に出穂開花するのではなく，非常に成熟の異なる多くの種子がつくためである。ある植物の種子は，不良な天候のもとでも他と同じように完全に成熟する。成熟が不等であったり，含有するデンプン，グルテ

ン，無機物質の量が等しくないような種子の混合物を播種すると，種子を採取した親と同様に生育の不均等な植生を生ずる．これに対して，重さが等しく，均一によく成熟した種子からの幼植物は，初期の発根も地上部発育も，全然差異を示さない．

〔略〕

　土壌は，粗しょうかち密かの差異，比重および養分含量をつうじて，発根に影響を与える．伸長する細根はしばしばコルク物質で覆われているが，根の先端では新しい細胞形成が行なわれ，土粒子を通過して道を開くために一定の圧力をかける必要がある．いずれにしても，根は最も容易に抵抗を克服しうる方向に伸びるけれども，土粒子の結び付きに比べて，土粒を新生細胞が側方に押しのける力がやや上回るということは，根の伸長の当然の前提である．根の土壌貫通力は，必ずしもすべての植物で同一でない．根がごく細い繊維から成る植物は，重粘質土壌で不完全にしか育たないのに対して，強じんで太い根を形成しうる別の植物は，そこでも旺盛に繁茂する．土壌が後者の根張りに及ぼす抵抗は，根を強じんにする第1の原因でもある．比重0.32-0.33の泥炭質土壌と比重1.1-1.2の砂質土壌に生育する植物の根張りのちがいは，他の条件が同じなら，驚くほど大きい．泥炭土壌では，細くて微細な根の真のフェルトができるのに，砂質土壌の根は数が少なく，かつ頑丈である一方，表面積はごく小さい．

　穀作物のうち，コムギは耕土層での根の分岐が比較的弱い反面，しばしば心土深く数フィートも入って行く強力な根を形成する．コムギ根の発育には，土壌表面がある程度ち密な方が工合がよい．冬期，コムギ畑の区画が馬によってめちゃめちゃに踏みにじられ（このことはイギリスのキツネ狩り地帯では珍しくない），コムギ植物が跡形もなくなっても，その区画の翌年の収量は平年よりはるかに高い，という場合も知られている．こうした荒療治が成り立つのは，明らかに，主根が耕土の深層深く分布する植物についてだけである．エンバクは，根の発育と土壌貫通能力の点でコムギ植物の次に位し，一定のち密性を持つ土壌で繁茂するが，エンバクの根は土壌表層にも細かい吸収性分岐根を形成するので，表層はある程度粗しょうでなければならない．

広くて膨軟な壌土は，深さがわずかしかない場合でも，細かくて比較的短い根群を形成するオオムギに特に適している。エンドウは，深層での柔い根の分布に好適な，粗しょうで固結性の小さい土壌を要求し，他方，強じんで木質のソラマメの根は，粘質で固い土壌でも，あらゆる方向に分枝を伸ばす。クローバや牧草の種子，一般に体の小さいものは，初期において伸びの少ない弱々しい根を発生するので，健全に根を生長させるためには，土壌を準備する時，周到な注意が必要である。土地に播種した種子は，厚さ1/2-1インチの土層の圧力で，早くも発育しなくなる。種子の覆土は，芽生えに必要な水分の保持にきっかり足りるだけでよい。それには，クローバを穀作物と同時に播種するのが有利であって，穀作物は初期に速やかに生育するとともに，葉がクローバの幼植物を覆い隠して強すぎる太陽光の作用から保護するので，クローバは根の分布と生育のため，多くの時間がとれるようになるのである。テンサイおよび塊茎作物の根の特性[1]は，土壌養分の主要部分の取り込み層位をはっきり示唆している。ジャガイモの塊茎は耕土の表層と中層にできるのに対して，テンサイや飼料カブの根は，心土深く分枝を出し，そのため粗しょうで深い土壌において最もよく繁茂するが，適切に耕起した場合には，本来粘質で固結性の土壌でもよく繁茂する。飼料カブの中でもスウェーデン種は，根茎を土中に送り込む根の数の多さで他品種に勝り，強じんで木質に偏った根のマンゴールドは，スウェーデンカブよりさらに重粘な壌土に適する。根の長さに関しては少数の観察しかない。個々の場合，アルファルファは30フィート以内，ナタネは5フィート以上，クローバは6フィート以上，ルーピンは7フィート以上の根を伸ばすことが示されている。

　作物の根張りをよく知るのは，農耕の基本である。農業者が土壌に対して行なうすべての作業は，栽培する作物の本性と特質によく合致していなければならない。農業者ができるのは，根の世話をすることだけで，根が発生する本源には既に何らの影響も与えられないのであるから，彼の努力が確実な結果を得るのは，適切な方法で土壌を準備した時に限られる。根は単に植物の生育に必要な不燃性元素を吸収する器官というだけではない。ちょうど機械の仕事を調節し，円滑にするはずみ車と同じように，根は，外界の温度お

よび光の要請に応じて植物の要求に応え，生命事象の完結に不可欠な物質を供給するという，重要性の面から勝るとも劣らないもうひとつの機能をも担っている。

　景観に固有の特徴を与え，平原や山の斜面に四季の緑を添えるすべての植物は，土壌の地質的，物理的特性に従って，自らの存続と分布に適合した根の生長を示すこと，驚くばかりである。

　種子で増殖，繁殖する一年生作物は，真の根——どの場合も単純で芽を持たず，比較的木化の進まないことが特徴である——を持つのに対し，芝や牧草は特別の性質を有する根芽をつうじて若返り，蔓延して，増殖は種子形成と無関係のことが多い。広い土壌表面を非常に急速に覆い尽くすオランダイチゴは，主茎のわきの根節から側枝を出して，細い巻き髭のように地上を這い，ある地点で独立個体に発育する芽と根を発生するが，多年生雑草——ここでは牧草および芝もその中に数える——は，対応する地下部器官をつうじて蔓延する。シバムギ(*Triticum repens*)，エゾムギ(*Elymus arenarius*)，アカクローバ(*Trifolium pratense*)，ホソバウンラン(*Linaria vulgaris*)の匍匐根は，根芽によって母株からあらゆる方向に植物を増殖する。ケンタッキーブルーグラス(*Poa pratensis*)は，真の根，根を生じた分けつ芽，匍匐茎から成る母株によって増殖し，ライグラス類(*Lolium*)は，固い土壌では根芽により，粗しょうな土壌では匍匐茎をつうじて株を形成する。チモシー(*Phleum pratense*)では，塊状のものは匍匐しやすく，多頭形のものは母株を作りやすい傾向にあることがわかる。チモシーは，1年で早くも株化し，2年目には塊状や多頭形の母株を形成して，あらゆる方向に匍匐枝を送り出す。同様にケンタッキーブルーグラスは，一部は芽を持つ匍匐枝で，一部は分げつ芽で増殖する。

　一年生，二年生，多年生植物の生命現象を比較すると，多年生植物の有機的な仕事はもっぱら根形成に向いていることがわかる。

　秋に土に播種したアスパラガス種子は，肥沃な土壌では翌年の春から7月末までに1フィートほどの高さの植物になるが，その時期から茎，枝，葉には全く増加が認められない。ちょうどこの時点以後8月までの間に，一年生

1. 植 物

のタバコ植物は数フィートの高さになって多数の大きな葉をつけ，テンサイ植物は広い葉冠を生育させている。

しかし，アスパラガス植物が入った生育停止状態は見かけだけである。外に露出した栄養器官の生育が終了した瞬間から，根はタバコ植物よりも高い対地上部器官比率で太さ，量ともに増大するからである。葉が空気から，根が土壌から吸収した栄養分は，構成物質に変化した後，根に移動して，しだいに貯蔵養分として集積する。翌年，根はこの貯蔵によって，大気からの栄養補給を必要とすることなしに，完全な植物を新生させる材料を自前で供給する訳で，貯蔵はほぼ高さ1.5倍の茎，数倍多い数の枝および葉を形成しうる量にのぼる。2年目の有機的な仕事は，再び生産物の創造に振り向けられて，根に蓄積し増加した栄養器官の太さに対応して，与えたよりはるかに大量の生産物を集積させる。

こうした過程は3年目，4年目にも繰り返され，そして5年目，6年目になると，春の天候が暖かければ，根に貯えられた蓄積は指3本，4本またはそれ以上の太さの茎を発生し，葉で覆われた多数の分枝を形成するのに足るだけ豊富になる。

緑色のアスパラガス植物および秋に枯死した茎の比較研究は，栽培期間の終わりにまだ地上部器官に存在する可溶性物質や可溶化可能で将来の利用に適した物質の残部が，根に移動することを暗示していると考えられる。植物の緑色部位は窒素，アルカリ，リン酸塩にかなり富んでいるが，それらは枯れた茎には少量しか検出できない。種子だけが比較的多量のリン酸土類，アルカリを保持しているが，根が翌年に必要としない余剰分にとどまることは明白である。

多年生植物の地下部器官は，機能に必要なすべての生活条件のつましい蓄財家である。土壌が許す時は，常に与えるより多くを取り入れ，けっして受け取った全部を与えたりしない。多年生植物の開花と種子形成は，根に一定のリン酸塩余剰が蓄積して，根の存立を危険に曝すことなしに与えうる時にのみ起こる。肥料による栄養物質の豊富な補給は，あれこれの方向に植物の生育を加速する。灰の施用は，草地土壌におけるクローバ類の作物を呼び覚

ますし，酸性リン酸カルシウムの施肥は，フレンチ・ライグラスの桿を多く発生させる。

あらゆる多年生植物の地下部器官の容積と重量は，原則として一年生植物に勝る。一年生植物が年ごとに根を失うのに対して，多年生植物は，栄養吸収と拡大に好適な時期に備えて根を保持している。多年生植物が栄養を獲得する領域は年々広くなる。ある場所で根の一部が少量の栄養しか見い出さない時でも，別の根が栄養の豊富な場所で要求を満たしてくれる。

完成した草地の一区画で，桿を形成するのは小部分の植物にとどまり，多くは葉の茂みである。大部分の植物は，年間をつうじて地下芽の形成だけを行なう。

多年生の牧草や芝植物にとって，地下芽の形成は最大の意義を持つ。栄養供給の不足から一年生作物の生命が危機に瀕する時期にも，多年生植物は地下芽によって栄養を与えられるからである。

土壌など植物の生活条件が良好なことは，一年生植物に劣らず多年生植物にもよい影響を及ぼすが，偶然的かつ一過性の気象条件に生育が支配される程度は，両者で同じではない。多年生植物は，不良な環境下で時間的に生長を抑制して，よい条件を待つことができ，その生長が単なる停止の状態になっている間に，一年生作物は生命の限界に達して枯死する。

我が国の草地の収量が，変動する気象および土壌環境のもとで持続的に安定しているのは，生育を初期の段階に保ちうる植物が大部分を占めるからである。1つの植物種が外向的に発育，開花，結実している間に，第2，第3の種は同等な将来の繁栄条件を下方に集中している。第1の種は消失するように見えるし，第2，第3の種は完全な発育条件が戻ってくるまで，場所をあけて待っているように見える。木本植物もアスパラガスと全く同じように生長し発育する。ただちがうのは，生育期間の終わりに株を失わないことである。高さ1.5フィートのカシワの若木は，長さ3フィート以上の根を持っていた。根とともに幹そのものも，外部的な全栄養器官を完全に再生させるべく将来の年に向けて貯えられる構成物質の貯蔵庫として役立っている。切り倒したボダイジュ，ハンノキ，ヤナギの幹を日陰の湿った場所に置いた時，

数年後に芽を吹き，葉をつけた数フィートの枝を出すこともしばしばある。

樹木が結実する際に起こる中休みは，劣悪な土壌に育ち，果実形成に必要な諸条件を多年にわたる期間でやっと集積できる多くの多年生植物と同じことである(Sendtner；Ratzeburg)。

落葉によって広葉樹が被むる無機栄養物質の損失は，ごくわずかである。葉が完成をみた時，樹皮の細胞は大量のデンプンで満たされているのに，葉柄細胞からはデンプンが完全に消失している(H. Mohl)。葉の落下するずっと前に，早くも汁液内容の著しい低下が生じ，一方その時期に，枝の樹皮が目立って汁液にあふれることが多い(H. Mohl)。このことは，種々の生育段階のブナ葉の研究で明らかにされた結果と完全に一致している。ブナ葉が正常な大きさに達した後，重量はもはや変化しないが，組成は大きく変化した。葉の生産物は永年性器官(幹および根)に移動し，生育期間の終わりには，同じことが葉の可溶性成分残留物について起こった。紅葉直前の秋の葉では，著しい重量の減少が見られた。葉のアルカリおよびリン酸含量は，生育期間の初期から終期に向けて一様に低下する一方，カルシウムおよびケイ酸含量は一様に増加することが，灰分分析で示された。

同様な同化産物の逆流は，草本でも起こるようである。化学分析は，葉が夏の高温で萎れた時，黄化した葉には窒素，リン酸塩，アルカリの痕跡すらほとんどないことを示している。また，動物は本能的に，栄養手段としてあらゆる種類の落葉を嫌う。一年生，二年生植物では，種子および果実形成において有機的な仕事が進行するにつれて，根の活動は終末に達する。多年生植物の場合，生存にとって種子形成はもっと偶然的な条件である。

二年生植物は，種子および果実形成，つまり生命の完結に必要な材料収集のために，一年生植物より多くの時間を利用しうるが，それを行なう期間は，偶然的な気象条件ならびに土壌特性に支配される。

一年生植物は，各部位を一様に形成しつつ，毎日吸収する栄養を地上部および地下部器官の増大に振り向ける。これらの器官は，同じ時間に吸収表面積が拡大するよりも，いっそう多くのものを吸収する。植物に内在する生長の諸条件も，生長に伴って増大する訳で，その効果は，外部条件が好適であ

るのと全く同等である。

二年生の根菜類の生育は，明りょうに3段階に分かれる。第1の段階には，主として葉が，第2の段階には根が形成され，第3段階における花と果実の発育に役立つ物質が集積する。

種々の生育段階の飼料カブに関する Anderson の研究は，二年生作物の活動方向が不等であることについて，具体的な姿を明らかにした(Journal of Agriculture and Transactions of the Highland Society, no. 68 and no. 69. New series 5)。

〔略〕

あらゆる単結実性植物，すなわち，ただ一度だけ開花して実を結ぶ植物では，カブ植物と同様に，有機的活動の方向について明りょうな生活段階が見分けられる。植物は最初の段階で次の段階のための構成物質を，第2の段階では最後の生命事象の仕事に必要な構成物質を創造する。しかし，これらの物質は，必ずしもカブのように根に集積するとは限らず，サゴヤシでは幹に充満し，アロエでは多肉質の厚い葉に集積する。

こうした多数の植物では，種子形成は時間よりはむしろ，先行期間に集積した構成物質の貯蔵に依存するところが大きく，好適な気候または気象条件で短縮され，不順な条件で遅延する。

いわゆる夏作物は，2-3か月の間に種子形成の必要条件を集める能力を持った単結実性植物である。エンバクは90日で，飼料カブは2年目に初めて，サゴヤシは16-18年かかって，アロエは30-40年，時には100年を経てようやく成熟して完熟種子をつける。

多くの多年生植物において，地上部は毎年枯死するが根は保持され，単結実性植物では，種子形成とともに根も枯死する。単結実性植物の種子形成は，生存の必要条件であるが，多年生植物ではより偶然的な条件である。

植物の経済は，将来利用すべき栄養物質を集積する一定の器官を出現させる固有の能力を持つ，という法則に支配されているので，生育を妨げるように見えるすべての外部要因も，最終的には植物の永続，すなわち生殖を確実にするのに寄与している。

多年生牧草やアスパラガスの根の内容物は，植物のさまざまな生活時期に

おいて，穀物種子のデンプン粒と同じように機能するが，発芽の時，袋が空になるのではなく，常に再充塡されて容積が増大する点にちがいがある。全体として多年生植物は，いつも与えるより多くを受け取り，単結実性植物は，果実形成に際して全貯蔵分を与える。

　カブ植物は，秋に葉の成分を使って根を肥大させるが，植物の挙動から葉の影響を容易に理解することができる。8月に植物から数枚の葉を切り取っても，根収量にはわずかな影響しかないのに対し，もっと後期の摘葉は，根の収量を非常に強く害する。Metzler は，このことについて詳しい比較実験を行ない，カブ収量が初期の摘葉で7％，後期または2回の摘葉で36％減少することを見い出した。最近の多数の観察も，同氏の結果を確認している[2]。

　初年目の収穫期に，カブ植物の葉冠だけを切断し，根は畑に残して持ち出すことなくすき返すと，畑は全体として土壌成分を失うものの，大部分は根をつうじて土壌に保持される。しかし，栽培2年目の終わりに，カブの地上部を切り取り，種子のついた茎を持ち去った時には別の状況が現れる。初年目の終わりには，根が窒素含有成分および不燃性成分の圧倒的部分をまだ保持していたのに対し，2年目になると当該物質は植物の地上部に移って，茎および種子の形成に消費されるので，土壌中になお残根があるにしても，地上部の持ち出しで土壌は貧しくなるにちがいない。根は，茎立ち開花の前には土壌成分に富んでいたが，種子形成後は消耗している。開花前に根を土中に残すと，植物に供給した養分の圧倒的部分は土壌に保持され，他方，開花および種子形成後に根株に残存するのはごく少量の残留分にすぎず，土壌は消耗するであろう。

〔略〕

　生育の面からして，冬穀物は二年生植物と非常によく似ている。二年生のカブ植物では，第1葉とともに対応した数の根が発生し，葉冠形成後には急速な根量の増加拡大が始まって，花茎と枝梗（しこう）の発生が続くことが認められる。

　冬穀物の播種後，幼植物は直ちに第1葉を生じ，冬期および春の最初の月までにロゼットに生長するが，その生育は数週間ないし数か月間静止するよ

うに見える。温暖な季節がやってくると，植物は高さ数フィートの葉をつけた柔い茎を伸ばし，先端に花芽を持った穂が生じて，開花終了後に種子を形成する。種子の発育に伴って葉は下方から上方へと黄色くなり，種子が成熟している間に茎とともに枯れる。茎立ち前の，植物生育が一見停止する期間にも，地上部および地下部器官が間断なく活動していることは，全く疑う余地がない。諸器官は引き続き栄養を吸収するにもかかわらず，葉量増加には一部だけ，そして茎の形成には全然使われない。したがって，我々は，この時期に葉で作られる構成物質の圧倒的部分が根に移行し，後にこの貯蔵分が稈形成に使われる，ということを完全に信じなければならない。高温になるにつれて，穀作物の全活動は活発化し，毎日吸収同化される栄養量は，吸収同化装置の容量とともに増大して行く。春には，古い葉と根のうち消耗した土壌部位にある多くのものが枯死し，節からは新芽が生じ，芽ごとに新根が発生して，茎が一定の高さになるまで続く。この時点から生育完了時まで，吸収された物質ならびに葉，茎，根で生成した物質の可動性部分は，開花ならび種子形成に消費される。

　Schubert の観察は，生育初期にある穀作物の根が葉に比べて遙かに多量のものを獲得することを示している。同氏は，播種後6週間で5インチの長さの葉を生じたライムギについて，長さ2フィートの根を見い出した。

　根の発育は稈形成および分げつ能力と関係があって，Schubert は，根長3-4フィートのライムギで11の側芽を見い出したが，根長1.75-2.25フィートのものではわずか1-2個の側芽しか見られず，そして根長が1.5フィートしかない植物では，側芽は全く見られなかった。

　冬穀物を旺盛に繁茂させるには，寒冷な期間，温度の作用によって外部器官の活動に一定の枠をはめ，しかも活動を抑制しないことがまず必要である。後期生育が最良になるのは，気温が寒冷で地温よりやや低い時で，植物の地上部は数か月間生育を抑制しなければならない。

　きわめて温和な秋や冬は，それ故最終の収穫に悪影響を及ぼす。こうした時の高温は主稈の発育を促進して，茎立ちがまばらになり，芽や新根の形成あるいは根中貯蔵の増加に役立ちうる栄養分を消費してしまう。そうなれば，

発育の悪い根は，春に植物にわずかな栄養分しか送らず，しかも小さな吸収表面積と少量の貯蔵分に比例して，根は少ししか吸収，供給しない。その後の生育期間をつうじても，根は弱い性格を脱却しない。農業者は，こうした分げつ，発根のよくない植物を家畜に食わせたり刈り取ったりして，不利益を克服しようと努める。このことにより芽と根の形成が新たに開始されるのであって，外部条件が好適で根の貯蔵量を再び満たす時間がとれる場合，農業的な意味で正常な生育条件が植物に再現する訳である。各生育時期ごとに夏穀物も冬穀物と同様な特徴を示すが，時間的にはごく短い。

〔略〕

　不燃性成分と窒素に対するカブとエンバク植物の要求の差異は，全生育時期でもそれぞれの時期でもきわめて明りょうである。Anderson がカブについて，Arendt が穀作物について報告した事実は，両者の決定的な生長法則の推論には無論数が十分でないが，それでも2, 3の結論の支柱としては役立つであろう。栽培初年度の終わりにおいて，カブ植物のリン酸および窒素量は，かなり正確に1：1の比率であるのに対し，エンバクでは1：4である。同量のリン酸につき，エンバクはカブ植物の4倍の窒素を必要とし，カブは同一量の窒素に関して4倍のリン酸を要求する。

　仮にエンバクの生育がカブ植物と同様の経過をたどるとすれば，エンバクはカブ植物が1年目の生育期間終了時に集めた貯蔵構成物質を，茎立ち以前に地下部器官に収集していなければならない。両植物が花茎抽出以前に集積する有機物の量は，明らかにエンバクよりカブにおいて遙かに大である。カブは土壌から著しく多量の養分を獲得するが，茎立ち前に栄養物質を土壌から取得する時間は，カブで122日，エンバクではたった50日内外である。今，1 ha の畑に生育するカブとエンバクが，毎日同じ量を獲得し，他の条件は同一であるとするなら，栄養物質の吸収量は吸収期間の長さに依存する。根の特性は，根の吸収表面積の大きさによるので，この面でも大きな差を生ずる。根の表面積が大きければ，小さいものより多くの土粒子と接触して，同じ時間に多量の栄養物質を吸収できる。生産される植物物質の量，特に生成する無窒素物質および含窒素物質の量は，植物の特性に支配される。もし，

エンバクの根の吸収表面積がカブ植物の 2.45 倍大きいなら，エンバクは同じ割合で 1 日に 2.45 倍，あるいはカブが 122 日間に吸収するのと同量の栄養分を 50 日間で吸収するであろう。つまり，同一期間については，両植物の吸収能力は根の表面積に比例する。

初年目におけるカブ植物の生育期間は 120-122 日に及び，翌年 7 月下旬の種子形成で完了する。生育日数を 244 日とし，エンバクの 93-95 日の生育期間を 244 日に引き伸ばしたと考えれば，この期間では 2.5 倍の収量が得られ，エンバク中で生産される硫黄および窒素を含む成分の量は，同面積の土壌からカブ植物中に収穫される量に劣らないということが，たぶん研究によって明らかになるだろう。

硫黄と窒素を含む物質と無窒素物との比，または血液形成物質とデンプンの比は，穀物種子で 1：4—1：5，カブの根やジャガイモ塊茎で 1：8—1：10 になる。すなわち，後者の無窒素物は，含窒素物質との比率において量的に遙かに多い。

一定の温度で，コムギ子実中に有機的過程が始まる時，胚はまず下方に一定数の幼根を送り出すとともに，芽は 2 枚または 3 枚の完全な葉をつけた短い茎に発育する。芽の中で変化が進行すると同時に，胚乳成分も液状になって，デンプンは最初ゴムに似た物質に，ついで糖に変わり，グルテンはアルブミンに変化して，両者共同で原形質(Naegeli の有機栄養物質)または細胞の栄養分を形成する。原形質は，そのままの状態で細胞形成の場所に移動することができる。デンプンは細胞外壁を作る要素を供給し，含窒素物質は細胞内容物の主体を生成する。

コムギ植物の原形質では，無窒素物質が含窒素物質の 5 倍の量を占めている。この経過においては，水と酸素の他，外部物質は何の寄与もしない。

種子が発芽する際，炭酸ガス生成で失われた炭素は，後に幼植物が再吸収する。

上記の環境下で発育した植物は，数週間育てても，認めうる重量増加をほとんど行なわない。コムギ種子から発生した器官の乾燥重量は[3]，全体として種子より重くないし，無窒素および含窒素物質の相対比率も胚乳とあまり

変わらず，本質としては胚乳成分が別の形に取り込まれただけである。要するに葉，根，茎，葉芽および根芽は，道具や装置に改造された種子成分にほかならないが，いまやそれには一定の仕事を遂行する能力が生じた訳である。その仕事というのは，化学的過程を維持することから成り立ち，太陽光の共同作用のもとに化学過程をつうじて，外界の無機物質から，性質全体としてそれ自体が由来したものに等しい生産物を作る仕事である。

　細胞形成の有機的過程は，原形質の現存を前提とするが，原形質そのものを作りあげる化学過程とは無関係で，後者は細胞形成の継続を支配している。

　純水中で生育した幼植物では，化学過程を維持する外部条件の不足が，過程自体を排除してしまう。葉および根は，道具として何の仕事も行なわない。葉と根は，栄養分を除いた時，生存を可能にする産物を生産しないのである。一定の範囲まで生育すると，細胞形成はそこで停止するが，新たに発生した根芽および葉芽で細胞形成過程が継続し，芽と既存の葉および根の可動性内容物の関係は，コムギ種子の幼芽と胚乳と同じ関係になる。形成の完了した葉および根の稼働資本だった無窒素成分と含窒素成分は，枯死に際して新しい道具に変形され，旧葉の成分を使って新葉が発生する。しかし，こうした過程は長続きせず，幼植物は数日後に完全に枯死してしまう。短い生存の外部的原因は，第一に栄養不足であるし，内部的原因のひとつは，可溶性無窒素物がセルローズや木化細胞に移行して可動性を失うためである。細胞形成の必須条件は可動性の低下とともに減少し，可溶性無窒素物の消費に伴って完全に停止する。枯死した葉を燃焼すると一定の灰分が残るから，枯葉は一定量の無機物質を保持している訳で，同時に少量の含窒素物質も残存する。

　このような生育の中で最も注目に価するのは，種子の含窒素物質の挙動で，それは根，茎，葉の一成分となってそれぞれの位置での細胞形成を媒介する。最初の葉が枯れると，含窒素物質は次の葉の成分になり，細胞形成の材料が存在する限りは第2葉のためにある役割を果たし，このことを何回となく繰り返す。植物では，含窒素物質の真の消費は現実には起こらないので，含窒素物質は細胞の型にはまった成分を構成しない。

〔略〕

植物の生長は，本質として，栄養補給の道具である葉および根の拡大と増加である。1枚の葉，1本の根の伸長，あるいは第2の葉，第2の根の出現は，最初の葉，最初の根の発生と同じ条件に支配される。我々は，種子の分析をつうじてこれらの条件を確実に知ることができる。最初の根と葉は，諸要素を種子から供給されたとはいえ，正常な栄養条件のもとでは，一定の無機物質から有機化合物を生成する。有機化合物は当の葉，根の成分の一部，または複数の葉や根の成分になるが，後者は最初の葉や根と同じ要素，同じ性質，つまり無機栄養物質を有機構成物質に変化させる同一の能力を持っている。最初の葉と根の拡大のため，そして新葉，新根形成のために使われた無窒素および含窒素物質は，当然種子と同比率であったはずである。さらに，太陽光の支配下における植物の有機的仕事は，全生育期間をつうじて等しく同じ材料，すなわち種子成分を生産しているのも確実であって，その成分は植物体の構成に使われ，葉，茎，根そして最終的には種子を形作る。多年生植物の芽，塊茎，根の可溶性または可溶化可能成分は，種子成分と同じである。穀作物は，胚乳と等しい割合で含窒素および無窒素物質を生産し，ジャガイモ植物が生産する塊茎成分は葉や茎，または根になったり，葉や根の形成にそれほど外部条件が好適でないときは，ストロンを通して塊茎に再集積したりする[4]。

　栄養条件が正常な場合，最初の葉と根は，植物の生育が継続する限り最後の葉と根と同様に存在を主張する。なぜなら，最初の葉と根も，補給される栄養分から，自らが発生したのと同じ成分を再生産し自らの拡大に必要でない余剰を動きの激しい場所，または根原基や葉芽，あるいは根や若枝の最先端に送り出すからである。この余剰は，夏作物に見られるように，最終的には種子形成器官に移るのであるが，それは植物全体に存在する可動性種子成分を手許に吸い寄せる。

　不燃性栄養物質の添加は無窒素物質の生成に影響する。無窒素物質の一部は木化細胞の形成に消費されるが，他の一部は同じ目的に使用しうる形態で残留する。窒素栄養の添加は，対応した含窒素材料の生産条件を作り出すので，原形質が絶えず再生して，化学過程の続く限り増加して行く。

1. 植 物

　植物が開花し，種子をつけるとともに，葉や根の活動が静止点に到達する必要のある場合が多いように見える。新たな方向での細胞形成過程が優位を占めるのは，その時かららしく，現存する構成材料が新葉および新根形成にもはや必要でなくなると，今度は花や種子の形成に利用されるのである。雨不足，すなわち不燃性栄養物質の供給不足は，葉の形成を抑制し，多くの植物で開花期を早める。種子形成には乾燥冷涼な天候が必要で，温暖湿潤な気候では夏播きの禾穀類は種子をつけないか，わずかしかつけず，また，アンモニアに乏しい土壌で，根菜類はアンモニアに富んだ土壌よりずっと容易に開花，結実に入って行く。

　植物の生育期間に諸過程が正常に進行するためには，植物体内で生成する原形質中の無窒素および含窒素物質の比率が厳密に一定である必要があるとすれば，原形質生産に不可欠な無機物質の欠乏または過剰によって，植物の生育，葉，根，種子の形成が決定的な影響を受けるのは当然である。含窒素栄養物質が欠乏し，不燃性栄養物質が多すぎる時は，無窒素物質が過剰に生成し，それが葉や根の形になると含窒素物質の一定量を保持するため，原形質の余剰を主要な条件とする種子形成に害を与える。不燃性栄養物質の欠乏を付随する窒素栄養の過剰も，含窒素物質は原形質と同じ比率でしか植物の有機的仕事に使われないし，細胞壁を形成する物質なしには，細胞内容物も植物に無意味であるから，何の利益ももたらさないであろう。

　動物の生命過程において，器官は卵の諸要素から生成し，卵の構成成分は窒素を含んでいる。動物とは逆に，植物が形成する成分は窒素を含まず，あらゆる植物性過程は種子成分の創出である。植物は胚と胚成分を生産する限りは生命を保ち，動物は卵成分を分解する限りにおいて生命を保つ。

　カブおよびコムギ植物に等しく適した同一土壌で，同量の含窒素物質につきカブはコムギ植物の2倍の無窒素物質を生産する。両植物が同じ期間に異なった量の炭水化物(木質，糖，デンプン)を生産するとすれば，分解装置は，炭素を与えつつ分解する炭酸ガスと水素を供給する水に対応する空間，および作用する光に対応する表面積を提供するような機構を備えていなければならない。さらに，酸素が遊離するやいなや，酸素を放出しなければならない

ことも明白である。この点についてコムギとカブ植物の葉を比較すると，容積ならびに水の豊富さの差異が目につくし，顕微鏡による研究では，いっそう大きなちがいが認められる。コムギ植物は直立した葉を持ち，光のあたる葉の表面は，カブ植物の葉が土壌を覆って土壌乾燥と炭酸ガスの揮散を妨げるのに対して，はるかに小さい。コムギの葉は気孔が両面にあって密度も同じであるが，カブの葉では，コムギより小型とはいえ気孔数ははるかに多く，かつ上面に比べて土壌に向いた側に著しく多数が見い出される。

　植物の栄養に関して我々が知ったすべての事実は，栄養物質の吸収はけっして単純な浸透過程でなく，植物に移行する物質の量と特性について，根が決定的かつ有効な役割を担っていることを証明している。

〔略〕

　死んだ膜や多孔質無機物体を通しての水および塩類の浸透，拡散，交換に関する既知の法則は，生きた膜が液に溶解した塩類，植物体内への塩類透過や吸収に及ぼす作用について，ほんのわずかな結論すら与えるものではない。Graham の観察(Philosophical Magazine, 4 Series. 1850)は，炭酸カリウムや苛性カリのように動物性の膜に化学作用を及ぼす能力を持ち，膜を膨潤させてしだいに分解する物質が，異常に水の通過を早めることを示した[5]。同氏はまた，植物組織の全部位の膜および組織構成細胞の中で進行する不断の変化や破壊，新生など，我々が全然尺度を持たない諸過程は，浸透過程とは全く別のものではなければならないこと，したがって，生きた植物膜を通しての無機物質の透過という現象は，きわめて複雑な法則に従うことを指摘している。

　生育する土壌に対して陸上植物が持つ関係は，海洋植物が海水に対すると同様である。同じ畑は，各種の植物に対して完全に同一形態，同一特性のアルカリ，アルカリ土類，リン酸，アンモニアを供給するが，どの植物灰分も各成分の相対比率において他の植物灰分と等しくない。一定の方式で調製された無機成分を別の植物から獲得する寄生植物自体，たとえばヤドリギ (*Viscum album*) もそうであるが，樹木に対して栓を抜いた枝のようには振る舞わず，原料の栄養汁液から全然異なる比率で無機成分を吸収する(Annalen der Chemie und Pharmacie, vol. 50, p. 363)。土壌は，こうした物質補給に関

して完全に受動的に振る舞うから，植物体内には，自らの要求に従って吸収を調節する原因が働いているにちがいない。

　Halesの観察は，葉や枝の表面における蒸散が，汁液の運動と土壌からの水分吸収に強い影響を及ぼすことを示した。仮に植物が，土壌中を動き根に直接移行する溶液から無機栄養手段を得ているのだとすると，この原因は，同程度の生育をしている属または種の異なった2つの植物に対して，同じ無機物質を同じ相対比率で供給するはずである。しかし，既に指摘したように，こうした2つの植物は，無機物質を全然ちがう比率で含んでいる。

　事実は，根による栄養吸収の場面で一定の選択が起こるのである。水面下で生育する水生植物においては，考えうる現実的な移行要因として蒸散は完全に排除されるから，今の場合，吸収表面は同一の形態，同一の移動性をもって供給される各種物質に対して，著しく異なった吸引力を示さねばならない。あるいは，同じことであるが，最外部の細胞層を通過する際に受ける抵抗が異ならねばならない。陸上植物の根に関しても，移行する物質比率の相違を説明しようとすれば，これと変わった点は特別にないであろう。

　ある物質が土壌から植物へ移行するのを妨げる根の能力は，絶対的なものではない。既にForchhammer(Poggendorts Annalen, vol. 95, p. 90)は，ブナ，シラカンバ，アカマツ材中に鉛，亜鉛，銅を，カシワ材中に錫，鉛，亜鉛，コバルトをごく微量検出しており，この種の金属が木材より皮部や樹皮に特に多量含まれる状況は，その存在が偶然的であって，植物の生活には何の役割も演じないことを示唆している。

〔略〕

　鉄のように，ごく少量とはいえ，あらゆる植物に存在する無機物質は，Forchhammerが木本植物で見い出したことと全く別の観点で考える必要がある。

　我々は，穀物種子より相対的に多量存在する訳でないにせよ，鉄が動物体内で果たす役割を知っており，動物の栄養に一定量の鉄が含まれないと，血液の主要な機能を仲介する赤血球の形成が不可能になることを深く確信している。また，我々は動物と植物の生活を結び付けている相互依存の法則に

従って，植物中の鉄にも生命機能上有効な役割を割当てない訳に行かない。さらに，鉄の排除が植物の存立を危くすることも明らかである。

今日まで化学は，あらゆる植物に共通であって，体内の相対比率が変動する不燃性物質だけに，植物の生命過程の決定的役割を与えてきた。しかし，鉄が葉緑素および多くの花弁の恒常成分である，との推測が許されるなら，*Pavonia*〔アオイ科〕，*Zostera*〔アマモ科〕，*Trapa natans*〔ヒシ科の一種〕や多くの木本植物および多数の穀作物，そしてチャにおけるマンガンのように，各種の植物に恒常的に存在する金属も，生命機能に一定の寄与をしており，ある特性がマンガンに依存すると考えてよいであろう。灰分中に酸化亜鉛を含む*Viola claminaria*〔スミレ科の一種〕は，アーヘンの亜鉛鉱山にきわめて特徴的で，この植物の生息地をたどって新しい亜鉛鉱の産地を探したほどである(Alex；Braun)。

塩化ナトリウム（食塩）と塩化カリウムが多数の植物の繁茂条件であるのと同様に，ヨウ化カリウムも別の植物に対して類似の役割を果たすことは明白で，ある植物が塩素植物と名づけられるなら，他のものは同等の権利をもって，ヨウ素植物またはマンガン植物と名づけられる[6]〔Salm-Horstmar候爵〕。各種のヒバマタ属におけるヨウ素含量の差異(Goedechens)，あるいはヒカゲノカズラ属におけるアルミニウム含量の差異(Laubach伯爵)はもちろん説明がつかないが，ごく微量とはいえ，ヨウ素のような物質を海水から抽出して，体内に集積保持する植物の能力は，植物体の一定部位がヨウ素と結合して，植物が生存する限り，ヨウ素が本来存在した培地に逆流するのを防いでいる，ということでしか説明できない[7]。

〔略〕

根に関していえば，ごく普通の観察は，根が無機物質に対してそれぞれちがった同化能力を持っていて，不等の作用を示すことを証明していると思われる。各種の土壌においてすべての植物が均等に繁茂する訳でなく，ある植物は軟水で，別の植物は硬水またはカルシウムに富む水で，他の植物は沼沢地でのみ，泥炭地植物など多数のものは炭素と酸の多い畑で，また別の植物はアルカリ土類を豊富に含む土壌でのみ繁茂する。多くのコケ，地衣類は石

の上でしか生長せず，石の表面を著しく変化させるし，*Koleria*〔原文のまま．イネ科の *Koeleria* のことではないかと思われる〕のような植物は，ケイ砂に微量混じっているリン酸とカリウムを抽出できる．草の根は長石性の岩石を攻撃して，風化を促進する．カブ，セインフォイン，アルファルファは，カシワやブナと同じように，栄養の主要部分を腐植に乏しい下層土から得るのに対して，穀作物と塊茎作物は主として耕土層から獲得し，腐植に富んだ土壌で繁茂する．多くの寄生植物の根は，土から必要な栄養分を取り出すことが全くできず，寄生植物に栄養を調製してやるのは別植物の根である．その他，カビなどは動植物遺体の上でのみ生育して，遺体の無窒素および含窒素成分を構成成分に利用する．

　前記事実の意義を正当に承認するならば，土壌に対する植物根の種々の作用についての疑問は，一切氷解するであろう．また我々は，ヒカゲノカズラやシダがアルミニウムを吸収することを知っているが，肥沃な土地に存在する形態のアルミニウムは，純水や炭酸水に可溶とは考えられず，しかも同じ土壌でヒカゲノカズラと隣接して生育している他の植物には，けっして検出できないのである．同様に，Schultz-Fleeth は，きわめてケイ酸に富む植物，ヨシ(*Arundo phragmites*)が生育した水1,000部の中に，重量を測定しうる量のケイ酸を見い出さなかった．

原　注
1) ここおよびここ以下では，常に植物の地下部器官を根と理解する．
2) ミュンヘンの実験(Zöller)では，等容の同一土壌で育てた同数，同一生育段階のカブ植物について，7月28日と8月1日の2回，全部および半分の摘葉を行ない，10月15日に収穫して，無摘葉のカブ収量と比較した．結果は次のとおりであった．

	全部摘葉(g)	半分摘葉(g)	無摘葉(g)
根	3,572	5,250	12,310
葉	752	2,230	5,058

3) 1粒のオオムギは，純水中で平均30 cmの長さの根3本と3枚の葉を出し，第1葉の長さは25 cmであった．乾燥後の全植物体は，オオムギ子実の平均重にごく近

4) Boussingault は次のことを観察している。重さ 2-3 mg の種子を完全に不毛な土壌を用いて，開放大気中で育てた時，種子からは全器官が完成した植物が形成されるが，数か月後の重量は，種子重よりそれほど多くなかった。限定した大気中で育てると，このことはいっそう明りょうであった。植物は華奢で，どこから見ても若く，生長，開花し，種子もつけうる。その種子が正常な植物を再生産するために必要なのは肥沃な土壌だけで，あとは何もいらない(Comptes rendus, vol. 44, p. 940)。
5) 浸透計の管の水は，0.1％の炭酸カリウムを含む時は 167 mm，1％では 863 mm (38 イギリス・インチ)上昇した。別の実験では，1％の硫酸カリウムを含む時，水は 12 mm 上昇したが，溶液に 0.1％の炭酸カリウムを添加すると 254-264 mm，炭酸カリウム溶液単独では 92 mm しか上昇しなかった。膜が化学的に変化した時には，浸透当量からは何も読みとれない。特に注目に値するのは，結晶性および非結晶性物質の通過に関する Graham の最新の研究で，動物体内の諸過程に明るい光を投げかけるものと期待される。
6) 次の水生(沼沢)植物の研究から，灰分中に著しい量のマンガンおよび鉄のあることがわかった。水はマンガンの痕跡も含んでいなかった。オオオニバス(*Victoria regina*; 葉柄では主としてマンガン，葉では鉄)，スイレン科の一種(*Nymphaea coerulea, N. dentata, N. lutea*)，トチカガミ科の一種(*Hydrocharis humboldti*)，ハス科の一種(*Nelumbium asperifolium*)(Zöller)。
7) コペンハーゲンの Meier がコムギとライムギの種子の恒常成分であることを証明した銅の含有について，Forchhammer(Poggendorfs Annalen, vol. 99, p. 92)は，次のように述べている。「播種用と決定したコムギ穀粒を硫酸銅溶液に浸漬するのは，古くから実際で実証済みの方法である。この慣行に対する通常の説明は，硫酸銅がコムギを襲うカビの発芽を絶滅するというのであるが，私はこの説明がまちがっているとはけっして思わない。しかしながら，もしコムギに銅が必要であるとすれば，本方法でコムギの旺盛な生育に必要な銅の欠乏を防ぐと考えてもよいだろう」

2. 土 壌〔一部省略〕

　植物は生育に必要な栄養分を土壌から得ているので，土壌の化学的，物理的性質に精通することは，植物の栄養過程および農耕の操作を理解する上で重要である。作物に対して土壌が肥沃であるためには，第一条件として，栄養手段を十分な量含んでいる必要があるのは自明のことである。ただし，化学分析がこの関係を決定し，各種土壌の肥沃度を判断する尺度を与えることはめったにない。なぜなら，土壌に含まれる栄養手段が有効態または可吸態

2. 土　壌

であるためには，一定の形態と特性を備えねばならず，それは化学分析では十分に予見できないからである．

〔略〕

　岩石の断片からできた土を考えると，植物の栄養物質，たとえばカリウムは，ケイ酸やアルミナなどの化学親和力によってケイ酸塩となり，岩石の微小部分に固定されているので，カリウムを遊離させて植物の可吸態にするには，もっと強力な引力で親和力を打ち破らねばならない．この種の土が他の植物に対して肥沃でないにもかかわらず，ある植物が立派に生育しうるとすれば，当の植物には化学的抵抗に打ち勝つ能力があり，他の植物にはそれがないことを仮定しなければならない．さらに，同一土壌が他の植物にもしだいに肥沃になるとすれば，原因は大気，水，炭酸ガスの統一作用により，また機械的な耕起によって化学的抵抗が克服され，養分が弱い引力の作用でも移行しうる形態，あるいは生長力のごく弱い植物に対してもいわゆる可吸態になった，ということにしか求められない．

　土壌がある植物種，たとえばコムギに対して完全に肥沃になるのは，植物の根が接触する断面のどの部分にもコムギ植物に必要な量の栄養分が含まれ，しかも全生育期間をつうじて，根が適当な時期に適切な比率で吸収できる形態になっている時だけである．

　純水または炭酸水に溶解した養分と接触した場合，耕土層が溶液から最も重要な植物栄養手段を取り除く性質のあることは広く知られている．この能力は，栄養物質が土壌中に含まれ，あるいは結合している時の形態と特性に光を投げかける．

　植物の生活に対する上記の性質の意義を正しく評価するには，耕土層と同じく多くの液から色素，塩類，ガスを取り除く活性炭のことを想起する必要がある．

〔略〕

　褐色に着色して強い臭気のある希薄なきゅう肥漏汁を，耕土層を通して濾過すると，無色無臭の液体が流出する．その際，きゅう肥漏汁は臭気と色を失うだけでなく，溶解したアンモニア，カリウム，リン酸も液から耕土層に

よって除去される。除去の程度は，炭に比べて多少とも完全に近く，量は遙かに多い。風化によって耕土層を生成する岩石は，粉末状態においても，石炭粉末より除去能力が低い。きわめて対照的に，多くのケイ酸塩は，純水または炭酸ガスを含む水と接触した時，カリウム，ナトリウムなどの成分を喪失し，したがってケイ酸塩自体は水から諸成分を取り除くことができない。耕土のカリウム，アンモニアおよびリン酸吸収能力は，組成との間に認めうる関連がない。カルシウム含有率が低く，粘土に富む土は，粘土混入の少ない石灰質土壌と同程度の吸収能を持つ。腐植物質含量は吸収率を変化させる。

さらに詳しく考察すると，耕土層の吸収能力は，孔隙性や粗しょう性とも同様に無関係であることが見い出される。厚くて重い壌土および孔隙のごく小さい砂質土壌は，吸収能力において最下位である。

上記の性質には，土壌のあらゆる混合部分が関与しているが，それは混合部分が木炭や獣炭に類似した一定の機械的特性を持つ場合に限られるのは明らかであり，また，引きつけられた分子はけっして固有の化学結合に入らず，自らの化学的特性を堅持するから，吸収能力というのは，耕土の場合も炭の場合も，物理的引力と名づけられる平面吸引力に由来することは，疑問の余地がない[1]。

耕土層は，強力な機械的，化学的諸原因の作用によって岩石から生成したもので，そこには破壊作用，分解作用，抽出作用などが働いている。おそらくあまり適切なたとえではないだろうが，岩石が風化産物である耕土層に対する関係は，木材または植物繊維が分解生成物の腐植に対するようなものである。数年のうちに木材を腐植に変えるのと同一の原因は，岩石にも作用しているが，玄武岩，粗面岩，長石，斑岩から数リニエの耕土層が形成され，谷間や低地平野に堆積している耕土層に見られるような，あらゆる化学的，物理的特性を備えて植物の栄養に適するようになるには，たぶん数千年にわたる水，酸素，炭酸ガスの統一した作用を要したことであろう。鋸屑がほとんど腐植の性質を持たないように，粉末にした岩石はほとんど耕土層の性質を備えていない。木材は腐植に，岩石粉は耕土層に移行しうるけれども，無論両者は根本的に異なるので，各種岩石が肥沃な耕土層に変化するのに要し

た測りしれない時間の作用は，いかなる人間の技術も模倣することができないのである。

〔略〕

　上述の物理的結合状態において，栄養手段は，明らかに植物生育に最適の特性を保持している。なぜなら，植物の根は，土と接触するすべての部位で必要な栄養物質に出会うのであるし，栄養物質は，水に溶解しているかのように均等に分配調製された状態で，しかも可動性ではないけれども，ごく弱い力で固定されているので，植物に移行できるよう可溶化するには，最小限の溶解契機を与えるだけで十分な状態で見い出されるからである。

　鉱物の風化と分解を規定し，鉱物にあって可溶性になった植物栄養素の均等分布を規定する要因が，畑の機械的耕起や気象の影響で強められるのは，いうまでもなく確かである。化学結合したものは結合からはずれ，次第に耕土化しつつある土壌の中で，植物にごく容易に取り入れられ，かつ最も有効な形態を獲得する。未熟な土壌は，徐々にしか耕土層の性質を獲得できないのであって，移行の期間は，存在する栄養物質全体の量および拡散，風化，抽出に抵抗する障害に比例することが理解される。多年生植物，とりわけいうところの雑草は，夏作物——生育期間が短く，完全に生育するには著しく多量の栄養物質の現存を必要とする——に比べると，時間当たりの必要量が少なく，吸収は長期にわたるので，こうした土壌に最初に生え，夏植物より常に早期に繁茂するであろう。

　耕起や栽培される期間の長さに応じて，土壌は夏作物の栽培により適するようになる。なぜなら，植物栄養素を化学的結合から物理的結合の状態に移行させる要因が回帰し，作用しつづけるからである。土壌が文字どおり養う能力を持つためには，植物の根と接触するすべての部位で，根に栄養分を供給しうること，そして量的にはごくわずかでも，至る所に栄養の最低量を含んでいることが不可欠である。

　したがって，作物に対する土壌の栄養供給力は，土壌が物理的飽和状態に含んでいる栄養物質の量に正比例する。土中に化合物の形で分散して存在する栄養物質の量は，一連の栽培をつうじて物理的に結合した栄養分が土壌か

ら取り去られた時,再び飽和状態に戻すことができる限りは,非常に重要である。

経験によれば,栄養分の多くを下層土から得ている深根性作物を栽培した場合,その後の穀作物に対する耕土層の肥沃度は著しく減退しないが,それは長続きせず,比較的短期間のうちに土壌は割に合う収穫を与える能力を失ってしまう。

大部分の耕地では,こうした消耗状態が持続することはなく,1年または数年間休閑すると,土壌の能力が回復して採算に合う穀作物収量が得られる。休閑期に土壌を熱心に耕起すれば,回復はいっそう速やかになる。

農業上何ものにも増して重要であり,数千年の経験によって確立されながら,化学分析では全く解明できない休閑法の根拠が,穀作物は主として耕土層の物理的に結合した栄養分で生活することにあると考えれば,施肥なしで生産力を回復するという注目すべき現象も,容易に理解することができる。こうした形態の栄養分は,重量的には土の小部分を占めるにすぎないが,土の栄養供給力の大きな部分を分担しているので,もし植物が無数の地下吸収器官をつうじて,物理的に結合した栄養分を土から取り去った場合には,あまり豊富でない土壌は,まちがいなく非常に急速に当該作物の栽培に対して適さなくなってしまう。

〔略〕

したがって,休閑によって生産性を回復する消耗土壌とは,化学結合した栄養分を過剰に含みながら,完全な収穫に必要な物理的結合状態の養分量に欠けている土壌のことである。そこで休閑期間は,ある状態から別の状態へと養分の変換または移行の起こる時期であるといえる。休閑で増加するのは,養分総量ではなくて,栄養供給能力を持った部分の割合である。

〔略〕

変化の第2の条件は,水分の存在,一定の温度および空気の透入であって,化学的に結合していた土壌中の栄養物質は,その結果,根に可吸態に変わる。可溶性になった土壌成分の状態変化に,一定量の水は欠くことができない。水は,炭酸ガスの共同作用のもとにケイ酸塩を分解し,また不溶性のリン酸

2. 土　壌

塩を可溶化して，土壌中に拡散可能にする。

　土壌中で分解する有機遺体は，弱いながらも持続的な炭酸ガスの発生源になる。しかし，水分がなければ分解過程は起こらず，空気の流通を妨げる停滞水は炭酸ガス生成を阻害する。分解過程自体は熱を発生して，土壌温度を著しく高める。

　分解性の植物および動物遺体の共同作用により，栽培で消耗した畑は，失った生産性を短期間で回復するので，休閑中のきゅう肥施用はよい効果を与える。葉の多い植物が土壌を厚く被覆すると，植被のもとで土壌に水分が長い間保持され，休閑時における風化要因の働きを強める。

　孔隙が多く，カルシウムに富んだ土壌では，粘土に富む土壌に比べて，有機物の分解過程が速やかに進み，こうした環境におけるアルカリ土類の存在は，炭素に富む物質の他，土壌中のアンモニアも同時に酸化して硝酸に変える方向に作用する。

　種類のいかんを問わず，石灰質土壌は，水で浸出した時に硝酸を与える。硝酸は，アンモニアとちがって孔隙性の土壌に保持されず，カルシウムやマグネシウムと結合して雨水で深層に運ばれる。土の中で起こる硝酸生成は，クローバやエンドウのように栄養——ここでは窒素もそれに数える——をごく深層から獲得する作物には有益であるが，同じ理由によって，有機遺体に富んだ石灰質土壌の休閑は，穀作物にはあまり好ましくない。アンモニアから硝酸への変化と，硝酸の溶脱は，土壌の最重要な植物栄養手段を乏しくさせるからである。

　植物の栽培による畑の消耗原因は，どんな状況のもとでも，常に根が接触する土壌部位における1つまたは複数の栄養手段の欠乏に基づいている。畑の当該部位に物理的結合状態のリン酸が存在しないと，畑は跡作物の旺盛な生長に適さなくなり，こうした状態ではカリウム，ケイ酸の過剰も効果がなくなる。リン酸とケイ酸が過剰にあってカリウムが欠乏している場合，あるいはカリウム，リン酸が過剰にあってケイ酸，カルシウム，マグネシウムまたは鉄が欠乏している場合も，与える影響は同じである。

〔略〕

可溶性ケイ酸は，土壌中に欠乏しても過剰にあっても，穀作物の繁茂には有害である。したがって，豊富なケイ酸供給が牧草や穀作物の繁茂の条件であるにしても，ケイ酸に富むトクサやヨシの生育に好適な土壌が，これらの作物にも同様に適しているとは限らない。多くの場合に，農業者はこうした畑を排水——土壌に空気を導入して，過度に存在する有機物を分解過程に導き，破壊する作用をする——によって，あるいは泥灰岩や消石灰粉末，または湿った空気で崩壊させた生石灰を添加することで改良している。

　加水ケイ酸は，単に乾燥するだけで水に対する溶解性を失うから，沼沢地の排水は，しばしばケイ酸植物(トクサやヨシ)を駆逐する結果をもたらす。水酸化カルシウムまたは消石灰，空気に曝して崩壊させた生石灰が土壌に及ぼす作用には二面ある。第一にカルシウムは，腐植性成分に富んだ土壌に存在して酸性反応を呈する有機化合物と結合して，土壌の酸性を中和し，その瞬間から，こうした酸性土壌に繁茂する雑草のミズゴケ類(*Sphagnum*)とスギゴケが消滅する。金属(銅，鉛，鉄)の酸化は酸と接触しただけで促進し，アルカリとの接触で妨げられる(希薄な炭酸ナトリウム溶液を塗った鉄は錆びない)が，有機物に対する酸とアルカリの作用は反対で，酸は酸化または分解を阻害し，アルカリは促進する。上記の腐植性成分の分解は，過剰のカルシウムで生起するのである。

　土の加水ケイ酸吸収能は，カルシウムによって酸性腐植が消失するのと同じ割合で増大し，カルシウムが過剰に存在すると，土壌中での移動性は失われる。

　このように，カルシウムの作用は非常に複雑であるので，ある畑に好影響があったとしても，特性の不明な他の畑に及ぼす作用については結論が出せない。結論が可能になるのは，最初の場合について原因がはっきりした時だけである。

　畑特性の改良が，単にカルシウムによる土壌の酸性矯正および植物遺体の有害過剰の分解だけに基づく場合は，畑に不良な特性を与えていた初期原因が復活しない限り，農業者が石灰を施用して，翌年に何らかの効果を期待するのは無理である。

2. 土　壌

〔略〕

　犂(すき)，シャベル，鍬(くわ)，馬鍬(まぐわ)，ローラーによる土壌耕うんの効果は，栄養を追うのは植物の根であって，栄養物質自体には移動性がなく，存在する場所から動かない，という法則に基づいている。根は，眼を持っているかのように，栄養を追って屈曲，屈折し，数，密度，方向は根が栄養を獲得した場所をよく示している[2]。若い根は，一定の力で板に打ち込まれる釘のように貫通を強制されるのではなく，内側から外側へと量を増す細胞層の重複によって貫通する。

　根の先端を肥大させる新生物質は，土と直接に接触している。根を形成する細胞が若いほど細胞壁は薄い。古い細胞壁は肥厚し，木化の進行した外面は，多くはコルク層で覆われて水を透さず，内部に集積した可溶性物質を浸透作用から守る一種の防壁をなしている。

　土壌からの養分吸収は根の先端で行なわれるのであるが，細胞内容物はごく薄い膜で土粒子から隔てられているだけで，また根の形成時に土粒子にかかる圧力は，一定の状況下で粒子を側方に押しやるほど強いため，両者の接触はきわめて緊密である。葉からの蒸散によって，植物内部には湿った土粒子と細胞壁の接触を強力に支える流れが成立する。細胞と土には，どちらにも圧力がかかる。液状の細胞内容物と物理的結合状態で存在する土粒子の栄養物質との間には，必然的に強い化学引力が成立して，炭酸ガスと水の共同作用のもとに栄養物質を移動させる。

　ある物体に対する強力な化学引力は，化合物への組み込みと理解されるが，そこでは以前の性質が失われて，新しい性質が付与される。さきに指摘したように，根の汁液はいつでも弱酸性であるから，カリウム，カルシウム，リン酸についても，細胞内への移行の際にやはりこうした結合が起こらねばならない。ブドウの根の汁液では酸性酒石酸カリウム，他の植物ではシュウ酸カリウム，クエン酸カリウムまたは酒石酸カルシウムが検出されるが，炭酸と結合した塩基はけっして検出できないし，リン酸カルシウムおよびマグネシウムも同様である。新鮮なジャガイモ塊茎の汁液は，アンモニアを添加してもリン酸マグネシウムアンモニウムの沈殿を生じないが，発酵によってリ

ン酸マグネシウムと結合している(含窒素)物質が分解すると，たちまち沈殿が生成する。

　土壌中に存在する栄養物質を有効化するには，それらを注意深く混合し，分散させることが最重要条件である。1立方フィートの土中の1ロートの骨片は，土の肥沃度に何ら認めうる影響を与えないが，それが物理的に結合し，最小の粒子に至るまで均一に分布すると最大の効果を示す。

　機械的耕うんが土壌肥沃度に及ぼす影響は，行なわれた土粒子の混合がごく不完全であっても顕著であって，多くの場合，不思議といってもよいほどである。したがって，土を砕き，反転混合するシャベルは，土を砕き，反転鎮圧する犁よりも畑をずっと肥沃にする。馬鍬とローラーは，シャベルや犁の作用を強化するとともに，前年の植物が生育していた同じ場所で，後作の植物に再び栄養部位，すなわち，まだ消耗していない土を与える。

　植物栄養素の拡散に及ぼす化学資材の作用は，機械的手段に比べてさらに強力である。農業者は，チリ硝石，アンモニア塩，食塩の適正量の施用によって，植物の栄養過程そのものに寄与する物質を畑に豊富にするだけでなく，リン酸およびカリウムの分散に働きかけて，犁の機械的作業，休閑中の大気の作用を代替，支援するのである。

　我々は，畑に投下した時，植物体収量を増すあらゆる物質を肥料といいならわしているが，こうした作用は犁にもある。もちろん，効果が高いというような単純な事実は，食塩，チリ硝石，アンモニア塩，石灰，有機物が栄養手段として働いた証拠にはならない。我々は，犁の遂行する仕事を飼料の咀嚼——自然はそのために動物に特別の道具を与えた——になぞらえることができ，機械的耕うんは，畑に植物栄養素を富化するものでなく，現存する栄養を将来の収穫物の栄養として準備するからこそ有用である，と確言できる。同様に我々は，食塩，チリ硝石，腐植および石灰は，構成元素の持つ作用のほか，消化中の胃に比すべき役割を備えており，胃の役割を部分的に代行しうることもよく知っている。したがって，上記物質が有効性を発揮するのは，栄養物質量に不足はないが，形態と特性に適正を欠く土壌に限られ，物質の持続効果は，機械的な分割，粉砕をごく入念に行なうことで代替可能

である。
　農業者の本当の技術は，畑の栄養元素を有効化するために適用しなければならない手段を正確に理解するとともに，畑を持続して肥沃に保つ別の手段との区別を知ることにある。農業者に，ごく微細な根でも栄養の存在する場所に到達しうるよう，土壌の物理的特性の調整に細心の注意を払う必要があり，土壌の固結で根張りを妨げてはならない。
　微細な根を持つ植物は，栄養物質に富む場合でも，重粘土壌では十分に繁茂せず，その面で緑肥や新鮮きゅう肥の効果は明らかである。実際，畑の機械的特性は，植物や植物部位をすき込むことで顕著に変化する。粘質土壌は，それによって固結性を失い，入念なすき起こしに比べても，遙かにもろく砕けやすくなる。砂質土壌では，その際一種の結合が生ずる。すき込んだ緑肥の茎や葉の各小片は，分解するにつれて，穀作物の細根が土壌全面に分布して栄養を探求できる扉と道を開く。ただしその場合でも，狙った効果があがるのは一定量までである，ということを常に留意しなければならない。大部分の畑において，穀作物の繁茂を促進するには，立派に生育した緑肥収穫物の残根だけで十分である。ルーピンを刈り取った畑は，たぶんルーピン植物をすき込んだ同面積の畑と同等によい後作穀物を生産しうるであろう。
　こうした現象はすべて，機械的条件がいかに重要であるか，植物の栄養手段自体が欠乏していない土壌に生産力を付与するのは何であるか，相対的に痩せていてもよく耕作した土壌は，根が活動，生長するための物理的条件が好適な限り，豊かな土壌に比較して，いかに高い収量を与えうるか，ということを示唆している。同様に，畑は中耕作物によって，後作の穀物により好適になることが多い。緑肥飼料作物の後作の冬作物は，前作収量つまり残根が豊富なほど，たいていはよくなる。
　クローバやカブもまた，後作の冬作物に対して有効に作用し，コムギの根のために，長くて強い根でもって犁が既に届かない下層土を軟くほぐし，適度に耕してくれる。こうした場合，前作のカブ，クローバの収穫による化学的諸条件の量的減少という有害な作用より，土壌の物理的特性に対する好影響のほうが，コムギ植物にとっては遙かに勝る訳である。ただ，実際的な農

業者が，この種の事実に基づいてすべてを物理的特性に帰属させ，高収量をあげるには土壌の耕起と粉砕をごく丹念に行なうだけで十分だ，と考える誘因になることが非常に多い。このような見解は，いつでも年とともに矛盾を露呈したのであるが，多くの畑の収量にとって，一定の年限の間は，良好な物理的特性の確保が施肥と同じく重要であり，時には施肥以上に重要であることだけは正しいと思われる。

いわゆる排水——それは地下水位の低下ないし土中を動く水の急速な流出と理解される——をつうじて農業者の勝ち取った成果ほど，畑の収量に及ぼす適切な物理的特性の影響に関して説得的な事実はめったにない。停滞水のため穀作物の栽培や良質の牧草作付けに不適当であった多くの畑が，排水によって人間と家畜の栄養生産を行なうようになった。農業者は，排水することで畑の水位を一定限度に抑制し，あらゆる手段を用いて有害作用を抑える。土の孔隙をふさいでいる過湿な水の急速な除去とともに，土の深層に空気の透入する道が開かれ，耕土層で示されるのと同様な空気の好影響まで及んで行く。

冬期には，深さ3-4フィートの土は外気より温かく，排水孔隙から上昇する空気は，空気交換のない時に比べて，耕土層の温度を高く保つのに役立つであろう。さらに，排水中の空気は，大気より原則として炭酸ガスに富んでいる。

畑の肥沃度に及ぼす排水効果そのものが，植物は土壌中を動く水からは栄養を獲得できない，という見解の証明と考えられる。泉，排水，井戸水の研究は，この見解を強力に支持している。

雨水が浸透する際に耕土層から溶出するであろう全物質は，排水中に含まれているが，各種の塩類は少量で，とりわけカリウムは痕跡しか含まれていない。アンモニアおよびリン酸は，原則として排水には欠けている。Thomas Way は，この目的のために特別に実施した分析において，4種の水では 10 ポンドの中にカリウムが検出されず，別の3種の水は 700 万ポンド中にカリウム 2-5 ポンドを含むことを見い出した。リン酸については，3種の水は検出可能量を含まず，別の4種は 700 万ポンドの水に 6-12 ポンド

のリン酸を含んでいた。また，アンモニアは，同量の水につき 0.6-1.8 ポンドであった。同様にして Krocker は 6 種の排水を分析して，どれについてもリン酸およびアンモニアは検出または測定不能であることを認めた。別の 4 種の排水 100 万部中のカリウムは，2 部を超えず，他の 2 種では 4 部と 6 部であった。

〔略〕

　農耕の管理技術を理解するため，農業者は植物がどのようにして土壌から栄養を得ているのか，その方式を最大限明確に知ることが必要不可欠である。

　植物の根が栄養分をごく近傍の土層，つまり養分吸収根に接している土層から直接取り込むという見解は，カリウム，カルシウム，リン酸が固体状態，すなわち，あらかじめ溶解しないでも細胞膜を透過しうると主張するのではない[3]。この見解は，土壌の運動水に溶解した栄養物質が，状況しだいで植物根に吸収されなくなるという前提に立つものでなく，植物根が栄養を得るのは毛管引力でしっかり保持されるとともに，土および根の表面と緊密な接触を保っている水の薄層からであって，遠く隔たった水層からでない，という事実に立脚している。根の表面，水層および土粒子の間に働く相互作用は，水と土粒子だけの間には成立しない。無限に細かく分割されて土粒子の外表面に固着した栄養物質は，ごく薄い水層の媒介により多孔質の吸収性細胞壁の液体と直接接触しており，壁の小孔そのものの中で溶解が起こるとともに直接の輸送が生ずるということ，これが上記の見解が採用する確からしい前提である。

　本見解の証拠として，次の事実を簡単に繰り返しておこう。全陸上植物と大部分の沼沢植物の根は，土粒子とじかに接している。これらの土粒子は，水溶液の形で添加した最も重要な栄養物質，カリウム，リン酸，ケイ酸，アンモニアを吸着して，炭が色素を保持するのと同じように保持する能力を持っている。検討した多くの場合，土壌中を動く水は，微量のアンモニアを抽出し，リン酸は抽出せず，カリウムはごくわずかしか抽出しないから，合計したところで，畑に生育する植物に栄養物質を供給するには程遠い。

　陸上植物の栄養吸収にとって，土壌中の停滞水は必要がなく，植物の繁茂

に有害である。

　もし植物が位置を移動しうる土壌溶液から栄養物質を得るのであれば，すべての排水，井戸水，河川水は，あらゆる植物の主要栄養物質を含むはずで，全耕土は例外なく，降雨によって栄養物質を失わねばならない。

　数千年来，あらゆる畑はそこに降る雨水の洗脱作用に曝されてきたが，作物に対して肥沃であることを停止しなかった。地球上のすべての国や地域で，人間が初めて犁でうねを起こした時，耕土層または畑の上層が下層に比べて豊かで肥沃なことを発見した。土壌の肥沃度は，植物が生育しても低下せず，畑に生育した植物を持ち出して初めて漸次失われて行くのである。

　Knop, Sachs, Stohmann, Nobbe ら多数の研究者が証明したように，多くの陸上植物は一切土なしに，無機栄養素を添加した水の中で開花し，実を結ぶに至る。しかし，これは，植物自体の中に特定の外部栄養物質を可溶態，可吸態にする原因が作用しているという見解と，けっして矛盾するものでない。上記の実験はただ，土壌が植物の要求に対していかによく整えられているか，また，自然条件から非常にかけ離れた条件下において，健全な植物生育を保障している耕土の一定の特性を代行するには，どれだけ人間の明敏さ，知識および綿密な注意が必要であるか，を証明しているだけである。

　栄養物質を溶解状態で外部から供給することが，現実に植物の本性と根機能に合致したものであるならば，栄養物質の十分量を可吸態で供給するような溶液では，養分吸収の遭遇する障害が少ないだけ，植物は旺盛に繁茂するはずである。

　肥沃な土壌に移植したライムギ幼植物は，しばしば30-40本の有効茎から成る株に生育して，千倍以上の穀実収量をあげるが，通常土壌水分中に溶けている可吸態養分はごく少量にすぎない。

　無機栄養物質の水溶液で育てたすべての植物も，生育が盛んな時の植物体生産に関しては，肥沃な土地に生育した植物に比べてさほど劣らないが，全体の生育過程は，土で旺盛に繁茂する場合の条件と全く異質であることの証明である。

　土中の運動水には食塩，カルシウム，マグネシウムが含まれ，後2者の一

2. 土　壌

部は炭酸，一部は鉱酸と結合している。植物が溶液からこれらの物質を吸収していることは，まず疑いえない。カリウムやアンモニア，溶解したリン酸についても，同様に考えるべきである。しかし，自然状態で土壌中を循環している水は，最後の3種の物質を全然含んでいないか，あるいは植物の要求量に遙か及ばない量しか溶解していない。

　自然研究の一般原則によれば，自然現象を説明する際，現象の発生条件がわかっていて，誰の目にも明らかな場合を注目する必要はない。たとえば，沼沢水にウキクサの全灰分成分が見い出されるなら，移行形態に疑問の余地はなく，水に溶けた可溶性の状態で吸収される訳である。説明しなければならないのは，灰分成分が全く同じ形態であるのに，移行比率が不等だった場合，どのような根拠が作用したか，というようなことに限られる。

　別の場合に，ある畑に降った雨水が，その土壌で生育したカブ収穫物が含むより何倍も多いカリウムを土から溶出することが見い出されたとすると，カブはウキクサと同様，必要なカリウムを溶液から得たと考える十分な根拠がある。

　土壌の水の研究から，カブ収穫物の必要としたカリウムの半分が見い出されたとすれば，問題は溶液中に存在する半量のカリウムがいかにしてカブ植物中に入ったかではなくて，水に欠けている残りの半量が，どういう形で，どのように同化されたかが問題である。

　さらに別の畑の水の研究によって，カブ収穫物中のカリウム量のわずか1/4だけ，あるいは1/8，1/20，1/50だけしか水に含まれないことが判明した時，すなわち，カブは繁茂する土壌から，運動水が土から溶出するカリウムの多少とは全くかかわりなく，常に同量のカリウムを獲得していると報告された時，得られる結論は次のとおりである。考慮できるのは水と土壌と植物だけであるから，植物にとって水の溶出能力は無意味であって，植物は水の共同作用のもとに，自ら必要なカリウムを可溶化したにちがいない。

　今，1つの成分について述べたことは，あらゆる成分にもあてはまる。土の雨水処理によって，カリウム，リン酸，アンモニアまたは硝酸を可溶性にすることができ，その量は土壌に生育した穀作物の物質含量に十分見合って

いるが，植物中には，水が供給しうるであろうケイ酸の100倍以上を含むことが確認された場合，水にケイ酸吸収の根拠はないのだから，やはり植物に根拠を求めなければならない。また別の場合，水でリン酸やアンモニアを全然抽出できない畑において，同様に豊かな穀物収量をあげうることが判明したとすれば，再び次の結論を迫られる。すなわち，水溶性の養分は，試験植物に特別重要なものでなく，形式はどうあれ，養分は根の作用に従いやすい形態をとっている，と考える他はないのである。

〔略〕

　土壌の機械的耕起の効用は，次の法則に基づいている。つまり，肥沃な土壌に存在する栄養分は運動水によって位置を変えず，作物は根の周りに生成する溶液から，接触している土粒子の栄養分をほとんど獲得するのであって，根の周辺以外の全栄養物質は，有効であっても植物には可吸性でない，ということである。

　自然の中で単独に成立する法則はなく，すべては諸法則連鎖の一環にすぎないのであって，それらはまたもっと高次の法則，最高の法則に従属している。生物の生命は，太陽に向かい合った地殻最外層でしか発展しないという自然法則は，耕土層を生成する地殻破砕物の能力，すなわち，生命の条件である栄養物質のすべてを収集保持する能力と密接な関連がある。植物は，動物のように食物を溶解して吸収に適したようにする特別の装置を持たない。そこで，動物の胃と内臓の機能を引き受ける肥沃な土自体の中に，栄養素の調整に関係して別の法則が成立している。耕土層はすべてのカリウム塩，アンモニア塩，可溶性リン酸塩を分解して，土壌中のカリウム，アンモニア，リン酸にいつも同じ形態，由来した塩の種類にかかわらず同一の形態を与える。植物を担う土は，この作用をつうじて無限の拡がりを持つ浄水器として機能し，動物と人間に利益をもたらす。耕土層はこのようにして，動物の健康に有害な一切の物質，死滅した動植物世代の腐敗分解産物を水から取り除くのである。

　ある土が割に合う収穫をあげるには，各種の栄養分をどれだけ含んでいなければならないか，という問いは非常に重要ではあるが，正確な答えには重

大な困難が伴う．耕土層の栄養能力は，物理的結合をなして土に含まれる養分量によって現実に決まるとすれば，化学的および物理的な結合養分を鋭敏に区別しない化学分析が，栄養能力についての確実な結論を与えないのは当然である．

　生産力が同一の各種土壌を比較した場合，土壌の化学組成は極端に異なることがわかる．2種類の土壌のひとつは80-90％の礫，粗砂を含み，もうひとつは20％を含むだけなのに，前者が後者より高い収量を与えることもしばしばあるし，元来肥沃な土壌に半量のケイ砂を混合すると，断面の各部位はいまや従前より1/3少ない養分を含むだけなのに，収量は減少しないどころか増大する場合も考えられる．なぜなら，砂の混入によって，土壌の別の混合部位で栄養の供給表面が拡大するからである．栄養物質の供給から考えれば，すべてはここに帰着する．

　ライムギとコムギは，土壌から全く同じ成分を吸収するにもかかわらず，ライムギのよく繁茂する土壌が，採算に合うコムギの栽培には適さないことも多い．こうした土壌におけるコムギの生育不良の原因は，生育期間をつうじて，各コムギ植物が，栄養を供給すべき培地から，完全な生育を遂げるに十分な栄養分を時間的，量的に受け取らなかったことにあるのは明白であって，他方，ライムギはそれで十分足りるのである．

　化学分析は，このようなライムギ畑の深さ5-10インチの土壌には，全体として完全なコムギ収量に必要な量の50倍，おそらくは100倍も多くの植物栄養素が含まれていることを証明してみせるが，この余剰にもかかわらず，農業的な意味で採算のとれる収穫はあがらないのである．

〔略〕

　穀物畑の養分含量が非常に高いことは，永続的な高収量には絶対の必要条件であるが，1回の高収量にとっては必要でない．

　よいライムギ畑とは，平均的なライムギの収穫をあげる一方，コムギの収穫は平均以下であるような土壌のことである．

　ライムギ植物と同じ要素を土壌に要求するコムギ植物がライムギ畑の土壌で同じように繁茂しない理由は，後者が前者より同一期間に多くの栄養分を

必要とし，しかし増加分が得られないためである．したがって，ライムギ収穫物に比べて，コムギ収穫物の消費と持ち出しが多い分だけ，多量の栄養物質を全部位に含む点で，平均的な収穫をあげるよいコムギ畑土壌は，平均的な収穫をあげるよいライムギ畑土壌と異なっている．

　平均的なライムギ収穫物に栄養含量の1％を供給することができ，実際に供給する良好なライムギ畑の土壌は，仮にそこで生育するコムギ植物が栄養分の1.5％を同化できるとすれば，平均的なコムギ収穫物を生産しうるはずである．しかし，現実にはそうならないので，コムギ植物の根の吸収表面積は，ライムギ植物より1/2だけ大きいことはありえない，と結論される．なぜなら，1/2大であれば，コムギ植物の根は1/2だけ多く栄養を供給する土粒子と接触する訳で，ライムギ畑の土壌も平均的なコムギ収穫物を生産するべきだが，そうは行かないからである．

〔略〕

　それぞれの畑には，含有栄養分に対応して現実的および理想的な最大収量が存在する．現実的な最大収量は，最も好適な宇宙的条件のもとで，全栄養分の有効態部分，つまり物理的な結合状態で土壌に存在する部分に対応し，一方，理想的な最大収量とは，全栄養分の他の部分，すなわち化学結合している部分が拡散性となり，有効態に移行した際におそらく得られるであろう最大収量を指している．

　そこで，農業者の技術の神髄は，畑が養いうる植物を知り，選び出して，一定の順序で輪作すること，領域内に化学的に結合して存在する栄養分を有効化するような手段を畑に適用することにある．

　この両面における農業実践の成果は目を見張るほどで，科学は技術の生み出した業績をさらに越えなければならないことを示し，また，農業者は土壌の化学的，物理的特性の改良をはかる諸原因を作動させて，栄養物質の添加に勝る好影響を収量向上のために行使しうることを実証した．農業者が地代を危険に曝すことなく，肥料の形で添加しうる資材は，肥沃な土壌の含有量に比べると微々たるものであり，それで畑の収量を高めるなど思いもよらないからである．

2. 土　壌

　農業者が肥料の投入によって獲得する重要な成果は，最良の場合でも，収量が持続的になることである。また，収量が実際に向上する場合，増収の原因は，養分現存量の増大よりむしろ拡散化にあり，無効な栄養分の一部が有効化することによる。

　肥料資材の添加が，畑にとりわけ好結果をもたらすのは，土壌栄養に正しい比率が確立する時であって，収量はこの比率に支配されるからである。コムギ畑の土壌が，完全収穫物に見合った必要量を供給するのにちょうどよいリン酸とカリウムを含む時，つまりリン酸1部につきカリウム2部以上を含まない時には，カリウム含量を1/2増し，あるいは2倍に増加しても，収量にはほとんど影響がなく，せいぜい植物の化学過程の変化をつうじて，収穫物の品質に影響するだけである。このことを確認するためには，何ら特別の論議を要しない。同じことは，リン酸その他，すべての栄養分の一方的増加についてもあてはまる。

　植物が土壌から吸収する無機物質の相対比率は，収穫した作物の灰分分析によって容易に決定できる。分析によれば，コムギ，ジャガイモ，エンバク，クローバは次の比率でリン酸，カリウム，カルシウム，マグネシウムおよびケイ酸を摂取する。

	リン酸	カリウム	カルシウム マグネシウム	ケイ酸
コムギ {子実/わら}	1 :	2 :	0.7	: 5.7
ジャガイモ（塊茎）	1 :	3.2 :	0.48	: 0.4
エンバク {子実/わら}	1 :	2.1 :	1.03	: 5.0
クローバ	1 :	2.6 :	4.0	: 1
平　均	1 :	2.5 :	1.5	: 3

　今，コムギ，ジャガイモ，エンバク，クローバを4年で輪作する畑を考えると，各植物はそれぞれ対応した比率で上記の栄養分を吸収し，合計を4年で割ると，土壌が失った全養分の平均相対比率が得られる。

　次の式

　　　　　　　リン酸　カリウム　カルシウム　ケイ酸
　　　　　　　　　　　　　　　マグネシウム
　　　　　n （ 1.0 ： 2.5 ： 1.5 ： 3.0 ）

においてn，つまりここでは4回の収穫で土壌が供給したリン酸のkg数を示す値を決定すれば，コムギ26 kg，ジャガイモ36 kg，エンバク27 kg，クローバ収穫物36 kg，合計してリン酸114 kgになる。この値に上記の比率をかけると，4回の収穫によって土壌から取り去られたすべての栄養分の量が得られる。

　4回の収穫に必要なリン酸，カリウム，カルシウム，マグネシウムは可吸態で存在するが，適当量のケイ酸を欠乏した土壌を考えてみよう。今，リン酸1部につき2.5部の可同化ケイ酸しか存在しないとすれば，欠乏はまず穀作物の収穫で顕著に現れるはずで，ジャガイモとクローバの収穫は最低の被害も受けないであろう。穀作物の減収が子実とわらに同時に及ぶか，わら収量だけにとどまるかは，天候のいかんによる。他のすべての養分に比べると，カリウムの欠乏はコムギおよびエンバクにはほとんど影響を与えないが，ジャガイモ収量はやや低下するであろう。同様にして，カルシウムとマグネシウムの欠乏は，クローバの減収をもたらすであろう。

　もし，土壌が当初の対リン酸比率より1/10多いカリウム，カルシウム，マグネシウム，ケイ酸を供給できたとすれば，収穫は前ほど大きくは低下しないであろう。

	リン酸	カリウム	カルシウム マグネシウム	ケイ酸
当初量	1 ：	2.5 ：	1.5 ：	3
土壌の供給可能量	1 ：	2.75 ：	1.65 ：	3.3

　ところで，このような畑でリン酸を増加すると，収量はリン酸と他の栄養物質の間に正しい比率が確立するまで増大するであろう。その場合，リン酸の添加は，カリウム，カルシウム，ケイ酸をより多く収穫するように作用する。そこでは，1ポンドのリン酸，いや1ロートのリン酸さえが，定められた限界に達するまで，非常に決定的な効果を示すことになる。土壌栄養物質

の正しい比率の確立をめぐって，カリウムまたはカルシウムだけが欠けている場合，灰または石灰の投入はあらゆる作物の収量を高めるであろうが，その際は石灰の添加により，増収した作物中により多くのリン酸およびカリウムが収穫される訳である。

　ある土壌が，穀作物では割の合う収穫をあげないのに，ジャガイモ，クローバ，カブのように，穀作物と同様に多量のリン酸，カリウム，カルシウムを必要とする他の作物に対して肥沃であり続けるという現象は，土壌中にこれらの栄養分の一定の過剰とケイ酸の欠乏が存在することが条件になる。同じ土壌が 2-3 年間別の作物を栽培している間に，再び穀作物に対して肥沃になったとしよう。こうしたことが起こりうるのは，次の場合だけである。土壌にはケイ酸の過剰も同時に存在したのだが，不均等に分割され，分布していた休閑中にそれが余剰の存在部位から欠乏の発生した部位へ拡散したため，次の栽培期間の始めには，すべての部位で穀作物に必要な全栄養分の正しい比率が回復したという場合である。

　所定の畑で，エンドウやクローバが一定の休耕期間を置かないと再作付けできないとすれば，やはり理由は同じである。畑を入念かつ熱心に機械的耕うんすることが，一般に休耕期間の短縮に有効であるという経験は，畑の全栄養量が欠乏していなくても，畑の各部位において適切な栄養比率が欠けている場合があることの証明である。

原　注

1) ここで物理的引力というのは，特別の引力ではなく，通常の化学親和力を考えている。化学親和力は，程度に応じてあらわれ方が異なって見える。
2) 飼料カブの根組織に完全に閉じ込められた骨片を見かけることがある。海綿状組織と骨の物質の間の引力によらないとしたら，どうしてこんなことが起こるのか，理解するのは困難である。細胞や細胞内容物は，絶えず細胞内容物に対して引力を有する物質の新鮮な表面に引きつけられている。
　　それが骨片を取り巻く根の伸長方向ととぐろ巻きを規定しているので，根は外巻きでなく内巻きの球状根を形成し，新しい細胞は，化学的引力を有する物質に絶えず触れながら生成している (Russell)。
3) コップに数滴の塩酸を加えた水を満たし，膀胱膜で覆って，膀胱膜と水の間に空気

が存在せず，湿ってはいるが膜の表面は注意深く乾かすようにすると，固形物が外部の液体の作用を受けずに，どのように膜を通して水中に移行しうるかが示される。すなわち，乾いた膀胱膜の上にごく少量の白堊またはリン酸カルシウムの粉末を載せると，それらは 2-3 時間のうちに消失して，コップ内の液には，通常の反応でカルシウム，リン酸カルシウムが検出される。

　炭酸カルシウムやリン酸カルシウムが固体の状態で膀胱膜を通り，水に移行するというのは，もちろん見かけだけである。両者とも，膜の小孔中の酸性の水と接触する場所で溶解し，そして内部の圧力は，膀胱膜からの水の蒸発のため外部よりいくらか低く，また，膜中の塩類溶液とコップの水の間には濃度平衡および物質平衡が成立するから，塩類の移行はきわめて簡単に説明できる。

3. 肥料中の植物養分に対する土壌の挙動〔要約〕

〔作物の生産性を回復させる手段として，施肥と機械的耕うんとは，相互に補完的な作用をする。このことは，リン酸，アンモニア，カリウム，ケイ酸を溶液から吸収する耕土の能力と密接な関係がある。しかし，耕土の吸収能は土壌の種類によって大きな差があるので，肥料として与えた植物養分は，吸収能の低い土壌では深くまで浸透し，吸収能の高い土壌では浅くしか浸透しないであろう。
　機械的耕うんは，このように肥料として与えた養分，または土壌中に不均等に分布する養分を均等に分布させるのに役立つ。土壌の吸収能はまた，土壌中の全貯蔵量に比べてごく少量の肥料成分が，比較的根の浅い穀作物の収量に顕著な効果を示す理由を説明する。それに対して，直根を土中深く伸ばし，土壌の深層から主として養分を摂取するエンドウやクローバでは，畑がいったん消耗すると，単なる耕土浅層への施肥だけでは生産性は回復されない。エンドウやクローバの連作障害はそのためで，これらの作物の連作を可能にするには，肥沃な土壌での深耕が必要である。〕

4. きゅう肥

　きゅう肥を用いた土壌管理について，正しい理解を得ようとすれば，土壌の肥沃度は，物理的結合の状態にある植物養分含量と一定の関係があること，畑の肥沃性や生産性の持続は，土壌中に存在して，物理的な結合状態に移行

しうる肥沃度条件の量または総計に比例することを想起しなければならない。

所定期間における畑の収量水準は，期間中にそこで生育する植物に土壌の総量から移行した部分に比例する。2枚の畑の1つが，他の2倍のコムギ子実およびわら収量をあげたとすると，当然1つの畑のコムギ植物は，もう1つの2倍量の養分を土壌から受け取ったことが前提になる。

畑で同じ植物を連作したり，あるいは各種の作物を輪作したりすると，収穫は次第に減少して行く。そして，畑の収量が採算に合わなくなった時，つまり労力，資本利子などをもはや上回らなくなった時に，農業経営上の意味で，土壌は「消耗」したといわれる。もし，土壌から植物に供給された養分総量の一定部分数が高収量を決定していたのなら，畑の消耗は養分総量が減少したためである。同じ畑の同じ数の植物も，前作物と等量の養分がもう見い出せなくなったら，以前のようには繁茂しない。化学的概念の上での耕地の消耗が，農業経営上の意味と異なるのは，前者が土壌の供給しうる養分の含量または総量に，後者が総量の部分数にかかわっている点においてである。一般に化学的な意味では，収穫が全然あがらない畑を，消耗したという。

2つの畑があって，1つは満足なコムギの収穫1回分に必要な養分の100倍を，もう1つは同じ深さに30倍を含んでいる時，特性および混じりぐあいが等しければ，前者は後者より10：3の割合で植物に多くの養分を供給する。今，植物根が1つの畑の一定部位から10重量部の養分を得たとすると，もう1つの畑の同じ植物の根は，3重量部の養分を見い出して吸収するにすぎない。

コムギ子実 2,000 kg，わら 5,000 kg の平均的収穫物は，畑 1 ha から平均 250 kg の灰分成分を獲得する。さて，このような畑が平均収量を産出するには，灰分成分の100倍，すなわち 25,000 kg を完全可吸態で含むべきだとすると，その畑は第1回収穫において，貯蔵分の1％を与えることになる。

土壌はそれ以降の年にも，新たなコムギの収穫に対してなお肥沃であり続けるが，収量は減少する。

土壌を入念に混合した時，翌年同じ畑に生育するコムギ植物は，各部位で1％だけ少ない養分を見い出し，子実およびわら収量も同じ比率で低下する。

気候条件，温度，雨量が等しい場合，2年目の収穫は子実1,980 kg，わら4,950 kg にとどまり，その後，収穫は一定の法則に従って減少する。

コムギ収穫物が初年度に 250 kg の灰分成分を奪取し，土壌には 1 ha 全体で 12 インチの深さに 100 倍(25,000 kg)の灰分成分が含まれるとすれば，第30 栽培年度の終わりには 18,492 kg の栄養物質が残留する。

補充が全然行なわれなかった場合，中間の諸年度に気候条件で決定される収量変動はありうるにせよ，31年目には，この畑では最良の時でも 185/250＝0.74，あるいは 3/4 弱の平均的収穫しかあげられない。

3/4 の平均収量がもはや農業者に十分な余剰収入を与えず，単に支出に見合うだけであれば，それは採算に合う収量とはいえない。その際，畑はまだ平均的収穫物が 1 年に必要とする栄養物質の 74 倍を含んでいるにもかかわらず，農業者はコムギ栽培に関して畑が消耗したという。初年度において総量は，根が接触した各土壌部位でコムギ植物の完全生育に必要な土壌成分量を受け取るように作用したのであるが，31 年目には，その後の収穫をつうじて当該土壌部位に 3/4 量しか見い出せなくなったのである。

平均的なライムギ収穫物(＝子実 1,600 kg およびわら 3,800 kg)は，ha 当たり 180 kg の灰分成分を土壌から奪取するだけである。

今，平均的なコムギ収量をあげるには，畑の土壌にコムギ植物の灰分成分 25,000 kg が含まれねばならないとすると，ライムギについては，同じ成分を 18,000 kg しか含まない土壌も，採算に合う平均収量を継続してあげるのに十分豊かなわけである。

我々の計算によれば，コムギ栽培に関して消耗した畑も，なお 18,492 kg の土壌成分を含み，この成分は特性上ライムギ植物が必要とする成分と同一である。

次にライムギ栽培において，いまから何年後に平均収穫が 3/4 に低下するかと問われれば，3/4 がもはや採算のとれる収量でないとして，畑は 28 回の採算に合うライムギ収穫をあげ，28 年後にライムギ栽培に関して消耗する，ということになる。土壌中に残存する栄養物質は，それでも 13,869 kg の灰分成分に相当する。

ところが，採算に合うライムギ収量が既にあがらない畑も，エンバクに対しては不毛でない。

平均的なエンバク収穫物（子実 2,000 kg およびわら 3,000 kg）は，土壌から 310 kg の灰分成分を奪うが，これはコムギ収穫物より 60 kg，ライムギ収穫物より 130 kg 多い。もし，エンバク植物の根の吸収表面積がライムギ植物と同じであれば，ライムギ跡地のエンバクはもはや採算に合う収穫をあげえないであろう。なぜなら，13,869 kg の貯蔵から 310 kg をエンバク収穫物に供給する土壌は，このことで灰分成分含量の 2.23 % を失う訳であるし，一方前述のとおり，ライムギの根は土壌から 1 % を奪取するだけなのに，エンバク植物の栽培では 2.23 % が奪われるからである。これが実現するのは，エンバクの根の表面積が，ライムギより 2.23 倍大きい時だけである。

したがって，エンバクの収穫は土壌を非常に急速に消耗させ，12 年 9 か月後に早くも，収穫は当初の 3/4 に低下するはずである。

収量を低下または向上させるどのような原因も，栽培による土壌消耗の法則にはけっして影響を与えない。栄養物質総量が一定の部分数まで減少すれば，農業経営上の意味で，土壌はある作物に対して肥沃ではなくなる。

このような法則は各作物について成立する。作付けを継続する中で，作物の栄養に必要な各種の無機栄養物質全体のうち，いくつかのものだけが土壌から取り去られる場合にも，こうした消耗状態が起こるのは避けられない。欠除または不足した一養分は，他の養分を無効化し，あるいは効力を奪うからである。

畑から穀物，植物または植物部位を持ち出すごとに，土壌はその肥沃度条件を失う。つまり，一定の栽培期間の経過後，穀物，植物または植物部位を再生産する能力を失うのである。1,000 粒の穀物は，1 粒の 1,000 倍の土壌リン酸を必要とし，1,000 本の桿は 1 本の 1,000 倍のケイ酸を必要とする。もし土壌中に 1/1,000 部のリン酸もしくはケイ酸が欠けていれば，1,000 粒目の穀粒，1,000 本目の桿は形成されない。穀物畑から持ち出される 1 本の穀物の桿は，畑に同じような 1 本の桿が生えないようにする。

そこで次のようになる。コムギの灰分成分 25,000 kg を植物根に対し完全

な可吸態，かつ均等分布の状態で含んでいる畑の1haは，入念なすき起こし，またはそれに準ずる手段で均等な混合が行なわれる場合，わらや子実中に持ち去られた土壌成分の補充を全然受けないで，別の穀作物の採算に合う収穫を，一定限度まで継続してあげることができる。ただし，作物交代は，第2の植物が第1のものに比べて土壌からの奪取量が少ないか，または第2の植物の根数が多い，一般に吸収表面積の大きいことが必要である。しかし，収量は翌年の平均収穫物収量より始まって年々減少して行くであろう。

農業者にとって，変動の少ない平均収量など例外であって，気象条件に支配される変動のほうが大きいのが通例であるから，こうした不断の低下はほとんど認められないであろうし，実際に畑がごく良好な化学的，物理的特性を備えている時には，収奪された土壌成分の一切の補充なしに，70年も続けてコムギ，ライムギ，エンバクを次々に栽培しえたならば，なおさら認められないであろう。しかしながら，豊作年の平均収量に近い高収量は低収量にとって代わられただろうし，豊作に対する不作の比率は絶えず増大してきたことはまちがいないところである。

大多数のヨーロッパの耕地は，これまでに考察した畑で想定したような物理的特性を備えていない。多くの畑で，植物に必要なリン酸の全部が植物根に有効な可給態で存在する訳でなく，一部はアパタイト（リン酸カルシウム）微粒子として，単に分散しているだけである。また，全体として土壌が適当な比率でリン酸を含有したとしても，ある粒子には植物の要求に比べて遙かに多い量が存在し，他の粒子にはわずかしか含まれていない。

今，我々の畑に25,000kgのコムギ灰分成分が完全均等の状態で分布し，栄養物質のうち5,000，10,000ポンドまたはそれ以上が，リン酸はアパタイト，ケイ酸およびカリウムは可分解性のケイ酸塩として，不均等分割の状態で含んでいたとしよう。また後者は，さきに説明したように，2年ごとに一定量が可溶化して拡散性になり，その割合は，耕土層のあらゆる部位で植物根が前作と同様に栄養物質を十分に見い出す，つまり平均的収穫物を完全に充足するものであるとしよう。そうすると，我々が作付けした年ごとに1年の休閑を挿入すれば，長年にわたって平均的な収穫が得られるであろう。こ

4. きゅう肥

の場合，土壌中に出現する余剰が，収穫物として毎年持ち出されるリン酸，ケイ酸，カリウムの量をすべての喪失部位に補充するに足りるとすれば，我々は30回の絶えず減少する収穫の代わりに，60年間に30回の完全な平均的収穫を得ることになる。余剰が使い果たされれば，畑の収量低下が始まって，新たに休閑年を追加しても，今度は収量の向上に全く影響を与えないであろう。

今，考察した場合，リン酸，ケイ酸，カリウムの余剰が不均等に分布すると想定したが，それらが均等に分布しており，かつ，どこでも植物根に可給態であるとすれば，畑では休閑年の挿入なしに，30年連続して30回の完全な収穫があげられよう。

ここで，我々がコムギ灰分成分25,000 kgを完全に分割された可給態で含み，毎年コムギを作付けすると想定した畑に立ち帰ることにする。そして，収穫ごとに稈から穂だけを切り離して，全部のわらを畑に残すと同時に，それをすき込む場合を考えてみよう。そうすると，稈と葉の全成分は畑に残存するから，その年に畑が受ける損失は，前の例に比べて小さい。畑から奪われるのは，子実の土壌成分だけである。

稈および葉が土壌から獲得した成分のうち，種子に見い出される土壌成分の存在比率はすべて異なっている。わらおよび子実の中に取り込まれたリン酸の含量を3という数字で表すと，わらを畑に残した時の損失は2だけである。翌年における畑の収量低下は，いつでも前年の収穫で土壌成分が被った損失に比例する。翌年の子実収量は，畑にわらを残さなかった時に得られる収量より，いくらか高いであろう。わらの生産条件はごくわずかしか変わらないから，わら収量は前年とほぼ同じになろう。

このように，以前より土壌からの奪取を低くすると，採算の合う収穫回数，または全期間をつうじての穀物の収穫総量は多くなる。そして，わら成分の一部は子実成分に移行し，子実の形で畑から奪われる。消耗の時期は，こうした状況下でもやはりやって来るが，遅くなる。子実として持ち出される物質は補充されないから，子実形成の条件は絶えず低下して行く。

切断したわらを手押し車にのせて畑に散布しても畜舎の敷きわらに利用し

た後にあらためてすき込んでも，この関係は全く同じである。こうした形で畑に還元するものは，もともと畑から奪ったもので畑を富ますものではない。

わらの可燃性成分は土壌が生産したものでない点を考慮すれば，畑にわらを残すことは本質的にはわらの灰分成分を残すことにほかならない。ただ，畑からの奪取が少なくなり，畑は以前よりいくらか肥沃さを保つのである。

もし，子実またはその灰分成分をわらとともに戻してすき込むか，コムギ子実のかわりに別の種子，すなわち同様の灰分成分を含む油粕——油を搾ったナタネ種子——の相当量を正しい割合で畑に還元してやると，畑の組成は前年と同じになり，翌年には前年と同じ収穫物収量が期待できる。こうしてそれぞれの収穫後に絶えず畑にわらを還元した場合のひとつの帰結は，耕土層の有効成分組成の不均等化である。

我々は，土壌が桿，葉，子実の形成に適合した比率で全コムギ植物の灰分成分を含んでいると想定してきた。ところで，我々はわらの形成に必要な無機物質を畑に残す一方で，子実成分は絶えず持ち出すのであるから，前者はまだ畑に含まれている子実の土壌成分の残量に比して，相対的に集積して行く。畑はわらに対する肥沃度は保持するが，子実形成の諸条件は減少する。

このような不均等性の結果，植物全体は不均等に発育する。土壌が，植物のすべての部分の釣合いのとれた発育に必要な全灰分成分を正しい比率で含み，かつ供給する限りは，種子の品質，わらと子実の比率は，収穫物収量が低下しても一様で変化しない。しかし，葉および桿形成の条件が量的に優越すると，子実収量に続いて種子の品質も低下する。栽培の結果生ずる土壌組成の不均等化の徴候は，収穫子実の1シェッフェル重の減少である。子実形成の初期には，還元したわら成分の一定量(リン酸，カリウム，マグネシウム)が消費されるけれども，後期には反対の関係が生じて，子実成分(リン酸，カリウム，マグネシウム)がわら形成に要求されるようになる。わらおよび子実形成の条件比率に不均衡が存在するために，温度と水分が葉形成に好都合な時には，穀作物が巨大なわら収量とともに，不稔の穂を生産するような状態の畑も考えられる。

農業者が植物の生命活動の方向に影響を及ぼしうるのは土壌をつうじてだ

け，すなわち農業者が土壌に与える栄養物質の比率をつうじてだけである。穀物の最高収量は，土壌が種子形成に必要な栄養物質を高い比率で含むことに依存している。葉菜，根菜や塊茎作物に対しては，この関係は逆になる。

したがって，コムギの土壌成分 25,000 kg を含む畑でジャガイモとクローバを作り，ジャガイモの塊茎とクローバの全収種物を畑から取り去った時，両作物をつうじて土壌から3回のコムギ収穫と同量のリン酸および3倍量のカリウムが持ち出されることは明白である。別の植物による土壌からの必須成分の奪取は，コムギに対する土壌肥沃度に確実に甚大な影響を及ぼして，コムギ収量の水準と持続性は低下する。

これに対して，我々が2年のうち1年はコムギを，次にはジャガイモを畑に栽培して，ジャガイモの全収穫物を畑に残し，塊茎と茎，そしてコムギのわらをすき込むことを60年間繰り返したとしても，生産可能な子実収量は，いささかも変化せず，また増大しない。畑はジャガイモの作付けによって何ものも得ず，かつ，すべてが畑に残されるのであるから，何ものも失わない。平均の3/4の収量がもはや農業者に利益を残さないとすれば，土壌成分の貯蔵が畑から持ち出される収穫穀物によって，土壌中に当初存在した量の3/4に減少した時，この畑は既に採算に合う収穫をもたらさないのである。我々が，ジャガイモの代わりにクローバを入れ，毎回そのクローバを再びすき込んだ時にも，起こることは全く同じである。さきに想定したとおり，土壌は良好な物理的特性を備えているので，クローバやジャガイモ有機物の投入によっては改良しえない。さらに，ジャガイモを畑から持ち出し，クローバを刈り取り乾燥してから，塊茎とかクローバ乾草を車に積んで畑に散布しても，畜舎に運んだ後にもう一度畑に還元してすき込んでも，あるいは別の目的に使用して，両方の収穫物中の土壌成分総量を畑に戻しても，このような操作では，輪作しない時に比べて，畑は30年，60年または70年のうちに少しも穀物を多く生産しない。全期間をつうじて，畑には子実形成の条件が増加しないし，収量減少の原因は依然として残る。

ジャガイモやクローバのすき込みが有効に作用するのは，畑の物理的特性が良好でないか，あるいは現存の土壌成分が不均等に分布して，一部が植物

根に不可給態になっている場合だけである。この作用は，緑肥とか，1年また多年の休閑と全く変わらない。

　クローバや有機成分を投入すると，土壌の分解性物質ならびに窒素含量は年々増加する。作物が大気から獲得したものは，すべて土壌中に残るけれども，これらの物質の富化がかっては非常に有効だったにせよ，全体として子実を前より増産するように作用することはできない。なぜなら，子実生産は畑に現存する灰分成分量に依存するのに，それは増加せず，穀物持ち出しの結果として絶えず減少してきたからである。畑における窒素と分解性有機物の増加によって，ある年月の間，収量はおそらく増大したであろうが，こうした場合，畑がもう採算に合う収穫物を生産しなくなる時期は，到達が著しく促進される。

　もし，我々が3枚のコムギ畑の1枚にコムギ，他の2枚にジャガイモとクローバを作り，収穫したクローバ，ジャガイモの全部を，子実だけを持ち出したコムギ畑に積みあげてすき込むとすれば，今度はこのコムギ畑は以前より肥沃になる。なぜなら，他の2枚の畑がジャガイモとクローバ植物に供給した土壌成分総量だけ富化されるからで，収穫後持ち出した子実の含有量に比べて，リン酸は3倍，カリウムは20倍増加する。

　このコムギ畑では，わら形成の条件は不変のままにとどまり，子実形成の条件は3倍に増加したのであるから，続く3年間に3回の完全な収穫物を生産しうるであろう。農業者がこのような方法で3年間に生産した子実が，クローバおよびジャガイモの土壌成分の追加ならびに共同作用のない同じ畑で5年間に生産する子実に等しければ，農業者の収入は明らかに増大する。後者の場合，手に入れるのに5回かかるのに，3回の播種で同量を収穫したからである。しかし，残り2枚の畑は，コムギ畑で増加した分だけ肥沃度を失うことになる。農業者は，栽培経費節減と前に比べて多額の収入のために，3枚の畑を消耗の時期に駆り立てたのであって，土壌成分が子実に絶えず持ち出されるため，最終結果として畑が破壊されるのは避けられない。

　我々が最後に考察しなければならないのは，農業者が，ジャガイモやクローバの代わりに，穀作物の根の大部分が到達しない下層土から，長く深い

根でもって大量の土壌成分を掘り起こす力のあるカブまたはアルファルファを栽培する場合である。畑がこうした作物栽培の可能な下層土を持つ時は，いわば栽培可能面積が倍加したような関係になる。これらの植物の根が，無機栄養物質の半分を下層土から獲得し，もう半分を耕土層から得るとすれば，収穫物によって耕土層の失う量は，同一植物がすべてを耕土層から奪取するとした場合の半分にとどまる。

　耕土層を切り離した畑を考えると，カブやアルファルファ植物に一定量の土壌成分を供給するのは下層土である。そして，平均的な子実収量をあげたコムギ畑に，カブおよびアルファルファの収穫物全部を秋にすき込み，それぞれ子実中に失われたのと同量または超過量が獲得されたとすれば，カブとアルファルファについて畑が肥沃である限り，コムギ畑はこうして下層土の犠牲のもとに同じ肥沃度状態に保たれるであろう。

　ところで，カブやアルファルファは，生育にきわめて大量の土壌成分を必要とするから，含有土壌成分が少なければ少ないほど，下層土は速やかに消耗する。実際は，下層土は耕土層と分離することなく下方にあり，追加された部分は耕土層に保持されるから，下層土が失ったすべての土壌成分は，ほとんど下層土には還元されない。ただ，耕土層に固定，結合されないカリウム，アンモニア，リン酸，ケイ酸の一部が下層土に達しうるだけである。

　したがって，主に耕土層の栄養を消費する作物は，すべて深根性作物の栽培をつうじて，栄養物質の余剰を手に入れることになる。しかし，このような流入は長続きせず，多くの畑では，比較的短期間にもう作物が繁茂しなくなる。というのは，下層土が消耗して，肥沃度の回復は非常に困難だからである。農業者が，3枚の畑にジャガイモ，穀物，コモンベッチを作るか，1枚の畑に上記作物を輪作して，収穫した子実，ジャガイモ塊茎，コモンベッチなどの農作物を売り払い，施肥することなくそれを継続するなら，こうした経営の行く末は誰にでも予言できるし，この種の管理が永続するのは不可能である，というであろう。どのような作物を選ぼうと，穀作物や塊茎作物などのどんな品種を選ぼうと，またどんな輪作方式を選択しようと，結局，穀作物からは播種用種子しか得られず，ジャガイモからは増殖した塊茎が収

穫されず，そしてコモンベッチやクローバは初期生育を過ぎるとすぐに枯死するという，畑の状態に立ち至るであろう。

こうした事実から，土壌を大切にする作物など存在せず，土壌を豊かにする作物はありえない，ということが争う余地なく結論される。実際的な農業者は，多くの場合，後作物の生育が前作物に規制され，どういう順序で植物を栽培するかに無関係ではない，ということを，無数の事実をつうじて学んだ。中耕作物または根張りのよい作物を前作に栽培することによって，土壌は後作の穀物により適するようになる。穀物はよく繁茂して，きゅう肥の施用なしに(節減しても)豊かな収穫を与える。ただし，将来の収穫に関して，きゅう肥が節約されるのでも，畑の肥沃度条件が向上するのでもない。つまり，栄養総量が増加した訳でなく，総量の有効部分が増加して作用が時間的に早まったのである。

畑の物理的，化学的状態が改善されたのであって，化学的在庫は減少したのである。すべての作物は例外なく，それぞれのやり方で，自らの再生産の条件に関し，土壌を消耗する。

農業者は，農産物の形で自分の畑を売るのであり，土壌に自然に流入する大気成分，そして土壌の属性であり，かつ大気成分から植物体を形成するのに寄与した一定の土壌成分を農産物として売るのであって，土壌からは諸成分が必然的に失われる。農業者は農産物を持ち出すことによって，畑から再生産の条件を収奪している。このような経営は，略奪農業の名を冠するにふさわしい。

土壌成分は資本，大気栄養素は資本の利子であって，農業者は前者によって後者を生産するのである。農業者は，農産物の形で資本の一部と利子を売り払い，資本は土壌成分の形で畑に，すなわち彼の手元にとどまる。

経営において穀作に重大な損害を受けることなく，クローバ，カブ，乾草などを売却できないということは，単なる常識でもわかるし，すべての農業者も同意する。

クローバの持ち出しが穀物栽培に有害であるのは，誰しも進んで認めるところであるが，穀物の持ち出しがクローバ栽培を害するということ，それは

多くの農業者に理解できない，ありうべからざる考えである。

　しかし，両者相互間の自然法則的な関係は，火を見るより明らかである。クローバと穀物の灰分成分は，クローバ生産と穀物生産の条件であって，しかも元素的に同一である。

　クローバは穀物と同様，生産のために一定量のリン酸，カリウム，カルシウム，マグネシウムを消費し，クローバに含まれる土壌成分は，穀物の成分にカリウム，カルシウム，硫酸の一定過剰量を加えたものに等しい。クローバはこれらの成分を土壌から獲得し，穀物はクローバから獲得すると考えてよい。したがって，クローバを売却すれば，穀物生産の条件が持ち出されるので，土壌中には穀物用にわずかしか残らなくなる。穀物を売却すると，クローバ収穫の不可欠条件のいくらかが穀物の形で売り払われるので，翌年のクローバの収穫は低下する。

　農民は，こうした飼料作物の効果を，農民特有の言い方で次の言葉のうちに表現している。きゅう肥を売れないのはわかりきったことさ，と。永続した栽培はきゅう肥なしには不可能であるが，農業者は飼料作物の形できゅう肥を売る，という訳である。しかしながら，同じように穀物の形できゅう肥を売っているということは，最も進歩的な農業者の大多数も気がついていない。きゅう肥は，飼料の全土壌成分を含み，穀物の土壌成分に一定量のカリウム，カルシウム，硫酸を加えたものから成っている。堆肥全体は各部分でできているのだから，堆肥の一部といえども売ってはならないのは簡単にわかる。もし，穀物の土壌成分を他から分離する何らかの手段ができれば，それは農民にとって最高の価値があるにちがいない。なぜなら，これこそ穀物栽培を規定するものだからである。しかし，きゅう肥中の土壌成分が穀物の成分になるのであるから，この分離は穀物栽培の中で起こって，農民は穀物としてきゅう肥の一部，正確にはきゅう肥の有効部分を売るのである。

　同様の外観と，見かけ上同じ特性を持つ2種類の堆肥が，穀物栽培に対して非常に異なった価値を持っていることがある。ある堆肥中に他の2倍の穀物灰分成分が存在する時は，前者には2倍の価値がある。穀物がきゅう肥から獲得した土壌成分を持ち出すと，将来の穀物収穫に対するきゅう肥の有効

性は，確実に低下する。

　したがって，穀物その他の農作物の持ち出しは，奪取した土壌成分を補充しない農業者にとっては，どのような立場からしても常に土壌の消耗を結果すると考えてよい。連続した穀物の持ち出しは，クローバに対して土壌を不毛化し，またはきゅう肥の有効性を奪い去ってしまう。

　消耗した畑において，穀作物の根は，完全収穫に要する総含有養分を耕土表層にもはや見い出さなくなる。そこで農業者は，飼料作物や根菜のように，分岐に富んだ深い根を土壌中のあらゆる方向に張りめぐらす他の植物を畑に栽培する。飼料作物，根菜の強力な根の表面は，土壌を溶解して，穀作物の子実生産に必要な成分をわがものにする。そして農業者は，これらの植物の根株，茎，塊茎の諸成分をきゅう肥として耕土表層に施すことにより，1回または数回の穀物の完全収穫に不足な成分を補充，濃縮する。つまり，それまでは下方または不均一に分布していた養分が上方にくる訳である。くず拾いが製紙工業の条件固めでないのと全く同様に，クローバや飼料作物は，穀物の高収量の条件創出者ではなく，単なる収集者にすぎない。

　これまでの論議から，作物栽培は肥沃な土壌を消耗させ，不毛にすることが理解される。農業者は，人間や動物の栄養に供する畑の農産物の形で，土壌の一部，つまり作物生産に役立つ土壌の有効成分を奪取している。どんな作物を作り，どんな順序で作付けするかに全くかかわりなく，畑の肥沃度は絶えず減少しているので，農産物の持ち出しは，土壌から再生産の諸条件を奪うことにほかならない。

　畑は，持ち出した土壌成分の再補充なしに，なお採算のとれる収穫をあげている限り，穀物，クローバ，タバコ，カブに対して消耗しているといえない。畑が消耗するのは，肥沃度の欠乏条件を人間の手で再供給しなければならなくなる時期からである。その意味で，我が国の耕地は大部分が消耗している。

　人間および動植物の生活は，生命過程を媒介する諸条件すべての回帰と密接な関係がある。土壌はその成分をつうじて作物の生活に関与するので，土壌を肥沃ならしめていた条件が回帰しない時は，永続した肥沃性は考えられ

4. きゅう肥

ず，かつ不可能である。

　数千の水車や機械を動かしている力強い奔流も，水を供給する水流や小川が涸れれば涸渇し，水源の小川は，水を形づくる多数の小水滴が雨の形で水源に戻らない時には涸れ上がる。

　種々の作物を連作して肥沃度を失った畑は，きゅう肥施用をつうじて同じ作物の一連の収穫を生み出す能力を新たに獲得する。

　きゅう肥とは何か，そしてきゅう肥は何に由来するのか？　きゅう肥はすべて農業者の畑に由来するのであり，敷わらに用いた茎葉，動物と人間の液体および固体排泄物から成る。そして排泄物は栄養に由来している。

　人間は，毎日食べるパンの形で穀物——その粉でパンを製造する——の灰分成分を食し，肉の形で肉の灰分成分を摂取している。草食動物の肉の灰分成分が植物に由来する限り，それはマメ科植物の灰分成分と同じであって，動物全体を焼いて灰にすれば，インゲン，ヒラマメ，エンドウの灰とそれほどちがわない灰を残す。したがって，人間はパンや肉の形で，種子の灰分成分または農業者が肉として畑から取り出した種子成分を消費している。

　人間が生活の中で，栄養として摂取する多量の無機物質全体のうち，体内に残留するのはごくわずかな部分にすぎない。成人の体は日ごとに重量を増加する訳でないから，食物の全成分は完全に再排出される。化学分析は，パンと肉の灰分成分が，食物中の量とほぼ同じだけ，排泄物に含まれるということを証明している。食物は，人体中でちょうど炉で燃焼するのと同様に振る舞うのである。

　尿は食物の水溶性の，糞は不溶性の灰分成分を含む。悪臭のある成分は，不完全燃焼した煙と煤である。その他に，消化されないか消化できない食物残渣も混じっている。

　ジャガイモで飼育した豚の排泄物はジャガイモの灰分成分を含み，馬の排泄物は乾草やエンバクの灰分成分を，牛の排泄物はカブ，クローバなど栄養になったものの灰分を含んでいる。きゅう肥は，こうしたすべての排泄物の混合物から成っている。

　作付けして消耗した畑の肥沃度は，きゅう肥で完全に回復できる。このこ

とは千年の経験から確立した事実である。畑は，きゅう肥の形で，消費された食料の有機物つまり可燃物質と灰分成分の一定量を獲得する。次に吟味すべき問題は，糞尿の可燃性および不燃性成分が肥沃度の回復にどのような寄与をするか，という問題である。

外面的な耕地の考察から，畑で収穫した作物の可燃性成分はすべて，土壌でなしに空気に由来する，との認識が導かれる。

仮に，収穫植物体の炭素のごく一部でも土壌から供給されたとすれば，収穫前の土壌はある炭素総量を含むから，総量が収穫ごとに減少しなければならないのは明白である。そして，有機物に乏しい土壌は，豊富な土壌に比べて肥沃度が低いはずである。

観察は，作付けをした土壌は，栽培をつうじて有機物または可燃性物質に乏しくならないことを示している。10年間に1haにつき1,000ツェントネルの乾草を採取した草地土壌は，10年後に有機物を損耗せず，かえって以前より富化する。クローバ畑は，収穫後畑に残存する根の中に，当初含んでいたよりも多量の有機物および窒素を保持している。しかし，何年かの後に畑はクローバに対して肥沃でなくなり，もはや採算に合う収穫をあげなくなる。

コムギ畑もジャガイモ畑も，収穫後それまでより有機物に乏しくなることはない。一般に栽培は土壌に可燃性成分を富化するが，それにもかかわらず，土壌の肥沃度は絶えず低下して行く。穀物，カブ，クローバの割のよい収穫が継続した後には，同じ畑ではもう穀物，カブ，クローバがよく育たない。

土壌中の可分解性有機物の存在は，栽培による土壌の消耗を少しも抑制せず，停止させないから，こうした物質を増加しても，失われた生産性はけっして回復できない。

ところがきゅう肥は，同一系列の作物収穫を2回，3回そして100回も生み出す畑の能力を完全に回復する。きゅう肥はその量に応じて，畑の消耗状態を完全に停止させ，多くの場合，きゅう肥施用は，これまで以上に畑を肥沃にする。きゅう肥による肥沃度回復は，混じっている可燃性物質では規定できず，今の場合，きゅう肥の効果は，含有する作物の不燃性成分に由来し，

それに依存するのである。

　実際のところ，畑は収穫農作物中に失った全土壌成分の一定量を，きゅう肥の形で回収するのである。畑の肥沃度低下は収奪に比例し，肥沃度の回復はこれら土壌成分の補充に比例する，といえる。

　栽培作物の不燃性元素は，空気の大海に由来する可燃性元素が行なうように，自然に畑に戻るものではない。作物の生活条件が畑に戻るのは，人間の手をつうじた時だけである。農業者は，作物の生活条件を含んだきゅう肥の形で，失われた生産性を自然法則的に回復している訳である。

5. きゅう肥農業

　前章で述べた，植物に対する土壌，土壌に対する植物の関係，さらにきゅう肥の起源と本質に関する一般的論議は，実際の管理がきゅう肥農業の中で表すあらゆる現象の立ち入った研究に，読者を導くきっかけとなるであろうし，私もまた，そう希望したい。検討すべき点は，きゅう肥がどのように畑の収量を向上させるのか？　きゅう肥の効果は糞尿のどの成分に基づくのか？　畑からどのくらいの量のきゅう肥が得られるのか？　畑は長年のきゅう肥農業によってどんな状態に置かれるのか？　ということである。

　このような研究から，数量で測定されないきゅう肥の効果全体が，自ずから結論を得ることになる。それに属するのは，土壌の粗しょう性，固結性に及ぼすきゅう肥の影響，土壌中で分解する成分の熱発生による温度上昇作用である。

　この研究に関連する事実資料は，実際から得られたもので，私はためらうことなく，ザクセン王国農業協会事務局長 Reuning 博士の呼びかけにより，1851年にザクセンの多数の農業者が「いわゆる人造肥料の広汎な普及のため，種々の条件下で効果を確認する」目的で行なった，大規模な一連の試験を選択する。本試験は1854年まで実施され，それぞれの試験にはライムギ，ジャガイモ，エンバク，クローバの輪作が含まれていた。農業者にはザクセンの耕地にグアノときゅう肥を施用して，同一面積の無肥料区と比較するこ

と，収量を秤で測定することが要請された。

　100年来行なわれてきた同種のあらゆる試験の中で，「直接，科学的な目的なしに」計画された，と印象深く述べられている本試験は，ただ周囲に対して最高の科学的価値を持つばかりでなく，一連の事実を疑問の余地なく確認した故に，すべての時代をつうじて科学的結論の基礎となる価値を保有している。科学は，本試験を呼びかけた卓越した人物，および課題を喜んで受け入れた勇気ある人々に最大限の感謝を表明する。ただ残念なのは，提案された無肥料区の試験が全部で実行されなかったことである。

　きゅう肥施用が畑に及ぼす効果を判断できると確信しうるのは，畑が無肥料でどれだけの収量をあげるかが，あらかじめわかっている時だけである。我々は，まずここで，ザクセン王国の異なった5か所の場所にある5つの耕地が，上記の4年輪作で生産した収量を考察しよう。

無肥料区におけるザクセン・エーカー当たり収量

前　作	?	混　播	シロクローバ	アカクローバ	牧　草
	クンネルスドルフ	モイゼガスト	ケティツ	オーベルボブリッチ	オーベルシェーナ
1851年 ライムギ	ポンド	ポンド	ポンド	ポンド	ポンド
子　実	1,176	2,238	1,264	1,453	708
わ　ら	2,951	4,582	3,013	3,015	1,524
1852年					
ジャガイモ	16,667	16,896	18,577	9,751	11,095
1853年 エンバク					
子　実	2,019	1,289	1,339	1,528	1,082
わ　ら	2,563	1,840	1,357	1,812	1,714
1854年 クローバ乾草	9,144	5,583	1,095	911	0

　これらの結果から次の考察が可能になる。

　前記試験の無肥料区において，輪作の終わりに，畑が一連の連続した収穫によりどんな状態に到達したかが明らかにされる。

　輪作開始時に畑が施肥されていたなら，畑は新しい施肥で前と同じ収量を回復したであろう。土壌および肥料成分は，施肥した状況下で畑の収量に一定の寄与をしてきた。しかし，施肥しなければ，収量は減少したであろう。

したがって，輪作過程における増収は投入したきゅう肥によるとし，きゅう肥成分は再び収穫物に取り込まれる——すべての場合に正しいとはいえないが——と想定すれば，輪作後，畑は当初施肥される前の状態に戻ることになる。そこで，無肥料の畑が新規の輪作であげる各種作物の収量は，自然状態のもとでの可同化養分含有量に比例すると考えても，大きな誤りはないであろう。また，2枚の畑がこうした状態で生産する収量のちがいから，逆に含量あるいは畑特性の不均等を近似的に推定することも可能である。

　同一または別の地域にある2つの畑を，この方法で相互比較する場合，他の土壌特性が同じであっても，それぞれの収量を不等にする各種要因が作用するから，いずれにせよ，この種の結論はごく狭い限度内で許容されるだけである。

　たとえば，無肥料状態で2つの畑に同一の穀作物を作った時にも，穀作物の先行作物が何であったかは，子実やわらの収量に無関係ではない。前作物（つまり，先行する輪作の最後のもの）が，ある畑ではクローバ，他の畑ではエンバクだったとすると，土壌特性は当初同じだったにしても，収量は別の結果になって，その時の収量は，畑が前作物によってどんな状態になっていたか，ということの指標としてしか考えられない。

　このように，2つの畑を比較する時は，丘陵地帯の北斜面と南斜面でも差異が生ずるし，地点の雨量を支配する海抜高度についても同様である。1つの畑が，他の畑より好適な時期に多量の降雨に恵まれたとすれば，土壌特性は同一であっても，収穫物収量はやはり変化する。

　最後に，畑の状態および特性を評価する際，暗黙のうちに前年の天候を考慮する必要がある。

　ある畑がある年にあげる収量は，いつでも与えられた条件下で畑が生産しうる最大収量なのであって，他の条件，つまり気象条件がよいと高い収量を，悪いと低い収量になるであろうが，それらは必ず畑の土壌特性に反映する。

　好天候に規定される高い収量により，畑は相対的に多量の養分を失い，収穫が遅れるといくらか低い結果になる。同様にして，いわゆる不作年は，翌年に対して，休閑年のように半ば肥料の役割を果たす。換言すれば，不作年

の翌年は，通常の気象条件下でも収穫の遅いほうが好結果をもたらす。

穀作物の子実およびわら収量に関しては，長く続く湿潤と乾燥によって，両者の相対比が変化することを考慮する必要がある。継続した湿潤と高温は，葉，茎，根の形成を促進して，植物の生長を停止させず，そのため種子の形成に使われるべき貯蔵物質は新しい芽の形成に消費されて，種子収量が減少する。

乾燥が分げつ期以前や期間中に続くと，逆の現象が生ずる。根に集積した形成物質の貯蔵が今度は高い割合で種子形成に消費され，子実とわらの比は，通常の気象条件下におけるより大きくなるであろう。

こうしたすべての関係を考慮した場合，ザクセンの試験の無肥料区収量の考察に当たって，残るのは2,3の全く一般的な観点だけになって，それもさしあたり近似的に取り扱えるにすぎない。

表の数字を一見すれば，畑にはそれぞれ固有の生産力があり，他と同一のライムギ子実やわらをもたらす畑はないし，ジャガイモ，エンバクの子実とわら，クローバについても，同量を生産する畑はないことがわかる。

最終年に行なわれた無数の肥料試験を比較すると同時に，無肥料区の生産した収量を考慮するならば，この真理がきわめて普遍的かつ例外のないものであるのがわかる。生産力が他と同じ畑はないし，同じ畑でも生産力が完全に同一な2地点はない。1つのカブ畑を観察すれば，それぞれのカブはすぐ隣で生育したものと大きさ，重さが異なるということが容易に認められる。こうした事実は一般によく知られ，承認されているので，土地や土壌に課税をするあらゆる国々で，いわゆる豊度に基づいた税水準は，多くの国では8段階，他の国では12ないし16段階に査定されているほどである。

それぞれの畑は，何らかの農産物の生産に必要な収穫の条件を含まなければならないから，畑の生産力がすべて異なるという事実は，あらゆる畑で子実とわら，カブとジャガイモ，またはクローバなどの生産条件が異なることを物語っている。ある畑ではわらの生産条件が子実の生産条件を上回り，別の畑はクローバの生育条件を多く含む等々である。

本質として，こうした条件は量質ともに異なっている。測定可能な条件の

うち，ここで考えられるのは，当然ながら養分だけである．

　畑の収量は，畑に存在する養分量に関しては何の結論も与えない．それゆえ，モイゼガストの畑が，クンネルスドルフの畑の2倍の子実と1/3多くのわらを生産したことから，一般に前者が同じ割合で子実およびわらの生産条件に富んでいたとは結論できない．クンネルスドルフの畑は，2年後，やはり無肥料でモイゼガストより1/2多いエンバク子実およびわらを生産し，また4年目には，60％多いクローバを生産しているからである．そして，クローバは穀物と同様に，最重要成分の2,3のものを要求し，エンバクの養分はライムギと同じなのである．

　特定の作物に関し，ある畑が他を超えて生産した高収量は，伸長過程の根が土壌の一定の場所に含まれる養分総量の可吸態部分を，そこで他より多く捕捉し，吸収していたことを示しているだけであって，養分量全体が他より多かったことを示すものではない．なぜなら，他の畑が総量としては養分を非常に多量に含んでいたにもかかわらず，植物の根に到達可能な状態ないしは可吸態になかった，というのは，考えうることだからである．

　高い収量は，根が吸収しうる状態の養分および土壌中におけるその可給性に対するごく確実な指標であるが，土壌の養分含量または養分量を示すのは，高収量の持続性だけである．

　1つの畑が他を超えて生産する高収量を規定しているのは，その畑の養分分子が他より相互に近接して存在することであって，高収量は養分濃度に支配されるのである．〔次ページの〕図はおそらく，ここで理解したことを一目瞭然に示すであろう（図I-図IV）．

　図Iの垂直線abは，ザクセンの試験における無肥料区のライムギの子実収量，acはわら収量を示し，図IIの直線deはジャガイモ収量，図IIIの直線fgはエンバクの子実収量，fhはわら収量，図IVの直線ikはクローバ収量を表している．

　異なった畑においても，ライムギその他の植物の根が同じ長さと特性を持っていたと仮定すれば，モイゼガストの畑では，伸長過程の穀作物の根が，土の中でクンネルスドルフより著しく多量の養分を見い出したことは確実で

268　　第2部　農耕の自然法則

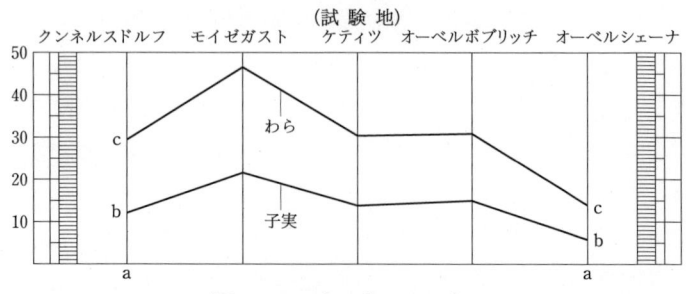

(試 験 地)
クンネルスドルフ　モイゼガスト　ケティツ　オーベルポブリッチ　オーベルシェーナ

図I．1851年の冬ライムギ

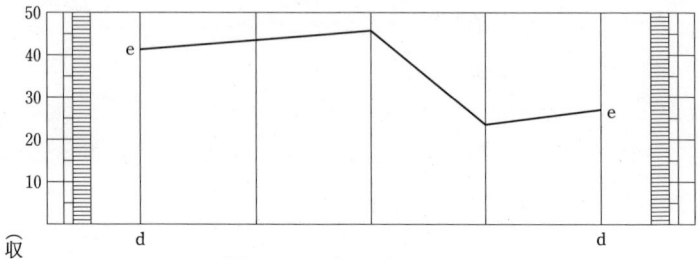

図II．1852年のジャガイモ

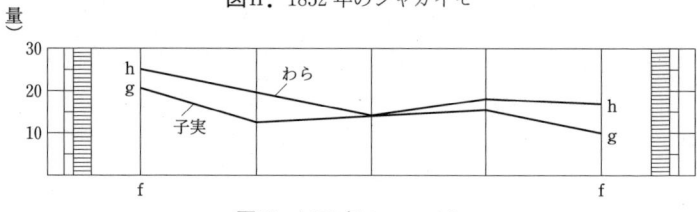

(収量)

図III．1853年のエンバク

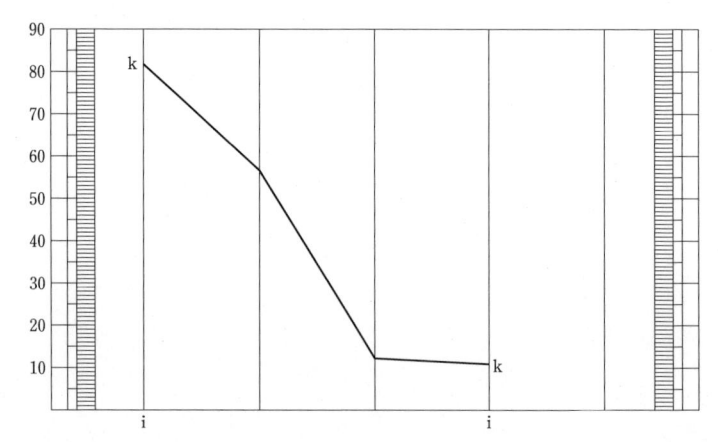

図IV．1854年のクローバ

ある。モイゼガストの子実直線はクンネルスドルフの2倍，わら直線は1/3だけ高い。

植物数が同じで根長も等しい場合，モイゼガスト土壌の特定の穀物養分は，クンネルスドルフの2倍だけ相互に近接して存在した。図IVでクンネルスドルフのクローバ収量を表す直線は，オーベルボブリッチに比べて10倍高いが，これはクローバの養分が後者の畑において前者より10倍相互に離れて存在したことを物語っている。

多数の畑の収量比較において，土壌中の養分濃度と，図中で収量を表す直線の高さとは比例する。直線が長いほど，各種の土壌中の養分は相互に近接して存在し，短いほど相互に離れて存在する。たとえば，ケティツとオーベルボブリッチのジャガイモ収量を表す直線の比は18：9であって，ケティツのジャガイモ収量はオーベルボブリッチの2倍であった。そこで，両地の畑における養分間距離はその逆数，すなわち9：18となり，ケティツの畑ではオーベルボブリッチの2倍だけ近接していたことになる。

この考察方法は，多くの場合，畑の消耗の原因について明快な見解を得るのに適している。

たとえば，モイゼガストの耕土層は，穀物とジャガイモの収穫によって，リン酸と窒素を取り去られる。後作のオオムギ植物は，同様に栄養物質を耕土層に仰ぐので，3年目のオオムギは畑の前作であるライムギ植物に比べて，ごくわずかの栄養しか見い出さない。

逆に直線 ab(図I)および fg(図III)は，オオムギ植物に対する養分分子の距離が，相対的にどのくらいの大きさであるかを示している。オオムギ子実の形成には，ライムギ子実と同じ養分が必要で，ライムギとオオムギの子実収量の比が22：12であったから，オオムギ子実に対する養分間距離は，12から22に逆に増大したといえる。3年目のオオムギの根は，同じ長さについて，ライムギ植物の約半分の子実養分しか見い出さなかった訳である。

こうした論議は，土における可吸態養分分子の距離を測定するためでなく，畑の消耗に関する概念をより正確に規定する尺度を得ることを目的にしている。一連の連続栽培で収穫が減少する理由につき，明確な考えを持つ農業者

は，畑を以前と同様に生産的にし，できれば肥沃度をいっそう高める正しい方法手段を発見して，適用する立場に立つのは容易であろう。

　全収量の一般的差異の次に目にとまるのは，子実およびわら収量の比率の差異である。

　10 重量の子実に対して，クンネルスドルフではわら 25 重量，ケティツでは 23 重量，オーベルシェーナでは 21 重量，モイゼガストでは 20 重量が収穫された。詳しく見ると，差異は主に子実収量にあることがわかる。クンネルスドルフ，ケティツ，オーベルボブリッチの畑は，2,951，3,013，3,015 ポンドのわらを生産し，端数のポンドを除く同一のわら重当たりの種子重の比は，クンネルスドルフ 11：ケティツ 12：オーベルボブリッチ 14 である。種子収量のちがいが何に基づくかを明らかにすれば，それは同時に，わら量に対する子実の比率変動の根拠をも与えることになる。

　ここで，わらというもの，すなわち葉，稈，根が穀物種子の胚乳つまり種子成分に由来すること，そしてこれらの器官は種子成分を再生産する道具であることを想起する必要がある。

　わら生産は常に種子形成に先行し，かつ種子成分のうちで道具の製作に役立つものは種子にはならない。換言すれば，既与の生育期間に，多くの種子成分がわらの成分になればなるほど，生育完了時に種子形成のため残る成分は少なくなる。

　開花前には，全種子成分はわらの成分であって，開花後に一部が移動して行く。したがって，わらの量は，土壌および気象条件が好適な時，わら生産に必要な種子成分の量に依存する。

　種子の量は，植物全体に存在する余剰，すなわち葉，稈，根の数および量の増加にもはや必要でない種子成分によって規定される。

　今，種子になりうる子実成分の部分を K，わらの成分として残留する同一の物質の残りの部分を αK，わらが余分に含んでいる土壌成分の余剰を St で表すと，

　　　　K＝(リン酸，窒素，カリウム，カルシウム，マグネシウム，鉄)

$\alpha K = K$ の一部

St ＝ (ケイ酸, カリウム, カルシウム, マグネシウム, 鉄)

となり, 植物が土壌から吸収した養分は次のように示される。

$$(K + \alpha K, \; St)$$

　この表現はつまり, 穀作物の根は, 接触している土粒子から, 一定の比率で葉, 根, 茎を形成する養分を獲得し, 次に子実の生産のために, これらの成分の多数を過剰に獲得しなければならない, ということを物語る。合計の収量は当然, 正常な生育期間に土壌が供給しうる K および St 成分の合計で決定される。

　子実とわらの比率は, 植物自体の中における K および St 成分の分配の結果であって, 土壌中の K および St 成分の相対比率, ならびにわらおよび子実生産に作用する外部の原因によって規定されるであろう。

　土壌中の K の量が減少すれば, 種子収量は低下しなければならないが, わら収量に影響を及ぼすのは特定の場合に限る。

　畑で St 成分の量が増加する場合, 葉, 茎, 根の形成条件の増大に伴って, K の現存量からわら形成の増加に必要な αK 量が取り去られるなら, 種子収量は阻害を受けるにちがいない。

　2 枚の畑があって, 1 つは他より K 成分に乏しいが, St 成分には富んでいる場合, 第 1 の畑は同量の, おそらくはもっと多量のわらを生産するであろうが, 同時に種子収量は小さくなるであろう。

　外界の気象条件が, 種子形成より葉, 茎, 根の形成に好適な時にも, 同様に子実収量を犠牲にしたわらの増加が起こる。そのため生育期間は長くなり, 植物は原則として過剰に存在する St 成分を大量に吸収し, 本来は種子を形成するはずだった K 成分の一定量を余分に消費して, St 成分を同化する。

　そこで, このような環境下で土壌が St 成分に供給する成分を st, K のうち余計にわら成分になるものを αk で表すと, 収量の変化は次のように示される。

子実　　　わら
$$(K-\alpha k)+(\alpha K,\ St+\alpha k,\ st)$$

つまり，わら収量は増加し，子実収量は減少する。また，ある畑で St 成分の過剰があり，K 成分の量も増加した場合，K の比率が不十分な時は，まずわらの量が，K がより多い時には，わらおよび子実収量が向上することも明らかである。

K の成分は窒素とリン酸を除いて St 成分と同じであるから，考察している畑の収穫増は，リン酸または窒素の添加，あるには両物質の同時添加のいずれかによって起こる。

こうして，土壌中に存在する K 成分，あるいはリン酸，アンモニア分子の濃度が 2 倍になれば，条件が好適な場合，K の添加によって収穫は 2 倍になりうるであろう。

これに対して，土壌に St 成分が欠乏している時には，窒素やリン酸の増加は収量に何らの影響も及ぼさないであろう。

以上のことから，畑が一定の子実収量当たり生産するわらの絶対収量または相対収量は，土壌の St 成分の量について，全く結論をもたらさないことは明白である。なぜなら，St 成分に同様に富んでいる 2 つの畑において，わら収量は畑の K 成分量に支配され，K に富んだ畑が同じ条件下で高いわら収量を与えるからである。

したがって，クンネルスドルフおよびオーベルボブリッチの畑が生産した同一のわら収量から，両方の畑に同量の St 成分があったとは結論できない。なぜなら，子実収量が示しているように，K の量は不等だったからである。

収穫物の比率は，

クンネルスドルフ　　(11) K：(29) αK, St
ケティツ　　　　　　(12) K：(30) αK, St
オーベルボブリッチ　(14) K：(30) αK, St

である。

既に指摘したとおり，我々が K および St という記号で包括した成分は，

Kに窒素とリン酸が含まれる点で相互に区別されるだけで，他のK成分はSt成分と同じであるから，上記の3つの畑における子実収量の差は，本質的には，ケティツ土壌で穀物の根がクンネルスドルフより1/11，オーベルボブリッチでは3/11だけ多くのリン酸と窒素を可吸態で見い出し，かつ吸収したことに起因する。

子実収量をオーベルボブリッチと同じ水準に持って行くには，どれだけのリン酸と窒素をクンネルスドルフの畑に添加すべきか，と問われた時，3/11の増加で十分だとは確実には言えない。なぜなら，子実収量の増大はSt成分から本質的な影響を受け，しかもその量は土壌によって非常に異なると同時に，未知だからである。

窒素およびリン酸を添加すると，それまで無効であった貯蔵St成分の一定量が有効化して可吸態になり，わら収量が増加する。種子形成に残される窒素とリン酸は3/11でなくて，もっと少ない。どれだけかは，移行したSt成分の総量で規定される。

リン酸および窒素の施用区と無肥料区において収穫された子実とわらの相対比を用いると，ごく簡単に各種土壌に蓄積しているSt成分濃度を近似的に推定することができる。

無肥料区が1：2.5の比率で子実とわらを生産し，一方，施肥区の子実とわらの比が1：4，すなわち，高いわら比率で増収したとすれば，この畑では明らかにSt成分が優勢であり，オーベルボブリッチ土壌にほぼ等しい相対比率で子実とわらを生産しようとすると，そこのSt成分含量に対応して，数倍多くのリン酸と窒素を畑に添加しなければならない。

自らの畑を熟知し，植物の有用成分中どれが土壌に多く含まれているかを研究することは，農業者にとって最重要課題である。そうすれば，農業者が，当の余剰成分を他の成分にまして生育に必要とする作物を正しく選択することに困難はなくなるし，また農業者が，既に過剰に含まれている養分に応じて，何を加えるべきかを知っていれば，到達しうる最大利益を自分の畑から引き出せるからである。

養分総量は異なっても，土壌中の相対比率が同じ2つの畑は，収量水準は

ちがっても，子実とわらの相対比では同じ収量をあげるであろう。

このような関係は，たとえばオーベルボブリッチとモイゼガストの畑の間に成立する。オーベルボブリッチの子実およびわら収量を $K+\alpha K$, St で表すと，モイゼガストの畑の収量は $11/3\,K+11/3\,\alpha K$, St になる。

両方の場所の畑が周到な注意と熟練でもって耕やされ，ごく均一に混合されているのは明らかだから，1か所の子実およびわら収量ならびに他のわら収量がわかれば，後者の子実収量は上式で計算できる。

1852年のジャガイモ

次の図は5か所の異なる地点における1852年のジャガイモ収量を，垂直線で示したものである。

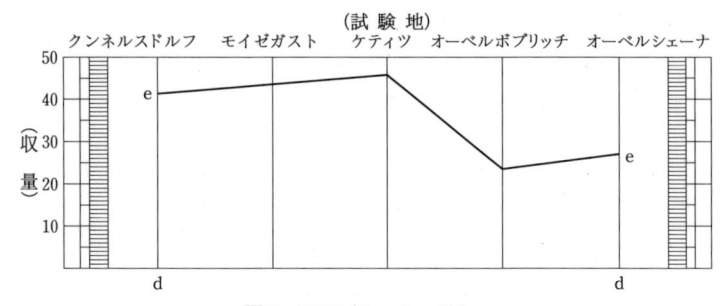

図II. 1852年のジャガイモ

ジャガイモ植物は，主要成分を耕土層とライムギ植物よりやや深い土壌層から吸収し，得られた収量は，これら土層の特性を化学分析よりも正確に示す。

モイゼガストおよびクンネルスドルフの畑で，ジャガイモ植物の養分はほとんど同一の濃度を持ち，ケティツでは1/9だけ距離が近接し，オーベルボブリッチ土壌では2倍も相互の距離が離れており，オーベルシェーナ土壌ではオーベルボブリッチより1/5近接していたことになる。

最高のジャガイモ収量をあげたのはケティツの畑で，カリウム(塊茎)とカルシウム(茎葉)は，ジャガイモ植物の支配的成分をなしている。しかし穀物

と同様，ジャガイモ植物の発育には一定量の窒素とリン酸が必要で，カリウムおよびカルシウムの有効移行量は，同時に吸収されるリン酸と窒素に規定される。前述のとおり，リン酸と窒素は同時に穀物の主要成分であるが，そのうち一成分が土壌に欠乏すると，収量は両物質の吸収可能量に比例するようになって，カリウムまたはカルシウムの土壌中余剰は収量水準に顕著な影響を及ぼさない。

オーベルボブリッチの畑の耕土層は，ケティツに比べて遙かにリン酸と窒素に富むが，生産したジャガイモ収量はケティツの半分にしか達しなかった。

したがって，オーベルボブリッチの畑が同化可能な状態のカリウムまたはカルシウムを，ケティツよりごくわずかしか含まないのは確実である。両物質のどちらが土壌に不足していたかは，石灰の単独施用あるいは木灰（カリウムおよびカルシウム）の施用によって，しごく簡単に証明されるであろう。

これに対して，クンネルスドルフの畑におけるジャガイモの低収量から，カリウムまたはカルシウムがケティツの畑より乏しかったとは結論できない。前作の穀物収量が示しているように，ケティツの畑はクンネルスドルフより若干多くのリン酸と窒素を含むことは明らかであって，ケティツの高いジャガイモ収量は，上記の2養分の高含量が決定的条件になったものであろう。仮にクンネルスドルフの畑がケティツよりさらにカリウムやカルシウムに富んでいたとしても，与えられた条件下ではむしろ低いジャガイモ収量をあげたにとどまるであろう。

1853年のエンバク

エンバク植物は，耕土層から栄養の一部を摂取するが，土壌条件が許せば，ジャガイモ植物より遙かに深い層に根を送り込む。エンバクはライムギ植物に比較して，目を見張るほど印象的で大きな生長力を持ち，栄養同化力の強さでは雑草に近い。

次図で目につくのは，同一の無肥料土壌に相次いで生育した2種類の穀作物の収量に非常な差のあることである。

ライムギの子実およびわら収量がオーベルシェーナの次に低かったクンネ

(試験地)

クンネルスドルフ　モイゼガスト　ケティツ　オーベルボブリッチ　オーベルシェーナ

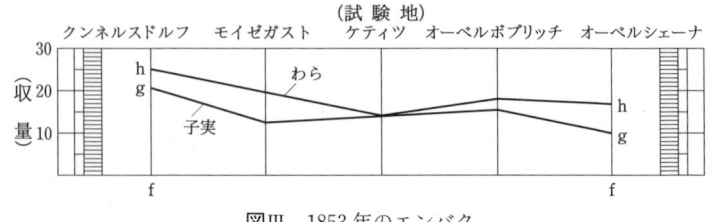

図III. 1853年のエンバク

ルスドルフの畑は，3年目のエンバク子実およびわら収量では最高であった。

　これらの畑における土壌深層特性および養分濃度の相違は，疑いえないところである。穀物養分含量から見て，クンネルスドルフの畑は，上方に乏しく下方に向かって増加し，他の畑は下方に向かって減少していたといえる。

　オオムギについてはともかく，1853年のモイゼガストの畑の収量は，エンバクに関して特記すべきこともなく，したがって，エンバク植物が栄養を吸収した土壌深層について結論は全然出ない。しかし，前作のライムギの子実収量によって耕土層が陥った状態は明らかで，リン酸およびおそらくは窒素の収奪の結果，オオムギの子実収量は，前作の収量から土壌に期待されるより著しく低く，過リン酸またはグアノの少量添加で，畑のオオムギ収量は顕著に高まったであろう。

1854年のクローバ

　4年目のクローバ収量は，植物の要求に応える最深土壌層についての結論を与えてくれる。

　クンネルスドルフのクローバ収量は，モイゼガストの2倍近く，オーベルボブリッチの10倍の高さで，こうした収量差がクローバに対する土壌養分含量に対応しているのはまちがいない。

　クローバ植物の養分は，量的にも相対比率からもジャガイモ植物(葉，茎，塊茎を込みにして)とほとんど同じであって，ジャガイモ植物が不完全にしか生育しない土壌でクローバがなお好収量を与えるとしたら，それはひとえにクローバ植物の根張りのよさに基づいている。それぞれの特性により，栄養の吸収に割り当てられた土壌層を同等かつ明確に見分けられる2種の植物

5. きゅう肥農業

(試験地)
クンネルスドルフ　モイゼガスト　ケティツ　オーベルポプリッチ　オーベルシェーナ

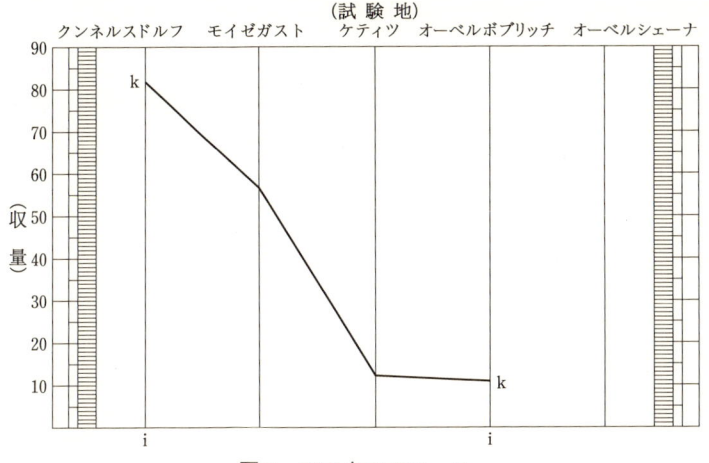

図Ⅳ．1854年のクローバ

など，めったにあるものではない。ジャガイモを深さ2フィートの穴に植え込み，植物の生長と同じ割合で穴を満たし，最後に穴の中の土が耕土と同一平面になるようにすると，塊茎は常に最上層の土にだけ形成され，種いもを耕土層わずか1.5-2インチの深さに伏せた時に比べて，けっして深くも，また多くもできない，ということが観察されている。そして，収穫時には耕土層以深の根は枯死しているのが見られる。

クローバの反応は正反対で，たとえばケティツの耕土層がクンネルスドルフより決定的にクローバ植物の養分に富む(前者は1/8だけ高いジャガイモ収量をあげた)としても，このことは最深土壌層から主に栄養を摂取するクローバ植物には，影響しないのである。

さて，我々は，さきに無肥料状態の収量を考察したのと同じザクセン試験の畑の各区において，きゅう肥施用がもたらした収量を解析しよう〔次表参照〕。

ここでまず目につくのは，またしても，すべての畑で収量が異なり，肥料に用いた糞尿とはまるで関係ないように見える，ということである。

いちばんはっきりしているのは，栽培をつうじて消耗した畑にきゅう肥を施すと，無肥料に比べて高い収量が得られる事実である。もし，それがきゅ

きゅう肥施用畑におけるザクセン・エーカー当たり収量

		クンネルスドルフ	モイゼガスト	ケティツ	オーベルボブリッチ	オーベルシェーナ
きゅう肥		ツェントネル 180	ツェントネル 194	ツェントネル 229	ツェントネル 314	ツェントネル 897
1851年	ライムギ	ポンド	ポンド	ポンド	ポンド	ポンド
	子実	1,513	2,583	1,616	1,905	1,875
	わら	4,696	5,318	4,019	3,928	3,818
1852年	ジャガイモ	17,946	20,258	20,678	11,936	16,727
1853年	エンバク					
	子実	2,278	1,649	1,880	1,685	1,253
	わら	2,992	2,475	1,742	1,909	2,576
1854年	クローバ乾草	9,509	7,198	1,232	2,735	0*

*クローバは長雨によって死滅した。

無肥料区を基準にしたきゅう肥施用による増収

		クンネルスドルフ	モイゼガスト	ケティツ	オーベルボブリッチ	オーベルシェーナ
1851年	ライムギ	ポンド	ポンド	ポンド	ポンド	ポンド
	子実	337	345	352	452	1,167
	わら	1,745	736	1,006	913	2,294
1852年	ジャガイモ	1,279	3,362	2,101	2,185	5,632
1853年	エンバク					
	子実	259	360	541	157	171
	わら	429	635	385	97	862
1854年	クローバ乾草	365	1,615	137	1,824	0

う肥のもたらしたものなら、同量のきゅう肥は、いろいろの畑で似かよった増収を与えるはずだと考えなければならない。

　上の表は、ザクセンの畑で同量のきゅう肥が異なった増収をもたらしたことを示している。表の数字から、同量の同一肥料資材、すなわち、いわゆる万能肥料が各種の畑にもたらした効果を表している、と推論できる人は誰もいないであろう[3]。

　ライムギの子実およびわら収量においても、ジャガイモ、エンバク、クローバの収量においても、最小限の類似も一致も存在せず、そこから増収をもたらすのに役立った肥料量を推定するのは、いっそう不可能である。

同一量のきゅう肥は，1851年と1853年に穀作物，子実，わらを合計して，モイゼガストでオーベルボブリッチの2倍，クンネルスドルフで3倍の増収をあげ，ジャガイモでは，モイゼガストでケティツの2倍，クローバでは，モイゼガストでクンネルスドルフの4倍，オーベルボブリッチでケティツの10倍の増収をもたらした。

きゅう肥100ツェントネルによる増収

	クンネルスドルフ	モイゼガスト	ケティツ	オーベルボブリッチ	オーベルシェーナ
1851年および1853年 冬ライムギとエンバク	ポンド 1,600	ポンド 1,070	ポンド 998	ポンド 515	ポンド 271
1852年 ジャガイモ	710	1,732	918	696	628
1853年 クローバ	203	832	60	580	0

オーベルシェーナでは，大量のきゅう肥施用によっても，モイゼガストの畑が全く施肥なしで生産した収量さえあげられなかった。しかしながら，それぞれの畑は，100ツェントネルのきゅう肥をつうじて同じ養分を同量受け取ると仮定しても，大きな誤りはないであろう。

きゅう肥成分は，どこでも土壌中や土粒子上で同じように作用するから，すべての場所で増収分が異なる，つまり，ある畑の穀作物またはジャガイモは，きゅう肥成分の添加によって，他の畑の3倍とか2倍とかの養分が移動性あるいは可給態になったということは，不可解な矛盾のように思われる。ザクセンの畑に限らず，こうした事実はきわめて普遍的である。あらゆる統計資料は，きゅう肥農業で得られる収量が相互に一致する国はどこにもないことを示している。収量は各地点で異なり，物事を正確に調べると，きゅう肥を施用した畑ごとに，固有の平均収量が存在する。収量の向上に及ぼすきゅう肥の効果は，土壌の特性や組成と密接な関係があり，種々の畑で効果が異なるのは，畑の組成が同一でないからである。

きゅう肥施用の効果を理解するためには，次のことを思い起こす必要がある。すなわち，輪作の終わりにおける畑の消耗は，前作の収穫により一定量の養分が土壌粒子から奪われ，後作物が前作物に比べて吸収すべき養分を土

壌中に少量しか見い出さないことに基因する，ということである。

　しかし，消耗状態の畑で，個々の養分の喪失が同じ意義を持つ訳ではない。穀作物やクローバが石灰質土壌に与えるカルシウム損失は，旺盛な生長のため大量のカルシウムを必要とする後作物にとっても，全然問題にならないし，同様に，カリウムに富んだ土壌におけるカリウムの損失，マグネシウム，鉄，リン酸，アンモニアに富んだ畑で生ずるマグネシウム，鉄，リン酸，窒素の損失も問題ではない。現実に特定養分に富む土壌の含有量に対して，奪取量は常に微小な部分にとどまり，他の作物に対する輪作をつうじての収奪の影響は認められない。

　一方，実際が教えているように，畑の収量は現実に輪作で低下する。そして，以前の収量を回復するには，施肥によって特定の物質を畑に補給しなければならないのである。

　しかし，石灰を主体とする畑の消耗状態は，カルシウムの補充では停止しないし，カリウムに富む畑へのカリウム添加，あるいはリン酸に富む畑へのリン酸添加もまたしかりである。そこで，消耗した畑の生産力が回復したとすれば，原因は何よりも，畑に最少量しか含まれず，相対的に大きな部分が失われてしまった養分が肥料の形で再供給されたためである，と見抜くのは容易であろう。

　それぞれの畑は，1つまたは多数の養分の最大量と，1つまたは多数の他の養分の最少量とを含んである。それがカルシウム，カリウム，窒素，リン酸，マグネシウムその他の養分のいずれであるかにかかわりなく，収量は最少量のものに比例し，収量の水準および持続性は最少養分に支配，決定される。

　たとえば，最少養分がカルシウム，またはマグネシウムであれば，土壌中に既存のカリウム，ケイ酸，リン酸などの量を100倍増加したところで，畑の子実およびわら収量，カブ，ジャガイモ，クローバの収量は向上しないであろう。しかし，こうした畑は，石灰の単独施用によって穀作物，カブ，クローバの収穫量を増大するであろうし，カリウム欠乏土壌では，きゅう肥の大量施用よりも木灰の施用によって，はるかに高い収量をあげるであろう。

きゅう肥のような非常に複雑な肥料が畑に与えるさまざまな効果は，このことで十分に説明がつく。栽培で消耗した畑の収量を回復させるために，きゅう肥を施用して，畑に過剰に含まれる全養分を添加することは，全く無意味であって，有利に作用するのは，土壌に生じた1, 2の養分の不足を回避する成分だけなのである。

　わら成分に富む畑は，きゅう肥中のわら成分の施肥では肥沃にならないが，それに乏しい畑には大きな意義を持っている。

　わら成分の余剰は等しいが，子実成分の豊かさが異なる2つの畑では，同一のきゅう肥の施用も非常にちがった子実収量をもたらすであろう。なぜなら，収量はきゅう肥の形で添加された子実成分に比例するからである。2つの畑は，同量のきゅう肥によって同量の子実成分を得るが，1つは他に比べて既に子実成分に富んでいるのだから，欠乏した畑の子実収量を豊かな畑と同じにするには，多量のきゅう肥追加が必要なのである。こうした畑では，きゅう肥に比べてごく少量の過リン酸施用により，収量がきゅう肥の大量施用の場合よりはるかに高くなりうる。

　きゅう肥は，カリウムに乏しい畑では含有するカリウムにより，マグネシウムまたはカルシウムに乏しい畑では含有するマグネシウムやカルシウムにより，ケイ酸に乏しい畑では含有するわらにより，塩素または鉄に乏しい畑では含有する食塩，塩化カリウム，または鉄によって効果を発揮する。

　実際的な農業者が，肥料としてきゅう肥を非常に好むことは，この関係から説明される。すなわち，どのような条件下でも，きゅう肥は畑から奪われた個別養分の一定量を含んでいて，常に有効に働くからである。きゅう肥施用は失敗がなく，目的にかなうとともに確実な方法で，実際的な人々が畑の生産性を維持する手だてについてあれこれ考える手間を省き，同時に金と労力をも節約する。そして，畑の組成から到達が可能で，かつ高度の肥沃性を付与する仕事が増えるのを回避する。

　多くの畑で，収量がグアノ，骨粉，油粕，つまりきゅう肥中の一定成分しか含まない物質でも向上しうることは，実際によく知られている。実は，これらの作用は，私がさきに論議した最少養分律で説明されるのである。

しかし，実際的な農業者は，こうした肥料資材が収量増加に効果を発揮する法則を知らないので，経営にあたり合理的，すなわち真に経済的な施用に関しては，全く語らない。彼は過大または過少に与え，正しく与えることをしない。

過少については，説明は全く必要ない。同一の労働とわずかな超過支出による適量が，到達可能な最大収量をもたらすのは，誰にもわかることである。

過大についていうと，肥料資材の効果は量に比例するという，まちがった見解が根底にある。現実には，効果は一定量に比例するのであって，定まった限界を超えて畑に投入するのは全然無意味である。

ここで述べたことを理解し易くするためには，J. Russel (Craigie House, Agricultural Journal of the Royal Agricultural Society, vol. 22, p. 86.)の肥料試験が適当と思われる。本試験では，同一の畑を多数の区に分けてカブを植えつけ，3列ごとに各種の肥料資材を施した上，過リン酸を施用した（骨灰を硫酸に溶かしたもの）。1エーカー当たりで計算した収量は次のようであった。

区番号		収量	
1)	無肥料　カブ（スウェーデン種）	340	ツェントネル
11)	無肥料	320	〃
5)	過リン酸5ツェントネル施肥	535	〃
6)	過リン酸同量施肥	497	〃
7)	過リン酸3ツェントネル施肥	480	〃
8)	過リン酸7ツェントネル施肥	499	〃
9)	過リン酸10ツェントネル施肥	490	〃

この畑は，無肥料区の収量がエーカー当たりで20ツェントネルの変動を示しているように，特性および養分含量の面でかなり差があって，ここでは詳細に立ち入れないが，別の試験で明らかにされたところでは，周辺部に比べて中央部で養分に乏しい。

上記のカブ収量で，はっきり目に映るのは，3ツェントネルの過リン酸が5ツェントネルとほぼ同じカブ収量をあげること，肥料を10ツェントネルまで増加しても収量は高まらないという事実である。本試験では，過リン酸

石灰のどの成分が高収量の主な原因であるかは報告されていない。マグネシウムとカルシウムは，リン酸や硫酸と同様，等しくカブ植物の不可欠な養分であって，私は，ある畑では若干の食塩を加えた石膏施肥により，また別の畑ではリン酸マグネシウム施肥によって，過リン酸石灰――大多数の畑でこれが主要有効養分であるのは疑いないところだが――よりさらに高い割合で，カブ収量がますます向上することを確認する機会を得た。

　これらの事実を正しく理解するためには，最少養分律は1つの養分に対してでなく，すべての養分についてあてはまることを思い起こす必要がある。ある場合に，ある作物の収量が畑のリン酸の最少養分で制限されているとすれば，現存する他の最少養分に対して添加リン酸が正しい比率に達するまで，収量はリン酸量の増大とともに高まるであろう。

　添加したリン酸が，たとえば土壌中に含まれるカリウムやアンモニア量に対応する以上になれば，余剰分は無効になるであろう。リン酸を施肥する前には，カリウムまたはアンモニアの現存有効量は，土壌中のリン酸よりやや多かったために無効だったので，今度はリン酸が加わることで有効になったのである。そして，いまやリン酸の過剰分が，かつてカリウムの余剰がそうだったのと全く同様に，無効化しなければならない[2]。

　収穫量はこれまで，リン酸の最少養分に比例していたが，今度はカリウムまたはアンモニア，あるいは両方の最少養分に比例する。このような畑で2つの試験を実施していれば，疑問は解決できたであろう。カリウムまたはアンモニアが過リン酸施肥後の最少養分であったなら，収穫量は相当する量のカリウムまたはアンモニア，もしくは両者の追加で高まったであろう。同じ試験系列で，過リン酸2ツェントネルに対応したグアノ6ツェントネルの施用により，630ツェントネルのカブ収量が得られ，これは過リン酸より130ツェントネル多かった。ただし，増収をもたらしたのがグアノのカリウムであるかアンモニアであるかは，今の場合明らかでない。

　ザクセンの試験でも，5か所の畑に肥料として施されたきゅう肥量をよく観察すれば，差異の原因に関する問題はほぼ完全に解決される。

　最初の解答はこうである。農業者は手許にあるだけのきゅう肥を与え，あ

るいは既知の事実に従って量を調節している。農業者が自分の経営において，当初収量の回復には一定量のきゅう肥でよく，多く施しても添加したほどには，そして肥料製造に要する費用に比例して大きな増収が得られないと認識した時，彼は必要な少量で満足する。

そこで，クンネルスドルフの農業者が，畑に180ツェントネルのきゅう肥を与えて満足しているとしても，それは偶然の出来事でないし，オーベルボブリッチの農業者が，畑に314ツェントネルを施用したことも，またたしかに偶然ではない。

ところで，きゅう肥の量を規定するのは，気まぐれとか偶然とかでなく，到達すべき目標であるなら，農業者の行為が自然法則——直接は知らなくても効果は知っている——に従うのは当然である。

したがって，新しい回転の際，畑が生産力回復のために必要とするきゅう肥量には根拠があり，根拠は土壌に存在する。きゅう肥の量は，畑に既存の有効無機成分と関係があるにちがいない，と見抜くのに困難はない。有効無機成分がきわめて豊富な畑は，乏しい畑に比べて，同じ増収をあげるのに必要なきゅう肥量が少なくて済む。

きゅう肥は，他のすべての植物にまして，主要有効成分をクローバ，カブ，牧草に依存しているから，ある畑に必要なきゅう肥の量は，その畑が無肥料で生産しうるクローバ，カブ，または牧草の収量に反比例する，という結論はまず正確である。

ザクセンの試験は，この結論が少なくとも一面では真実から隔たっていないことを示している。無肥料区のクローバ収量を，施肥したきゅう肥量と比較すると次のようになる。

1854年のクローバ収量(ポンド)

クンネルスドルフ	モイゼガスト	ケティツ	オーベルボブリッチ	オーベルシェーナ
9,144	5,583	1,095	911	0

1851年のきゅう肥量(ツェントネル)

| 180 | 194 | 229 | 314 | 897 |

主要なきゅう肥成分を含んだクンネルスドルフの畑が受け入れたきゅう肥の量は最少であり，クローバ収量が最低であったオーベルボブリッチの畑は最大である。

　しかし，クローバの収量が，肥料としてのきゅう肥量を決定する唯一の要因でないことも明らかである。クローバ成分には，穀物の要求するケイ酸が少量しか存在せず，そのため，きゅう肥(敷わらきゅう肥)の必要量は，畑に既存のわら養分量と一定の関係がある。

　ザクセンの試験で，きゅう肥施用区の畑が与えた子実およびわらの増収を比較すると，次のようになる。

エーカー当たりのきゅう肥施用による増収

	クンネルスドルフ	ケティツ	オーベルボブリッチ
きゅう肥量(ツェントネル)	180	229	314
子実　　(ポンド)	337	352	452
わら　　(ポンド)	1,745	1,006	913

　見たところ最もわら養分に富み，きゅう肥施用量が最低であったクンネルスドルフの畑は，最高のわら収量をあげたが，増収分の子実とわらの比率は1：5であった。この畑で敷わらきゅう肥を節減したのは，正当だったことがわかる。また，比較的わら成分に乏しいオーベルボブリッチの畑が，無肥料区と同じ比率(1：2)で子実およびわらを増収するのに，なぜケティツの畑より85ツェントネル多くきゅう肥を受け入れなければならなかったか，ということも理解される。

　このような考察は，実際的な農業者が畑管理の場で，いわば無意識な行動をとっていること，大抵は実在についてぼんやりした表象しか持たないにせよ，農業者の行為を導く「状況と関連」は自然法則であるということの論証には多分なりうるであろう。農業者が自分で決定意志を持つのは，何かを悪化させる時だけである。しかし，彼が利益に従って行動しようとすれば，たとえ無意識であっても，畑の特性に合致させなければならないので，「経験ある」人がどんなにその面で成功を収めたかを認識した時は，ただ驚嘆する

ばかりである。

　農業者が土壌の本質と特性に正しく順応した時の農場経営は，合理的経営と呼ばれる。なぜなら，確実な見通しが得られるのは，作付順序や施肥法が土壌の組成に対応している場合に限られ，農業者は労働と資本の投下によって，たぶん高収益を狙えるからである。

　したがって，たとえばオーベルボブリッチとクンネルスドルフの畑の土壌特性が著しく異なるとすれば，前者に適合した作付順序が後者にもやはり有効とは限らないのは当然のことである。

　農業者たちが小規模な試験によって，各種の植物や品種の生産に関する土壌の能力を正確に知ろうと決心すれば，さらに大規模な試験で，畑に保持されている最少養分が何で，最大収量を得るにはいかなる肥料を添加すべきかを研究するのは容易である。この種の事柄においては，農業者は自らの道を歩むべきで，それが自身の行為の完全な確実性を保障する唯一の道である。農業者は，分析を基礎にして畑があれこれの養分に関して消耗していないとの証明を試みる愚かな化学者に，最小限の信頼も置いてはならない。なぜなら，畑の肥沃度は分析で検出されるひとつまたは多くの養分総量に比例するのではなく，畑が植物に供給しうる総量中の部分に比例し，しかも，その部分は今でも植物自体でしか研究できないからである。こうした面で化学分析が到達しうる頂点は，2つの畑の振る舞いを比較する際，いくらかの出発点になるということである。穀作物に対する肥沃性がことわざのようになっているロシアの黒土(チェルノーゼム)地帯でのテンサイ糖工業の経験は，黒土が分析上全体として，20インチの深さに1回のテンサイ収穫量の700ないし1,000倍以上のカリウムを含んでいるにもかかわらず，3-4年の栽培後には有効性カリウムがほとんど消耗してしまって，補充なしにはもう採算に合うテンサイ収量が得られないことを示した。

　穀作物の場合，子実とわらの相対収量には，ひとつの最適比率と数多くの不適当な比率とが成り立つ。子実生産の道具であるわらの量と大きさは，生産物，すなわち生産子実の量と当然一定の関係がなければならない。高すぎたり，またはあまりにも低いわら収量は，子実収量に害を与える。

特定の畑の穀作物に関して，わら2重量あたり子実1重量が種子生産の最適比率であるとわかっている時には，理論上，畑の施肥によって増収分のこの相対比率を大きく変えてはならない。つまり，土壌の組成がそのまま変わらないような量および比率を選んで，各肥料物質を畑に添加すべきである。

　ある肥料物質は主として根および茎葉形成に，別の物質は種子形成に影響を与えることが知られている。リン酸塩は，原則として種子収量を増加し，石膏は，クローバの乾草収量の向上に作用する場合には種子形成を妨げ，食塩の多施は，根や塊茎の収量を悪化させる。耕土層に過剰に集積した茎葉形成促進物質は，ジャガイモやキクイモの栽培によって減らすことができる。したがって，土壌特性の恒常性維持は，理論上は不可能ではない。しかし，後述のように，きゅう肥を単独で連用すると，畑の組成は輪作の一巡ごとに変わるから，きゅう肥による土地管理では達成は不可能である。

　最後の考察は，種々の深度におけるきゅう肥成分の土壌透過性に関するもので，我々は，それをザクセンの試験に結びつけようと思う。アルカリ，アンモニア，可溶性になったリン酸塩が土中に浸透する深さは，当然ながら土壌の吸収能に依存する。今，畑を表面から下方へ連なる種々の層——明りょうな限界をもって存在しないのはもちろんだが——として考えれば，たとえばクンネルスドルフの畑では，クローバはきゅう肥施用によって全く利益を受けず，収量は無肥料区に比べてわずか4％増にとどまった。しかし，モイゼガストでは施肥により30％，オーベルボブリッチでは200％増加した。このことは，クローバに不可欠な一定養分が，モイゼガストとオーベルボブリッチでは，クンネルスドルフとケティツより遙かに土中深く浸透したか，または同義反覆であるが，後の2地点の畑で養分が下降途中に表層に保持されたことを物語っている。クンネルスドルフの無肥料区の収量を他と比較してみると，その区は，わら成分の含量においてケティツやオーベルボブリッチの畑に劣るものでないが，子実の主要成分，すなわち，リン酸とたぶん窒素に関して決定的に乏しかったことがわかる。クンネルスドルフの畑の最上層は，リン酸塩のアンモニアに乏しいため，同一量の物質を添加した時，他の2か所の畑より著しく多量保持するであろう。

ジャガイモ，およびエンバクの子実，わら収量の増大で認知されるのは，一定のきゅう肥成分がエンバク根の主要部の栄養摂取層に到達していることである。この層には，耕土層以上に豊富な子実およびわら成分が含まれるので，クローバに養分の少量が移行しえた訳である。

　異常に低いエンバクの子実およびわら収量を考慮しながら，ケティツの畑をこれと比較すると，畑の深層はクンネルスドルフに比べ，子実およびわら成分に極端に乏しい一方，最上層は子実成分含量について勝ることがわかる。

　ケティツの畑は，クンネルスドルフより 1/4 多量のきゅう肥を施したにもかかわらず，せいぜい取るに足らぬ部分がクローバに到達したにすぎない。クローバ植物に有用な養分を保留した土壌層上半は，主としてエンバクに好適だった訳である。ケティツにおけるエンバク子実の増収は，クンネルスドルフの畑より 2 倍以上高かった。モイゼガストでも同様の関係が示される。耕土層の異常な子実およびわら成分の豊富さは，可溶化したきゅう肥成分への比較的低い吸収能または保持能力に対応しており，それで著しい量が最深層に達したのである。オーベルボブリッチについては，きゅう肥施用で輪作の作物収量が一様に増加していることから，きゅう肥の有効成分がきわめて均一に分布しているのがわかる。オーベルボブリッチは砂土ではないが，砂含有量で他の土壌種より著しく勝る土壌でも同様である。

　こうした各種の畑について，耕土層の吸収能を周知しているなら，農業者がきゅう肥として添加した養分が，土壌のどの深さまで浸透するかを前もって確定しうることは容易に理解される。また，養分分配を正しい方法で正しい位置に行なうため，扱える機械的補助手段をいっそう有効に駆使できるのも，自明のことである。

　本考察を延々と続けることは無意味であろう。私が目標としたいのは，農業者の注意を，管理中に畑が発現する諸条件に向けることであって，個々の現象を詳細に観察すれば，根拠への追思惟が呼び覚まされるからである。畑の特性を正確に認知する道はこれしかない。

　観察と追思惟は，自然認識におけるあらゆる進歩の基本条件であって，その点農耕は発見の宝庫である。どんな幸福感，満足感も，実際には人間の心

5. きゅう肥農業

を通過せねばならず、それは、自分の畑の特質に関する正確な知識を理性的かつ巧みに使って、労働や資本の増大なしに、より多くの穀物を持続して収穫するのに成功した者のものである。こうした成果は、農業者のみならず、万人にとって最高の価値を有する。

　農業者が目標にしうる内容に比べれば、我々が創造し、発見するもののすべては、いかに無意味かつ卑小に見えることか！

　科学技術における我々の進歩は皆、人間生存の条件を増加せず、たとえ人類社会のほんの一部がそれによって精神的、物質的な人生の楽しみを味わっているにせよ、大部分における悲惨さの統計に変わりはない。餓えた者は教会に行かないし、学校において何らかを学ぶべき子供らは、空腹を抱えることなく、鞄にいま一片のパンを所持すべきなのである。

　これに対して、農業者の進歩は人類の要求と不安を和らげ、科学技術の獲得する良きもの、美しきものに感じ易く、受容し易くする。農業者の進歩があって初めて、他分野の進歩に基盤と真の繁栄とが与えられる。

　ここで我々は、きゅう肥農業によって畑の組成に生ずる変化を詳しく考察することにしよう。きゅう肥による生産力回復の根拠は、例外なくあらゆる畑に共通であるが、輪作や畑に栽培する植物は異なってもよい、

　耕土層は、穀作物の栽培と穀物の販売によって一定量の穀物成分を失い、以前の収穫を取り戻すためには、きゅう肥による再供給が必要である。

　このような補充は、現地飼料用のカブ、クローバ、牧草などの飼料作物の栽培をつうじて行なわれ、成分の多くは穀作物の根が達しない深部土層からもたらされる。

　こうした飼料作物は、イギリスにおけるカブのように畑そのものの上で、またはきゅう舎で飼料にされて、植物含有養分の一部は飼育する動物の体内に残留するが、残りは液体または固体排泄物の形できゅう肥の成分になる。きゅう肥の主体は敷料に用いたわらである。

　ドイツでは、ジャガイモを直接飼料にすることはなく、火酒醸造粕を飼料に用いる。このものは、ジャガイモが土壌から取り去った全養分の他、仕込みに使った麦芽の成分も含んでいる。

前輪作で生産したわらは，きゅう肥の形で原則的にすべて耕土層に入れるから，新しい輪作開始時における耕土層は，前と同様，わらの生産条件に富化している。こうした状況下で，わらの収量低下の根拠は成立しない。

　飼料に用いたクローバ，カブ，ジャガイモ粕等については，前述のとおり，摂取飼料成分のごく少量が役畜，馬，牡牛，一般に飼料を食っても体重変化の著しくない成畜の体内にとどまるだけである。しかし，若い家畜や羊の体内，そして牛乳，チーズには成分の一部が残留し，きゅう肥中に入って畑に戻ることはない。今，搬出した動物や動物生産物(羊毛，チーズなど)によって畑が受けるリン酸およびカリウムの損失を，ジャガイモ，カブ，クローバの含有リン酸の1/10と見積れば，おそらく過大に過ぎるであろう。いずれにしても，カブ，ジャガイモ，クローバの全成分の9/10がきゅう肥として畑に再供給されて，新輪作における施肥後の耕土層が，以前よりジャガイモ，クローバ，カブ成分に富むようになると考えても，大きな誤りといえないであろう。なぜなら，上記成分は深層に由来するからである。

　きゅう肥の有効成分は，大部分が畑表層に保持され，土壌の深層は損失のごくわずかを再獲得するだけである。したがって，深層はクローバやカブと同様に高い収量生産能力を回復しない。

　動物がカブ，クローバ，ジャガイモなどから摂取し，体内にとどめる土壌成分は，量質ともに穀物成分とほとんど同じであるから，畑の被る損失は，運び出した穀物プラス飼料作物が動物に供給した穀物成分に等しいと考えてよい。畑の穀物収量を完全に回復する必然的前提は，収量を得た土壌層における生産条件の平衡維持，すなわち，耕土層から穀物が取り去った養分の完全な回復である。

　仮にきゅう肥がわら成分とジャガイモ成分だけを含み，それ以外は全く含まないとすれば，そのようなきゅう肥を畑に施しても，わら収量，ジャガイモ収量に関する耕土層の生産力は回復するが，同等の子実収量は回復しない。耕土層は，わらやジャガイモの養分については相変わらず豊かだが，穀物に関しては養分の全持ち出し量だけ乏しくなる。

　きゅう肥で子実収量を回復しようとすれば，きゅう肥は損失に対する子実

成分を，持ち出しと同量または高い量で含まなければならない。

その量は当然，クローバまたはカブを飼料に用いた後に，きゅう肥に移行する子実養分の総量によって決定される。

損失より流入量が多ければ，耕土層は現実に子実成分に富むようになり，その場合，わらや塊茎作物の収量を増加させる条件もまた富化する。というのは，きゅう肥によって（クローバまたはカブ成分をつうじて）耕土層のリン酸および窒素含量が高まれば，いっそう高い比率でカリウム，カルシウム含量が向上するし，ケイ酸含量もやや増加するからである。前述のとおり，畑にはきゅう肥として，奪われた成分の全量が還元されるので，子実，わら，ジャガイモ収量は増大する。

このような収量増加は，主要成分を耕土層に仰ぐ全作物について，きわめて長期間継続しうるが，あらゆる畑には一定の限界が存在する。

耕土層が穀作物に対すると同様の関係を，クローバおよびカブ植物に対して持つ心土が，リン酸，カリウム，カルシウム，マグネシウムなどの養分を連続して奪われ，再補充されない結果，どの畑にも遅かれ早かれ，クローバやカブの生産力低下の時がやって来る。その時というのはつまり，穀物の栽培で耕土層から取り去られた養分が，クローバやカブの力で深層から上層に汲み上げられた貯蔵では，もはや補充されない時である。しかし，畑の高収量は，クローバの生育不良が始まっても，かなり長期間にわたって低下しない。なぜなら，各輪作ごとに，耕土層がクローバやカブをつうじて，穀物の搬出で失う以上の子実成分を獲得しているなら，養分余剰がしだいに蓄積して，農業者に畑の真の特性を完全に見失わせるからである。

農業者が，土壌表層から栄養をとるコモンベッチ，シロクローバなどの飼料作物を経営に取り入れた場合には，畜産の維持はうまく行くので，彼はクローバやカブがまだ好収量をあげていた昔と同様に，畑ではすべてがうまく進行している，との考えを抱くようになる。しかし，現実には補充が行なわれていないのだから，それが事実でないのは明らかである。その際の子実の高収量は，耕土層に蓄積した養分，すなわち輪作に取り入れた飼料作物が有効化し，輪作の回転ごとにきゅう肥として耕土層に均一分布した養分を食い

つぶして得たものである。

　農業者のきゅう肥の山は，量も高さもおそらく以前より大であるだろう。しかし，下層土あるいは深層からは，もうクローバやカブが養分を運んでこないので，耕土層の肥沃度は回復せず，着実に減少する。余剰が使い果たされると，子実の収量低下の時が到来する。一方，わら生産の条件は引き続き増大するから，わら収量は，前にも増して高くなる。

　農業者が子実収量の低下を見逃すはずはない。農業者は排水，機械的耕うんの改善，そしてクローバやカブに代わる作物の選択に関心を向け，畑の下層土が許すなら，アカクローバよりいっそう長く，張りのよい根を持ち，もっと深い土壌層に達するアルファルファまたはセインフォインを輪作に入れ，ついには真の荒地作物である黄花ルーピンを取り入れる。農業者が進歩と考えているこうした経営「改善」の結果，きゅう肥農業における子実収量は再び向上し，深層貯蔵庫からの養分貯蔵が耕土層にたぶん再集積するであろう。しかし，それとてしだいに再び空になって，耕土層の貯蔵は消耗して行く。

　これがきゅう肥農業の必然の帰結である。

　ザクセンの試験で使用した畑は，純粋のきゅう肥農業をつうじて一般にもたらされる各種の状態について，非常によい実例を与える。

　クンネルスドルフの畑は，きゅう肥農業で想定される第1段階，モイゼガストは第2段階，ケティツとオーベルボブリッチは第3段階を示している。

　クンネルスドルフでは，前作管理で消耗した耕土層が，輪作の一巡ごとに子実生産条件に富むようになっている。クローバは穀物栽培による損失を補い，そのうえ耕土層にはしだいに全養分の貯蔵が顕著に蓄積している。一定の年月の後には，きゅう肥経営の継続を前提にして，モイゼガストの畑の特性すべてを具備するに至るであろう。耕土層は，穀物その他の農作物には高い生産力を獲得するけれども，クローバの収量は減少するであろう。

　ケティツおよびオーベルボブリッチの畑は，過去の時期にはおそらくモイゼガストの畑と同様の特性を備えていたはずである。このことは，当時モイゼガストと同じ高収量をあげたというのではなく，ある時期に，無肥料区が

1851年より高収穫を与えたというだけである。輪作に組み込まれない別の畑，あるいは草地の助力がなければ，畑の収量は絶えず低下して行くにちがいない。両方の土地でクローバが耕土層に供給する養分は，奪取量を長期にわたり補充するには不十分である。

次の計算では，クンネルスドルフで生産したライムギ，エンバク収穫物は全量，ジャガイモとクローバは 1/10 が家畜の形で持ち出されると想定した[3]。

	リン酸	カリウム
耕土層の損失分		
ライムギ子実 1,176 ポンド中の持ち出し	10.2	5.5ポンド[4]
エンバク 2,019 ポンド中の持ち出し	15.3	7.7
ジャガイモ収穫物の 1/10 中の持ち出し	2.3	1.1
クローバ収穫物の 1/10 中の持ち出し	4.0	2.0
損 失 合 計	31.8	16.3ポンド
耕土層の獲得分		
クローバ乾草 9,144 ポンドの 9/10	36.18	95.5ポンド
差 引 き 合 計	4.38	79.2

したがって，クンネルスドルフの耕土層は，きゅう肥の形で，供給したより多くのリン酸およびカリウムを得ている。

上記の計算では，どれだけの穀物やエンバクが搬出されたかは，もちろん問題でない。畑が生産する以上のものは持ち出せないし，持ち出しが少なければ，それだけ多くのリン酸およびカリウムが畑に集積するだけである。

モイゼガストでは，

		リン酸	カリウム
耕土層の損失分	ライムギ子実／オオムギ子実／ジャガイモの 1/10／クローバの 1/10	35.4	18.1ポンド
耕土層の獲得分	クローバ収穫物の 9/10	22.0	62.0
		△13.4	43.9ポンド

ケティツでは，

		リン酸	カリウム
耕土層の損失分	ライムギ / エンバク子実 / ジャガイモ，クローバの 1/10	26.4	12.7ポンド
耕土層の獲得分		8.5	11.0
損　　失		△17.9	△1.7ポンド

　オーベルボブリッチの畑の計算は，ケティツと同様である。モイゼガストの耕土層は，クローバの高収量の結果として，カリウムがなおも増加しているが，ケティツのカリウムに富む土壌のカリウム含量は，子実収穫によってゆっくりと減少している。
　これら3つの畑は，肥料による外部補充が閉ざされた純粋のきゅう肥農業で，畑の示す振る舞いの典型を与える。
　購入飼料または自然草地で得られた乾草による補給は，肥料の購入と同等である。
　耕地が生産する以上のきゅう肥は投入できず，それが可能になるのは，明らかにきゅう肥成分を他から持ってくる場合に限る。当然の結果として，前者の獲得する分だけ，後者が失うことになる。
　以上の考察で，施肥した畑を起点にすれば，子実収量，多くはクローバやカブ収量もまた，いっそう速やかに低下する。耕土層は，穀物の持ち出しでより多くを失い，きゅう肥の増産でより多くを得るが，最終的結果は同じである。
　輪栽農業においては，耕土層は長期にわたって，輪作の回転ごとに，自然に放置したよりもカリウム，カルシウム，マグネシウム(クローバやカブに優勢な成分)およびケイ酸に非常に富化することが知られている。これらの物質は，茎や根の支配的な生産条件であって，畑は，農業者のいうように，雑草がはびこりやすくなる。雑草はきゅう肥農業の必然的な結果で，回避するには作物交代が必要不可欠である。
　一般に中耕は雑草を防ぐ手段であると信じられているが，機械的耕うんは

雑草の生育を後期に押しやるだけで，根絶はしない。中耕は除草の一部であっても全部ではない。

　農耕における作付順序は，いかなる状況下でも常に穀作物に従属している。人々は，栽培によって穀物収量を害せず，できればさらに改善する植物を前作にしようとするが，選択を規制するのは，常に土壌の特性である。

　根の成分に富んだ畑では，コムギの前作にタバコまたはナタネが，ライムギの前作にカブまたはジャガイモが有利なことが多い。これらの作物は，土壌から大量の根成分を取り去って，後作の穀作物のためにわらおよび子実成分の比率を是正し，同時に耕土層における雑草繁茂の条件を減少させる。

　ザクセンの畑が無肥料ならびにきゅう肥施用のもとで生産した収量に関する以上の考察は，きゅう肥農業の本質について完全な理解を与えたと信ずる。こうした畑は，農耕の歴史を反映しているのである。

　古代あるいは処女地では，穀物についで穀物が作られる。収穫が低下すれば，畑を変える。人口の増加は，しだいにこうした彷徨に限界を与え，人々は同じ土地を休閑を挟んで交互に耕作すると同時に，自然草地が生産する肥料によって，失われた畑の生産力を回復させ始める。それも十分でなくなると，畑自体での飼料栽培に移行する。最初は間断なく下層土を人工草地として利用し，次には不断に長期化する中間期を置きながら，クローバやカブを交互に作付けする。最後に，飼料作物の栽培が途絶え，それとともにきゅう肥農業が破綻する。畑生産力を回復する手段がしだいになくなって行く限り，きゅう肥農業の終局は土壌の完全消耗である。

　もちろん，すべてはごくゆっくりと進行して，孫や曾孫が結果にようやく直面することになる。畑地が森の近くにあれば，農民は落葉で切り抜けようとするし，まだ植物養分に富んでいる自然草地をすき返して耕地に変え，続いて森林を焼き払って灰を肥料に利用する。人口が段々減少すれば，農民は2年に1回（カタロニアにおけるように），そして3年にたった1回（アンダルシアにおけるように）畑に作付けするようになる[5]。

　偏見のない目で農業の現状に根本的な考察を加える価値がある，と認める理性的な人間にとって，ヨーロッパ農業の直面する段階に疑問の余地はない。

人々が畑の収穫回帰の条件維持に無関心であった地球上のあらゆる国，あらゆる地域は，人口密度が最大になる時期にさしかかっているのに，しだいに不毛と荒廃に陥っている。人々は，政治的変革の根拠を，大きな寄与のできる人物に求めることに慣れている。しかし，人民の生活におけるこれらの現象の大部分は，歴史家には容易にわからない，もっと深い原因に規定されているのではないか，そして民族皆殺し戦争は，多くの場合，自己保存の容赦ない法則で引き起こされたのではないか，と問うてみるがよい。民族にも青春と老年があり，死滅がある。このことを遠くから眺め，近寄って観察するなら，人間の生存条件は，地上に初めて出現した時からごく限られており，消耗し易いものであって，生存条件の維持を知らぬ人民は自ら墓穴を掘ってきた，ということがわかる。しかし，条件の維持を実行したところ(たとえば中国および日本)では，民族は滅亡しなかった。

　人間の意志いかんにかかっているのは，土地の肥沃度ではなくして，まさに肥沃度の持続性である。とどのつまり，ある国民が絶えず肥沃度の低下する土地で徐々に滅亡するか，国民が強力な時は肥沃度条件に富む国をせん滅して占拠するかは，大局的にはどうでもよいことである。

　ヴァレンシアの園芸農民が同じ土壌で毎年3回の収穫をあげているのに，ごく近隣の地方で3年にたった1回しか作付けされないこと，スペインでは，樹木の灰を耕地肥沃度の回復に利用するため，単純な無知によって森林が焼き払われたことを，現実に単なる気まぐれや偶然に帰するのは可能だろうか？　農耕の自然法則的な条件をいくらかでも知るようになった人々は皆，数千年来主要な国々で一般に行なわれてきた管理が，最も肥沃な国々でさえ貧困と消耗に不可避的に導かざるをえなかったことを洞察し，同様の原因がヨーロッパの文明諸国をも例外とせず，同様の作用を及ぼすであろうことに，思いをめぐらすべきではあるまいか？

　こんな状況のもとで，軽率な愚か者の次のような学説に評価を与えるのは，正当かつ理性的なことであろうか？　その学説とは，既にクローバ，カブ，ジャガイモの収穫はあがらないが，適当な位置に灰または石灰を施肥すれば，前記の作物が再び育つようになる特定の土壌について，それぞれ無尽蔵の養

分貯蔵があることを，みじめな化学分析を用いて証明する学説のことである。

穀物畑のきゅう肥を生産する飼料作物が畑で常に繁茂条件を見い出しているのだから，自然法則というのは，ある植物種にはあてはまるが他の種にはあてはまらない，などという意見を広めることは，穀物畑を肥沃に保つため，数年後には施肥する必要がある，との日常の経験に照らしても，人類社会に対する犯罪，公共の福祉に対する罪悪である。このような学説が導く帰結は，農業をこれまで落ちこんできた低い段階に押しとどめることにほかならない。農業には精神的内容とともに魂がある，という真実のすばらしさが，どこでもほとんど知られていないのは，残念なことである。農業が全産業の上に立つのは，有用性だけでなく，まさにこれによってである。農業経営は，自然の言葉を理解する者に対して，すべての利益に加えて楽しみをも提供する。農業に比肩しうるのは，科学だけである。

人類社会のあらゆる害悪のうち，無知は疑いなく根本悪であり，したがって最大の害悪である。無知な者は，たとえまだ豊かであっても，富を貧窮から守れず，知恵を持つ貧者は，知恵をつうじて豊かになる。無知な農業者がそれを認めない限り，農業者の勤勉，心労，困苦は破滅を早めるばかりである。彼の畑の収量は低下を続け，彼同様に無知な子供や孫は，ついには生まれた土地を保有できなくなって，土地は知識を持つ者の手に落ちる。なぜなら，知識には資本と権力を手にする力があり，その力が祖先の後継者たちの無抵抗を，自然法則的に追い払うからである。

自ら世話することのできない動物を思いわずらうのが自然法則であって，自然法則は動物の主人である。神の思考を理解しうる人間は，自然法則の主人である。自然法則は人間に自発的に，しかも喜んで仕えるのであるから，人間のことを心配したりしない。動物は知恵と能力を伴って地上に生まれ，母体から介添えなしに増殖する。しかし，造物主は人間に理性を授け給い，この贈り物によって動物と区別し給うた。理性は，人間が活用すべき神聖な「おもし」であり，こういわれる。

「その時，持つ者には与えられ，それより何ものも得ない者は，持てるものをも奪われるであろう」

人間がこの「おもし」によって手にするもののみが，人間に地上の力を超越した支配力を与えるのである。
　知識の不足から発生する誤りは，正当な権利を持っている。気のついた誤りを固執する者はけっしていないし，誤謬と若い真理との論争は，認識をめざす人間の自然な努力だからである。真理は，闘いの中で鍛えられねばならず，仮に誤謬が勝利したにしても，それは真理がもっと成長すべきことを証明するだけで，誤謬が真理であることを示すものではない。
　昔から「よりよいこと」はよいことの敵であったが，多くの場合，なぜ無知が理性の敵であるかについて，いかに無理解であることか！　農業ほど経営の成功に広汎な知識を必要とする産業はなく，農業ほど大きな無知の存在するところもない。
　もっぱら，きゅう肥施用を基礎にして営まれる輪栽農業について，ごくわずかの観察力，いや観察の意志さえあれば，あらゆる労働と勤勉とを動員して実行されたにもかかわらず，きゅう肥製造は畑の生産力を増加しなかった，という無数の徴候が認められるであろう。
　一方，輪作農家が公平かつ予断なしに今日の収量を過去の収量，あるいは父や祖父が得ていた収量と比較するなら，増加したといえる者は1人もなく，少数が同じというだけであろう。そして多数は，わら収量が明りょうに高く，子実収量が低くなり，かつて高かった比率が低下したこと。改良の成果だと考えられてきた昔の高収量のおかげで，祖先が蓄積した金は，昔は「作る」ことができると信じられた肥料物質の購入のため，今日再び支払わねばならないこと。いずれにしても，肥料は一度は生産できても，持続的に再生産できないことを認めるであろう。
　同様に，土壌が豊かなために経営維持が成立している三圃式農家は，まだまだ豊かな草地を所有して，肥料不足に悩まされず，輪栽農家と同じように，豊かな収穫とずっしり重い穀物を生産しているので，自分の経営は，土壌が喜んで与えてくれるようになった，と思い込んでいる。しかし，こうした農家も例外でなく，畑の肥沃度条件は消耗するのであって，農家の技術とはきゅう肥を穀物や肉に変えることだ，との信念はまちがっている，という経

験をするであろう。

畑の収量の持続性を支配しているのは，簡単な自然法則である。畑の収量水準が，土壌の養分総量の平面で規定されるとすれば，収量の持続性は，養分比率の一定性に依存する。

収穫によって土壌から取り去られた養分の再補充の法則は，合理的経営の原理であり，実際的な農業者が何ものにも増して心にとめるべきものである。農業者は，自然に放置した以上に畑を肥沃化することは，おそらく断念できるであろうが，土壌の肥沃度条件が減少すれば，収穫の安定は期待できないであろう。

自分の畑の収量は低下しなかった，という意見の全農業者に関しては，この法則がまだ真の適用をみていないのである。経営が養分余剰の上に成り立っている，との前提に立つ限り，欠損が顕著になるまで法則については忘れていてもよい。補充に考えをめぐらす時間は十分あるのだから。

こうした考えは，自分の行為に対する理解不足に基づいている。

たしかに，養分を余剰に含んだ畑への施肥が，常識的な管理に矛盾するのはいうまでもない。それでは，既存の養分の一部が量的に見て有効化しえない畑に，養分を増すというのは，どんな目的があるのか！

同じ水準の収量を得るのに，一定の余剰を施肥しなければならないとすると，理性ある人々はどのように説明するのか？ 施肥なしに，畑の収量は低下する！

ある地域で，ローマ時代から農耕が栄えているという簡単な事実は，別のことを物語っている。そこの土壌は，他の国々と同様，なお豊かであり，より高い収量をあげている。事実は，連続栽培による欠乏とか畑の消耗とかが，どんなに考えにくいものであるかを証明している。一般に欠乏や消耗が現れるとすると，まず第一にこうした現象を認めるべきである。

しかしながら，少なくともヨーロッパの文明諸国の農耕は，まだきわめて新しいのである。我々が明確によく知っているのは，Charlemagne 大帝の時代からである。管理人規則を含む，王領管理に関する大帝の布告 (Capitulare de villis vel curtis imperatoris)や，命令によって各荘園を視察

しなければならなかった官吏の皇帝に対する復命書(Specimen Breviarii rerum fiscalium Caroli Magni)は，当時において個人の農耕が全然問題になっていなかった事実の，否定しえない証拠である。布告では，キビ以外の穀物栽培については，ほとんど触れていない。報告摘要によると，740モルゲン(iurnales)の耕地および草地を持ち，600車の乾草を製造しうるシュテファンスヴェルト(皇帝直轄領の1つ)において，役人たちは，穀物の貯蔵が皆無であり，その代わり多数の家畜，そして740モルゲンの畑につき27丁の大鎌と小銃，耕作用にはわずか7丁の広鍬しかなかった，と報告している！

別の土地では，小麦粉400ポンド(1.33シェッフェルまたは3ヘクトリットル強)に相当するスペルトコムギ80かごがあったが，例年だと，小麦粉450ポンドが作れるスペルトコムギ90かごがあった。一方，ハムは330本である！

また別の土地には，前年のスペルトコムギの収穫または貯蔵20かご(＝小麦粉100ポンド)と1人が播種したスペルトコムギ30かごがあった。

当時は畜産が支配的で，穀物栽培は経営の中においてごく副次的な位置にあったことが容易に理解される[6]。Charlemagne大帝のすぐ次の時代の文書は，穀物栽培についてこう述べている。「毎年3ヨッホの畑地」をすき起こし，領主の種子を播かなければならない。(Bibra男爵『穀物の種類とパン』1860.)

したがって，おそらくイタリアは例外だが，我々はドイツ，フランスのどこかの畑が，Charlemagne大帝の時代から現在に至るまで穀物栽培に使われてきた，という明確な証拠をひとつも持っていないのだから，畑の非消耗性の立証には全く子供じみた性格がつけ加わる。当然そこに，畑は再生産条件の償還なしに穀物を生みだしてきた，という観念が入り込むからである[7]。高い穀物収量をあげてきたのだから，畑は穀物に対しても不毛ではないであろうが，子実の成分として奪ったものを補充しないと，穀物の収穫は停止してしまう。畑を耕す者がきゅう肥の効果を熟知している時，一般に畜産が広く行なわれるほど再補充は軽減される。Charlemagne大帝の時代には，そ

れがよく知られていて，きゅう肥は冬作物に施され，牛糞(「ゴール」と呼ばれた)と馬糞(「ドスト」または「ダイスト」)は区別されていた。当時のドイツでは，既に泥灰岩も一般化していた。多くの耕地において，開墾当初には，全く施肥なしに連続して豊かな収穫をあげえたことは確かである。現在でもアメリカ合衆国の多くの畑はそうであるが，広い経験のもとで確認されたものではない。こうした畑も，数世代後には既にコムギ，タバコ，ワタの栽培に不適になり，施肥を始めるとすぐにまた肥沃化する，というのはごく確実なことである。

　私には，歴史的事実が無知な実際家に説得力のないこと，同様に，政治史の諸事実は，「状況と関連」に従って行動を決定し，駆り立てるべきだと信じて駆り立てられる実際的な政治家に対して，説得力を持たない，ということがよくわかっている。しかし，我々がきわめてよく知っている国々で，4,000年以上も昔から，人間の手で肥料を獲得することなく，不断不変に穀物の高い収穫をあげていることは，思慮深い精神の持ち主には紛れもない事実で，まさにそこにおいて誰の目にも再補充の法則が明らかとなり，再補充の効果が完全に知られるのである。

　我々は，ナイル渓谷やガンジス平野の穀物畑が永久的に肥沃なのは，その地域で自然自体が補充を行なっているためであること，河川の氾濫の際，一部は水に溶解し，一部は水の運んできた泥土に吸収されている養分によって，畑は喪失した生産力を再獲得することを十分はっきりと知っている。

　河川の水が達しないすべての畑では，施肥なしに収穫をあげる能力が失われる。エジプトでは，収穫物の収量はナイル河の水位の高さで見積られ，インドでは，氾濫の遅延は不可避的に飢餓を招く。

　前記の場合は，自然自体が理性ある人々に，畑を肥沃に保つには何をなすべきか，ということを示してくれている。

　余剰を利用して経営をすべきである，と信じている我が国の無知な実際家の考えは，一部は畑の恩恵に基礎を置き，次には略奪に関する高度の熟練に基礎を置いている。今，ある人が1,000枚の金貨から金貨1枚分の重量を削り落として収入にしていたとすれば，逮捕されれば法律によって処罰される

し，また誰も気付かなかったからといって，彼の行為を正当化することはできない。すなわち，彼の詐欺行為を1,000回繰り返せば，金貨が全然残らなくなるのは，誰の目にも明らかだからである。

農業者が，自分の畑に有効養分貯蔵がどれだけあって，どのくらい豊かであるか知っていると我々に信じ込ませ，下層から取り去ったものを上層に与えることで畑を豊沃にした，と思い込んで自らを欺いている時，同様に誰も逃れられない法則が農業者を罰するのである。

また，別の階層は，一知半解の知識で理解を狭めており，再補充の法則は認めるけれども，自己流に解釈する。彼らは，耕地で通用するのは法則の一部であって全部ではないとし，再補充が必要なのは特定の物質で，その他すべては無尽蔵な量が畑に現存すると主張して，そう教えている。概して彼らは，何ら意味のない化学分析を頼りにしながら，素朴な農業者に対して（農業者にはこの種の論議だけが決め手であるから）あなたの畑が今もどんなに豊かであり，まだ何千回の収穫に足りるだけ貯蔵が豊富であるかを計算してみせる。収穫物を生み出し，かつ土壌に固有である養分部分の測定が不可能な時にも，土壌に含まれる養分を知ることが，何かの利益にでもなるかのように。

こうした味気ない主張は，確実に実際家の目を塞ぎ，それがなければ実際家が明りょうに見るであろうものを見えなくする。実際家は，このような主張に過度の信頼を置きすぎる傾向がある。実際家が放っておいてほしい，「思考」に悩まされたくない，と願っても，現実はそう行かないのである。

私は，1人の詐欺師が金持ちの紳士に，ほとんど純粋の酸化アルミニウム鉱床を非常に高い値段で買うように勧めている場面を思い出す。詐欺師はその時，化学操作によって，酸化アルミニウムは金属アルミニウムの調製に絶対欠くべからざるものであり，取り引きで金属アルミニウム1ポンドが4ポンド・スターリングになること，そして鉱床はこの高価な金属を80％近く含むことを証明してみせた。購買者は，その鉱物が日常生活では「パイプ粘土」と呼ばれて商品価値はごく低いこと，アルミニウムの高価格は主として酸化アルミニウムから金属を抽出するのに経過しなければならない各種の形

態に由来すること，を知らなかったのである。

カリウムに富んだ耕地でも，原則として同じことが生ずる。カリウムが有効であるためには，農業者の技術によって栄養価だけを持つ一定の形に変える必要があるので，それを理解しないと農業者には何の利益にもならない。

農業者は特定の物質だけを畑に還元すべきで，他の物質については心配しなくてもよいという意見は，そう考える人の耕地に局限される限り大して害はないであろうが，学説としては不当であり，排斥しなければならない。この意見は，実際家の低劣な精神的立場をあてにしたもので，仮に経営上の一定の変更とか，特定の肥料資材の施用とかによって，どうにか他人よりもよい結果を得るのに成功したところで，実際家は成功を自らの賢さに帰して，土壌には帰さない。実際家は，他人が同じことをすべて実行し，試験したが，好結果を得なかったことを全くご存じでない。無知な実際家は，あらゆる畑が彼の畑と同じ特性を持つことを前提として，自分の畑によかった処置は，当然他人の畑にもよいと信じている。自分に有利な肥料物質は他人にも有利であり，自分の畑に欠けているものは，他の全部に欠けている。彼が畑から持ち出すものは他人も持ち出すし，彼が補充すべきものは，他人もまた補充しなければならないのである。

実際家は，自分の土地と土壌——それを正確に知るには，多年にわたる注意深い観察が必要である——について知らないに等しく，他の各地の土壌については完全に知らない。彼は，成果の根拠に関して思いめぐらしたことがなく，また，彼の畑の施肥，作付順序や管理に関する他地方の農業者の忠告は，周知のとおり自分の地方にあてはまらないのだから，わずかばかりの寄与もしない，ということを実によく知っている。それにもかかわらず，こうしたことは皆，彼が他人に教えを垂れ，彼の行為が正当であり，彼と同様に大きな成果を狙うには彼を見習いさえすればよい，と人に信じさせたい気持を抑止しない。

このような見解の基礎は，土壌の特性と組成は無限に異なるという土壌の本質に対しての完全な否認にある。

ケイ酸，カリウム，カルシウム，マグネシウムに富んだ畑の多くは，通常

のきゅう肥経営の穀物栽培で，実際にはリン酸および窒素についてのみ消耗すること，リン酸と窒素の再補充にさえ気をつければ，農業者は他の物質の再補充を完全に放棄してよい，ということに関しては，既に詳しく論じた。この点には誰も異議ないのであるが，今の場合，彼が他人の畑についても結論を出し，自分と同じくカリウム，カルシウム，マグネシウム，ケイ酸は気にかける必要がないので，消耗した畑の肥沃度を回復するには，すべてアンモニア塩と過リン酸石灰で十分である，と他の農業者に信じ込ませようと考えたとすると，それは立場からの完全な逸脱である。

したがって，ある農業者が自らの経営によって，自分は全く取り去らないのだから畑にカリウムが欠乏するはずはないとか，輪作の一巡ごとに現実に余剰が集積しているから畑にはカリウムの余剰が含まれているとか，結論してもまちがいではないであろう。しかし，彼の経営を知らない他の農業者に対して，あなたの畑はカリウムの余剰を含んでいる，という権利があると信ずるなら，誠に子供だましである！

土壌のカルシウムまたはマグネシウム含量がリン酸に比べて高くないにもかかわらず，肥沃な畑(砂質および粘土質土壌)が数百万 ha もある。このような場合には，リン酸とともにカルシウム，マグネシウムの再補充についても注意を払わなければならない。

本源的な石灰質土壌一般のように，異常にカリウムに乏しい，肥沃な畑が数百万 ha もある。ここでは，カリウムを補充しないと，肥沃性は完全に失われる。

非常に窒素に富んでいて，補充が全くの浪費である数百万 ha の畑がある。

カリウムに富んだ畑では，灰は全然効果がなく，リン酸の豊富な肥料資材を施した時にクローバが繁茂するのに対して，カリウムに乏しい畑では，灰によって自然にクローバが生える一方，骨粉は有効でない。また，カルシウムとマグネシウムに乏しい畑は，マグネシウムを含む石灰の単用によって，クローバ栽培に適するようになることが多い。

農業者が，穀物と肉の他，さらに別の農作物を作って持ち出せば，補充の比率はただちに変化する。というのは，平均的なジャガイモ収量の時，3 ha

の畑からは4回のコムギ収穫物の種子成分の他に600ポンド以上のカリウムが持ち出され，3 ha の畑のカブ収穫物中には，やはり4回のコムギ収穫物の種子成分およびカリウム1,000ポンドが持ち出されるからである。農業者が，取り去ったリン酸だけを補充しているなら，収穫の継続はもはや確実でなくなる。

　同様にタバコ，アサ，アマ，ブドウなどの工芸作物の栽培者も，再補充の法則に十分留意しなければならない。ただ一般に，搬出したすべての補充に対し，一率に周到な注意を払うべきだと強制するのは正しい解釈でないし，石灰質土壌や泥灰岩質土壌でタバコを作っている農民に，葉の中に持ち出されたカルシウムを補充するよう要求するのは，まさに不可解であろう。再補充の法則が語っているのは，肥料と呼ばれる全部が畑に有益という訳でなく，選別しなければならないということである。再補充の法則は，畑から何が失われ，収穫の再現を確保するにはどれだけ再添加したらよいかということ，彼とその畑に少しも関心のないような人物の意見でなくて，畑管理における彼自身の観察により導かれるべきであることを述べている。この点では，畑に自発的に生える雑草を詳しく注意して観察することが，あらゆる農業の手引き書にもまして利益になることが多い。

　これまでの論議をつうじて，多くの人々——自然科学が未知の領域であり，明白な数字とか，同じく平易な事柄にしか一定の証明能力を認めない人々——の心に，純粋のきゅう肥農業が耕地に及ぼす効果について，さらに疑問が生ずるとすれば，その疑問はおそらく，一部政府の呼びかけのもとにドイツで行なわれた畑の穀作物収量に関する統計調査によって，氷解するものと思われる。

　提起された問題の中で，こうした調査が占める重みを正当に評価するために，まず平均収量といわれるものを明確にしておく必要がある。平均収量とは，1つまたは多数の畑，あるいは一地域または一国のすべての畑が生産する平均的な収量を数字で表したものを指し，すべての畑が一定の年数の間に生産した収量を合計して年数で割れば，この数字が得られる。こうしてそれぞれの地域には固有の平均収量が対応して，翌年の収穫高を判断している。

収量が平均的収量の半分，3/4 または 1 に相当する時は，半作，3/4 作または平年作といわれる。

そこで，我が国の穀物畑の状態に関する問題はこうである。ある時代から平均収量として表されている数字は変化したかどうか，その意味はどういうことか？ 収量あるいは数字は，昔に比べて高いのか，それとも同じか，低いのか？ 数字が高ければ，畑の収量が増加したことは疑いないし，同じなら状態に変化せず，ある地域で低ければ，当該地域の畑で，1 つまたはすべての肥沃度条件が低下したことに，何の疑いもありえない。

私は，目的に照らして，ラインヘッセンの収穫高調査を選ぼう。そこは優れたコムギ畑を持つ，最も肥沃なヘッセン大公領であり，非常に勤勉かつ活動的で，しかも平均的によく教育された国民が住んでいる (マインツ地方裁判所判事，法学博士・政治学博士 F. Dael の『ラインヘッセンに関する統計報告書』1849.)。

本調査は，1833 年から 1847 年まで全体で 15 年間にわたっている。したがって，ドイツではまだグアノが使用されるに至らなかった時代のものである。当時は，骨粉の消費もごく限られていて，ほとんど注目を引いていなかった。

ラインヘッセンにおけるコムギの平均収量は，播種量の 5.5 倍であった。

平均収量＝1 として，ラインヘッセンでの収穫物収量は，次のとおりであった〔上段は収穫年，下段は平均収量に対する比率〕。

1833—1834—1835—1836—1837—1838—1839—1840—1841—1842—1843—1844—1845—1846—1847
0.85　0.78　0.88　0.72　0.88　0.73　0.61　1.10　0.40　0.90　0.74　1.02　0.63　0.75　0.88

したがって，平均的収量あるいは真の平均収量は，以前の平均収量の 0.79 である。

つまり，ラインヘッセンのコムギ畑は，平均してその生産力を 1/5 強だけ低下させた。

私には，以上の数字に対し，また個々の正確さと全体的な信頼性に関して，いわれるであろうことがすべてわかる。しかし，仮に誤差が存在するにしても，公平な人なら，誤差はマイナス側と同じくプラス側にも生ずること，全

部の評価がマイナスであるときにプラスが1つ存在したとすれば，奇妙だということを見逃さないであろう。

ところで，コムギ栽培が減少してライムギが増加した事実，昔はコムギが作られていた非常に多数の畑が，後にライムギ畑に変わった事実の中で，このことは数字に結びついた結論への，誤りない，抗弁不能な証拠として成立する。

ライムギ畑への移行は，意味を正しく判断すれば，土壌の質の低下を示している。農業者は，耕地が既に採算に合うコムギ収穫をあげない時にだけ，コムギ畑にライムギを作るものである。

ラインヘッセンでは，ライムギの平均収量は播種量の4.5倍に相当し，平均して平均収量の4/5のコムギしか生産しえないコムギ畑の土壌が，完全にライムギ子実の平均収量をあげられることを示している。上記の15年間のデータによると，ライムギの平均収量は0.96で，基準平均収量ときわめてよく一致する。

スペルトコムギについては，収穫量平均が平均収量の0.79，オオムギでは0.88，エンバクは0.88，エンドウは0.67であり，これに対してジャガイモでは0.98，キャベツおよびカブは0.85であった[8]。大多数の人が信頼を置くプロシャとバイエルンの統計調査でも同様の結果が得られており，私は，フランスでも，イギリスも含めたすべての国でも，同じ関係が成立することに全く疑問を抱いていない。このような畑の状態の指標は，一般的に公共の福祉に関心を持つすべての人々の注意を呼び覚ますにちがいない。こうした徴候の中で将来の人民に暗示される危険に関しては，一切ごまかさないことが最も重要である。危険が近づくのを見る目を持たないからといって，危険を否定したところで，来るべき災厄は避けられないであろう。

我々の責務は，指標を誠実に検討，確認することである。災厄の源がひとたびわかれば，災厄を永久に回避する第一歩を踏み出すことは可能である。

原　注

1) きゅう肥は，他の肥料と同様，「万能肥料」の名にはそれほど値しない。きゅう肥

は一定の養分比率を代表しているが，多くの場合に最も有効なものではない。
2) ここで，ミュンヘンの試験結果(Zöller, Journal für Landwirtschaft, neue Folge, vol. 1.)は除外する。この試験は，土壌に個別の養分を増して行くと，植物の側では吸収が高まる一方，植物体内で進行する化学過程と植物の組成は，付随的に変化することを証明した。
3) 計算に用いたリン酸およびカリウム含量(%)は，次のとおりである。

	ライムギ 子実	ライムギ わら	エンバク 子実	エンバク わら	ジャガイモ	クローバ乾草
リン酸	0.864	0.12	0.75	0.12	0.14	0.44
カリウム	0.47	0.52	0.38	0.94	0.58	1.16

4) 子実中のリン酸に対する比率で表したカリウムの量は，リン酸2重量に対しカリウム1重量と計算してある。
5) 既にCarlos 5世皇帝は，最近耕地にすき返した草地を，新たに草地にするよう命令した布告を発した。このような布告を公布したのはCarlos 5世が最初ではなく，カトリック教徒の最初の王，もっと古くはカステリアのPedro残酷王も発布している。すなわち，カスリチアのEnrikは，15世紀初頭に，死刑をもって牛の輸出を禁止する禁令を公布したが，この時代に先立つ14世紀初頭に早くも，Alonso Onzeno王は，草地と牧場救済のための布告を公布した(Karl Thienen-Alderflycht男爵『スペインのスケッチ』，p. 241)が，すべては不成功に終わった。押しとどめることのできない作用を持つ自然法則の1つに対する時，最も強力な専制君主の力も，いったい何であろうか!!
6) Charlemagne大帝が，イタリアで知識を得た三圃式農業を自分の領土に導入したことは注目してよい。
7) さらに新しい実験は，畑から比較的短期間に収穫物を持ち出すとともに，取り去った土壌成分を補充しない時，畑の肥沃度条件がどんなにひどく低下するかを示している。ロザムステッドでは，15年間の栽培によって有効性カリウムの約半分が土壌から取り去られた(H. V. Liebig)。
8) 人々がよりよい見解を回避しない時，畑の肥沃度および生産力について，どういうことを導きうるか。ラインヘッセンの住民はこのことを証明した。ウォルムスの卓越した指導者であるSchneiderの報告によれば——これは，他の多くの国々でも起こったことだが——ラインヘッセンの純粋のきゅう肥農業は，「合理的な補充農業」に置き換わった結果，予想もしなかったほど収量が向上した。

6. グアノ〔要約〕

〔グアノの成分と作物の種子成分とを比較すると，グアノにはカリウムとマグネシウムが不足していて種子中に持ち出される土壌成分の完全な補充資材でないことがわかる。

グアノの利点は，効果の迅速さにあるので，それは湿った状態で，含まれるリン酸が水溶性になるためである。したがって，グアノの効果は，過リン酸石灰，アンモニア，カリウム塩の混合物に比することができる。

効果の確実性の面では，グアノは，あらゆる場合に有効なきゅう肥とは比べものにならない。しかし，きゅう肥に特定の比率でグアノを添加すれば，畑の養分組成の回復に有効であろう。また，カリウムとマグネシウムに富んだ畑では，グアノの単用によって，作物の長期間安定した収穫を期待することができる。〕

7. 乾糞，人間排泄物〔要約〕

〔取り引きに供される乾糞（プドレット）は，輸送可能な形態にした人間排泄物のはずであるが，塵埃や吸収剤の混入で，実際には比較的少量の排泄物しか含んでいない。もし，都市で集積するすべての液体および固体排泄物，そして屠殺した動物の骨を，一切の損失なしに集め，平野部の農業者に還元できるならば，畑の生産性は，無限に長い期間にわたって不変に維持されるであろう。〕

8. リン酸土類〔要約〕

「リン酸土類が特に重要であるのは，それが植物に対して他の栄養素より大きな意義を持つためではなく，肉や穀物を生産する農業者の行為によって，畑から最も大量に奪われるからである。

過リン酸は，主として速効性を狙う時や，畑の上層，中層にリン酸を富化したい時に適する。骨粉や骨灰，または鉱物性リン酸塩（フォスフォリット）など中性リン酸塩の効果は，一般に初年目には翌年に比べて小さい。

リン酸土類の肥効は，どんな状況のもとでも，土壌中にリン酸以外の植物栄養

素がある程度豊富に存在することを前提とする。〕

9. 油　粕〔要約〕

〔ナタネ油粕は窒素に富み，種子灰分と同様の灰分成分を含んでいる。ナタネ油粕の効果は，土壌中における成分の拡散性が高いために，たとえばリン酸含量を揃えたグアノと比較しても，いくらか高いように思われる。

しかし，ナタネ油粕の家畜飼料としての価値が一般に認められるようになれば，肥料としての使用はいっそう限られたものになるであろう。〕

10. 木灰，カリウム塩〔要約〕

〔ドイツの畑に対するカリウムの補給手段として，木灰は地域的な意味しかない。現在，木灰の消費は，岩塩鉱床の被覆層からとれるカリウム塩に比べると，ごくわずかである。

塩化カリウムは，もっぱら穀物に対して，一般に地上部の生育を促進したい時に施し，硫酸カリウムは，塊茎作物や根菜類に施されて硫酸マグネシウムと併用することが多い。また，カリウム塩はその他の養分と正しい比率で混合して利用するほど効果の高いことが観察されている。〕

11. アンモニアおよび硝酸

これまで報告された実験によれば，降雨で畑に供給されるアンモニアおよび硝酸の量は，非常にさまざまである。Bineau の観測からフランス各地における雨水のアンモニアおよび硝酸含量の平均をとると，年間1 ha の面積につき，アンモニア 27 kg＝窒素 22 kg，硝酸 34 kg＝窒素 5 kg で，つまり全体では窒素 27 kg＝54 ポンドになる。これは，1イギリス・エーカーあたりでは 21.9 ポンド，1 ザクセン・エーカーあたりでは 30 ポンドに相当する。

Boussingault によれば，最もアンモニアに富むのは露であるが，Knop によれば，露は雨水に比べて乏しい。

11. アンモニアおよび硝酸

しかし，植物は，雨水の仲介によってアンモニアと硝酸を土壌，露から得るだけでなく，直接大気からも獲得する。空気中に常にアンモニアが存在することは，Boussingault の実験 (Annales de chimie et physique, 3 Série vol. 53) から疑問の余地がない。同氏は，灼熱した次の物質 1 kg を 3 日間磁製皿の上に放置した時，

珪砂 1 kg ……アンモニア　0.60 mg
骨灰 1 kg ……アンモニア　0.47 mg
石炭 1 kg ……アンモニア　2.9 mg

を見い出した。

畑が 1 年間に雨水から得るアンモニアと硝酸の量は，かなりの精度で測定できるけれども，そうした測定は露には適用できず，また，植物が炭酸とともに空気から直接吸収するアンモニアや硝酸がどのくらいあるかについても，あまり検討はできない。

降雨がほとんどない中部アメリカの高原では，作物ならびに野生植物は，窒素栄養を露あるいは直接空気からしか得ていない。したがって，ヨーロッパの耕地に生育する植物も，雨水が供給するのと同量のアンモニアおよび硝酸を空気と露から得ていると考えても，誤りはないであろう。植物が生育しない砂原もまた，耕地と同じ量のアンモニアおよび硝酸を雨から獲得し，葉の多い植物は少ない植物に比べて供給量が多い。

今，ザクセンの試験において，無肥料区で収穫した穀作物，ジャガイモ，クローバは，含有窒素の全部を土壌から吸収して，空気からも露からも窒素栄養を受け取らなかったと考えると，第 2 部の「きゅう肥農業」の項で用いた仮定，すなわち，家畜の形で，クローバとジャガイモの窒素含有成分の 1/10 が持ち出されるという仮定から，畑の窒素収支は次の表のようになる〔次ページ「クンネルスドルフの畑」「モイゼガストの畑」各表を参照〕。

このような計算をさらに続けるのは，もう不必要である。なぜなら，不利な仮定のもとでも，畑は，通常の経営で，失うより多くの窒素栄養を常に降雨によって再獲得しているからである。

クンネルスドルフの畑

		収穫量	全生産物中の窒素	持ち出しによる窒素の損失	雨水による窒素の補給
		ポンド	ポンド	ポンド	ポンド
1851年	ライムギ 子実	1,176	22.4	22.4	
	わら	2,951	10.6	—	
1852年	ジャガイモ	16,667	69.8	6.9	
1853年	エンバク 子実	2,019	30.9	30.0	
	わら	2,563	6.6	—	
1854年	クローバ乾草	9,144	202.1	20.2	
				79.5	120

したがって，5年目初頭に畑に富化した窒素……40.5ポンド

モイゼガストの畑

		持ち出しによる窒素の損失	雨水による窒素の補給
		ポンド	ポンド
1851年	ライムギ	42.7	
1852年	ジャガイモ	7	
1853年	オオムギ	22.2	
1854年	クローバ乾草	12.2	
		84.1	120

1855年に富化していた窒素……35.9ポンド

　雨水にアンモニアと硝酸が含まれることは，人間の行為がなくても，この必須成分を植物に供給する窒素源が存在することを知らせてくれる。リン酸やカリウムのように，自ら動きえない他の養分については，こうした自然の源泉からの補充は成立しない。そこで，栽培をつうじて畑の生産力が低下する原因の探究にあたっては，第1に収量減少の根拠をもっぱら不動性養分に求めるべきで，循環して動く養分に求めるべきではないことが推察される。後者の少なくとも一部は，自然に畑に戻るからである。しかし，科学発展のいかなる段階においても，いったん受け入れられた見解は，一定の期間，歴史的な正当性を主張するものであって，窒素に農業耕作上の卓越した意義を与える見解も，まさにそのひとつである。

自然現象の考察と原因探求にあたって，人々は最初，現象が単純であるか複雑であるか，現象を規定しているのが単一の原因であるか多数の原因であるかを知らず，最初に有効と認められたものを唯一の作用要因と考える。生長のあらゆる条件が種子だけに備わっている，と信じられていたのは，まだそれほど古い昔ではなく，次には水が，後には空気が生長に決定的な役割を演ずることを発見し，さらに土壌中の有機物遺体に土壌肥沃度の主体を帰し，そして最後には，施肥に供する全物質の中で動物排泄物，動物の部分および成分が，何ものにも勝って有効なことを見い出し，化学分析が，ついにこれらの物質の主要成分として窒素を検出すると，今度は窒素に肥料の唯一の効果を，後には主たる効果を帰したのである。

こうした発展過程は，自然の道すじであって，非難するいわれは全くない。当時は，カリウム，カルシウム，リン酸など植物の灰分成分が，窒素と同じく，植物の生活で重要な役割を果たすことがまだ知られず，人々は，動物の角，皮，血，骨，尿，固体排出物がよい効果を示すのに，木材質やおがくずの類似物質は，全然といってよいほど効果があがらない，という事実に固執していたのである。一方で効果の根拠が窒素の存在にあるとすれば，他方では効果の不足があり，簡単にいえば，あらゆる事実は窒素の効果という点で調和がとれ，説明されるように思われた。

もし，窒素含有肥料資材中の窒素が効果の条件であるならば，すべてが必ずしも同量の窒素を含んでいないのであるから，すべてが農業者に同等の価値を持つものでないのは当然であって，窒素のパーセント含量の高いものは，低いものより価値が高いことになる。化学分析を使えば，窒素含量を決定するのは容易であって，相対的価値の一定の順序に肥料を並べ，それぞれにある数値を与えるのが，農業者の利益になるという訳である。つまり，他のものに比べて最も窒素に富むものが，最も価値が高いのである。

こうした価値決定の際，各種の肥料中の窒素の形態，窒素化合物以外の含有物質は，全く重きを置かれなかった。この序列においては，窒素化合物がにかわ質か角質かたんぱく質か，あるいは，これらの物質にリン酸土類やアルカリが伴っているかどうか，ということは全然無関係であった。乾血，皮，

角の削り屑，羊毛屑，骨，ナタネ油粕は，同じ系列の各要素であった。

「窒素」という言葉では，一定の化合物を特定できないから，当時，窒素含有肥料資材の効果が窒素含量に比例することを証明するのは，不可能事であった。

ペルーグアノおよびチリ硝石の施用導入によって，いわゆる窒素説は，独自の根拠を獲得した。グアノは，窒素の豊富さの点で他の肥料と較べものにならず，効果の速さと高さでも他に抜きんでている。効果の高さに関していえば，グアノは窒素説に一致して高い窒素含量に対応しており，化学分析は，効果の早さについても十分な説明を与えた。原則として，収量向上に及ぼすグアノの影響が，窒素含量の等しい他の肥料資材より速やかである事実から，グアノの成分には，他のものにない物質のあることが一目瞭然となった。この成分は，他の窒素化合物に比べて植物に有効であるにちがいないと考えられた。

成分の探求には何の困難もなかった。化学分析は，ペルーグアノがきわめてアンモニアに富んでいて，窒素含量の半ばがアンモニアから成ることを示した。ところで，アンモニアが植物栄養素であることは，既に認められており，グアノの速効性を説明するには，何の困難ももたらさないように見えた。

つまり，ペルーグアノは，アンモニアの形で，最重要植物養分を濃縮状態で含み，アンモニアは土中に拡散して，植物根に直接同化されるのである。

この時から，窒素含有肥料資材については，「可消化性」窒素と「難消化性」窒素の区別がされるようになった。可消化性窒素とは，窒素がアンモニアに変化した時に初めて可消化性になって作用しうる，その他の窒素含有物質のことである。

穀物の収量向上に対するグアノの効果には疑問の余地がないので，この理論は，グアノの効果が窒素含量によるということも，やはり争いえないものと考えた。さらに，理論は，窒素の最も有効な部分がアンモニアであるということも確実だと見なした。ここから，グアノの効果は，相当する量のアンモニアで置き換えられるはずだ，ということになり，この見解の信奉者にとっては，穀物畑の収量を任意に増加させ，高めようとするには，必要量の

11. アンモニアおよび硝酸

アンモニア塩を適当な価格で調達すること以外，何も必要でないように思われた。人々は当初，アンモニアには腐植が欠けているだけだと考え，後には腐植にはアンモニアが欠けていると考えた。

前記の結論は，作物に対する窒素の意義に関する見解の面では，測りしれない進歩であった。それまで，「窒素」という言葉には何らの概念も結びついていなかったのに対して，いまやきわめて明確な概念がある。以前に窒素と呼ばれていたものは，いま「アンモニア」と名づけられ，そしてアンモニアは，窒素含有肥料資材の成分を成す他のどんな物質とも異なる，具体的で秤量可能な物質である。ここに，アンモニアは，見解自体の正しさを検証するための実験に供しうるようになった。

仮にグアノの肥効が窒素含量に比例するなら，窒素含有量を同じに揃えたアンモニアは，同一どころか，いっそう高い肥効を示さなければならない。なぜなら，グアノの窒素の半分は難消化性窒素から成るが，アンモニアは完全に同化性だからである。もし，たった1つの試験でも，グアノが高い効果を示すのに，相当する量のアンモニアが効果を示さないか，あるいは劣った効果しか示さなかったとすれば，その試験は窒素に関する上記の見解を否定するに足るものである。見解が正しければ，グアノが有効であるすべての場合に，アンモニアの効果がなければならず，グアノと全く同様の作用をもたらさなければならない。この点に関する最も古い試験は，Shattenmannによって行なわれた(Comptes Rendus, vol. 17)。

同氏は，1つの大きな小麦畑の10区画に，塩化アンモニアと硫酸アンモニアを施肥した。同じ大きさの1区画は無肥料とした。施肥区のうち1つには1エーカー当たり162 kg (324 ポンド)の当該塩を施し，他には2倍，3倍および4倍量を施した。

Shattenmann はこう述べている。「アンモニア塩は，コムギに著しい影響を及ぼしたようで，植物は，施肥後8日目に早くも濃暗緑色を帯び，生長力の強さの確かな徴候を現した」

アンモニア施肥で得られた収量は，次表のとおりである。

直ちにわかるように，濃い暗緑色に結びついた期待は満たされなかった。

Shattenmann によるコムギ畑へのアンモニア塩施用試験

アンモニア塩施用量			収 量(kg)			
			子 実	わ ら	子実減	わら増
1) 1エーカー	無施用		1,182	2,867		
2) 1エーカー	塩化物 162 kg		1,138	3,217	44	350
3) 4エーカー	塩化物 324, 486, 648 kg の平均		878	3,171	304	304
4) 1エーカー	硫酸塩 162 kg		1,174	3,078	8	211
5) 4エーカー	硫酸塩 324, 486, 648 kg の平均		903	3,428	279	381

　アンモニア塩は，子実収量の向上に何ら影響を与えなかったばかりか，すべての試験で収量を減少させた。わら収量は，わずかながら増加した。

　この場合，子実収量はアンモニア塩によって増加せず，原則として収量が増加するグアノとは，対照的に作用した訳である。

　ただし，本試験では，グアノを用いた比較試験が行なわれなかったので，アンモニアの効果に関する前述の見解を覆す決定的な証拠とは認め難い。この畑では，グアノでも全く同様だったとも考えられるからである。数年後に，Lawes および Gilbert は，アンモニア，おそらくはアンモニア塩の効果を確認すると思われる一連の研究を発表した。同氏らは，畑の肥沃度を高めうるのはコムギの不燃性養分そのものではなく，子実とわらの収量は，むしろ添加したアンモニアに比例し，収量増加はアンモニア塩によってのみ狙えるので，窒素を含む肥料はコムギ栽培に特に適している，との命題を証明することを目論んだのである。

　しかし，Lawes と Gilbert の試験は，同氏らが根拠づけようとした結論のために実施されたとしかいいようがなく，明らかになったのは，むしろ同氏らが証明の本質について何の考えも持たなかった，という事実である。

　同氏らは，畑の1区画が，アンモニアだけで，同じ畑の同様の無肥料区よりも持続的な高収量をあげうるかどうか，について試験したのではなかった。同氏らは，畑の同じ区画が過リン酸やカリウム塩の施用によって，長年月のうちにどれだけの収量をあげうるかを調べる試験は行なわず，初年度にすべての年数分の子実およびわら成分，つまりリン酸およびカリウム(硫酸で分

解した骨粉500ポンドとケイ酸カリウム220ポンド)で畑の区画を富化させ，翌年からはアンモニア塩だけを施肥した。こうして，この条件下で得られた増収は，アンモニア塩だけの作用によるものだった，と我々に信じ込ませようとしたのである！

　LawesとGilbertの試験の不完全さは，同氏らが解決したと称している問題を，別の方法で定式化してみれば，おそらく一目瞭然になるだろう。グアノを施肥した畑からあがる高い収量は，グアノ中のアンモニアの作用によるもので，他の成分は何の寄与もしなかったことを証明したい。同氏らがこう考えたとしよう。同氏らが，グアノを水で浸出し，畑の2区画中の1区画にはグアノを施し，他の1区画には同量のグアノの可溶性成分を施用したとすると，起こりうる場合は，両方の収量が等しいか，異なるかの2つしかない。収量が等しければ，グアノの不溶性成分が作用しなかったことは明白であるし，グアノ施用区の収量の方が高ければ，不溶性成分(Lawes，Gilbert両氏の命名によれば無機成分)が，増収に何らかの寄与をしたことは確かである。もし，第3の区画に同量のグアノの不溶性成分，つまり浸出残渣を施用していれば，寄与の大きさがたぶん決定されていたであろう。

　これに対して，実験者たちが証拠を得るのに，こうした試験ではなくグアノを浸出して，畑の1区画に対し初年度にはグアノの不溶性成分を施し，翌年からは可溶性成分を施用して，高い増収をもたらしたのは後者，すなわちグアノのアンモニア塩だけであり，「増収はグアノの不溶性成分よりも，むしろアンモニア塩に比例する」と主張しようとしたなら，我々は彼らが詐欺を企てたと信ずべき根拠を持つことになろう。なぜなら，実際には畑に施したのはアンモニア塩だけではなく，グアノの全成分だからである。

　さきにも触れたように，グアノに関して述べたことは，過リン酸，カリウム，アンモニア塩の混合物についてもあてはまるので，LawesとGilbertの試験にもそのまま適用できる。

　同氏らは，初年度，畑に一定量の可溶性リン酸，カルシウムおよびカリウム——これら物質の量は，グアノ1,750ポンドにきわめてよく対応する——を施し，翌年からはアンモニアを添加した。前作をつうじて，畑の耕土層が

窒素栄養に乏しくなっていたのは明白であり，このような状況下でそのことに疑いを差し挟みうるとしたら，アンモニアなしでも，アンモニアの存在する時と同様に，グアノ中の有効養分が高い収量をあげた場合だけである。

本試験は，正しい原理に対する理解の不足が，まだ科学的批判にさらされなかった間に，一定期間農業者に何を提供できたかを示している点で，農業の歴史にとって注目に価するものである。

アンモニアおよびアンモニア塩の意義の問題については，バイエルン農業協会評議員会の手によって，1857年と1858年に，ボーゲンハウゼンの共有地で，グアノおよびグアノと同じ窒素含量を持つ各種アンモニア塩類の肥効に関する一連の比較試験が実施された。そして，その結果は決定的であった。

この試験では，通常のきゅう肥施用のもとでライムギを栽培し，ついでエンバクを2回作付けした後，完全に作物を除去した畑(壌土)に，面積がそれぞれ1,914平方フィートの区画18を設け，4区画にはアンモニア塩を，1区画にはグアノを施用し，1区画は無肥料のまま残した。

研究の原点として，完全なきゅう肥施用に相当する肥料資材の施用量は，バイエルン・ターゲヴェルク当たりグアノ336ポンド(1イギリス・エーカー当たり400ポンド)と想定された。したがって，前記面積当たりでは，グアノ20ポンドになる。

選定した良質のペルー産グアノは，あらかじめ分析して，100部中にアンモニア15.39部に相当する量の窒素が検出された。普通，グアノでは窒素の半量がアンモニアとして存在するだけで，残り半量は尿酸，グアニンなどである。アンモニア以外のこれらの物質中の窒素も，同様に有効であると仮定し，それに基づいて各種アンモニア塩の量を計算した。アンモニア塩も，アンモニア含量を正確に定めるために，あらかじめ分析した。そこで，前記のグアノ20ポンドはアンモニア1.719 kgと見積られ，他の4区には，それぞれ肥料に用いたアンモニア塩の形で，正確に同量のアンモニアを施用した。

グアノで増収が得られ，増収が窒素含量に規定あるいは支配されるとすれば，他の4区はそれぞれ同量の窒素を受け取ったのであるから，当然グアノ20ポンド施肥と全く同様に振舞わなければならない。結果は次表のとおり

であった。

ボーゲンハウゼンにおける同量の窒素を含むグアノとアンモニア塩の比較試験(1857年の収穫物収量)

施　　肥	オオムギ	
	子　実	わ　ら
炭酸アンモニア(5,880 g)	6,335 g	16,205 g
硝酸アンモニア(4,200 g)	8,470 g	16,730 g
リン酸アンモニア(6,720 g)	7,280 g	17,920 g
硫酸アンモニア(6,720 g)	6,912 g	18,287 g
グ　ア　ノ(20ポンド)	17,200 g	33,320 g
無　肥　料	6,825 g	18,370 g

　4区は，それぞれ同量の窒素を与えられたにもかかわらず，どの区の収量も他区と同じではなかった。全体として，アンモニア塩を施用した区のわらおよび子実収量は，無肥料区よりごくわずかしか高くない。一方，グアノを施用した区は，等量の窒素につきアンモニア塩施用区の平均の2½倍の子実，80％多くのわらを生産した。

　本試験は，翌年，同じ共有地において冬コムギを用い，同じ方法で繰り返した。選択した畑は，6年前に最終のきゅう肥を施して冬ライムギとクローバ，後の3年間はエンバクを作付けしたところである。エンバクの株は刈り倒した後，なお2回すき起こして，1857年9月12日に播種を行ない，1日のうちにハローをかけた。播種の直後に温和な夕立があった。

　畑は，それぞれ1,900平方フィートの等しい区画17に分け，各区は溝で他区と分離して，別々に播種とハローがけを行なった。グアノの量は18.8ポンドとし，その窒素量からアンモニア塩の施用量を計算した。つまり，さきの試験と同じく，各区は全く同量を受け取ったのである。結果は次表のとおりである。

　この試験は，高度有効窒素に富む肥料資材の効果が，主として肥料中に存在する窒素によるものだ，とする見解の誤りを明確に立証している。仮に窒素が肥料資材の効果に寄与しているにしても，それは窒素含量に比例しない。

　アンモニアまたはアンモニア塩が畑の収量を高めるとすれば，その効果は

ボーゲンハウゼンにおける試験(1858年の収穫物収量)

施 肥	冬コムギ 子実	冬コムギ わら
グアノ(18.8ポンド)	32,986 g	79,160 g
硫酸アンモニア(11.8ポンド)	19,600 g	41,440 g
リン酸アンモニア(11.9ポンド)	21,520 g	38,940 g
炭酸アンモニア(10.6ポンド)	25,040 g	57,860 g
硝酸アンモニア(7.1ポンド)	27,090 g	65,100 g
無 肥 料	18,100 g	32,986 g

土壌の特性に依存する。

　ここで土壌の特性というのは，次のように考えればよい。アンモニアは，土壌中にカリウムもリン酸もケイ酸もカルシウムも創造できないのであって，コムギ植物の生育に不可欠な，これらの物質が土壌に欠けていれば，アンモニアはまるきり何の効果も発揮しえないであろう。Shattenmannの試験や，さきに述べたボーゲンハウゼンの試験で，アンモニア塩に効果がなかったとしても，それはアンモニア自体が有効でなかったためではなく，効果の条件が欠けていたために有効にならなかったのである。LawesとGilbertは，これら諸条件を畑に加えて，その意味で，アンモニアを有効化したのである。草地におけるアンモニアの効果に関するKuhlmannの結果も，全く同じである。同氏は，1区画の草地に硫酸アンモニアを施して，無肥料区を上回る乾草の増収を得たが，それは，アンモニア塩の共同作用なしには無効であったはずの，リン酸やカリウムなどの一定量が有効化したためである。そして，アンモニア塩にさらにリン酸カルシウムを添加した場合，アンモニアの有効性は極度に高まって，次のようになった。

ha当たり乾草収量(1844年)

施肥量	収量	無肥料に対する増収
1) 硫酸アンモニア(250 kg)	5,564 kg	1,744 kg
2) 塩化アンモニアおよびリン酸カルシウム(333 kg)	9,906	6,086
3) 無肥料	3,820	

11. アンモニアおよび硝酸

すなわち，Kuhlmann は，無肥料区の生産に比べて約 1/2 多い乾草を，硫酸アンモニアだけで得たのであるが，リン酸カルシウムの添加によって，収量は 3 倍近くに高まった。

肥料の窒素が特別に重要だ，という見解の支持者たちは，畑の肥沃性の根拠についても，類似の概念を作りあげた。

畑における肥料資材の効果が，実際に畑の窒素富化に依存するならば，消耗の原因は単に窒素の減耗だけになり，収穫物に奪われた窒素を畑に再補充してやることで，肥料が生産性を回復する訳である。したがって，畑の肥沃度の不等性は，窒素含量に差があるからで，窒素に富んだ畑は乏しい畑より肥沃でなければならない。

この見解もまた，みじめな結末に至った。なぜなら，肥料物質に対して真実でないことは，畑に対しても真実ではありえないからである。化学分析に詳しい人は誰でも，土壌の諸成分の中で窒素ほど正確かつ精密に定量できるものはないことを知っている。そこで，通常の方法により，ヴァイエンシュテファンおよびボーゲンハウゼンの土壌試料中の窒素を定量して，深さ 10 インチ当たりに換算したところ，次のようになった。

畑 1 ha 当たりの窒素含量(kg)

ボーゲンハウゼン	ヴァイエンシュテファン
5,145	5,801

1857 年に両地の畑に夏オオムギを栽培して，1 ha 当たり次の収量を得た。

	ボーゲンハウゼン	ヴァイエンシュテファン
子実	413	1,604
わら	1,115	2,580
	1,528	4,184

すなわち，両者の窒素含量はほぼ等しいのに，ヴァイエンシュテファンの畑は，ボーゲンハウゼンの 4 倍近い子実と 2 倍のわらを生産したのである。

1858 年には，ヴァイエンシュテファンでは冬コムギ，シュライスハイム

1 ha 深さ 10 インチ当たりの窒素含量(kg)

	シュライスハイム	ヴァイエンシュテファン
	2,787	5,801
子　実	115	1,699
わ　ら	282.6	3,030
	397.6	4,729

では冬ライムギを用いて，本試験を繰り返し，上の結果を得た。

　シュライスハイムとヴァイエンシュテファンの畑の窒素含量の比は1：2，これに対して収量の比は1：14である。

　この事実からして，土壌の窒素含量と生産力の関係については，何ともいえない。1846年にKrockerがいろいろの地方の22種の土壌の窒素を分析する実験を行なって，不毛の砂でも，深さ10インチ以内に完全収穫に必要な窒素の100倍以上，他の耕土は，500-1,000倍を含むことを発見して以来，同様の実験はあらゆる国で実施され，Krockerの結果を確認している。それで，こうした見解を擁護する人は，もはや実際には1人もいないのである。

　大多数の耕地が，リン酸より遙かに窒素に富んでいること，肥料価値を測る尺度として選択された窒素の相対含量が，畑の生産性の基準には全く不適当であることは，その時以来一般によく知られた事実である。

　そこで，各種肥料と土壌の化学分析の間には，解決しえない矛盾が生じた。化学実験室では，肥料資材の効力は窒素含量パーセントとして正確に測定できたのであるが，農業者が肥料を土壌に投下した時には，土壌窒素のパーセント含量の測定は，土壌生産力の評価に関して，一切の妥当性を失った。この不可解な事情は，効果がもっぱら窒素によるとする見解——既に指摘したとおり，最小限の実証も得られていないのであるが——に対する疑念を呼び起こしたはずなのに，見解の擁護者たちは自説にしがみついて，新しい，いっそう奇妙な考察で土壌の振る舞いを説明しようと試みた。人々は，実際に畑の収量を高めたのは，土壌中に存在する窒素量のごく微小部分，つまりグアノ，きゅう肥またはチリ硝石の形態であって，他方，アンモニア態または硝酸態の窒素を含まないその他の肥料資材の作用は，時間の面で非常に異

なり，角の削り屑，羊毛屑のようなものは，効果がごく緩慢なことに気づいていた。このことから，肥料と同様，耕土においても，窒素の性格はやはり種々さまざまである，との仮定が導かれた。一部はアンモニアまたは硝酸の形で土壌中に含まれ，本来的に有効であるのに対し，残りは特別の形態——何の説明も与えられていない——をしていて，全く作用しない，ということである。したがって，畑の生産性を測りうるのは，全窒素含量だけである，と。窒素の有効性の見解の支持者たちは，真理に対する証明をあくまで回避することに慣れていたので，こうした拡張への実証も当然放棄した。そして，この見解は以下のように展開すると信じ込んだ。

畑の子実とわらの収穫物中の窒素が，土壌の全窒素の6，4，3または2%を占めていたとすれば，それが根拠である。なぜなら，畑には6，4，3または2%の有効態窒素が含まれていて，残りの94，96，97または98%の窒素は無効態窒素であったのだから。

つまり，効果（有効態窒素含量）を効果（収穫物の窒素含量）から推論したのである。窒素全量中に有効態が多ければ，高収量が得られ，収量が低い時には有効態の窒素が欠乏していた。誠にもっともである。グアノまたはきゅう肥の形で，多くの有効態窒素を追加すれば，収量は向上するであろう。土壌生産性の新しい判定基準によって，以前の肥料価値の判定基準は事実上放棄された。なぜなら，土壌中の硝酸とアンモニアにだけ有効性を認め，その他すべての窒素化合物に有効性を認めないのであれば，アンモニアでも硝酸でもない肥料の窒素化合物を，これら2つの養分と同列に置くことは，無論許されないからである。

しかし，乾血，角の削り屑，にかわ，ナタネ油粕の含窒素成分等，硝酸もアンモニアも含まない純物質は，肥料の価値系列の中で高い順位に格付けされてきた。多くの場合，これら肥料資材の良好な効果は疑いないところであるが，分析によれば，全然そうではないのである。一方にはナタネ油粕を施肥し，他方には施肥しない2つの畑で，前者は，後者に比べて多量のアンモニアが検出できないにもかかわらず，より高い子実収量またはカブ収量をあげた。したがって，これら肥料資材中の窒素化合物，すなわち血液，ナタネ

油粕，にかわのアルブメンは，しだいにアンモニアに変わるために効果を現したのだ，と想定され，一方，土壌中に存在する，いわゆる無効態の窒素化合物は，アンモニアを生じたり，酸化して硝酸になったりする力はない，ということが当然の前提とされた。

一方が他方より遙かに多量のカルシウムを含む 2 つの畑で，カルシウムに富む方が必ずしもクローバに対して肥沃でないことが多い，というのは周知のことであるが，カルシウムに富んだ畑のカルシウムが，有効および無効という 2 つの状態で含まれていて，クローバ収量の差は，カルシウムの有効部分に規定される，などとは誰も考えなかったことである。どちらも同じ骨粉を施用した 2 つの畑で，しばしば一方が他方より高い収量を与えることが知られている。しかし，後者の畑で骨粉が効かなかったのは，無効状態に変化したためと想像することなどは，誰も思い及ばなかった。

つまり，養分の過剰が畑の収量に認めうる影響をまず及ぼさないことは知っているが，窒素については問題は別だ，と考えた訳である，過剰は有効でなければならず，もし有効でなかったとしても，原因は畑にではなく，窒素化合物の特性と性質にある，というしだいだ。

結局，農耕の主要な効果を窒素に帰する見解は，前例を見ない概念の混乱と，何とも軽率で笑止な前提とに到達したことが知られる。この見解の支持者は，誰一人として，無効と想定した窒素化合物を土壌から調製し，性質を調べる努力を払わなかった。全然不可知なものに，ある振る舞いが帰せられた。なぜなら，それはわからないからである。

この見解の支持者たちは，土壌中に存在する窒素化合物について，いうべきことを知らないので，我々に，それについては一般に何もわかっていないのだ，と信じ込ませようとする。しかし，化学に多少の知識を持つ者には，耕土中の窒素の起源に関して，何らの不明確さも不分明さも成立しない。耕土の窒素は，雨，露などによって土に窒素を供給する空気に由来するか，あるいは植物世代が次々に死滅する結果，土中に集積する植物部位や，土中に含まれたり人間が排泄物の形で土中に投入したりする動物性廃棄物等の有機物に由来するか，のいずれかである。動物および人間の排泄物，土中の動物

遺体，棺の中の人体は，一定の年月の後に不燃性成分にまで分解し，成分中の窒素は，ガス状のアンモニアになって周囲の土中に拡散する。広く分布する死滅した動物遺体は無数の鉱床，鉱山を形成し，または丘のように堆積して存在する動物遺体の鉱床は，古代の地球における生物の広汎な分布を証明しており，アンモニアや硝酸に変化したこれら動物体の含窒素成分は，今なお植物界，動物界の維持に現実の役割を果たしている。この面でごくわずかな疑問が残るとしても，それは Schmid および Pierre の研究によって，完全に片がついたと見なすべきである (Comptes Rendus. vol. 49. p. 711-715)。

Schmid (Bulletin d'Académie de Saint Petersbourg. vol. 8. p. 161) は，オレル県庁から得た多数のロシア黒土（チェルノーゼム）の試料を研究したが，そのうち，同一圃場の3点は"処女地"土壌と記載されており，したがって，農業耕作を受けたことがないと考えられる。その窒素含量は次のとおりであった。

芝草の下	0.99%
深さ4ヴェルショーク	0.45%
心土の土	0.33%

土1ℓの重さを1,100gとすれば，面積1ha当たり，土壌は以下の窒素を含む計算になる。

深さ	10 cm	10,890 kg 窒素
それ以下	10 cm	4,950 kg 窒素
それ以下	10 cm	3,630 kg 窒素
深さ	30 cm	19,470 kg 窒素

Pierre は，カン周辺の土壌を研究して，1 ha につき 19,620 kg 含まれる窒素が，1 m の深さに次のように分配されていることを見い出した。

土壌第1層	深さ	0- 25 cm	8,360 kg 窒素
第2層		25- 50 cm	4,959 kg 窒素
第3層		50- 75 cm	3,479 kg 窒素
第4層		75-100 cm	2,816 kg 窒素
			19,614 kg 窒素

つまり，両者の研究では，最上層すなわち本来の耕土層（深さ約10イン

チ)が最も窒素に富み，深層では窒素含量が低下していた．このような特徴は，耕土の窒素の起源を一義的に示している．

栽培によって絶えず窒素が奪われる最上層に，深層より多くの窒素が含まれるとすると，窒素は当然外から来たことになる．

各国，各地方のいろいろな土壌の分析は，畑1ha当たり，25cmの深さに最低5,000~6,000kgの窒素を含まないような，肥沃なコムギ畑土壌はまず存在しないことを示しているし，また，土壌の窒素量と収穫農作物中に持ち出される窒素量との単純比較からも，後者は前者のごく一部を占めるにすぎず，窒素に比べて他のすべての養分のほうが消耗しやすいことが示される．

Mayer(Ergebniss der Landwirthschaftlicher und Agriculturchemischer Versuche, 上巻, p.129)の実験は，アルカリ水溶液に対する耕土の振る舞いが，土に含まれる窒素化合物の実態に関して，何の結論をも与えない，ということを示している．アンモニア態で土中に含まれる窒素は，苛性アルカリと蒸留すればすべて分離できるはずであり，分離しなかった部分の窒素はアンモニアでありえない，と考えられてきたが，Mayerは，この考え方が正しくないことを証明した．まず同氏は，4時間の煮沸——沸騰水による4時間の洗浄と同等と考えられる——の際にも，腐植成分に富んだ土の多くが，著しい量のアンモニアを保持することを見い出した．本実験に使用した土は，1)木の切株の空洞の土，2)混合有機物に富んだ植物園の庭園土壌，3)ボーゲンハウゼンの重粘土であった．

土100万mg(1kg)の煮沸時の保持量

	1) 木の腐植土	2) 庭園土	3) 粘土
アンモニア	7,308 mg	4,538 mg	1,576 mg

アンモニアの希薄な溶液を用いたり，容器内でアンモニアガスや炭酸アンモニア上に静置したりして，耕土にこの物質を飽和させてから乾燥し，薄層にして14日間空気中に放置すると，土中で強固に結合していないアンモニアは逃げ去るが，さらに冷水で洗浄して除くことができる．さて，正確に測定してアンモニア含量がわかっているこのような飽和土を，苛性ソーダとと

もに煮沸蒸留してみると，吸収アンモニアの非常に著しい部分は，この方法では分離できないことがわかる。以後，常温下で各種の土が吸収したアンモニア量を A，12-15 時間湯煎上で苛性ソーダを作用させた後，同じ土が保持していたアンモニア量を B とする。

土 100 万 mg 当たり

	ハバナ	シュライスハイム	ボーゲンハウゼン	粘 土
A	5,520 mg	3,900 mg	3,240 mg	2,600 mg
B	920 mg	970 mg	990 mg	470 mg

一見してわかるように，この条件下で，吸収アンモニアの一定量を保持する力は非常に異なっていて，ハバナ土(不毛の石灰質土壌)は，吸収したアンモニアの 1/6，シュライスハイム土は 1/4，ボーゲンハウゼン土は 1/3 近くを保持している[1]。

アンモニア飽和土を長時間苛性ソーダとともに加熱した時，一部しか回収されなかった理由は，このことで説明される。また，結合アンモニアを徐々にガス状に分離する力は，ナトリウムの化学親和力よりも，むしろ高温下における長時間の水の作用なのであろう。事実，こうした操作では，アンモニア生成が停止する限界は生ぜず，湯煎中 25 時間の連続加熱後でも，溜出液はまだアルカリ性を呈する。

自然状態のもとで，上記の耕土は，沸騰苛性ソーダ液に対し，あたかも部分的にアンモニアで飽和されたかのように振る舞う。以下，ソーダ石灰とともに加熱した時に各種の土壌から発生するアンモニア全窒素量を A，12-25 時間苛性ソーダ液とともに加熱した時分離可能なアンモニア量を B とすると，

土 100 万 mg 当たり

	ハバナ	シュライスハイム	ボーゲンハウゼン	粘 土
A	2,640 mg	4,880 mg	4,060 mg	2,850 mg
B	510 mg	1,270 mg	850 mg	830 mg

これらの数字から，いくつかの興味ある考察がなされるが，中でも，土壌

に含まれる全窒素の1/3，1/4または1/5の部分はアンモニアの形で分離できて，この操作では，苛性ソーダによる25時間の蒸留後にも，常に溜出液はアルカリ性を呈することがわかる。

5-6時間苛性ソーダとともに加熱した後でも，アンモニアで飽和した土からは，添加吸収させたアンモニア1/3，1/4または1/6が除かれずに残り，そして，残った部分は本質的に変化してもはやアンモニアでなくなったとは主張できないのであるから，同一条件下にある自然状態の土の反応から，蒸留のさいアンモニアとして得られない窒素は，土中でもアンモニアとして含まれていなかったのだ，と結論することはできない。

上述の実験は，土壌中のすべての窒素がアンモニアの形態であるとの証明にはならない（いずれにしても一部は硝酸態で含まれると思われる）にせよ，少なくとも，アンモニアとして存在することへの反証にはならない。

ここで扱っている問題の論議は，この証明にすべて依存している訳ではなく，さしあたり，含有窒素に関連した土壌の反応が，きゅう肥と全く同じことである点を明らかにすれば十分である。きゅう肥の窒素は，小部分がアルカリ蒸留で分離しうるにすぎず，遙かに大きな部分は，分解作用によって初めて分離できるのである。

Volkerの分析によれば，新鮮なきゅう肥800ツェントネルは次のものを含んでいる。

きゅう肥800ツェントネルの含量（ポンド）

	1854年11月	1855年4月
窒素	514	712
アンモニア ｛遊離 27.2 塩 70.4｝	97.6	74.4

このものをシュライスハイムおよびボーゲンハウゼン土壌の分離可能なアンモニア含量，全窒素含量と比較すると，

11. アンモニアおよび硝酸

耕土 800 ツェントネルの含量(ポンド)

	シュライスハイム	ボーゲンハウゼン
窒素	321.6	267.2
(うち分離可能なアンモニア)	101.6	68.0

特に窒素に富んでいるとはいえない 2 つの土が, 同じ重量のきゅう肥と同じだけのアンモニアを含む時, きゅう肥の効果をアンモニア含量だけに帰させようとすれば, シュライスハイムの畑の不毛さは全然不分明になることがわかる。

我々は, きゅう肥窒素の全量が効果に一定の寄与をすると考えている。そして, 起源の点では耕土の窒素含有成分も肥料の成分を成す物質と同じなのだから, 効果を前者に帰して後者に帰属させない, というのは不可能である。

土壌中の窒素化合物が, しばしば収量には何の向上効果も示さないのに, 肥料中の窒素化合物が疑いなく好影響を与えるのは事実である。したがって, 肥料中の窒素化合物の効果は, 土に欠けている原因が規定しているはずであって, もし農業者が, 肥料の好適な作用を規定する原因を作動させるように手を尽くせば, 土壌中の窒素化合物に同じ効果を付与できることは明白である。

たとえば, 別のところで述べた 2 つのシュライスハイムの畑が無肥料状態で生産した収量を比較し, かつ含有窒素量と比較すれば, 次のようになる。

シュライスハイムにおける無肥料での栽培試験

1 ha 深さ 10 インチ当たりの窒素含量(kg)			収 量(kg)	
			子実	わら
畑 I	1858 年	2,787	115	282
畑 II	1857 年	4,752	644	1,656

畑の窒素が収量を規定する, との見解の支持者は, 2 つの試験結果をおよそ次のように判定するであろう。

2 つの畑の窒素含量の比	100:160
子実収量の比	100:560

仮に，収量が土壌中の有効態窒素の量に比例するならば，畑IIの土壌は，畑Iに比べて全量だけでなく，比率においても多くの有効態窒素を含んでいたことになる。今，畑Iの子実収量＝115 kgが窒素全量＝2,787 kgの有効態窒素部分に対応していたとすると，畑IIは，有効態と無効態窒素の相対比が畑Iと同一であった時，子実257 kgを生産したはずである(窒素2,787 kg：子実115 kg＝窒素4,752 kg：子実257 kg)。しかし，畑IIは2.5倍の子実を余分に生産したのだから，畑IIの有効態窒素量は，同じ割合で大きかったことになる。

　しかしながら，このきわめて明快な説明は，次の事実と矛盾する。すなわち，同じ年に過リン酸石灰(フォスフォリットから調製した)を施肥した2つの畑は，次のような収量をあげた。

1 ha 当たり収量

		子実	わら
過リン酸石灰を施用した畑I	1858年	654 kg	1,341 kg
〃 畑II	1857年	1,301 kg	3,813 kg

　つまり，畑Iでは，何ら土壌中の窒素量を増すことなしに，硫酸，リン酸，カルシウムの3養分の添加によって，2,787 kgの窒素で，4,752 kgの窒素を有する畑IIと同量の子実が収穫されたのである。したがって，畑Iには畑IIと同量の有効態窒素があったのであるが，この畑には，効果をもたらすのに絶対不可欠な一定の他の物質が欠けていたことになる。窒素の有効性は，こうした物質を畑に与えた時，初めて発現する。同様にして，畑IIに対する過リン酸の好影響から，無肥料区の収量はやはり有効態窒素含量に対応せず，収量は本肥料資材の添加によって2倍以上に高まったのだ，ということがわかる。かつ，畑Iに過リン酸の他，さらに食塩137 kg，硫酸ナトリウム755 kgを追加すると，新たな向上が見られて，今度は子実700 kg，わら1,550 kgとなり，一見有効でない大量の窒素が有効化した。

　この種の問題を深く考える，分別ある農業者は，実際の経験や自らの体験と，それを説明しようとする学派の見解の間には，本質的な違いがあるかもしれない，と感ずるであろう。あれこれの場合に，きゅう肥，グアノ，骨粉

11. アンモニアおよび硝酸

は収量を回復または向上させた，と実際家が語る時，その事実が真実でなく疑わしいとか不確かであるとか主張することは，誰にもできない。しかし，実際家の認識は，こうした事実を越えるものでなく，また，高収量をもたらしたのは，きゅう肥中のアンモニア，グアノのアンモニア，あるいは硝酸ナトリウム中の窒素である，と観察した訳ではない。身のほどを知らない人物に信じ込まされたのである。

多くの場合，農業者が真実性の証明されない概念や見解を擁護すること，農業者には正当性を検証する精神が全く欠けているように見えることは，確かにどの産業にも，どの工業にも見当たらない，誠に奇妙な現象のひとつである。農業者が，自分の土地，自分の土壌で自ら観察した事実でなく，全然異なった地方で観察された事実に証明力があると考えるのは，実に理解し難いことである。そのような証明は，少なくとも彼の畑については疑わしい。

もし，千人中たった1人の農業者でも，自分自身の畑でアンモニアやアンモニア塩が実際に子実収量の向上に何ものにも勝って有利なのかどうか，これらの肥料を用いた長期の試験を行ない，上記の見解を検証しようと決心していたら，すべての農業者は，どんなに早く，かつ容易に，こうした見解の真価について確実この上ない評価を下していたことであろう。

単独で植物の生育に作用する植物養分は1つもなく，植物を育てるには，その他多数の養分が共存しなければならない。この簡単な考察からも，農業者は，窒素も例外でなく，肥料資材の価値は窒素含量で測りえない，という確信を抱いたはずである。なぜなら，いかなる条件下でも，現れるべき効果を窒素に帰属させて，農業者が窒素の購入に支出する金はいつでもそれ相当の収益を保証する，ということが前提にあるからである。

そのような前提は不可能であって，アンモニアも他の養分の例外をなすものでない，という無数の事実を認めるには，目を開くだけでよいのだ。常識がこう農業者に語りかける時，農業者は，自分の畑の大量の窒素が有効でないのは，科学的に研究も解明もできない，窒素固有の何らかの状態によるのではないこと，土壌に吸収条件の1つが欠けていれば，リン酸，カリウム，カルシウム，マグネシウム，鉄などと同様に，窒素もまた無効であることを

納得するであろう。

　畑の収量が窒素含有量に比例しない事実は，莫大な量の窒素が植物栄養素にならないという見解を立証するものではない。もしそうなら，すべての畑は，窒素以外の植物生育条件に等しく富み，至る所で同一の地質的・機械的特性を持つはずである。しかし，このような仮定は不可能である。なぜなら，畑がそうした点で同一であるような地域は，全地球表面に1つとしてないからである。

　したがって，こうした見解は一般的にも誤りだし，個々の場合にもけっして証明されていないのだから，それに加えて農業者の管理に悪影響を及ぼすのだから，きっぱりと拒否しなければならない。この見解は，農業者の心に土壌中の窒素貯蔵に有効性を付与するのは不可能，という予断を植えつけ，そのために，農業者は窒素貯蔵を有効化しようとする試みさえ全く考えなくなるであろう。畑に存在する宝を掘り出すのは徒労である，との先入見によって，農業者は宝を掘り起こさなくなる。

　耕地から収穫物中に奪取した窒素の一部，輪作の場合は窒素の全量を，農業者の介入なしに，毎年耕地に還元する窒素栄養の源泉が存在すること，したがって，窒素の消耗はありえないが，その他の養分はひとりでに土壌に還流しないから，土壌中の貯蔵がいかに大きくとも消耗するということは，数世紀来の世界各国・世界各地の農業の詳しい観察，さらに加えて，強固に確立した諸事実から確実になってきた。もしそうであるなら，論理学の全規則に反して，畑の消耗をまっさきに窒素の消尽に帰すことができるのは，詳しく研究がされていない特定の場合だけであろう！

　理性が強制しなくても具体的利益が強制する結果，農業者は全力全手段を尽して，その事実の正しさについて確信を得るべく努力し，大気がどれだけの窒素栄養を補充するのかを知ろうとするだろうと信ずる。大気源泉からの窒素がどのくらいになるかがわかれば，全体として経営を採算のとれるよう整備するのは容易であろう。もし，この源泉が，輪作中に畑から奪った窒素の全量を供給するのであれば，植物用の窒素栄養に何がしかを支出することなく，毎年きゅう肥中に集まる貯蔵分を用いて，ますます経営を繁栄させる

11. アンモニアおよび硝酸

ために適用すべき手だてが考えられよう。また，大気は持ち出した分の一部しか畑に補充しないことが確認され，一部がどれだけに相当するかが明確に把握されれば，農業者はそれが有利な限り，経費節約を意識しつつ，不足分を補充するなり，持ち出しを常に自然源泉からの供給で埋め合わせるように，経営を整備するであろう。

工業におけるすべての進歩の評価基準は生産物の価格であって，製品価格が製造費用を埋め合わせない時，分別ある人は誰も事業工程上の変化を改良とは呼ばないであろう。グアノの価格が一定の限界を越えて騰貴し，得られる収量が資本および労働の支出に対して正しい割合にならない時は，グアノの施用は当然排除される。

こうした観点から直ちに，農業では次のことが洞察できるであろう。すなわち，子実収量の向上にアンモニアの補給が必要か否かの問題は，その面での進歩が一般に農業で可能かどうか，という問題に一括包含されるということである。

思慮ある農業者が，私自身の抱いている確信に到達するには，ごくわずかの考察が必要なだけである。つまり，仮に生産の増大が窒素の増加によるとしなければならないとすると，あらゆる改良は即座に断念しなければならない，ということである。私個人は，さらに進んで，進歩は農業者が土地と土壌に集めうる窒素資本の制限によって，できればすべての購入窒素栄養素の排除によってのみ可能であり，達成しうると信じている。

イギリスにおける Lawes のすべての試験は，平均して，肥料中のアンモニア塩1ポンドにつきコムギ子実2ポンドが収穫できる，としている。

注意すべきは，これらの結果が，無肥料で7年間連続して，1エーカー当たり子実1,125ポンドとわら1,756ポンドを生産しえた畑で得られたもので，しかも，アンモニア塩を使用した区は，皆同時にリン酸塩とカリウムを施していたことである[2]。

Lawes は，畑に平均3ツェントネルのアンモニア塩を施肥して，無肥料区の生産したより1/2多くの子実を収穫した。

今，得られた増収は主としてアンモニア塩によるものと考え，さらにすべ

ての畑は，リン酸，カリウム，カルシウム等について消耗することがない，つまり，アンモニア塩を連用しても土壌の消耗は起こらないと仮定して，無肥料の畑より 1/2 多くの子実を収穫するため，ザクセン王国がどのくらいの重量のアンモニア塩を必要とするか，計算してみると次のようになる。ザクセン王国には 1,344,474 アッカー（1 アッカー＝1.368 イギリス・エーカー）の耕地（ブドウ園および園地，草地を除く）がある。それぞれの畑は，2 年に 1 回穀物の収穫をあげ，そのために 4 ツェントネルのアンモニア塩を施肥しなければならないと考えると，ザクセン王国では，年間に 2,688,958 ツェントネル＝134,447 トンのアンモニアが必要である。

多少とも化学工業に知識を持ち，アンモニア塩がどんな原料（動物廃棄物および天然ガス）から製造されるかを知っている人なら，即座に，イギリス，フランス，ドイツの全工場を一緒にしても，相対的にごく小さな国が，生産を指定どおりに高めるのに必要なアンモニア塩の 1/4 も製造できないことがわかるだろう。

アンモニア塩を，1,100 万ヨッホ（1 ヨッホ＝1.422 イギリス・エーカー）の耕地を持つオーストリア連邦，3,300 万モルゲン（1 モルゲン＝0.631 イギリス・エーカー）の耕地を持つプロシャ，900 万ターゲヴェルク（1 ターゲヴェルク＝0.842 イギリス・エーカー）の耕地を持つバイエルンに均等に分配した時，どのくらいになるかは簡単に計算できるし，たとえアンモニア塩の生産を 4 倍にしえたとしても，収量には何ら認めうる影響は及ぼさないであろう。

最も安価なアンモニアは，ペルー産グアノとしてヨーロッパに輸入されていて，含量はごく高く見積って平均 6% である。

1 世紀にわたり，主にグアノを消費しているヨーロッパの文明諸国（私は，人口 1 億 2,000 万人を持つイギリス，フランス，スカンジナビア諸国，ベルギー，オランダ，プロシャ，オーストリアを除くドイツ諸州をそれに数える）が，毎年 600 万ツェントネル（＝30 万トン，1 トン＝20 ツェントネルとして）のペルーグアノを輸入して，36 万ツェントネルのアンモニアを追加でき，かつ，現有手段を用いて，アンモニア 5 ポンドがコムギ子実または穀物

11. アンモニアおよび硝酸

価65ポンドを余分に生産することが可能と考えると，穀物の増産は，住民1人当たり1年に2日間，1日につき2ポンドを追加するのにきっかけである。

人間1人の栄養には，1日平均穀物または穀物価2ポンドを要すると考えれば，1年では730ポンドになる。さきに用いた仮定に従えば，アンモニア3,600万ポンドは，13倍＝46,800万ポンドの穀物または穀物価をもたらし，これは1年間64万1,000人を扶養することができる。

イングランドおよびウェールズの人口が1年にわずか1％増加したとしても，1年間で20万人，3年間では60万人になり，外国からの輸入グアノのアンモニア600万ツェントネルを援用して生産可能と想定した穀物価すら，イングランドとウェールズの人口増加をまかなうには，数年しかもたないのである！

実際に，増加する人口を養うには，外国からのアンモニア補給だけが頼りだとしたら，今後6年，9年後のイギリスやヨーロッパをどのように予想すればよいのか？ はたして6年間に1,200万ツェントネル，9年間に1,800万ツェントネルのグアノを補給できるだろうか？

我々が明確に知っているのは，グアノのアンモニア源はまもなく枯渇し，豊富なグアノを新たに発見する見込みもないこと。人口は，イギリスだけでなく全ヨーロッパ諸国で，年間1％以上増加すること。最後に，アメリカ合衆国，ハンガリアなどの人口増大に対応して，これら諸国からの穀物輸入が減少するにちがいないということである。以上の考察から，アンモニアの輸入で一国の収量が高められるとの希望は，完全に空しいことがわかるであろう。

現在，ドイツにおいては，コムギ子実1ポンドの価格は4クローネ，硫酸アンモニア1ポンドは9クローネである。今，通常の肥料資材にこのアンモニア塩1ポンドを追加して，コムギ子実を2ポンド多く生産できたとしても，ドイツの農業者は，銀1グルデンの支出につき，穀物として53クローネを回収するだけになろう。現在まで，アンモニア塩はどの国，どの地方でも施用されていないのであるから，この支出・収入の比率が実際の中でよく知ら

れているのは明白である。今日，肥料工場主の多くが，製品に一定量のアンモニア塩を追加しているのは，主に農業者が抱いているアンモニア塩への偏愛のためであって，アンモニアの補給が利益をもたらすと言える人は誰もいないのである。農業者が，人為なしに畑に流入してくる窒素栄養の正しい利用方法を習得するならば，こうした先入見はしだいに消滅して行くだろう。

　土壌における窒素栄養の非常な豊富さ，よく耕作した土壌における窒素の増加，雨水および空気に関する研究など，農業全般のあらゆる事実は，土壌の集約管理によって窒素栄養は減少しないこと，窒素の循環は炭素循環に類似していて，農業者は，土壌に有効態窒素資本を増加させる可能性を持っていることを証明している。

　過リン酸石灰を施用したどの畑でも，この無窒素質肥料が，子実，カブ，クローバの収量向上に，ほとんど例外なく著しい効果をもたらすこと，そして石灰，カリウム，石膏などの効果は，確かに窒素栄養素の集積が起こっていたことを示している。

　経営改善を切望し，努力を尽くす実際的な農業者は，こうした疑問の余地のない事実に基づいて，肥料資材中の窒素の作用を徹底的に解明する決心をするべきである。大気と雨が，実際に栽培植物の必要とする量の窒素栄養を供給する，との確信を得るまでは，誰も農業者に対して，外部からのアンモニア補給を断念するよう，要求したりしないであろう。外部から窒素栄養素を補給しなくても，農業者は，畑に最大の肥沃性を付与しうる，との意見は，彼らにきゅう肥農業を断念せよといっているのではなく，きゅう肥農業の成立を内包し，かつ，それに基づいているのである。

　消耗した穀物畑の生産力を回復または向上させるには，窒素を含めて耕土層が穀作物のあらゆる養分を過剰に含んでいること，そして，どの個別養分も，比率上他の養分より多すぎないことが，無条件に必要である。このことの前提は，農業者が正しい作付順序の選択，すなわち穀作畑と飼料畑の適正な比率をつうじて，きゅう肥中にアンモニアを注意深く保持し，不必要な損失を避け，他の貯蔵養分との比率に応じて，いつも耕土層に窒素栄養素の余剰を準備しうること，そして，農作物の形で持ち出したものを，大気が毎年

補充することである。

　大気と雨が供給する窒素栄養素は，全体としては作物に対応しているが，時間的には多くの場合不十分である。多くの作物が最大の収量をあげるためには，空気と雨が生育期間に供給するより，遙かに多量の窒素を必要とし，そのため，農業者が，穀物畑の収量を向上させる手段に飼料作物を利用している。飼料作物は，窒素に富んだ肥料なしに繁茂して，土壌および大気が供給するアンモニアを，血液や肉成分の形で土壌から集め，大気から濃縮する。農業者は，カブ，クローバ乾草などを用いて，馬，羊，牛を飼養し，固体および液体排泄物中のアンモニア，あるいは窒素に富んだ産物の形で飼料窒素を入手し，窒素に富む肥料の余剰，または穀物畑に供給する窒素の追加分を獲得する，という訳である。

　農業者が，葉や根の生育が旺盛でないか，あるいは生育期間の短い特定の植物に肥料の形で量的に補給しなければならないのは，天然給源からの取り込みが時間的に間に合わない養分である，というのが通則である。

　きゅう肥施用によって土壌上層に集積する窒素栄養素は，とりわけ穀作物の十分な繁茂にとって重要であるが，それが基本的には飼料作物の繁茂に依存することは，容易に理解されよう。

ザクセンの試験における無肥料の畑(1851-54年)

	生産物の全窒素	持ち出しの窒素損失	きゅう肥の窒素補給	クローバ乾草収量
	ポンド	ポンド	ポンド	ポンド
クンネルスドルフ	342.4	78.4	263.6	9,144
モイゼガスト	279.5	84.1	175	5,538
ケティツ	160.9	54.8	106.1	1,095
オーベルボブリッチ	127.7	57.2	70.5	911

　容易に認められるのは，畑から獲得し，きゅう肥の形で再補給した窒素量と，畑が生産するクローバ乾草の収量の間には，完全ではないがかなり明瞭な関係がある，ということである。そして，飼料作物を繁茂させるように正しい道をとる農業者は，それをつうじて，畑の耕土層に穀作物用の窒素栄養素の余剰を備蓄する手段を獲得することには，全く疑問の余地がない。

これは各農業者が、いついかなる時にも、外部からのアンモニア供給を放棄すべきだ、ということではない。なぜなら、畑の性質はきわめて多種多様であって、大多数の畑では窒素栄養素の補充が不必要であると主張できるにしても、すべてには無差別にあてはまらないからである。カルシウムや腐植物質に富む畑では、耕土層での分解過程の結果、土に結合したアンモニアの一定量は硝酸に変化し、硝酸は土に保持されないで、カルシウム塩やマグネシウム塩の形で深層に運ばれる。条件によっては、この損失が大気の補充よりずっと多いことがある。こうした畑に対するアンモニアの補給は、いつでも有益であろう。同様のことは、長年耕作しなかった畑や、上記の原因が作用して、かつて存在した窒素栄養素の余剰が次第に消失してしまった畑についてもあてはまり、栽培開始時における高窒素肥料資材の施用は、非常によい結果をもたらすのである。しかし、後にはこれらの畑でも、補給はもう必要でなくなる。

　窒素に富む肥料資材は有効だ、という先入観を農業者の心に呼び起こすのは、通常、そのような肥料の施肥比較試験で、若い芽生えの外観が非常にちがうことである。グアノ、アンモニアまたはチリ硝石を施用した畑の穀作物は、濃緑色で、しかも幅の広い多数の葉で際立っているが、収穫物が外観のよさに相当する期待に応えるのは、窒素以外の養分余剰が土壌中に存在する時だけである。こうした時にのみ、窒素補給で促進された地上部の生育が、子実収量の向上に見合ったものになる[3]。しかし、そうでない場合、窒素栄養素が多すぎる畑では、温床で見られるように、初期生育における植物の一種の軟弱化が生ずる。葉と茎は水分に富んで柔かく植物の生長が早すぎるため、ケイ酸やカルシウムのように、各器官に生命過程を害する外部有害要因への抵抗性と一定の硬さとを付与する物質を、同時に土壌から適量吸収する余裕がなくなる。稈は適当な強剛さと強度が得られず、特に石灰質土壌では倒伏しやすい。

　奇妙なことに、このような有害な影響は、ジャガイモ植物で特に目立ち、窒素栄養過多の土壌で生育したものは、急激な温度低下や雨天の際に、いわゆるジャガイモ病にかかることが多い。反面、灰だけを施用した隣のジャガ

11. アンモニアおよび硝酸

イモ畑では，病気の痕跡も見られないのである。

　従来，農業者が畑の改良を目指して行なった無数の試験は皆，けっして畑の特性をよく知ったり，以前に彼が考えていた思想や理念の正しさを立証したりする目的で行なわれたのではなかった。農業者が自分たちの見解の証明に無関心であるのは，実際家を導くのが理念ではなく事実だということに根拠がある。

　これは手工業でも全く同じであって，理論，または理論と呼ばれるものが正しいかどうかは，全然どうでもよいのである。なぜなら，実際家は，理論によって操作を調節したりしないからである。

　植物の栄養や肥料の組成に関して，ほとんど考えを持たない数千の農業者も，見識を有する農業者と同じように，畑に巧みにグアノ，骨粉などの肥料資材を施して，全く同様の結果を手に入れる。ただし，前者の知識は正しいものでないから，知識により，前もって多大の利益を得ることはない。たとえば，化学分析は，畑に対する肥料効果を判断する手段としてよりは，むしろ純度や価格を判断する基準として役に立つものである。

　イギリスでは，骨粉の効果が何によるのか全くわからないまま50年来利用され，肥料資材として高く評価されてきた。後に，骨粉の効果は窒素を含むにかわと同じである，という誤った見解が受け入れられたが，この見解もまた，骨粉の施用には全然影響を及ぼさなかった。

　農業者が畑に骨粉を施すのは，窒素のためではなく子実と飼料の高収を得たいからであり，高収量は骨粉なしでは期待できないことを経験しているためである。

　ごく限定された知識は，事実だけを知って意味を知らない経営，あるいは畑の収奪に頼る農業経営へと導き，単なる事実の継承は，無知な人々に権利証を与える。一方，畑を消耗させることなく，絶えず畑が生産しうる最高の収量をあげ，かつ資本および労働から最大限の経済効果を勝ち取る合理的な経営は，他産業におけるよりいっそう高度の知識，観察と経験を必要とする。なぜなら，合理的な農業者は，読み書きのできない普通の農民が知っているすべての事柄を知る他に，事実を正しく判断する能力を持ち，あらゆる管理

の根拠と，畑に対する管理の影響をも知っている必要があるからである。

　合理的な農業者は，自らの経営で認めた諸現象の中に，畑が語りかけるところを理解しなければならない。結局，彼は一人前の人間でなければならないのであって，技術と熟練で池の金魚をつかまえる術を習得した雄猫以上に，自分の行為について多くを知らない，半人前の人間であってはならないのである。

原　　注

1) この特殊な挙動は，不思議なものではない。それは，アンモニアの一部が土中において，塩とは全然異なる形態で含まれることを証明しているにすぎない。アンモニア塩は，アルカリ，アルカリ土類，金属酸化物でごく簡単に分解されるアンモニウム化合物で，分解の際，アルカリは水酸化アンモニウムと置換し，またアンモニウムは別の金属と置き換わる。しかし，我々は，多孔質の耕土層に物理的引力で結合しているアンモニアが，他の物体にその位置を譲ったり，土に強い親和力を持たない物体によって，分離可能になると信ずる根拠はない。炭酸カルシウムは，低温では硫酸アンモニアにほとんど作用を及ぼさないが，炭酸カルシウムを含む耕土中では，アンモニア塩は完全に分解されて，アンモニアとカルシウムが置換する。しかし，アンモニアは遊離されるのではなく，カルシウムの作用が及ばない，新しい結合に入り込むのである。

2) このことについて，Lawes は次のように述べている(Journal of the Royal Agricultural Society of England, vol. 14, p. 282)。「土壌が自然生産力を越えて生産すべきコムギ子実1ブッシェル(＝64-65 ポンド，窒素1ポンドを含む)には，アンモニア5ポンド(＝塩化アンモニア16ポンド，または硫酸アンモニア20ポンド)が必要である」。そして，同氏はこうつけ加える。「とにかく，個々の試験では，上記の見積りは，得られた増収に対応しなかった」と。

3) ミュンヘンの試験(Journal für Landwirthschaft (3), I. p. 208)では，豊かな人工泥炭土壌において，5本のインゲン植物は 52.8 g の種子を生産した。一方，もっと養分を飽和させた土壌では，次のようになった。

泥炭＋カリウム	種子	57.2 g
泥炭＋カリウム＋アンモニア	種子	89.2 g
泥炭＋リン酸	種子	56.9 g
泥炭＋リン酸＋アンモニア	種子	93.8 g
泥炭＋ナトリウム	種子	51.7 g
泥炭＋ナトリウム＋アンモニア	種子	90.6 g
泥炭＋アンモニア	種子	84.8 g

12. 食塩，硝酸ナトリウム，アンモニア塩，石膏，石灰〔要約〕

〔これらの塩類の効果は，硝酸，ナトリウム，硫酸，カルシウムを養分と考えただけでも説明可能であるが，鋤や機械的耕うんの作用を強め，畑に対する大気の影響を強化するという特別の効果も認められる。

バイエルン農業協会の試験結果によると，食塩，硝酸ナトリウム，アンモニア塩の効果の一部が，土壌中に存在する養分の拡散性または可吸性を高める能力に起因すると信ずる根拠がある。

石膏についても，クローバを用いた圃場試験から，石膏の増収効果は，カルシウムや硫酸の直接作用では説明できないことが明らかになった。別の実験では，石膏が土壌中のマグネシウム，カリウムを拡散性にすることが示されている。まだ断定はできないが，石膏の作用は，それによって土壌中の養分比率を好適にするためと思われる。

石灰については，実施での使用例がないので詳しい検討はできないが，各種の土壌が石灰水からカルシウムを吸収することはわかっている。〕

付　録

付録

目　次

A　巨大な海藻〔省略〕
B　異なった生育段階におけるブナの葉に関する研究(Zöller)〔省略〕
C　植物病ほか〔省略〕
　　1863 年のジャガイモ栽培試験(Nägeli および Zöller)〔省略〕
D　ヤシの幹のデンプンについて〔省略〕
E　汁液の移動〔省略〕
F　排水，ライシメーター排水，河川水および沼沢水に関する研究〔省略〕
G　吸 収 実 験〔省略〕
H　泥炭粉末でのインゲン栽培試験〔省略〕
J　ホーエンハイムの農業経営と合理的な畑管理について〔省略〕
K　日本農業に関し，ベルリンにおいて農業大臣に行なわれた報告から
　　　　　　　　　　　　　　　　　　　　　　　　(H. Maron 博士)
L　スペインの農業〔省略〕
M　熱帯の耕地土壌〔省略〕
N　収穫結果とその意義〔省略〕
　　上部イタリアの畑の現状について〔省略〕
O　Pincus 博士のクローバ分析〔省略〕
　　植物灰分の組成について〔省略〕

K 日本農業に関し，ベルリンにおいて農業大臣に行なわれた報告から

H. Maron 博士（プロシャ王国東アジア調査団団員）

1. 土壌および肥料

　日本列島は北緯30°ないし45°の間に位置し，平均温度と温度分布からすれば，中部ドイツから北イタリアにかけての，すべての段階を包含する気候である。北方性のマツのそばに，孤立した，あまり生長のよくない熱帯性のシュロが静かに立っているし，ソバやオオムギのそばに，イネやワタの株が生えている。国土全体を不規則で，目の細かい網のように覆っている山脈の上はどこでもマツが優勢で，その景観は懐かしい北方的性格の印象を与える。北国の旅行者が，熱帯世界の灼熱と豊富からこの岸に到着する時，それは目に快く感じられる。一方，谷間（たにあい）では，イネ，ワタ，ヤム，サツマイモなど，はるかに南方種が優勢である。マツからワタへ，山頂から谷への移行は，数百の小径と狭い峡谷が魅力あふれる仲立ちを為し，ゲッケイジュ，テンニンクワ（アデク），スギ，コノテガシワ，とりわけ油光りのするツバキが色彩に富んだ混合をなして，我々を取り巻く。

　国土は火山起源で，その全地表面は凝灰岩および洪積層に属する。丘陵地は褐色で非常に細かく，それでいて肥沃に過ぎない粘土から成り，一方，谷間の土は一般に変異に乏しく，黒色の，軽しょうで深い沃土である。たまたま私が掘ってみたところ，12-15フィートまで，多少堅くはなったが同質の土が続いていた。その下には全然水を透さない粘土層がある。山地の粘土層が，頻繁にある強い降雨によって多数の泉を生じ，どこにでもある泉が，大した技術と苦労なしに水道に利用できるのと同じように，谷間の土壌の不透水層は随時その土壌を，たとえばイネの必要とする湿地に変えることを可能にする。

現在の土壌の肥沃さが，数千年の耕作による完全に人工の産物なのか，あるいは肥沃さは元来のものであって，人々に土を耕す労働を尊重し愛するようにさせたのかという問題の解決にあたり，どちら側に傾こうとも，河川の粘土含有，温和な気候，豊富な水量が，高度な農業のためのあらゆる条件，好適な手段を与えたことは，十分に認められるはずである。

　勤勉精励でまじめな民族は，これらすべての手段を入念かつ理性的に利用して，農業を真に国民的な仕事にした。この国民は，農業を最高に完成した段階に維持することについてよく知っている。しかし，農業そのものは農民および下層民だけの手に委ねられており，もともと農民は社会的身分の第6階級，すなわち最低から2番目の階級である。日本の紳士は誰も農場主ではない。農民の教育施設は存在しない。農業協会も大学も，何らかの知識の精華を伝える定期刊行物もない。息子は父親から直接に学ぶ。父は祖父や曽祖父が知っていたのと全く同じように知っているし，それは国の他の地方のどの農家でも全く同じであるから，どこで誰から教育を受けたかは，どうでもよいことである。有用な知識と見なすべきことが昔から定まっている知識，その小さな集合は，どんな場合にも生徒が見過ごすことはできず，同時に身についた世襲の知識を成している。

　私がこれらの単純な知識と，確実で争う余地のない実際への応用に当面して祖国を振り返った時，しばしば深い恥辱感に襲われたことを告白しなければならない。我々は文明国民，教養ある民族と自称し，最高の知識人が農耕に注意を払い，至る所で農業協会，大学，化学実験室，試験場が知識の普及拡大に努力を傾けている。しかし，それにもかかわらず，我が国では初歩的で単純な農耕の科学的基礎原理でさえ，激しい，時には感情的な対立のもとにあるし，まじめな研究者が，自分の有用かつ確固たる知識全体も「まだまだ無限に小さいものかもしれぬ」と告白しなければならないのは，誠に不思議なことである。しかも，この乏しい有用知識でさえ，すべてが大なる実際となお結びついていないというのも，実に奇妙なことである。

　千年来の経験の実験室の中で古くから認められ，しかも今もって緊要な各種の大問題のうち，私が最も重要と考えるのは肥料問題である。牧場と巨大

な飼料作と肥育家畜の大群を持ち，それにもかかわらずグアノ，骨粉，油粕を大量に消費しているイギリスを，理想的かつ真に合理的な農業の唯一の可能な典型であると考えるのに，不幸にして慣らされてきた旧世界の理性的で教養ある農場主にとっては，まだ高度の文化から遙かに隔たって見える国，牧場も飼料作も，たった1群の家畜(肉畜も役畜も)もなく，最少量のグアノ，骨粉，硝石または油粕の輸入もない国ほど，何ものにもまして驚くべきものはないであろう。それが日本である。

　私がイギリスを旅行した時，当地の農業の最高権威者の1人がその立派な家畜市場を指さしながら，あらん限りのまじめさ，厳格さ，教授的態度をもって，次のことが不可思議な知恵の極致(non plus ultra)であることを私の脳裡に叩き込もうと努力したのを思い出すと，おかしさに耐えられない。いわく，「飼料が多ければ肉が多く，肉が多ければ肥料が多く，肥料が多ければ穀物が多いのである」と。日本人はこの論理を全然知らない。日本人はただ，継続した施肥なしに継続した生産はない，ということを公理にしているだけである。自己が土壌から取り去るものの小部分は自然(日本人は空気と雨をそう理解する)が補うが，その他の部分は自己が補わねばならない。いかにして，は差し当たりどうでもよい。土地の生産物がその故郷に戻る前に，まず人間の体を通過しなければならないのは，施肥そのものにとって常に損失と結びついた必要悪にとどまる。日本人は畜産の仲介の必要性を全く理解しない。土壌の生産物をまず家畜に食い尽くさせること，それがいかに不必要かつ費用のかさむ仕事をもたらさざるをえないことか。そして家畜飼育がどんなに苦しく，費用がかかり，大きな浪費を結果せざるをえないか。穀物そのものを食い，肥料そのものを作る方が，どれほど簡単であることか！

　しかしながら，私は2つの民族の農業文化史の発展がもたらした，かくも異なる到達点を，我が国の農業の姿を呪い，深い考察もなしに日本農業の姿を不当に持ち上げるために使おうとは，けっして思わない。その状態はやはり必然的にもたらされたもので，明らかに次のことが決定的要因であった。すなわち，宗教が日本人に肉食を禁じているので，2つの主要宗派，神道と

仏教の信者がいずれもそうなのである。宗教は肉食ばかりか，動物に由来するもの(牛乳，バター，チーズ)のすべてをも一般に禁止しているから，ここでは我々の畜産の大きな目的は脱落してしまう。羊毛のためにだけ飼われる羊も，肉の評価なしには利益を生むことができない。これはドイツでしだいに力を得つつあるように思われる見解である。

　畜産を不要としている第2の根拠は，所有地を分割して輪作することのできない，すべての経営単位の小ささにある。あらゆる土地と土壌は，国の支配者である領主に属し，領主はそれを采領または偽似采領として家臣に与えている。しかし，武士たちは自ら農耕を行なうことができないので，采領地を分地して小作または永代小作させている。現在見られる耕地の分割と組織化は，考えも及ばない遠い時代から成り立ってきたように思われ，分割地の初期の区画は，自然の地勢あるいは河川の水の流れとよく一致している。経営1つが存在する分割地の大きさは，だいたい2ないし5モルゲンの間を変動する。この小さな土地は用排水路でさらに分断されることが多く，そのため，役畜を用いて利益をあげうる広さの耕地に出会うことは，めったにない。

　このような状況は，我が国とは全く異なる。我々の使用人たち——その大部分は自由意志によらない仏教徒であるが——は，少なくとも我々と同じだけの力を必要としている実例を毎日のように目にしているにもかかわらず，我々は十分な量の肉がなければ力は出せない，と信じているのだ。この経営単位もまだ大きいのであって，労賃と生産物の価格関係から高度の集約管理の可能な場合は稀であることを別にして，人力での一貫作業は考えられないほどである。しかし，全世界の土壌の文化がまさに耕地の分割に比例するというのは事実であり，その真実性と意味するところは，北部ドイツからイギリスを経て日本に旅した時に初めて，文字どおり目に焼きつくのである。

　こうした訳で，日本における唯一の肥料製造者は人間なのであって，その貯蔵，調製，施用に細心の注意が払われるのはいうまでもない。そのやり方全体は我々にとって多くの学ぶべき点があると信じるので，私はここで美的感覚を傷つける危険を冒し，私の義務として，できるだけ詳しく報告することにしたい。

日本人は，我々が便所をできるだけ建物から離れた隅に，雨や風が自由に吹き抜けられる半開きの裏木戸つきで建てるようには作らず，家の母屋の閉め切った部分に作る。日本人は一般に「椅子」の概念を持たないから，我が国で見慣れた腰掛便器のある，通常きわめて清潔に整えられ，多くは壁紙を張り，ペンキを塗った便所なしで済ます。それで，入口に向かって斜に走る簡単な長方形の穴が排泄物を下の空間に導くために定められている。その中で，日本人は平面の開孔部を脚の間に入れ，しゃがんだ姿勢で，最高度の清潔さをもって用を足すのである。ついては，私は最下層の最も貧しい農民の住居で，こうした便所をよく調べてみたのであるが，そこで私が見い出したのは，常に完全なる清潔さであった。私は，この構造にはいくばくかの実用性のあることを認める。我が国では，きゅう肥堆積場の向こうや納屋の後に，召使い，日雇い労働者の便所を作り，腰掛けと丸い穴を設ける。しかし，我々がそこにたった1つの便器しか設置しなかった時には，数日後には便所全体が，人間の便所というよりはむしろ不潔な豚小屋に近くなることを，あまりにも多く観察したものである。その理由は簡単で，我が国の労働者もまた，しゃがんだ姿勢に対して決定的な，おそらくは天賦の愛好を持っているためである。日本式便所の構造は，これらの階層に便利なことを示している。

長方形の開口部の下には排泄物を受け取る容器がある。ふつうは開口部に合わせて浴槽型に作った桶で，上に突出した取手があって，担ぎ棒をさし込むことができる。さらに多いのは，大きな取手つきの土製の壺で，土産の粘土がその優れた原料になる。私が地上で，またわらや粗い切りわらの堆積の間にこれらの容器を見つけたのは，2，3のまれな場合で，しかもそれは都市においてだけであった。私のまちがいでなければ，この方式は我が国ではしばらく前から見られなくなったものである。

こうした家内容器が一杯になると，直ちにそれを引き出して，もっと大きな肥溜にあける。その肥溜は，耕地自体か建物の中に設けられていて，ほとんど地際まではめ込まれた容量8-12立方フィートの大桶または巨大な石製の壺である。これが特有の肥料調製器である。

肥溜での操作は次のようにして行なう。排泄物は何も添加せずに水で薄め

るが，正確には，強く攪拌して全体が完全に細かくなり，びっしり凝結したかゆ状に変わるまで薄めるのである。雨天の際，坑はその上にしつらえた可動屋根で覆い，また晴天の時は風および太陽を遮断する。かゆの固体成分はしだいに沈んで発酵に移り，水は蒸発する。その間に家内の便所は新たな内容を満たしていて，それは再び水を添加し，全体をごちゃごちゃによく攪拌して最初のものと同様に処理される。このようにして，坑が一杯になるまで続ける。最後のものを仕込むと，さらにもう1回完全に攪拌した後，天候によって2-3週間，あるいは慣習の時まで放置する。つまり，新鮮な肥料を使うことはけっしてないのである。

　この方式全体は，日本人が絶対に窒素説の信奉者でないこと，それはただ肥料の固体成分を利用するためのものであることを示している。日本人は，無頓着にアンモニアが太陽に分解され風で揮散するに委せているが，それだけいっそう入念に，固体成分が洗い流されることを防いでいる。

　農民は土地の地代を貨幣ではなく，収穫物の歩合で地主や領主に支払わねばならない。そこで，全く論理的な考えの道筋から，土壌がきわめて豊かであっても，また，灌漑水を引いている近くの川や用水が，水とともに肥料成分を補給することはまちがいないとしても，土壌の緩やかな消耗を防ぐためには，自家の便所の供給では不十分だという見解を持っている。そうした訳で，農民は自分の小耕地が公道，小径，石畳に接するあらゆる所で，耕地の境に大桶や壺を埋め込み，旅行者がそれを使用することを心から願っている。肥料の経済的価値の認識が，社会の最高階層から最低階層まで，どんなに深く浸透しているかの証明には，次の証言が役に立つであろう。つまり，私が遠隔の谷間，最も貧しい層の住居や小屋を訪れた何回もの旅の途上，どんなに人目につかない隅でさえ，空地の上に人間の排泄物の痕跡すら見たことはただの一度もなかったのである。我が国では，便所の近くに，そして建物のあらゆる角には，何百という排泄物が地上に横たわっている。善意の旅行者の残してくれた肥料が，家族の肥料同様に処理されることは，いまさらいうまでもない。

　ところで，農民の排泄物にはさらに，彼の土壌から持ち出したのではない

別の物質が入っているが，それは遠方からの肥料物質の輸入を代表するものである。あらゆる小川，河川，用水，特にたくさんの小さな海の入江には，無数の食用になる魚が密集していて，それらを食うことは日本人に許されている。これは遠い昔からの習慣である。魚，えび，貝は大量に消費され，結局は，便所以外からのきわめて価値高い寄与を為して，土地に実りをもたらしている。

　日本の農民はまた堆肥をも作る。彼は家畜を持たず，したがって，わらやあらゆる農業廃棄物を動物の腹を通さずに利用するのだから，その生産物全体を「動物化」することなく土壌に戻す必要がある。その際用いる方法の核心は，物質の単なる濃縮である。切りわら，余剰の廃棄物，道で拾い集めた荷車の馬の糞，カブの頭とか葉，ヤマイモやサツマイモの皮，その時々の農業廃棄物は，いくらかの芝土と混合して，小さなジャガイモむろの形に積み，湿らせてからむしろで覆う。私はこのような堆肥の堆積の中によく二枚貝や巻貝の殻を見かけたが，これは多くの川から大量に得られ，また海の入江の近くでは，欲しいだけ手に入るものである。堆積物を時々水で湿らせて切り返すと，太陽の強力な作用下に発酵の全過程が急速に進行する。わらが豊富な時，または完熟前の堆肥を施用しなければならない時には，発酵の代わりに火で分解する速成法がとられることも，私はよく見かけた。私の観察が正しければ，この方法で半ば炭化し半ば灰化したものは直ちに使用され，常に肌肥（はだごえ）として種子に直接振りかけられる。

　このような堆肥の扱い方は，日本の農民が窒素化合物に無関心であり，かつ，肥料として利用する前にすべての有機物を注意深く分解する努力をする，との主張に根拠を与えるものと信ずる。このことは，日本人にとっての問題は，できるだけ早くその肥料を利用することだ，という点と密接なかかわりがある。

　この目的を達成するために，日本人は上記の調製法の他，さらに2種類の補助手段を用いる。

　①日本人は可能な限り，常に主要肥料である人糞尿を液状で施す。
　②日本人は追肥以外のことは知らない。

播種しようとする時には，後に詳しく述べるように，畑に溝を切って手で種子をばらまく。その上に，細かく粉砕した堆肥の薄い層をのせ，最後にその上に人糞尿を非常に薄い液状で施す。希釈は担ぎ桶の中で行なわれ，こうして肥料は肥溜から播き溝に移されるのであるが，それは一様で十分な混合と完全な熟成がこの方法でしかできないからである。肥料の完全発酵(完熟)により，肥料は穀物種子に直接触れても害がないようになり，初期における細根の発生を促進する。
　こうした日本人の肥料の扱い方は，そのままではたぶん我が国には適用できないであろう。しかし，我々はこの古いやり方から何かを学ぶことができるのは疑いなく，このやり方がおどろくほど定着しているのは結果がよいためであるから，我々の状況に合うように改良し，少なくともあらゆるところで通用する原理として生かさねばならない。
　①できるだけ肥料を濃縮すること。根本的には，これは経費節減と結びつくべきである(私は，日本人は窒素化合物に無関心であり，それにもかかわらず畑が高度の文化状態にあると述べたが，それは当然，日本人が同時に窒素をも固定しえた時，結果が特によくならないだろうということの論拠にはなりえない。ある実際的なやり方が，両方の長所を相互に結合したものたりうるであろうか？　私は疑わしいと思う。我々がよりよいものを持つことができないとき，私はよいものをとらなければならないのだ！)。
　②追肥。これはたしかに連作に付随したものである。
　③液状施肥。イギリスで方途を探求されているような途方もない形態ではなく，我々の条件に適合した次元のもの。
　　結論として，私は次のことを報告しておきたい。
　④日本人は，肥料なしにはいかなる穀物をも栽培しない。
　日本人は，すべての播種や植付けの際，作物が完全に生育するだけの肥料しか与えない。将来のために土壌を肥やすことについては全然何もせず，つまり，毎回の播種から豊かな収穫を得る以外には何も望まないのである。我が国では，この肥料は「持続性」だから長く効くということを，何としばし

ば耳にすることか。それはただ次回の収穫を心配しているだけのように思える。日本人は作付けごとに施肥し，そして我々の形態での「休閑」の概念を知らないから，彼らは毎年の肥料生産物を耕地の全面積に分配せねばならず，それができるのは，連作と施肥によってだけである。

我が国の長い敷きわらきゅう肥と，施肥すべき畑の全表面におけるそれの浪費とは，この合理的なやり方と著しい対照をなしている。

なお，ここでつけ加えておきたいのは，都市に存在する肥料が，全然加工されず，全くグアノや乾糞に人工改変されずに，あるがままの姿で，朝に夕に，短い期間の後マメやカブとして再び戻るために，あらゆる土地へ運び出されるということである。朝早く，何千のはしけ舟が，価値ある物質に満ちた桶を満載して都市の水路を行き交い，国土の隅々まで恵みを分配する。これは規則正しく往復する公式の肥料郵便であって，こうした郵便配達夫であることには，ある殉教性が付与されることが認められるであろう。朝には土地の産物を都市に運んだ純朴な人夫の長い列が，夕には2つの肥桶を担いで行くのを見かける。その肥料は，固体に固まった形状ではなく，よい便所にあるがままに存在した，新鮮な混合物そのものである。しばしば50ないし60マイルもはるばると，内陸の工芸製品（絹，油，漆器など）を運んできた荷馬車のキャラバンが，今度は壺や桶を積んで帰って行く。ただし，この場合には，固体排泄物を選ぶように気が配られる。

つまり，我々の前には自然力の完結した循環の壮大な図式が成り立っているのであって，連鎖のどの環も脱け落ちることなく，次々と手を取り合っているのだ。

私は，我々自身を振り返り，比較してみざるをえない。我々が大農場で，穀物，カブ，ジャガイモの形で，我が国の地力の一部を買い取るのであるが，これら生産物を都市や工場に運んだ車は，何の償還物をも持ち帰らず，鎖の一環が脱落する。他の一部は畜群の飼料に消費されるが，ここからもまた，著しい部分が肥育家畜，牛乳，バターあるいは羊毛の形で持ち出されて，再び戻らない。ここで第2の環が脱落する。

第3の小部分は，我々自身が労働に伴って消費するのであるが，我々が注

意深く，理性的に，日本的に利用することを知ったならば，少なくともこの部分はすべて土地に返すことができよう。

　あるいは，誰かが，人糞尿は我が国の経営において一定の重要な意義があると，熱心に主張すべきなのか？　私は1,000モルゲンの土地の人糞尿は，半モルゲンに施肥するにも足りないと信ずる。現在の我が国の農業経営組織では，家畜がきゅう肥として戻す部分以外，地力は全体として全く無駄にされている。きゅう肥がいかに濃く，いかに莫大であると仮定しても，我々が穀物，牛乳あるいは羊毛として購入する地力に対しては一小部分である。

　我が国の巨大な家畜飼養体系によって，明らかに土地は「文化的」に保たれ，高い生産性を維持しているのは不思議ではないか，と私に反論する人がいるだろう。私は事実を告白しているので，問題はその事実が何を意味するかということだけである。まず最初に明らかにしなければならないのは，「文化的」の内容である。「文化的」ということを高い生産性，すなわち「土壌資本の有効利子を継続的に生みだす土壌の能力」と理解すれば，私は我が国の土地(おそらく少数の例外はあるが)が「文化的」であるとは認めない。

　そうではなく，我々は良好な耕うんと特殊な施肥法をつうじて，全地力を自由にしうる状態，つまり見かけ上高い収量を与える状態に土地をおいたのであって，その収量は地力から引出す利子ではなく，資本そのものである。我々が資本を流動化すればするほど，それは我々の農業体系によって急速に消耗するように思われる。我々はそれを偽りの「文化的」農耕と名づける。

　そして，私がさきに触れた特殊な施肥法とは，土壌に可能な限り多量の窒素化合物を詰め込むことから成り立っている。アンモニアとその誘導体は疑いなく優秀な耕作機械であって，眠っている地力を呼び覚ますことには精通しているが，結局のところ，我々が使い果たすことのできるようにと，ご親切にも1ターレルを約20グロッシェンに交換してくれる銀行家以外の何ものでもない。そして，我々は1ターレルをさっさと使い果たし，そのために，我が国には親切な銀行家を愛し，弁護する一大党派が存在するのである。

　これがヨーロッパと日本の農耕の大きなちがいである。ヨーロッパのは見かけの農耕にすぎず，遅かれ早かれ欺瞞の暴露する時がやってくる。日本の

は実際的な，真の農耕であって，土壌の生産性は地代の利子である。日本人は利子で生活しなければならぬことを知っているので，資本が減らないことに第1の注意を払う。日本人は左手で受け取ることのできる時にのみ，右手でもって他人に与え，そして与える以上のものを土壌からけっして奪わない。日本人は大量の窒素化合物を添加することによって，無理に奪おうとは絶対にしない。

このような訳で，日本の畑が，我が国で時折目を楽しませてくれる，輝くばかりに繁茂した光景を呈することは，まずけっしてない。その耕地には，光を透さない6-8フィートの高いムギの繁みも，99ポンドの水を含んだ100ポンドのカブもない。日本の収穫の光景には途方もないものは何もないが，日本農業が我が国の農業に優れて勝っているのは，数千年来の着実性と均一性である。第1の断面が地代である。

日本の農業が実際に高度のものであり生産も高いことについて，さらに証拠が必要だとすれば，大きさは大ブリテン並みで山と山脈の多い特徴から，最大でも半分しか可耕地を持たない国が，大ブリテンより多くの住民を有し，自力で維持していることに注意を向けるとよい。周知のように，イギリスは毎年数百万の貢ぎを外国にしなければならなくなったのに対して，日本は開国以来，少なからぬ量の生活物資の輸出をしている。

2. 土壌の耕うん

深耕は我が国の近代的な新聞のスローガンであって，少なくともその原理は一般に承認されるに至ったとみてよい。それに対する2, 3の条件つき反対は，深耕の導入が大きな肥料資本を必要とするとの主張に基づく。しかし，この説の熱狂的な信奉者といえども，日本で現実に存在するほど普遍的かつ高度に行なわれている深耕の姿を，我が国で考えるのは困難であろう。

日本人にとって，耕作地は彼が欲するままに形づくり，利用する素材を成している。道具箱のナイフが，必要に応じてマント，スカート，ズボン，チョッキを裁断し，あるものを自在に他のものに改造するのとちょうど同じ

である。今日，ある畑にコムギがあれば，8日のうちにはそれが収穫され，畑の半分は深く湛水した沼沢と化して，小作人たちが膝まで水に浸ってイネを植えている。そして，残り半分は水田より 2-2½ フィート高い，幅の広い，乾燥した畑地として隣り合い，そこにはワタ，サツマイモあるいはソバが播かれる。あるいはまた，耕地中央部の長方形が畑地に，その周囲の広いへりが水田になることもあるが，水田の表面は常に水で平坦に覆わなければならないので，地ならしは注意深く，一般には水準器を用いて行なわねばならない。

これらすべての仕事は，農民とその小家族が短期間のうちに行なう。彼らがきわめて速やかに機械的にそれをなしうることは，収穫後の土壌が非常に膨軟なことの証拠である。加えて，農民が次回の収穫結果を気にしないでそれを行ないうるのは，土壌が非常に肥沃なことの証拠である。真の深耕について語りうるのは，膨軟さと肥沃さが結合した時だけである。ここに述べた姿はけっして虚構の実例，幻想の絵画ではなく，私が何百回となく見た事実の真実の模写である。ところで，イネが最低 1-1.5 フィートの耕土層を必要とし，築造された畑の高さの半分をそれに加算して考えると，耕土層の深さは 2-3 フィートになる。

耕地を任意に水田と畑に改造するやり方は，深耕が確実に現在の日本に存在する証拠であるが，それがかつては深耕のための手段であったにちがいないことも明らかである。肥料の余剰（一般には相対概念であるが）ができるまで，いつまでも耕土層を深くするのを控えるならば，我が国で深耕の前進をみるのは，ごく稀な場合でしかないと予言できる。よく知られたように，人は水に入らずに泳ぎを覚えることはできない。

日本で深耕の導入とその不断の前進を支えてきたのは，考えも及ばない遠い昔から適用されている，あらゆる作物の連作というやり方である。この方式の長所については，我々も前から教えられてきたし，教科書はいつでも，鍬農耕の利点として耕土層を深くすることがある点をあげ，少なくとも我が国の園芸家たちは一般にそれを応用してきた。

私は日本において，この方式が完全に，しかも各種の形態で実施されてい

るのを見て，この方式の価値ならびに意義についての十分な理解に達した。我が国では，連作はまだ全体の農業耕作体系の緊急な契機にはなっていない。我々は，栽培しようとする個別作物の利益に照らして，いつも一面的に問題を見ている。しかし，日本人は連作を農業の体系に高め，それをつうじて，我が国では欠くことのできない作付順序への配慮，そして「輪作の強制胴衣」から完全に解放された。日本人は真に自由な耕地の主人公になったのである。日本人は輪作を同時作に変えたばかりか，我が国の一部先進的な多毛作の原理を最高度に発展させ，その結果，粗放で不本意な混作は揚棄され，多毛作は連作をつうじて，規則的で法則にかなった秩序にまで作りあげられた。かくして，耕地は以下のように利用される。

　10月中旬，見たところソバが耕地上の唯一の作物であって，24-26インチの距離をもって連なっている。その間の，今は何もない列には，春にコムギを収穫した後で，小さなコカブが播かれたのであって，それも収穫され，ソバの間のうね間全体は，立派な機械を用いたように鍬で非常に深く耕起される。うね間の新しい土の一部は，花ざかりのソバに培土するので，うね間には溝ができる。そこへナタネかソラマメを播き，さきに述べたように施肥をして，種子と肥料を土で平らに覆う。ナタネまたはソラマメが1-2インチに伸びた時，ソバは稔り収穫される。数日を経て，ソバのあったうねを耕し，きれいにして，コムギまたはダイコンを播種する。このようにして，うねからうねへと，年間をつうじて収穫に次ぐ収穫が続くのである。前作にはかかわりなく，肥料の手持ち，季節および農民の必要が後作の選択を決定する。肥料が不足する時は，必要量が集められるまで，うね間を空けておく。

　この体系には全体として，全部の肥料をそのつど施すことができ，したがって肥料中の資本を利子なしに放置しないという長所がある。そして最重要と思われるのは，収穫物つまり地力が，直接的かつ「(地)力の術策(manoeuvre de force)」で曇らされることなく，手持ちの肥料資本と結びつく点である。換言すれば，土壌の収入と支出が常に釣り合っていることである。

　私はこの体系が，江戸のような大都会の，特に肥沃な谷間や，大きな街道

沿いの耕地で集中的に利用されているのを見た。作物に次ぐ作物，肥料に次ぐ肥料が続くのである。土地はそこでは，地元で消費しうるよりはるかに多くのものを生産するが，大都市や街道の便所が新たな肥料輸入をもたらし，それはおそらく作物の積み出しと釣り合っているにちがいない。一方，私は大都市から離れた小高地にへばりついた，明らかに文化程度の低い経営をも見たのである。

　日本人は高地に住むのを好まず，常に家とともに谷間に移って行くので，そうした所では肥料の輸送は困難であるし，旅行者や都市からの追加もほとんど問題外である。このような場所で，私は時折，それぞれの畑にたった1つの作物しかないのを見かけた。すなわち，うねは相互に非常に離れていて，その間には他の作物を作るのに十分な空地が存在する。この場合も，次の播種のためにとってあるうね間を適時に繰り返して耕起することは少なくとも可能であるし，それと同時に，新しい土を現有の作物に連続培土することによって，土壌資本を，別の方式で行ないうるよりはずっと多く活用できることになる。この方式は，栽培可能になった畑の半分だけをまず生産にあてる（正確にいうと，手持ち肥料の許す範囲で）のであるが，その悠長なうね栽培も，当の畑の半分に作付けし，残り半分を関連休閑にした場合より，結果は数等勝っている。肥料生産が増加するか，外からの補給が可能になるにつれて，うね間には段々播種ができるようになって，畑の1/3または1/4だけが休閑され，そして最後に，全耕地がすべての可能なうねに年間をつうじて作物を生育させるに至って，耕作は完成をみる。

　この方式は，なんと我が国と異なることであろうか。我々は，ある畑を可耕地化し，新たに耕作する場合，全く肥料を施さずに3-4回収穫することから始める。施肥は，土壌がすっかり消耗してから初めて行なう。日本人は，畑にあてがうことのできる小さな肥料の経営資本を持たない時は普通耕作を行なわず，所有する肥料の分しか開墾地を耕さない。この合理的なやり方をつうじて，継続して利子を生む農業の本質に対する何という深い理解が，我々に迫ってくることであろうか！　これほどヨーロッパ人と日本人の考え方の相違をはっきりと鮮明に認識させる例は他にあるまい。我々は森林を切

り開いて開墾し，木材を売り，そして肥料なしで手に入れた3回の穀物収穫によって地力を売り払う。我々は少量のグアノで土壌の消耗をおそらくはさらに支援したのである。我々の到達する経営上の帰結は，これまで我々が栽培してきた土地の肥料量を，今後増大していく面積に分配せねばならぬ，ということにほかならない。

　日本人がある土地を可耕地化するとき，彼は新鮮で未開の力を持つ土壌を見い出す。その土壌を収奪するという思想ほど日本人と縁遠いものはなく，彼は直ちに収穫物と肥料，支出と収入との均衡をとり，土壌の地力を維持する。これが日本人やその他の理性ある農民の必要とするすべてなのである。
(Annalen der Preussische Landwirthschaft, 1月号, 1862)

3. 中　国

　MacArtney卿の着任に先立つ乾隆58年(1793年に対応する)の国勢調査に際して，乾隆皇帝は，全国に向けて，すべての階級，地位の人民に，天の授け給うたものを大切にし，産業をつうじてその量の増大をはかることを命じた勅令を布告した。その時，皇帝は，征服以来の人口の増大を考慮し，人口を維持する手段を超えて人民の数が増加した場合の将来を，大きな不安をもって眺めていた。「さて」と皇帝は述べている。「国土は増大しないのに，養うべき国民はあまりに早く増えすぎる」と。(Davis, The Chinese, p. 351, 1840)

1)　本文の注で，著者はイギリスから寄稿した報告を参照するよう求めている。(Annalen der Preussische Landwirtschaft, vol. 38, p. 417)

解　題

吉田武彦

1. リービヒの生涯と業績[1]

ユストゥス・リービヒ(Justus von Liebig)は，1803年5月12日，ドイツ・ヘッセン公国のダルムシュタットで生まれた。父は薬剤，染料，油，薬品を扱う薬種商を営んでいたヨハン・ゲオルク・リービヒ(Johan Georg Liebig, 1755-1850)，母はマリー・カロリーネ(Marie Calorine, 1781-1855)で，ユストウスはその次男である。

リービヒは頭のよい少年で，1811年に既定の年齢より2歳若い8歳でダルムシュタットのギムナジウムに入学したが，入ってからの学校の成績はかんばしいものではなかった。当時のヨーロッパでは，ラテン語やギリシャ語の古典が教養として重要視され，学校でも正科であったが，リービヒはこれらの詰め込み教育にはさっぱり興味がわかず，父親の店にある「実験室」での薬品いじりにばかり熱中していたからである。

そんな訳で，リービヒは1817年，14歳の時にギムナジウムをやめてしまい，父親の勧めで，ダルムシュタット郊外のハッペンハイムにあるピルシュ薬局に徒弟奉公に入った。しかし，ここも長続きせず，10か月後に父親のもとに舞い戻る。屋根裏部屋で爆薬の化学実験に熱中した挙句，爆発事故を起こして，親方に追い出されたのである。

家に帰ったリービヒは父親にせがみ，父の知人である化学者カール・カストネル(Karl W. G. Kastner, 1783-1857)のいるボン大学に入学した。1820年，リービヒが17歳の時である。翌年カストネルがエルランゲン大学に移ったので，リービヒも先生について行った。カストネルのもとで，リービヒは水を得た魚のように化学実験に没頭し，「ブリニャテルリ〔Brignatelli〕およびハワード〔Howard〕の雷銀の調製ならびに組成に関する若干の考察」という処女論文を発表した。

ところが，1822年にふとしたことから政治的学生騒動に参加したリービヒは家宅捜索を受け，逮捕の危険を感じて，エルランゲンからダルムシュタットに逃げ出す。親切なカストネルは，ヘッセン大公ルドウィッヒ1世に

推薦状を書いてくれ，そのおかげでリービヒは同年秋，6か月の予定でパリ留学に出発した．

パリでリービヒは化学者テナール(L. J. Thénard, 1777-1857)のもとで雷銀の研究を続け，留学期間も延長した．そうこうするうちに，リービヒは雷銀のもとになる酸を発見し，その成果はテナールの紹介で，王立科学アカデミーの例会において発表された．1823年7月28日，発表を終え資料を片づけている20歳のリービヒの所へ，1人の紳士が近づいてきて，彼の仕事についていろいろ質問した．この紳士こそ，高名なアレキサンダー・フォン・フンボルト(Alexander van Humboldt, 1769-1859)であったが，若いリービヒはそのことを知らず，すっかりどぎまぎして，為すこともなしに別れた．翌日，紳士の名を知って駆けつけたリービヒに，フンボルトはフランス一流の化学者ゲイ・リュサック(J. L. Gay-Lussac, 1778-1850)への紹介の労をとってくれた．

この偶然の出来事から，偉大な化学者リービヒの第一歩が始まるのである．後年，リービヒは本書『化学の農業および生理学への応用』をフンボルトに捧げ，初版への序文でその日のことを感動を込めて生き生きと記している．いかに感激が大きかったかが察せられよう．

翌1824年，再びフンボルトの推挙により，リービヒは故国ヘッセンのギーセン大学に員外教授の職を得ることができ，帰国した．そして1825年には，先任教授のツィンメルマン(Zimmermann, 1783-1825)が事故死した後を襲って正教授に任命された．それから1852年にミュンヘン大学に移るまでの28年間，リービヒはギーセンを拠点にして，研究活動と化学教育の革新に全精力を注いだのである．

ギーセン時代のリービヒの化学にかかわる研究は，非常に多方面にわたるが，ここでは有機化合物の異性と基の研究を紹介しよう．

リービヒが少年の頃から雷銀に興味を持ち，パリのテナールのもとで雷銀のもとになる酸，すなわち雷酸を発見して，フンボルトの評価を得たことは，さきに述べたとおりである．彼は，ゲイ・リュサックの研究室で雷銀の分析を行ない，それが77.53%の酸化銀を含み，窒素，炭素，酸素，水素の1原子から成る雷酸との結合物であることを1824年に発表した．

ところが，同じ年にスウェーデンのベルツェリウス(J. J. Berzelius, 1779-1848)のもとについたフリードリヒ・ウェーラー(F. Wöhler, 1800-82)は，シアン酸銀の分析から，この化合物が 77.23% の酸化銀を含み，やはり窒素，炭素，酸素，水素の1原子から成るシアン酸との結合物であると報告した。雷酸とシアン酸は，化学組成は全く同一である。しかし，性質からは明らかに別の物質である。

どちらかの分析がまちがっているにちがいない。こう考えたリービヒは，シアン酸銀を作って分析し，酸化銀の含量が 71% であるとして，その結果を発表した。一方，ウェーラーも分析を繰り返し，自分の分析結果に誤りのないことを主張した。1926年，リービヒは，ドイツに帰っていたウェーラーを訪ねる。論争の相手と話し合ってみると，リービヒは自分の作ったシアン酸銀が不純であったこと，ウェーラーの分析値の正しいことを認めざるをえなかった。全く同じ化学組成を持ちながら別の物質があるという事実は，2人に当時の理論では解決できない難問を突きつけたが，これは異性体の理論を発展させるきっかけとなった。それと同時に，この論争と話し合いをつうじて，リービヒとウェーラーとの間には，友情が芽ばえ，両者は終生の友になる。

基に関する研究も，ウェーラーとの友情に基づく共同研究から生まれた。1832年，リービヒが提案して，2人は苦扁桃油の研究をした。苦扁桃(ビターアーモンド)の種子に含まれるグリコシドのアミグダリンを加水分解して得られるベンズアルデヒドのことである。リービヒとウェーラーは，ベンズアルデヒドが酸化で安息香酸，塩素化で塩化ベンゾイル，それにベンゾインに変化すること，塩化ベンゾイルをもとにして臭化ベンゾイル，沃化ベンゾイル，シアン化ベンゾイル，ベンズアミド，安息香酸エチルが得られることを見い出した。これらの化学変化をみると，C_7H_5O(彼らは $C_{14}H_{10}O_2$ と考えた)というグループ，つまりベンゾイル基が一団として動き，あたかも1原子のような行動をとることを発見したのである。

無機化合物では，既にゲイ・リュサックがシアン基が元素に似た行動を示すことを明らかにしていたし，1925年にはフランスのジャン・パティス

ト・アンドレ・デュマ(J. B. A. Dumas, 1800-84)がプレ(Poulê)との共同で，アルコールに関係のある化合物はエチレン(エチリン)をもとにして説明できるとする仮説，エチリン説を発表していた。デュマらの説は，有機化学の体系化の試みであったが，リービヒとウェーラーのベンゾイル基の発見は，それに実体を与えるものであった。この発見は，ベルツェリウスの強い支持を受け，リービヒらは引き続き，エチル基の提案と放棄，アセチル基の提唱と試行錯誤を繰り返しながら基の研究を展開した。一方，デュマも同じ頃，メチル基を発見した。

　同じような道を歩みながら，リービヒとデュマの関係は，ウェーラーの場合のようにうまくはいかなかった。両者はお互いに批判と非難の応酬を繰り返した。一時，リービヒとデュマの間には，対立をやめて協力しようとの気運が芽生えたことがある。1837年，デュマは，リービヒの編集していた『化学・薬学年報』(Annalen der Chemie und Pharmacie)に協力することになり，またイギリスの科学振興協会の依頼によって，有機化学の現状に関する総説を共同執筆することになった。ところが，デュマはメチル基の水素が塩素で置換される現象を発見し，そのひとつトリクロル酢酸の性質が酢酸によく似ているのを認めた。これは，基の不変性を前提とする従来の考え方に変更を迫るものであった。デュマは，基の一部が置換を受けても，根幹的な性質は保持されるとし，基にかわる「型」の理論を提唱した。基の不変性を信じるリービヒとの仲はたちまち険悪になり，総説の共同執筆もおじゃんになった。このいきさつが，後述するように，リービヒを『有機化学の農業および生理学への応用』(Die organische Chemie in ihrer Anwendung auf Agricultur und Physiologie)の執筆に向かわせるのである。

　ギーセンでリービヒが心血を注いだもうひとつの仕事に，化学教育の革新がある。

　ギーセン大学に赴任した直後から，リービヒは大学当局にかけ合って，「化学・薬学研究所」の設置を認めさせた。研究所といっても内容は実験室で，学生への化学教育を教室での詰め込み講義だけでなく，実験・実習をつうじて実践的に行なおうという目論見である。この構想は，パリ時代の恩師

ゲイ・リュサックがやってくれた講義実験がヒントであったらしいが，大学教育といえば講義だけ，実験・実習は徒弟奉公でやるしかない，という当時のドイツにとっては画期的なものであった。当然，リービヒは長い間，大学当局の無理解と激しく闘わなければならなかった。

　同時に，人数を制限したとはいえ，多数の学生に実験・実習をさせるには，従来の名人芸的な分析法ではとても間に合わず，能率的で簡便な分析装置を開発する必要があった。その典型的な例が「カリ球」である。

　有機化学の発展には，正確な元素分析が不可欠であった。元素分析はゲイ・リュサックやベルツェリウスが苦心して考案した装置で行なわれていた。ベルツェリウスの装置は，有機化合物を酸化銅のような酸化剤とともに燃焼管内で燃焼させ，発生するガスのうち，まず水分を塩化カルシウム管で吸収させ，次に水銀槽中に伏せたガラス鐘に導き，小瓶の中に入れた苛性カリに炭酸ガスを吸収させる。そして，塩化カルシウムと苛性カリの重量増加から，水素と炭素含量を測定するものであった。しかし，炭酸ガスを苛性カリに完全に吸収させるためには，24時間待たねばならず，しかもガス漏れや秤量中の空気中の水分・炭酸ガスの吸収のため，誤差が入りやすく，高度の熟練が必要であった。

　リービヒのカリ球は，これらの点を改良したもので，5個のガラス球をガラス管で円形につなぎ，中に苛性カリ溶液が入っている。塩化カルシウム管で水分を除かれたガスは，泡となってカリ球の苛性カリ液を通過する間に，完全に吸収されてしまう。燃焼が終わったところでカリ球をはずし，すぐに秤量すればよいのである。リービヒがいうように，「この装置には単純性と完全な信頼性の他には，何ら新しいものはない」のであるが，能率の向上と学生にも扱える簡便さは抜群であった。

　こうした血のにじむ努力で，リービヒの実験室は産業革命に遅れをとったドイツにありながら，ヨーロッパの化学教育，化学研究の中心になり，フランス，イギリス，イタリア，アメリカなどからも多くの俊英が留学にやってきた。リービヒは誇らしげに書いている。

　「ベルツェリウス氏は，7つの有機酸を分析するために18か月間の仕

事をした。シェヴルール(Michel Eugene Chéveleur, 1786-1889)氏は氏の発見した脂肪体の分析に13年を要した。我々の今日の方法をもってすれば，ベルツェリウス氏はせいぜい4週間，シェヴルール氏は多分2年を必要とされるであろう。当実験室では毎年平均400の分析が行なわれている。これらすべての分析を，我々はこの単純な装置をもって行なっているのである」

　前述のデュマとのけんか別れの後，イギリスの科学振興協会との約束を果たすために，1840年にリービヒが刊行した『有機化学の農業および生理学への応用』は，世間にセンセーションを巻き起こした。そして，リービヒは，自分の提起した問題によって広汎な論争に巻き込まれていく。彼はこれまでのように同業の化学者や学生ばかりでなく，専門外の学者や国民大衆を相手にせざるをえなくなる。それ以後のリービヒには，問題提起者，啓蒙家の姿が強く現れてくる。『化学の農業および生理学への応用』は，論争の中で改訂を行ないながら版を重ねた他，1842年には『動物化学』(Thier Chemie, oder die organische Chemie in ihrer Anwendung auf Physiologie und Pathologie)，1844年には『化学書簡』(Chemische Briefe)，1859年には『農芸化学書簡』(Naturwissenschaftliche Briefe über die moderne Landwirthschaft.)が出版された。

　リービヒは，ギーセンにおける日夜を分かたぬ活動のため，次第に健康を損ね，病気に悩まされるようになった。1852年にミュンヘン大学に移る時は，実験講義を行なわないことを条件にしたといわれる。しかし，ミュンヘンでも，農芸化学，栄養化学を中心とした研究を続け，1873年4月18日に死去した。なお，リービヒは1845年に，学術上の功績によって「男爵」を授けられている。

2. 農芸化学

　通常『農芸化学』と省略されることの多い『有機化学の農業および生理学への応用』初版への序文の中で，リービヒは執筆の動機を次のように述べている。

「1837年，私はイギリス科学振興協会から，リバプールにおける会議で，有機化学分野での我々の知識の現状について報告するようにとの，名誉ある依頼状を受け取った。私の提案によって，協会はアカデミー会員であるパリのデュマ氏に，私と共同してこの報告を担当してほしいと要請することを決定した。このことが本書刊行のきっかけであり，……」

さりげなく書かれたきっかけが，実はデュマとの一時的な和解，そして基の理論をめぐる決定的な対立によるものであることは，さきに述べたとおりである。

当時の有機化学の最先端の問題であった基の理論について，デュマとの共同報告が不可能になったとすれば，リービヒが単独で行なえる別の最先端の問題は何か？ そこでリービヒが取り上げたのが，さらに野心的な生命現象の化学過程であった。続けて彼はいう。

「私は植物生理学および農業と有機化学との関係，有機物が発酵，腐敗，分解の諸過程で受ける変化と有機化学の関係を提起しようと試みた」

「未知の分野への闖入者(ちんにゅうしゃ)が，自然研究者の注意と力とを……遙かな昔から高い価値のあった知識対象に向けさせ，辛苦と努力の目標，目的に選んでもらえるなら，その成果ははかり知れないものになるであろう」

こうして，「第1部　植物栄養の化学的過程」，「第2部　発酵，腐敗，分解の化学的過程」から成る『有機化学の農業および生理学への応用』が1840年に刊行されたのである。

当時，植物生理学，特に植物の栄養，それに関連した農業技術，そして発酵，腐敗，分解といった生命現象にかかわりのある物質変化については，個々の新発見や新知見が着実に積み上げられていたが，まだ系統的な整理は行なわれていなかった。リービヒは，長年自ら手がけてきた有機化学の知識と理論を動員して，これらが化学的過程として統一的に把握できることを示し，体系化して問題提起をしようと試みたのである。

事実，リービヒはウェーラーと共同して，1837年から38年にかけ，尿酸

の分解生成物に関する研究を行ない，発表した．1828年に既にウェーラーはシアン酸アンモニアから尿素が生成することを発見し，無機物質からの有機化合物合成に成功しているし，その後尿酸の分解によって尿素が生成することも掴んでいた．リービヒとウェーラーの研究は，おびただしい数の尿酸分解生成物を，尿酸をもとにして化学的に合成し，整理したものであったが，リービヒの脳裡には，一般に自然界で起こる発酵や腐敗という現象は化学的過程にほかならず，神秘的な生命力を仮定する必要はない，との主張があった．

こうした裏付けの研究はしていたにせよ，生命現象を統一的に化学的過程として体系化するには，とうてい自分だけの実験結果で間に合うものではない．また，実験的根拠の乏しい分野も多数ある．このような状況のもとで体系化をはかるには，思想と方法論が不可欠である．リービヒ自身がいうように，「私の見解の証明法は，実験の中で自己完結しているものではなく，大気と動物に対する植物の自然法則上の関係の考察に基づいていたものである」(本書「無機栄養説の歴史」)という訳である．

1840年に初版を出した本書への反響は大きかった．ただし，リービヒが当初に考えた，生命現象を化学的過程として統一的に把握し，若い自然研究者に問題提起をしよう，という目的を遙かに越え，無機栄養説と称する大胆不敵な理論をひっさげて，当時支配的であった農業学説に立ち向かう挑戦者，破壊者として迎えられたのである．初版の序文にいう「未知の分野への闖入者」は，批判と非難の大合唱の中に立たされた．

「父を探し求める小さなヤフェ，無機栄養説というあわれな子は，ひどい扱いをうけ，そしてバカにされた．というのは，彼は，大きな財布も金を出すだけではいつかはカラになるという意見だったからだ」(リービヒ『農芸化学書簡』)

「私は，近代農業を略奪経営だと宣言したと多くの側から非難されている」(本書「第7版への序文」)

しかし，リービヒは屈しなかった．『有機化学の農業および生理学への応用』は，第5版以後，「有機化学」を「化学」に変え，改訂しながら1846年

までに6版を重ねた。ここでリービヒは長い沈黙期間に入る。そして1862年，それまでの「第2部　発酵，腐敗，分解の化学的過程」を全面削除し，新しい第2部として「農耕の自然法則」を加えるという大改訂をした第7版が刊行された。沈黙の16年間は，リービヒにとって苦しい試練の期間であった。

健康の破壊，そして1852年には住み慣れたギーセンからミュンヘンに移るなどの個人的事情があったにもせよ，学説上もつまずきがあったのである。

第1は，リービヒが無機栄養説の実践的裏付けとして開発した人造肥料の効果についてである。リービヒは，カリウム塩は水に流され易いので，カリ肥料は水に溶けにくいものでなければならないと考え，炭酸カルシウムと炭酸カリウムの混合熔融物の特許をとって，1845年にイギリスのマスプラット商会から「特許肥料」の名で売り出した。ギーセンにおける試験では高い効果が示されたように思われたが，実際の農業者の畑ではまるで効果がなかった。リービヒは手ひどい非難を受け，特許肥料は無機栄養説攻撃の絶好の目標にされた。

さらに，イギリスのロザムステッドで肥料試験を始めたローズ(J. B. Lawes, 1814-1900)とギルバート(J. H. Gilbert, 1817-1901)は，「アンモニアこそ作物の収量を向上させる最重要な植物栄養分である」とする，いわゆる窒素説をひっさげて，リービヒに激しい論争を挑んだ。特許肥料の効果の低い原因が明らかになったのは1858年のことであった。つまり，リービヒは土壌が水溶性の無機養分を吸着・保持する能力を持っていることを知らず，特許肥料のカリウム，リン酸成分を熔融して不溶性にしたため，かえって作物が吸収しえなかったのである。この間の事情は，本書の「無機質肥料の歴史」の章に詳しい。

第2は，発酵，腐敗，分解に関する新しい学説の興隆である。リービヒはもともと，化学的過程に固執するあまり，自然界の物質変化に微生物が関与することを承認せず，伝染病が細菌によって起こるとの学説にも反対してきた。ところが，1857年，フランスのパストゥール(L. Pasteur, 1822-95)が発酵は微生物の作用であることを決定的に証明した。リービヒはなおも自説を撤

2. 農芸化学

回しなかったとはいえ，第7版において「発酵，腐敗，分解の化学的過程」を全面削除したこと自体，既に敗色は濃厚であった。

その意味で，第7版に先立つ16年間は，リービヒにとって身を削る再検討の期間であった。この時期の中間，1856年に発表された『農業における理論と実際について』[2]の中で，彼は学問に関し次のように述べている。

「あたかも人がその子を世に出した後は人生修業において試練を受けさせると同じように，私は自分の化学の理論を世に送った後は，もはやそれに自ら煩わされることはなかった。フランスの化学者たちは，私の有機根(基)の理論に致命的打撃を加え，それをあらゆる場所から放逐したけれども，私はそれに対して一指だに動かさなかった。栄養素，脂肪形成，腐敗および発酵，青酸加里，呼吸過程に関する私の諸理論も同様な運命に遭ったが，私はそれらの弁護のために一語さえ発しようとは思わない。何となれば，私は，これらの自然現象に関してそれぞれ独自の思想を抱く権利を，各人に対して認めるからである。もしもこれらの理論が誤ったものならば，それを支持する労に値しないであろう。またもしもそれらの中に真理が存在するならば——私はそれを確信する——それらはその位置を固持するに相違ない」(三沢嶽郎氏の訳による)

また，リービヒの見解の変化を批判したオランダのムルダー(G. J. Mulder, 1802-80)に反論して，次のように述べる。

「ムルダー氏は，その『耕土層の化学』で，私の耕土層に関する実験がいかに不十分かつ欠陥の多いものであるかを教えてくれた。残念ながら私はそのことを自覚していたし，実際に，私が以前になしえたより，よりよく行なうために努力していたのが，せめてもの慰めであった。私にとって，同氏の訓戒があまり有益でなかったのを悲しみとするばかりである。中でも同氏に不愉快だったのは，私の科学的見解の変転である。同氏は，私が何年も昔に持っていた見解をごちゃまぜにして，いかに私が非良心的であるかの証拠にした。それらは私が承認する必要を認めた誤りなのである。化学は驚くべき速度で進歩しており，遅れずについて行きたい化学者が，不断に脱皮(de Plumatio, la mue)の状態にあるの

は，許されるべき事態である．新たな羽毛が芽生えた者は，もはや着けようと思わない古い羽毛を羽からふるい落して，さらに高く飛翔するのだ．……多くの仕事をした者には，当然たくさんの誤りがある．全く誤りを犯さない栄誉は，働かない者に与えられるのであって，格別に羨ましいものではないのである」(本書「無機栄養説の歴史」)

　一方，リービヒは，本書第7版でかなりの自説訂正を行ないながらも，核心である無機栄養説，および植物栄養分の完全補充説については一歩も譲らず，ますます強い調子でそれを擁護した．無機栄養説の擁護にあたって中心に据えたのは，新たに出現した論敵ローズおよびギルバートのかかげる窒素説に対する批判であり，完全補充説に関連して，リービヒは近代農業を略奪経営だと宣告した，という非難に対しては，それを受けて立ち，国民経済学や歴史学の分野にまで踏み込んで，近代欧米農業の危機を訴えた．

　多くの論争の過程で，リービヒはいまや偉大な化学者というばかりでなく，近代社会における食糧・農業問題にかかわる論争の一方の旗手の立場にいやおうなく立たされ，また，彼自身もそれに強い使命感をもって立ち向かったのである．

3. 物質代謝，物質循環，自然法則

　リービヒが『化学の農業および生理学への応用』で展開した無機栄養説については，必ずしも正確に実体が知られているとはいえない．それは，しばしば無機肥料説ないしは化学肥料万能説であるかのように誤解されている．無機栄養説は，元来，有機栄養説，すなわち当時支配的であった腐植(フムス)説に対立する概念であった．

　　「古い説は，植物固有の栄養，農産物の量の増大を規定する栄養分は，有機態つまり植物体や動物体で作られるものだと考えている．これに対して新しい説は，緑色植物の栄養が無機態のもので，無機物質が植物の体内で生物的能力の担い手に変化するのだと考える．植物は，無機元素から植物体のあらゆる成分を作りあげるのであって，植物体内では，低

次の成分から動物を形成する最も高次の複雑な成分までが作られるのである。従来の説の対立物である故に，新しい説は「無機栄養説」という名前を獲得した」(本書「1840年以後の農業」)

それでは，無機栄養説の主張点は何か？ リービヒ自身の要約を引用してみよう。

「植物の栄養に関して，私は次のことを提起した。
1) すべての緑色植物の栄養手段は，無機質または鉱物質の物質である。
2) 植物は，炭酸ガス，アンモニア(硝酸)，水，リン酸，硫酸，ケイ酸，カルシウム，マグネシウム，カリウム(ナトリウム)によって生活しており，多くのものは食塩を必要とする。
3) 植物の生活に関与する土，水および空気のあらゆる成分の間，植物・動物のすべての部位とその部分の間には相互関係が成立していて，無機物が生物的能力を持つ担い手に移行する際の，仲立ちをする諸要因の連鎖全体の中で，ただ1つの環が欠けても，植物や動物は存在しえない。
4) 動物および人間の排泄物である糞尿は，有機質要素によって植物の生活に作用を及ぼすのではなく，腐敗・分解過程の産物をつうじて間接的に，したがって，その炭素の炭酸ガスへの移行，その窒素のアンモニア(または硝酸)への移行の結果として作用を及ぼすのである。それで，植物や動物の部位または遺物から成る有機質肥料は，それが分解して生ずる無機化合物で置き換えられる」(本書「無機栄養説の歴史」)

ここで述べられていることは，今日ではほとんど常識に属する。なぜ無機栄養説がそれほどまで大きな衝撃を与えたのか？ それには，当時の農学に絶対的といってよい権威を持っていたアルブレヒト・フォン・テーア(Albrecht von Thaer, 1752-1828)の理論を知る必要がある[3]。テーアは，有名な『合理的農業原理』によって，イギリス農業革命の中で生み出された輪栽式農法を模範にしながら，持続的で最大の収益をあげうる合理的農業経営の基本像を

明らかにしたが，その際，彼は土地から奪い去られた植物の栄養分が，何らかの方法で土地の生産力として還元される時にのみ，持続的で最大の収益が達成されるとした。

テーアが合理的農業論を組立てる基礎に置いたのが，腐植説つまり有機栄養説である。それは，およそ次のようなものであった(川波剛毅氏の要約による[3])。

1)　植物に本質的不可欠な栄養分を与えるのは，動物質および植物質の肥料，または適当な分解状態にある腐敗物のみである。
2)　本来，不燃性・不分解の土は，植物根を保持するだけであり，栄養物質の貯蔵，調製の機能と消化器の役割を果たすが，それ自体は植物栄養に役立たない。
3)　動植物質の素材は，死滅後，適当な温度と湿度のもとで腐敗・発酵して可溶性の腐植になり，次第に本来的な栄養になる。この「腐敗物から発展して作物の中に直接移行できるように調製された栄養素」を豊沃度と理解する。
4)　土壌の豊沃度は，その土地から収穫される穀物収量とともに減少する。
5)　収穫によって消耗した豊沃度は，植物質および動物質の肥料，休閑または放牧休閑によって回復され，結局，豊沃度は土壌中の腐植総量で測られる。

テーアばかりでなく，同時代の最も優れた科学者たちも，おしなべて腐植説を信奉していた。リービヒが「農業における理論と実際について」で列挙しているところでは，次のような具合であった。

シュヴェルツ(J. N. Schwertz, 1759-1844)　「有機質肥料の作用は不可思議であって究めがたい。それは，ゴルディウスの結節である。それは自然科学の限界である」(『実際農業提要』)

ド・ソシュール(T. de Saussure, 1767-1845)　「土地の，農業に対する価値を決定するものは，植物性および動物性成分である」(『百科辞書』)

ベルツェリウス　「植物は，その生育のための原料を土壌と空気とからとる。この両者は，植物にとって同程度に必要である。土性は，植物に対

して，単に機械的影響を与えるにすぎないと思われる。……石灰土または灰のアルカリが与える他の影響は，その作用によって有機物がより速やかに腐植に変化せしめられることにある」(『提要』)

植物生理学者ド・ソシュールは，1804年に既に，植物は空気中から炭酸ガスを吸収してその重量を増加することを認めていた。光合成の研究史で重要な地位を占めるこの人が，腐植説を採用していたのは誠に不思議なことであるが，リービヒにいわせると，「同氏によれば，炭酸ガスの吸収とその炭素の植物成分への移行は疑いないところであるが，野生植物と栽培植物では2通りの栄養法則が想定された。野生植物は，有機物質を炭酸ガスから獲得するけれども，農業上ほとんど価値を持たないのに対し，栽培植物は，3次および4次物質の大部分を腐植ならびに肥沃な土に含まれる可溶性有機物から獲得しているのであって，このことが施肥の理論にとって最も重要なのである」(本書「無機栄養説の歴史」)。要するに，ド・ソシュールは折衷主義に陥っていた訳である。

植物が自らの体成分である有機物を合成する炭素の源泉が，空気中の炭酸ガスであることを，リービヒは植物生理学的に光合成を研究して実証した訳ではない。リービヒの証明法は次のとおりである。

「化学者は，腐植酸は新しく沈殿した状態でしか可溶性でないこと，腐植酸を空気中で乾燥させると完全に溶解性を失い，それの含む水を凍結させると，さらに完全に不溶性になることを見い出した(シュプレンゲル〔Philipp Carl Sprenger, 1787-1859〕)。冬の寒さと夏の暑さは，それ故純粋の腐植酸の溶解性，さらには同化性をも奪い，かくして腐植酸は植物に到達することができないのである」(本書「炭素の起源と同化」)

と，腐植酸が植物に吸収されないことを述べ，

「すべての植物の葉と緑色部は，光にあてると，いわゆる炭酸ガスを吸収し，同容の酸素ガスを放出する。……これらの観察はまずプリーストリー〔J. Priestley, 1733-1804〕とセヌビエ〔Jean Senebier, 1742-1809〕が行ない，ド・ソシュールは周到に実施された一連の実験において，植物は酸素の分離および炭酸の分解とともに，目方を増すことを証明した」(本書

「炭素の起源と同化」)

と，光合成のことを述べると同時に，次のように問題を提出する。

「1人の人間が24時間に57.2立方ヘッセン・フィートの酸素を呼吸過程で消費すること，10ツェントネルの炭素が燃焼する時，58.112立方フィートの酸素を消費すること，個々の暖炉が100万立方フィートの酸素を消費し，ギーセンのような小都市でも，暖房に使われる薪が10億立方フィート以上の酸素を大気から取り去ることを考えれば，消耗した酵素を再供給する原因が存在しない時には，数え切れぬ年月の後，空気中の酸素含量が低下しないのはなぜか？ 1800年前にポンペイでひっくり返った小さなコップ中の空気が今日より多量の酸素を含んでいないのはなぜか？」(本書「炭素の起源と同化」)

「我々は，空気の炭酸ガス含量が数千年前には今よりずっと高かった，と推測しうる事実を知っているが，それにもかかわらず，毎年大気の現存量につけ加わる莫大な量の炭酸ガスが，その含量を年々顕著に高めてこなかったにちがいない，と考えるべきである。……時間の経過の中で常に不変である大気中の炭酸ガスと酸素の量が，相互に一定の関係を結んでいるにちがいない，とは容易に気がつくことである。つまり，炭酸ガスの集積を妨げ，生成する炭酸ガスを不断に除去する原因があるはずで，それは燃焼過程，分解，そして人間や動物の呼吸によって消耗される酸素を空気に再補給する原因でなければならない。2つの原因は，植物の生命過程の中で1つに統一される」(本書「炭素の起源と同化」)

きわめて思弁的であるが，ここには自然における物質代謝，物質循環に関する壮大な思想がある。これが本書を貫いて流れるリービヒの思想であり，方法論であった(リービヒの物質代謝論については，吉田文和氏が『環境と技術の経済学』[4]で詳しく論じている)。

そして，リービヒの思想の根源には次のような自然観があった。

「今日の我々の自然研究は，たとえば地球表面における生命を規定する鉱物界，植物界，動物界の2つまたは3つ，いやすべての現象の間には法則的な連関が成立しており，単独で存在するものは1つとしてなく，

1つまたは多くの他のものと結ばれ，これらはまた他のものと結ばれ，こうしてすべては相互に結合していて，初めも終わりもなく，そして諸現象の継起，その発生と消滅は，ちょうど波紋を描く波の運動のようなものだ，という確立した信念の上に立っている。我々は自然が1つの全体であり，すべての現象は網の目のように連関したものと考える。……我々は事実そのものではなくて，それら相互の関係を解明するのであり，それらの相互依存関係を知ることにのみ，一定の価値を認めるのであって，この相互依存関係のことを法則という。……単純な諸法則の共同作用の中に，我々は複雑でさらに高次の法則を見い出すのであり，作用する事物に我々自身の思考を差し挟んだり，我々の幻想によって相互依存性を創り出したりすれば，自然の研究は不可能になることを認める」(本書「農耕と歴史」)

と，自然法則が人間の意志にかかわりなく，客観的に存在するものであることを強調する。したがって，「どんな理由であれ，この自然法則を何らかの方法で破壊し，妨害する作用を加えれば，それに対応する影響が人間の生活条件に跳ね返ってくるのは明らかである」「もし，人間が自然法則を支配する代わりに，動物と同様，それに支配されるならば，自然法則は人間にも同じ作用をする」「自然法則は人間の召使であって，召使は主人に仕えても，主人の心配などしないものであるから，人間のことを心配する自然法則はありえない」(本書「農耕と歴史」)と自然法則を知り，利用することの重要性を説くとともに，自然法則に逆らい，それを破壊することの危検を警告する。

それでは，農業において人が知り守らなければならない自然法則は何か？

まず第1は補充の法則である。穀物や畜産物などの形で売られる農業生産物は，一定の畑の土壌成分を含んでおり，失われた成分を肥料で補充してやらなければ，仮に現在は高い収量が得られていても，畑は年ごとに消耗して収量が低下するであろう。これは合理的な農業ではなく，まさに略奪農業である。穀物や農作物を生産するために土壌に含まれるべき一定の成分が，量的にごく限られているからである。

「農業経営がよいか悪いか，あるいは農業が合理的であるか合理的で

ないかの唯一の指標は，ある国の農業者，または農業者の大部分が，きわめて普遍的な補充の自然法則を知り，それに従って畑を管理しているかどうか，つまり，農業者が自分の畑から生産物の形でどの植物養分をどれだけ持ち出したか，肥料の形でどれをどれだけ還元しなければならないかを知っているかどうか，そしてそれを実行しているかどうか，ということである」(本書「考察」)

物質循環を断ち切ることは，自然法則の破壊にほかならない。

「補充の法則あるいは諸々の現象は，条件が回帰するか同じである時にのみ回帰または継続する，ということは，自然法則の中でも最も普遍的な法則である」(本書「考察」)

表現だけを見れば，「土地から奪い去られた植物の栄養分が何らかの方法で土地の生産力として還元される時にのみ，持続的で最大の収益があげられる」としたテーアの考えと同じように見える。しかし，テーアは植物の栄養分を腐植と信じていたから，畑で生産される有機物をきゅう肥として還元すればよかった。これに対して，無機栄養論者であるリービヒによれば，自給自足農業ならともかく，農業者が売る生産物中に含まれる土壌栄養分は永久に畑に戻らないのだから，きゅう肥の還元だけでは畑は消耗する。したがって，テーア流のきゅう肥を主体にした輪栽農業も，やはり略奪農業として厳しい批判の対象にならざるをえないのである。

こうして，リービヒは施肥の重要性を主張するのであるが，ただやみくもに畑に肥料を投入しても，目的は達せられない。「我々は，肥料を通じて畑に補償を行なうにとどまらず，適当な肥料組成によって，可能な限り畑の養分比率に働きかけ，その比率が栽培しようとする作物に最適になるように努める」(本書「きゅう肥農業」)

そこで，人が従うべき第2の自然法則，最少養分律が登場する。

「それぞれの畑は，1つまたは多数の養分の最大量と，1つまたは多数の他の養分の最少量とを含んでいる。それがカルシウム，カリウム，窒素，リン酸，マグネシウムその他の養分のいずれであるかにかかわりなく，収量は最少量のものに比例し，収量の水準および持続性は，最少養

分に支配，決定される。」(本書「きゅう肥農業」)
この面で，きゅう肥に対するリービヒの批判は興味深い。

「実際的な農業者が，肥料としてきゅう肥を非常に好むことは，この関係から説明される。すなわち，どのような条件下でも，きゅう肥は畑から奪われた個別養分の一定量を含んでいて……失敗がなく，目的に適うとともに確実な方法で……そして，畑の組成から到達が可能で，かつ高度の肥沃性を畑に付与する仕事が増えるのを回避する。」

「多くの畑で，収量がグアノ，骨粉，油粕，つまりきゅう肥中の一定成分しか含まない物質でも向上しうることは，実際によく知られている。実は，これらの作用は，私がさきに論議した最少養分律で説明されるのである。」

「再補充の法則が語っているのは，肥料と呼ばれる全部が畑に有益という訳でなく，選別しなければならないということである。補充の法則は……彼とその畑に少しも関心のないような人物の意見ではなくて，畑管理における彼自身の観察により導かれるべきであることを述べている。」(本書「きゅう肥農業」)

リービヒは，きゅう肥を否定したのではなく，きゅう肥が完全肥料であるとの主張を批判し，きゅう肥の還元だけで地力の回復維持ができるとしたテーア以来のきゅう肥農業を批判したのである。

なお，無機栄養説に関して，付け加えておかなければならないのは，それがリービヒの独創でなく，すでにドイツのシュプレンゲルによって提起されていた，との主張があることである。シュプレンゲルが，腐植は水に不溶性で植物に吸収されないこと，窒素，リン酸，カリウムその他の無機元素が植物の生育に必須であることを，リービヒが1840年に『有機化学の農業および生理学への応用』を出版する以前，1830年代にすでに見い出しており，また最少養分律についても記述していたことは，事実であり，ドイツ農業試験場協会では，無機栄養説の最初の提唱者はシュプレンゲルである，との公式見解に至ったという[5]。この点については，リービヒ自身，「植物灰分中のアルカリ，アルカリ土類が栄養素であって，偶然的な成分でないという説

は，シュプレンゲルに帰せられることが非常に多い。確かに，同氏の土壌学では，すべての灰分成分が必要である，と説明されている」と，その業績を承認しつつ，「シュプレンゲルの説は，（分析）結果のすべてを鵜呑みにしている」と批判している(本書「無機栄養説の歴史」)。ただ，さきにも述べたように，リービヒの無機栄養説は，自分自身の実験結果に依拠したものでなく，「植物の大気および動物に対する自然法則上の関係の考察に基づいた」ものであったから，今日から見てリービヒのシュプレンゲルに呈する態度があまり公正でない，とはいえても，事実の記載にとどまらず，それを壮大な体系にまとめて提起した功績は変わらないと思う。

4. 批判者たち

リービヒが当初『化学の農業および生理学への応用』で批判の対象にしたのは，テーアらの腐植説であったが，本書が世に出ると，全く別の方面からの激しい批判にさらされることになった。自然科学面では，「窒素説」をひっさげてリービヒに論争を挑んだイギリスのJ. B. ローズとJ. H. ギルバート[6)7)8)]らであり，社会科学面では，リービヒを「自然科学的独断主義」と批判したJ. コンラート(Johannes Conrad, 1839-1915)[9)]らの国民経済学者である。

リービヒとローズらとの論争は十数年にわたって続き，感情的な非難の投げつけ合いにまで至ったのであるが，一方のリービヒが農芸化学の父であれば，他方のローズとギルバートは有名なロザムステッド農事試験場の創始者であり，両者とも近代農業科学に大きな足跡を残した人物である。したがって，両者の論争は高度の科学論争であって，農業科学理論の鋭い対決であった，と考えるのが常識であろうが，今日から見ると，リービヒとローズおよびギルバートの間の論争は，なんともわかりにくいものなのである。まず，いきさつを簡単に振り返ろう。

ローズは，1843年から農芸化学者のギルバートと共同して，ロザムステッドで肥料に関する圃場試験を開始した。当初の彼らの意識は，「最初の

試験期には……肥料の選択にあたって，我々が主な指標にしたのは，無機栄養説であって，それ故，大多数の場合に無機質肥料を使用した。一方，アンモニアは，当時大して重要でないと考えられたので，2,3の場合にだけ，しかもごく少量を用いた。ナタネ油粕は……無機質や窒素の他に……炭素性物質を一定量供給すると思われたので，やはり1ないし2の区画に加えた」（ローズおよびギルバート「農芸化学について——特にリービヒ男爵の無機栄養説との関連において」）というものであった。ところが，初年度，つまり1843年に播種して1844年に収穫したコムギの試験結果は，過リン酸石灰その他の人造肥料やきゅう肥を焼いた灰などの「無機質肥料」を施肥した試験区の収量が，1エーカー当たりきゅう肥14トンを施した対照区の収量に遙かに及ばないばかりか，無肥料区の収量と同じか，わずかに上回る程度にすぎなかったのである。それに対し，「無機質肥料」に少量のアンモニア塩やナタネ油粕を加えた区では，コムギの大幅な増収が得られ，特にアンモニア塩とナタネ油粕の両方を加えた区の収量は，きゅう肥区をも上回った。

そこでローズらは，翌年には全試験区にアンモニア塩やナタネ油粕などの「窒素質肥料」を単独あるいは「無機質肥料」と組み合わせて与え，やはり大幅なコムギの増収を得た。第3年目には，彼らはリービヒのいわゆる「特許肥料」の試験を追加した。特許肥料は，無肥料区に比べて約11％のコムギの増収をもたらしたが，特許肥料にアンモニア塩を組み合わせると，増収は約60％に高まり，対照のきゅう肥区の収量をも上回った。しかも，「リービヒの肥料の明白な優位性は，臭気ではっきり認められるアンモニア性物質を少量含むことによるのであろう」。

こうした試験結果から，ローズらは「コムギに無機質肥料を施した時に得られる種々の矛盾した結果は，コムギが土壌に存在する有効な窒素質に比例してのみ，生産を増加させる，ということを知った時に，完全に説明される」（ローズ「農芸化学について」1847）「リービヒ教授の理論から予想されるような無機物質よりも，肥料として供給するアンモニアの増加または減少に比例して，収量は上昇し低下する，ということの方が，より真実に近いことを示している」（ローズおよびギルバート「農芸化学について——特にリービヒ男爵の無機

栄養説との関連において」1851)と結論して,リービヒを批判するに至る。

たしかに,リービヒの側には窒素質肥料の効果について,混乱と弱点があった。リービヒは,植物の窒素栄養源をアンモニアと硝酸と考えており,これは一貫して変わっていない。しかし,作物に対する供給の必要性については,『有機化学の農業および生理学への応用』初版では「最も肥沃な腐植土においてさえ,窒素がなければ植物は成熟しえない」「栽培植物は,樹木,潅木,その他の野生植物と同量の窒素を大気から受け取る。しかし,その量は農業の目的にとって十分でない」として,窒素施用の必要性を強調していたのに対し,1843年の第3版では「栽培植物は,樹木,潅木,その他の野生植物と同量の窒素を大気から受け取る。そして,その量は農業の目的にとって十分に足りるものである」と,一転して不必要という見解に変わった。そこで「アンモニアの添加が多くの作物に不必要であることはきわめて確からしく,特に,農家が気付いているとおり,クローバ,エンドウ,インゲンなど葉の多い植物には必須ではない」(本書「無機質肥料の歴史」)というのである。

リービヒの根拠にしている事実は,必ずしもすべてが誤りではないが,一挙に作物への窒素施肥を不必要と断定するのは,明らかに勇み足である。ローズらはその弱点をついたのである。しかしリービヒは,アンモニア肥料の施用で穀作物の収量が高まる事実を承認した後にも自説を曲げず,時間の獲得あるいは時間的利益(Gewinn an Zeit)という概念を持ち出してがんばる。

「大気と雨が供給する窒素栄養素は,全体としては作物に対応しているが,時間的には,多くの場合不十分である。多くの作物が最大の収量をあげるためには,空気と雨が生育期間中に供給するよりはるかに大量の窒素を必要とし,そのため,農業者は,穀物畑の収量を向上させる手段に飼料作物を利用している」(本書「アンモニアおよび硝酸」)

一方,ローズの側もコムギに対するアンモニアの必須性を強調しながら,カブではきゅう肥,過リン酸石灰の増収効果が著しいことから,次のような結論を出す。

「最大重量のカブを生産するには,土壌を機械的な手段でできる限り

4. 批判者たち

細かく，軽い状態にすること，そして，土壌には大量かつ有効に炭素とリン酸を施肥することが必要である。土壌が炭素性物質に不足していなければ，人為的なアンモニア供給は必須でない。リン酸が十分量供給されない所では，アンモニアは植物に強い有害作用をもたらす」「カブやマメ科作物を栽培すれば，アンモニアは大気から大量に集められる。したがって，作物の輪作は，ある意味ではアンモニアを獲得する経済過程である」(ローズ「農芸化学について」)

ローズも，カブやマメ科作物は窒素を大気から得ると信じていたのである。さらに注目してよいのは，輪作の評価について，リービヒとローズの間にほとんど差が見られないことである。

それにもかかわらず両者の論争は，あげ足とり，非難の応酬の色彩を強める。

「リービヒが落ち込んだ誤りの多くは，私の考えには，同氏が農業とは現実に何であるかを十分に考慮しなかったことに由来する」「実際的な農業者が農芸化学について感ずる軽蔑は，教授たちが犯した間違いに由来する」(ローズ「農芸化学について」)

「事実，化学だけでは，実際の農業に何もなしえないであろう」(ローズおよびギルバート「農芸化学について——特にリービヒ男爵の無機栄養説との関連において」)

「論争が，生涯にただの一度も化学の教科書を手にしたことがなく，実際あるがままの農業すら，全く未知の分野であったような人物〔ローズのことを指している〕から私に仕掛けられたことに留意すれば，論争全体にはある喜劇的側面が含まれていた」「欠けているのは事実ではなく，理解力である。ローズ氏がくよくよしなかったのは，そのためである」(本書「無機質肥料の歴史」)

今日読めば，全くうんざりする言葉のぶつけ合いである。しかも，リービヒは，

「農業者がいついかなる時にも，外部からのアンモニア補給を放棄すべきだ，ということではない。なぜなら，畑の性質はきわめて多種多様

であって，大多数の畑には窒素栄養素の補充が不必要であると主張できるにしても，それは無差別にすべてにはあてはまらないからである」(本書「アンモニアおよび硝酸」)

「ロザムステッドでは，カリウムやカルシウムの補充なしに，単なるリン酸または窒素の追加が，コムギの高収量をもたらしうることを否定した覚えはない」(本書「無機質肥料の歴史」)

といい，ローズらも，

「もちろん，我々は，ある安価なアンモニア源が発見されれば，アンモニア施肥による穀作物栽培の過程で，自らの土壌を平気で継続的に消耗させるかもしれない，と想像するし，そうした経過のもとでは，反対に無機質供給がすぐ不足するに至るだろう，ということを完全に承認する」(ローズおよびギルバート「農芸化学について——特にリービヒ男爵の無機栄養説との関連において」)

と述べて，双方とも相手方の主張を頭から否定はしていない。それにもかかわらず，19世紀を代表する2人の碩学が，頭に血がのぼったような非難の応酬を，十数年にわたって続けた。一見大人げない行動をどう解釈すればよいのだろうか。

現在から見ればこそいえることだが，両者の論争の核心は，自然と農業に対する見方の違い，いわば思想上の厳しい対立であった，と捉えるほかはないのである。

リービヒはこう主張する。

「従来，我々は，野生植物，栽培植物の栄養と存続には同一の法則が成立しており，耕地への施肥は，同じ土地で植物が繰り返し生育しうるためにのみ必要なのだ，と考えてきた」(本書「無機質肥料の歴史」)

さきにも述べたとおり，リービヒは農業を自然の中で捉え，そして，自然には人間の意志ではどうにもならない自然法則が成立，貫徹している，との信念がある。自然法則に背く行為は，たとえ当面どんなに利益があがっても，必ず手ひどいしっぺ返しをくらうのである。

一方，ローズらの主張はこうである。

「実際農業とは，自然状態では人間や動物を養うことのできない土地空間に，それらの食糧に供される特定の成分を人工的に集積することである」

農業，特に進んだイギリス農業は，「それ自体，十分に人工的」であって，「自然植生とは異なる農業が考察の対象である場合，無機栄養説が育つ基盤は，根拠が薄弱である」(ローズ「農芸化学について」)。そして，農業研究は実際農業の上に立って行なうべきであり，「輪作は，少なくともイギリスの農業ではきわめて普遍的であるから，我が国の農業に関するいかなる研究も，安心して輪作の採用という仮定の上に立てることができ」，「輪作期間につき，土壌は直接施肥その他の手段で作物を利益のあがる量生産する能力を回復する」。

また，「輪作の終了時，少なくとも農耕の通常な過程で，次にどんな作物をも育てない以前，堆きゅう肥を与えるべき時期をとった場合，土壌は基準状態，あるいは，もっとよい表現では，実際的・農業的に消耗した状態と呼びうる状態になければならない」が，「実際農業の通常の方法で，穀物と肉だけを販売用に生産することにより，穀物生産主体としての土壌に特別に生ずる消耗は，窒素の消耗であって，その過程では，無機成分は窒素に比べれば過剰に存在する」。

安価なアンモニア源でも発見されれば，リービヒのいうような土壌消耗が起こるかもしれないが，「それはイギリス農業の条件ではないし，我々が当面考えなければならないような環境ではない」(ローズおよびギルバート「農芸化学について——特にリービヒ男爵の無機栄養説との関連において」)。

ローズらの主張は，要するに，実際農業の目的は現実に行なわれている農業を土台に，いかにして利益をあげうる作物生産を合理的になしとげるかにあり，理論的には考えられても現実に差し迫っていない問題まで心配するのは無意味だ，という立場である。

リービヒ対ローズらの激しい論争は，理念上，思想上の抜きさしならぬ対立であったし，その裏には当時興隆期にあった資本主義的農業の評価を秘めていたのである(この点については，椎名重明氏が『農学の思想——マルクスとリービ

ヒ』[10]で詳細に論じている)。そして，論争の焦点であった窒素か無機質かについては，リービヒの頑強な固執にもかかわらず，一般に窒素肥料の必須なことが事実によって明らかになったし，一方，ローズらのいう「無機質」過剰論も，長期の試験の結果，ロザムステッドで誤りであることが承認された。また，両者がともに混乱に陥っていた大気の窒素供給能は，生物的窒素固定，特に根粒バクテリアの作用の発見で，科学的に決着がついた。さらに，両者がともに非現実的と信じて疑わず，互いに相手を攻撃する武器に使った「安価で無尽蔵なアンモニア源」は，論争後半世紀を経て，空気中の窒素からの化学的アンモニア合成が成功して，現実のものになった。その意味では，リービヒとローズらの論争の科学上の争点を追跡することは，わかりにくく，退屈かもしれない。しかし，農業を地球規模で自然の中で捉えるか，経済行為として捉えるかは，今日でもけっして意義を失っていないと思う。

それにしても，リービヒが頑迷なまでに窒素施用の必要性を否定した背景には，アメリカのホースフォード(Horsford)やフランスのビノー(Bineau)による大気中における微量のアンモニアの存在の証明，ドイツのクローカー(Krocker)らの行なった土壌分析で，土壌には植物の必要とする数百倍の窒素が常に含まれるという知見が得られたことの他，窒素栄養素にも炭素の場合と同様に，動植物→大気→土壌→植物という，地球規模での循環の想定があった。リービヒの叙述を見てみよう。

「我々は，生命の永続について心配がないことを知っている。人間と動物は植物体によって生きており，あらゆる生物の生命は一時的で，比較的短い。動物を養う食糧は，生命過程で最初の形態に変化するし，すべての動物体も，死後には食糧と全く同じ変化を受ける。つまり，可燃性元素は炭酸ガスとアンモニアに還元されるのである。

周知のように，動植物体を構成する可燃性元素に関して，生物の生命の継続は，この条件回帰と密接に関連している。そのため，造物主は大きな循環を備え給うたのであって，人間はそれに参加できるけれども，循環は人間の助力なしにも保持されるのである」

「空気はけっして静止することなく，そよ風さえ吹かない時でも，空

気はいつも上から下へと動いている。空気が喪失した栄養素は，直ちに他の場所から，不断に流出する源泉から補われる」(本書「考察」)

事実がそのとおりであれば，確かにこれは壮大かつ見事な理念の実現である。しかし，事実が理念通りであるとは限らない。

哲学的な理念は，自然科学研究においても大きな威力を発揮することが多いのであるが，うっかりすると，逆に理念が普遍的・体系的な時ほど，理念先行に対する注意が必要になる。リービヒの場合，地球的規模での物質代謝，物質循環に関する壮大な理念が，窒素栄養の局面でつまづきの石になったのである。

ローズ，ギルバートとの論争の紹介が長くなったが，次に同時代の国民経済学者コンラートの批判をとりあげよう。

コンラートは，著書『リービヒの土壌消耗論とその歴史学的・統計的・国民経済学的考察』[9]でリービヒを批判しているが，対象は主として本書の「農耕と歴史」にしぼられている。彼は「リービヒによれば，ただ土壌の豊沃性だけが民族の偉大と没落に影響を与え，一言でいえば歴史を作った」との見解に批判を加え，古代から現代に至る各国の事例を約100ページにわたって論述する。コンラートのいわんとするところは，歴史をつうじて土地の荒廃を招いた原因は，リービヒの主張するような土壌養分の収奪による土壌消耗ではなく，森林の破壊による土地の乾燥化や悪しき政治・社会制度である，ということである。リービヒのいう「国家や民族の興亡は土壌消耗の結果だ」という論は，たしかにあまりに極端で直ちに納得できるものでなく，それに対するコンラートの反論は，読めばおもしろいし，かなり説得的である。一例として，古代ローマに関する記述を取り上げてみよう。

　リービヒ　「耕地の消耗と劣化によって，自由な農民が消え失せる時には，農民とともに，真の市民精神と祖国愛もまた色褪せる。すなわち，宗教的な感情，自らが生を受けた郷土やすき耕す土地への愛情は，農民の中にこそ保たれているのである」

　　「自然法則について何の表象も持たなかった立法者は，与えられた状態と土壌の状況を永続不変のものとして受け入れ，土地生産力と人口の

低下の原因を人間に求めた。しかし，人間はその本性からして，自己を保存し，増殖する点では変わらないものである。ところが，立法者は法律で人間の行為を規制しようと試み，回復不能な状態を回復し，あるいは現状を維持するための命令は，十分に強力なものだ，と信じ込んだ。法律によって農民を鋤から引き離し，兵士にすることはできても，都市住民や兵士を強制して農夫に変えるのは不可能だったので，この事業は困難を極めた。…カイウス・グラックスの強権的な土地配分も，ユリウス・カエサルやアウグストゥスの努力も，人民の要求と土地生産力の間のもはや収拾のつかない関係を復元する意味では，全く惨憺たる結果に終わった。そして，権力者は，必要に迫られて属州を収奪し，不足する穀物を補給する以外にほとんど道がなかった」

「アウグストゥス以後の皇帝の統治下では，ローマの住民ばかりか，イタリアの半分が外国の土地によって生きていた。人民の必需品，日々のパンは権力者の意志と恩恵に頼ることになり，同様に，人民の生存は，国家維持のために外部の世界の労働力を破壊し尽くした恐るべき国家機構のひとつが停止すれば，直ちに脅かされることになった。この国家への従属をつうじて，ローマの人民の中には，労働が与える活力と自立の喜びに代わって，利己心，卑屈な弱さ，下等な奴隷精神，そして道徳的退廃のあらゆる悪習がはびこった」(本書「農耕と歴史」)

コンラート 「自由農民の消失に関して，後世悲しむべき状態に至る最初の萌芽は，ローマ市建設時の体制変化の際に既に存在していた。採用された諸制度が中産階級一般の駆逐をもたらしたからである。続いて，国家は間接税の取り立て，および国家のための調達を特定の仲介者に委任した。彼らは金持ちであることが必要で，信用の保証として確実な財産を持っていなければならなかったから，主として大土地所有者であった。そこで，莫大な財産を持つ徴税請負人と御用商人の階級が発生した。さらに後には，市民すなわち貴族だけが利用権を保有する公共牧野は，元老院が財務管理を独占して以来，彼ら自身と親戚縁者用に搾取されるに至った」

4. 批判者たち

「戦争のつど重くなる税金と賦役の重荷が，主に農民の肩にのしかかり，当然農民は負債を背負ったし，また，土地と土壌の投げ売りによって財産から引き離され，農民が大土地所有者の手中に落ちるのに決定的な役割を果たした。その上，ローマに集積した富は，好んで新領土に，特に商行為が禁止されていた元老院議員の領地に投資されるのが一般的であった。さらに時代が下って，ローマが海外征服を行なう頃になると，イタリアの市場は穀物で溢れるようになった。諸属領は穀物の 1/10 を，一部は無償で一部は僅かな補償と引き換えで差し出さねばならず，それは徴税請負人に引き渡され，彼らは定まった総量を国家に供給する義務を負っていた。イタリアが豊作になると国家はしばしば必要量以上を保有する結果となり，穀物を捨て値で放出したので，イタリアの農民は生産物を正当な価格で売りさばくことを妨害された。こうした中で，もっぱら苦しまなければならなかったのが小農民であることは明白である。なぜなら，小農民は大土地所有者のように，気楽でしかも当面有利な草地畜産に切り替えたり，カルタゴ人のやり方にならって，鎖に繋がれた一群の奴隷が土壌を耕起する義務を負う，プランテーション農業を始めたりすることができなかったからである。すでにカトー〔M. P. Cato, 234-149 B.C.〕は，高い純益をあげうるのは，集約農業より牧野である，と述べている。低く不安定な穀物価格のもとで，これは当然だったし，ローマはイタリアに対して，海を渡って輸送するのが困難な家畜の供給を期待していて，それには小さな圃場よりも大面積の土地が適しているからである」

「我々は，戦争，特に土地の歴史に関して語るべきことの多い内乱や奴隷反乱が，耕地の略奪と荒廃をつうじて，いかに破壊的な直接作用を及ぼさざるをえなかったかについて，また，生活保護や公職への立候補者に対する投票の代償として得た金によって，ローマの小農民が安易かつ安楽に生活できたことについて，詳細には立ち入らない。すべてが農民階級の最終的な消滅のために共同作用をしたのであって，リービヒがそこに国家衰退の徴候を見たのはまったく正しい。しかし同氏が，農民

を駆逐しうるのは土地の収穫低下だけだと考え，また，農民の減少から土壌の消耗を推論するとなると，これは一方的だとしかいいようがない」

しかし，コンラートが

「どんなに気に入らなくとも，今日，化学者で土壌消耗の可能性を否定するものはいない。異論のあるのは，通常の農法の場合，すべての物質の補充が必要かどうかということだけである」

と認めながら，結論として

「我々が，昔および現在，ごく慣習的な農法によって土壌消耗が起こりうるかもしれない，というリービヒの化学的研究を承認したとしても，過去現在をつうじていかなる場所においても，実際に土壌劣化が進み，あるいは進みつつある徴候のただの1つさえ，認識または発見できなかった」

とし，

「リービヒは次のように主張する。土壌の肥沃性は，いかなる時代にも現状の段階に維持することが可能であって，再補充は，必要性が明らかになるまで差し控えてよい，というのは「知識の不足からどう果たしてよいかわからない責任，あるいは怠慢から実行しようとしない責任を子孫に押しつける略奪農業の軽率な言い訳」である，と……このことは，はるかに豊富な根拠をもって鉱業にあてはめられよう。鉱山の生産に対する需要があり，原料が存在するとき，なぜそれを利用していけないのか？ 農業でも同じことである。農業者の目の前に，高価な都市肥料をはるばる畑に運ばなくても，有利に穀物を生産する可能性があれば，彼はそれを実行し，後の世代のために使い惜しんで，その能力を台なしにはしないだろう。彼は，自分のきゅう肥が十分でないと知るまでは，人造肥料を買い，好んできゅう肥に置き換えることはできない。まさに鉱物説にしたがえば，農業は鉱業と対比できる。なぜ農業者には，鉱山主が鉄を採掘して流通させるように，土壌の宝物を穀物の無機成分にすることが許されないのか？ 我々の浪費によって，後の世代が鉄に大いに

困窮することも考えられるが，そのために鉱業を制限しようとは，まだ誰も思いついていない。イギリスの住民が石炭等々の代用品の発見を子孫に委せているように，グアノ輸入が停止した時，ロンドンの肥料で畑を維持するために費用のかかる装置を動かしたり，今日テムズ河を流れ下っているリン酸石灰をニシンをつうじて土地に付与したりすることは，同じ権利をもって子孫に委せているのである」

といい，

「利益が期待できるところでは，どこでも工業的企業が出現するように……需要の増大が肥料価格を押し上げるのと同じ比率で，都市においては各種の廃棄物を収集する仕組みが普及するであろうし，一方，廃棄物の加工，可能性あるその他の全物質から肥料を製造する工場が設置されるであろう。そこには，人間の企業精神，発明精神を利用し尽くす，どれほど広い分野がまだ残っていることか」

という時，これらの結論は，国民経済学の立場からしても暴論であろう。これでは，利益のあがる農業経営のためには土壌の消耗もある程度やむをえず，土壌消耗は企業精神の利益追求に委しておけば，自然と合理的に解決される。余計な将来のことは考えなくてもよい，というのに等しいからである。コンラートの力作である歴史観の批判が，こうした結論を出すためだったとすると，全くリービヒの無機栄養説批判になっていないといわざるをえない。

5. 日本農業の評価

物質循環と養分の償還の原理のもと，ヨーロッパの農業の現状に危機感を抱き，旧来の三圃式農法はもとより，新しい輪栽式農法まで略奪農業と決めつけたリービヒにとって，まさに模範とすべき農業を営んでいる国が，ヨーロッパの外にあった。それは日本と中国である。当時，日本は江戸時代末だったが，リービヒにとって日本農業はよほど魅力的に映ったようである。

「人間の生存条件はごく限られており，消耗しやすいものであって，生存条件の維持を知らぬ人民は，自ら墓穴を掘ってきた。しかし，条件

の維持を実行したところ(たとえば中国および日本)では，民族は滅亡しなかった」(本書「きゅう肥農業」)

「山が多く，最大でも国土の半分しか耕作できないのに，住民数は大ブリテンよりも多い島帝国日本は，草地も，グアノ・骨粉・チリ硝石の輸入もなしに，住民のあらゆる栄養を完全に生産しているばかりか，開国以来，毎年少なからぬ量の生活物資の輸出さえしている。…中国と日本の農業は，経験と観察に導かれて，土地を永久に肥沃に保ち，その収穫性を人口の増加に応じて高めて行くのに適した，無類の農法を作りあげた。…

中国と日本の農業の基本は，土壌から収穫物中に持ち出された全植物養分を完全に償還することにある。日本の農民は，輪作による強制については何も知らず，ただ最も有利と思われるものを作るだけである。彼の土壌からの収穫物は地力の利子なのであって，この利子を引き出さねばならない資本に手をつけることは，けっしてない」(本書「農耕と歴史」)

「我々が荒廃と不毛に陥ったのを見てきたスペイン，イタリア，ペルシャなどの国々一般と同様に，ヨーロッパの農業は日本農業とは完全に対照的であって，肥沃性の諸条件に関しては，耕地の略奪に頼りきっている」(本書「農耕と歴史」)

まさに手放しの絶賛であって，気恥ずかしいほどだが，リービヒはもちろん日本を訪れたことはない。実は，リービヒがもとにしたのは，1860年(万延元年)，オイレンブルグ(Friedrich A. G. Eulenburg, 1815-81)伯爵の率いるプロシャ艦隊とともに来航し，日本の農業事情を調査した H. マロン(Hermann Maron)の報告書(「日本農業に関し，ベルリンにおいて農業大臣に行なわれた報告」1862)であって，『化学の農業および生理学への応用』第9版の付録に収録されている。そこでマロンの報告書をちょっと覗いてみることにする。

「牧場と巨大な飼料作と飼育家畜の大群を持ち，それにもかかわらず，グアノ・骨粉・油粕を大量に消費しているイギリスを，理想的かつ合理的な農業の可能な唯一の典型であると考えるのに，不幸にして慣らされてきた旧世界の合理的で教養ある農場主にとって，まだ高度の文化から

遥かに隔たって見える国，牧場も飼料作も，たった一群の家畜(肉畜も役畜も)もなく，最小量のグアノ・骨粉・硝石または油粕の輸入もない国ほど，何ものにもまして驚くべきものはないであろう。それが日本である」

「日本人は，畜産の仲介の必要性を全く理解しない。土壌の生産物をまず家畜に食い尽くさせること，それがいかに不必要かつ費用のかさむ仕事をもたらさざるをえないか，穀物そのものを食い，肥料そのものを作るほうが，どれほど簡単であることか！」

「こうしたことから，日本における唯一の肥料製造者は人間であって，その貯蔵，調製，施用に細心の注意が払われているのはいうまでもない。そのやり方全体は，我々にとっても学ぶべき点が多いと信じるので，私はここに，美的感覚を傷つける危険を犯し，私の義務として，できるだけ詳しく報告するつもりである」

こうして，マロンは，日本式の汲み取り便所の構造と人糞尿の回収法，調製法を事細かに記述して，次のように書き進める。

「なお，ここでつけ加えておきたいのは，都市に存在する肥料は，全然加工されず，全くグアノや汚泥に人工改変されずに，あるがままで，朝に夕に，短い期間の後，マメやカブラとして再び戻るために，あらゆる土地へと運び出される，ということである。朝早く，何千のはしけ舟が，価値ある物質に満ちた桶を満載して都市の水路を行き交い，国土の隅々まで恵みを分配する。これは，規則正しく往復する公式の肥料郵便であって，こうした郵便配達夫であることには，ある種の殉教性が付与されることが認められるであろう。朝には土地の産物を都市に運んだ純朴な人夫の長い列が，夕には2つの肥桶を担いで行くのを見かける。その肥料は，固体に固まった状態ではなく，よい便所にあるがままに存在した，新鮮な混合物そのものである。…つまり，我々の前には，自然力の完結した循環の壮大な図式が成り立っているのであって，連鎖のどの環も脱け落ちることなく，次々と手を取りあっている」

そして，結論。

「日本人はただ，継続した施肥なしに継続した生産はない，ということを公理にしているだけである。…日本人は，肥料なしにはいかなる作物も栽培しない。日本人は，すべての播種，植え付けにさいして，作物が完全に生育するだけしか肥料を与えない。将来に向かって土壌を肥やすためには，全く何もしない。日本人は，各作ごとに施肥し，我々の形態での「休閑」の概念を知らないから，彼らは，毎年の生産肥料を耕地の全面積に分配しなければならず，これは連作と追肥によってのみ可能になる訳である」

「これがヨーロッパと日本の農耕の大きな違いである。ヨーロッパのは見かけの農耕にすぎず，遅かれ早かれ欺瞞の暴露する時がやってくる。日本のは実際的な，真の農耕であって，土壌の生産性は地力の利子である。日本人は，利子で生きなければならぬことを知っているので，資本が減らないことに第一の注意を払う。日本人は左手で受け取ることのできる時にのみ，右手でもって他人に与え，そして与える以上のものを土壌からけっして奪わない。日本人は，大量の窒素化合物を添加することによって，無理に奪うことをけっしてしない」

無機植物養分の償還と，農業における物質循環の完結を主張する立場からは，人間排泄物を直接農業に還元利用する日本・中国の農業は，確かに理論通りのものと映ったに違いない。

そして，リービヒはさらにイギリス農業の現状を批判しつつ，ロンドンで発達しつつあった水洗便所(Water-closet)について厳しく批判する。

「高度に発達した国民の側からする，生命回路への破壊的な干渉をわかりやすく示す事例としては，イギリスの農業が役に立つ。…18世紀の最後の25年間にイギリスへの骨粉輸入が始まり，1841年にはグアノの輸入が始まった。1859年にはグアノ28万6,000トンが輸入され，骨粉の平均輸入量は6万ないし7万トンに達した」

「1845年から1860年まで，つまり15年の間に，イギリスの畑に年間10万トン，総量で150万トンのグアノが施用されたとすれば，それによって2,000万人の生活を維持するに十分な750万トンの穀物がもたら

されたことになる」

「明白なのは，仮に1810年以来輸入された骨粉のリン酸塩と，1845年以来輸入されたグアノの成分が，全く損失せずにイギリスの畑の循環内にとどまっていたなら，1861年にこれらの畑は，それだけで1億3,000万の人間の食糧を生み出す基本的条件を備えていたであろう，ということである」

「大ブリテンが，2,900万の住民に必要な食糧を，年々生産できずにいること，またイギリスの大都市における水洗便所(Water-closet)の導入が，350万人の人間の食糧を再生産できる諸条件を毎年一方的に失う，という結果をもたらしたということと，上記の計算とは合致しない。…イギリスが毎年輸入する莫大な量の肥料は，大部分が河川の流れに乗って，再び海へと流れ去り，肥料の生み出す生産物は，人口の増加分を養うに至らないのである」(本書「農耕と歴史」)

こうした観点から，リービヒは，実際にロンドン市長に宛てた手紙で，大都市下水の農業利用に関する具体的な提案を書き送っている。(本書「国民経済学と農業」)

ひるがえって，今日の日本農業では，物質循環の環はずたずたに断ち切られてしまったし，人糞尿の農業利用は皆無になって，ロンドンと同じく下水を通じて河川を汚し，海へと排出されている。日本の畜産は，千数百万トンの輸入飼料を消費しつつ営まれ，家畜糞尿の処理が大問題となっている。そして，化学肥料の多投に反比例して堆肥の施用は減少の一途をたどり，土壌肥沃度の減退を憂える声が高まった。リービヒの賞賛した江戸時代末期の日本農業に比して，なんとも皮肉な姿ではある。

当時の日本農業やイギリス農業に対するリービヒの意見は，百数十年を隔てた今日においても，なお今一度考えてみる価値があるのではあるまいか。

皮肉といえば，リービヒに日本農業に関する知識を供給したマロン自身，後には窒素説に転向して，リービヒの反対陣営に身を投じたのも事実ではあるが。

6. 日本の農学とリービヒ

　我が国における近代農学の成立には，ドイツ農芸化学の影響がきわめて大きかった，というのが通説である．したがって，ドイツ農芸化学の流れをつうじて，リービヒもまた広く紹介され，大きな影響を及ぼした，と考えるのが常識であろう．しかし，事実は，我が国での近代農学の導入期において，リービヒの直接の影響を跡づけるのはきわめて困難である．まず，明治初期にいち早く翻訳紹介された泰西農書を見てみよう．

　いわゆる泰西農書は，意外にドイツよりイギリス，アメリカのものが多いのであるが，最も早く明治2(1868)年に出たイギリスのフレッチャー(T. Fletcher)原著の『泰西農学』[11]にリービヒに触れた箇所がある．すなわち，二篇上の「肥糞総論」では目次の注書きに「此条ニハ農業ノ一科ノ学術トナリシ事ヨリ「バロン，リービグ」氏ガ此学ノ為ニ大功アル事並ニ其学風ノ弊害ヲ論ズ」とあり，本文には，リービヒ批判の口火を切ったピュージー(Pusey)の後任であるトンプソン(Thompson)を引用して次のように書いている．「紀元1840年ニ「バロンリービグ」君我国ニ来テ始メテ農用化学ト名クル一ノ大集成書ヲ公ケニセリ．……是ヲ以テ「リービグ」ノ書大ニ時好ニ適ヒ最モ賞用セラレタリ．其中論ズル所殊ニ植物原質ノ出ル所ヲ探リ此ガ抱合化成ヲ示シ且此原質植物ノ始テ萌発スルヨリ遂生ニ至ルマテ如何ノ作用ヲ為スヤヲ詳ニシ其凋衰腐化セル後復ビ前ノ原質ニ還ルヲ説キシカバ其新奇ニ喫驚セザルモノナシ」

　「「ラウィス」氏〔ローズのこと〕モ嘗テ博士ノ説ニ従フテ施用セシニ後ノ疑ヲ起セシ事アリトイフ．之ヲ要スルニ博士ガ専ラ主張スル所ハ凡ソ菜穀ヲ糞培スルニハ只其吸取シ去ル所ノ鉱属成分ノミヲ土中ニ再ヒ還ス事ノミ甚肝要ニシテ其長生ノ間要スル所ノ安摩尼〔アンモニア〕ハ故ニ之ヲ施サザルモ気中ニ包含スル所ト土中ニ自ラ蓄蔵セルモノノミニテ全ク足レリト云フニ在リ．サレハ其説ノ如ク鉱属糞料ト名クル者ヲ新ニ創製シ官許ヲ裏ケテ専ラニ粥シガ真ニ無用ノ冗物ニ過キザリシ．「ラウィス」氏曰ク……鉱属糞料ハ其

功ナシトイフベカラズト雖モ安摩尼塩ヲ混和スル時ハ較著ク其功力ヲ増ス事疑無シ。是安摩尼ハ其植物ノ成育ヲ助クル本功ノミナラズ尚土中ニ含蓄スル程ノ植物実質（キノハクサノ子ナド）ノ溶化ヲ助ケ随テ草木ノ養ニ供スルニ適セシムルノ功アルニ因ル。蓋シ其用モ亦広カラズヤ」

これは，まさにローズの側からのリービヒ批判にほかならない。

もうひとつ，明治17(1884)年訳出のイギリスのジョンストン(J. F. W. Johnston)原著『戎氏農業化学』の紹介も同様である。

「リイビッグ氏ハ…曰ク，…夫レ農ノ原則ハ耕作物ノ為メニ吸取セラレタル鉱物質即チ灰分ヲシテ，尽ク其地ヘ回復セシムルニ在リ，而シテ窒素ハ主トシテ其原ヲ空気中ノ硝酸及ヒ安護尼亜ニ資ルモノナリ，故ニ若シ能ク灰成分ヲ耕作物ニ給与スル事ヲ得ハ，自ラ窒素ヲ空気ヨリ得ルモノナルヘシ，…リイビッグ氏ハ自家ノ理説ヲ拡張シ，以テ肥料ノ使用法ヲ報道シテ曰ク，若シ各種ノ植物中，実ニ含有スル鉱物質ノ分量及ヒ化合物ヲ検出シ，是ト同シキ各種ノ肥料ヲ調製セハ，之ニ因テ各種ノ植物ヲ肥養スル事ヲ得ヘシ」

「リイビッグ氏ノ肥料説ハ実際及ヒ試験ノ結果ニ符合セサル事ヲ証明セシ最初ノ試験者ハ，ロウス及ヒジルベル〔ローズとギルバートのこと〕ノ両氏トス，…此探究ハ，バロン，リイビッグ氏トロウス及ヒジルベル氏ノ間ニ於テ，数年不絶ノ一大議論ヲ誘起セシカ，其他農学諸大家ノ多数説モ，亦著名ナル日耳曼化学者(リイビッグ氏)ノ鉱物質理説ニ反対ヲ表ハセリ」

これでは，事実を曲げてまでローズに軍配を上げている，というほかはない。このように，文献面では圧倒的にローズらの窒素説の流れが強いのである。

それでは，明治期に来日して，我が国の近代農学の基礎を築いたドイツ人教師はどうであろうか？ とりわけ，自然科学面で絶大な影響を残したオスカル・ケルネル(Oskar Kellner, 1851-1911)とマックス・フェスカ(Max Fesca, 1845-1917)の2人の農芸化学者について検討してみよう。

ケルネルは，1881(明治14)年に日本政府の招きに応じて来日し，1893(明治26)年にメッケルン農事試験場長の職に就くため帰国するまで，駒場農学校および農科大学の教授として活発な研究活動を展開するとともに，後に我

が国の農学界の大立物となった古在由直(1864-1934)，森要太郎，長岡宗好(1866-1907)，沢野淳(1859-1903)，酒匂常明(1861-1909)らの俊秀を育てあげた。ケルネルの在日中の研究態度は，最初の仕事が外国人の最もいやがる人糞尿の分析だったことからもわかるように，西欧の知識を押しつけるのではなく，日本農業の現実に飛び込んだ真剣なものだったし，研究の対象も土壌から肥料成分，施肥法，栄養生理の諸分野，そして水稲はもとより，我が国の主要な作物のほとんどに及んだ。したがって，ケルネルとその優秀な弟子たちのグループが日本の近代農学建設のひとつの中心になったのは当然である。

ところで，このグループとリービヒとのかかわりであるが，ケルネルおよびその門下生たちの多数の論文，論説でリービヒを引用または言及している箇所は皆無に近いのである。肥料試験法を確立し，肥料の利用率や生産能率を提案した，やはりドイツのパウル・ワグネル(Paul Wagner, 1843-1930)がしばしば引用され，そのデータとの比較が行なわれているのに比べると，全く奇妙なくらいである。

ただ，ケルネル門下の古在由直，森要太郎，長岡宗好三氏連名の「稲ノ連作上土壌ノ費耗及収穫物中営養品ノ量ニ由リ土壌ノ生産力ヲ測定シ肥料ノ供給量ヲ算出スル考案」[13]という論文には，ほとんど唯一といえるリービヒの説への言及があって，そこではこう述べられている。

「余輩ハ尚奚ニ往々学者間ニ行ルル肥料施用法ニ関シ余輩カ研究ノ成蹟ニ基キ聊論弁ヲ試ントス。独国ノ碩学リイビッヒ嘗テ砿物償還説ヲ唱ヘテ曰ク植物ハ土壌ヨリ有益ノ鉱物質ヲ吸収シ去ルカ故ニ之ヲ償還セサレハ土壌ノ生産力ハ漸次退減スヘシト。蓋シリイビッヒハ植物ノ生長ニ必要ナル窒素ハ大気中ヨリ供給セラルヘシト誤認シタルカ故ニ単ニ鉱物質償還ノ必要ヲ説キタルノミ。然ルニ英ノロース及ギルベルトカ研究上窒素ノ天然給源ハ植物(荳科植物ヲ除ク)ノ需要ニ応スルニ足ラストノ事実ヲ明ニセシヨリ欧洲ノ学者ハリイビッヒノ鉱物償還説ニ一歩ヲ進メ物質償還説ヲ唱フルニ至リタリ。……余輩ハ敢テ濫ニ此説ヲ排斥スルモノニアラス。然レトモ之ヲ以テ肥料施用上唯一ノ標準ト為スカ如キハ皮想ノ見タルヲ免レス。今試ニ之ヲ論セン。奚ニ沃田アリ。僅ニ窒素2キロ

グラムヲ施用セハ1反歩ヨリ玄米3石稿稈600キログラムヲ生産シ得ヘシト仮定セヨ。此時ニ当リ物質償還説ヲ以テ施肥ノ原則トセハ収穫物ノ含有スル営養品ノ全量則チ窒素10キログラム加里5キログラム燐酸2キログラム半ヲ施用セサルヘカラサルナラン。果シテ然ラバ之ヲ以テ合理的肥料施用法ト謂フヘカラス。何トナレハ是レ単ニ費ヲ投シ数多ノ贅物ヲ購求スルニ過キサレハナリ。土壌已ニ営養品ノ天然給源ニ富ム。然ルニ猶之レニ向ヒテ夥シク営養品ヲ注入ス。其土壌ノ肥培資本ヲ増殖スルノ効アルヤ素ヨリ論ナシト雖モ収穫物ノ品質ヲ改良シ其産量ヲ増加シ以テ最多ノ純益ヲ得ルノ大目的ニ対シ毫モ其効ナシ。惟フニ肥料ノ眼目タル生産物ノ改良増収ヲ図リ最多ノ純益ヲ得ントスルニアリ。徒ニ土壌其物ノ肥培資本ヲ増殖セントスルニアラス」

引用が長くなったが，ここではリービヒだけでなくローズらの主張も一緒に非現実的として斥けられている。しかも，リービヒ，ローズ両者の主張とも，明らかに誤解されている。しかし著者らの論議の流れを見ると，まさにローズの意見に沿ったものであるのは明白であろう。

もうひとつ例をあげると，やはりケルネルの教えを受けた稲垣乙丙(1863-1928)の『植物営養論』[14]がある。1898(明治31)年に出たこの本は，植物生理学の教科書として，驚くほど当時の最新知識を集大成したものであるが，リービヒに触れたところはこんな工合である。

「彼ノ有名ナルリービッヒ氏ガ南日耳曼〔プロシャ〕ニ旅行シテ極メテ少量ナル黒色ノ土壌アルニ過ギザルノ岩石上ニ於テ高大ナル松樹ノ生育シアルヲ観察シタルノ結果ハ氏ヲシテ左ノ説ヲ吐カシムルニ至レリ。曰ク，植物ハ其体躯ヲ構成セル物質ハ単ニ土壌中ノ腐植質(ヒューマス)ノミニ根源スルニアラズシテ他ニ尚大ナル根源ナカルベカラズ」「1839年スプレンゲル氏ノ公ニシタル説ニ曰ク，膏腴ノ地ト称スルモノニハ鉄『マンガニース』『マグネシア』『ポタシ』曹達，塩素，燐酸，硫酸，腐植質及ビ窒素化合物ヲ含有セザルベカラズト。其後リービッヒ氏モ亦同説ヲ述ベタリ。然レドモ当時尚ホーノ試験ニヨリテコレヲ證シタルモノナシ。1842年ゲッチンゲンノ大学ハコレガ為ニ懸賞シテ論文ヲ募レリ。而シ

テ其賞牌ヲ受ケタルモノヲウィーグマン氏及ビポルストルフ氏トス。此両氏ハ前ニ述ヘタルガ如キ砂上ニ播種スルノ試験並ニ白金末上ニ播種スルノ試験ニヨリテ明カニ無機質ノ植物ニ必要ナルヲ證シ且ツ此無機質ヲ供給セザル場合ニ於テハ植物ハ毫モ有機物ヲ造ルコト能ハザルモノナルコトヲ證スルニ至レリ」

かの有名なるリービヒにしては，誠に気の毒な紹介でしかない。

このように，ケルネルとその門下生の研究態度にリービヒの影響はほとんど見られず，わずかな言及から窺われるのは，むしろイギリスのローズ，ドイツのヴォルフ(Emil von Wolff, 1818-96)らの窒素説の思想を受けついだ立場からのリービヒ批判である。少なくとも，ケルネルらがリービヒの無機栄養説の考え方を積極的に日本に導入しようとしたとは考えられない。

マックス・フェスカはどうか？　フェスカは，1882(明治15)年に来日して，農商務省地質調査所で日本の土性調査に従事するとともに，駒場農学校教師をも兼任した。彼は主務の日本土性図の作成に精力的な活動を続ける一方，我が国の農業および農政に対し積極的な提言を行ない，たとえば石灰禁止令や大農論などのように，政府の政策にも大きな影響を及ぼした。

フェスカは，来日前に勤務していたゲッチンゲン大学で，本書第9版の編集をしたツェラー(Ph. Zöller)のもとにあって，いわばリービヒの孫弟子にあたるだけに，在日中もリービヒの理論に基づいた発言をしている。最もまとまった記述は「肥培論」[15]におけるもので，フェスカは次のようにいう。

「肥を施す事に付今を去る凡そ40年前有名なる農芸化学博士『リービヒ』氏の格言あり。此格言は最も簡単にして能く意味を尽し誠に肥を施すの目的とも云ふべし。即ち左の如し。

1. 作物の為めに地中より取り去りたる種々の養料〔やしない〕は肥を以て還さざる可らず。若し還さざるときは如何程饒〔こへ〕たる地も数年の後には瘠すべし。
2. 地中にある一つの養料乏しくなるときは外の成分にては之を補ふ事能はず。例へは今剥篤亜斯〔ぽったあす〕が乏しくなりたりとて石灰〔いしばい〕や窒素や燐酸を施すも更に効なきが如し。故に作物に

要用なる各種の養料中一養料にても少量なるときは其少量に応ずる丈の収穫ならでは作物に望む事能はす。設令〔たとい〕最も多くの収穫を望むも地中にある各種の養料中最も少き一養料の為めに収穫を限られるものなり。是れ則ち一養料の不足は他の養料何程多くありとも其不足の養料に代り補ふ事は能はざるものと知るべし。

　右第一段の如く農家が土地より各種の作物を取入て而して其土地を瘠せざる様為さんには作物が取りたる養料を再び地中へ還さざる可らず。去〔さ〕り建〔とて〕其作物は是非他に輸出する事なれば其作物が取り去りたる養料丈は他より肥料を買入又は牛馬等の肥料を以て補はざる可らざるなり。……農家の身となり考ふるときは作物が吸ひ取りたる各種の養料を悉く土地に還すは計算に合はぬ様思はるるかは知らざれども力の及ぶ限りは之を勉むるこそ農家の本分と云ふべし」

　ここでは、リービヒの完全補充説と最少養分律が簡潔に要領よくまとめられているし、フェスカはその支持の上に立って農家に実行を勧めている。ただ、フェスカが日本の農学に強い影響を与えた諸論説では、日本農業の進むべき道や政策提言に力点が置かれているせいもあって、リービヒへの直接の言及は影をひそめてしまう。

　たとえば、『農業改良按』[16]では、日本農業の欠点を、①耕耘浅きに失すること、②排水の不完全なること、③施肥菅に不十分なるのみならす其法を誤り且その価の高きこと、④作物輪栽法の誤れること、の4点に要約しながら、第3項の施肥法の誤りに関しては、肥料成分にバランスを欠き、石灰多用による地力消耗を批判しているだけである。かつ将来の日本農業は零細農業を脱却して大規模農地による輪栽農法に移るべきだ、との立場から、肥料の分施に反対して基肥1回にせよと主張し、石灰多施については禁止を求めている。この立論は、『日本農業及北海道殖民論』[17]においても、字句の異同はあるが、一貫して同じである。また、主著『日本地産論』[18]でも、リービヒの理論への直接の言及はない。したがって、フェスカがリービヒを支持していたのは確かであるが、それほど声高にリービヒを伝えた訳でもないの

である。

　これまでに述べてきたいくつかの例からわかるように，明治期の日本の近代農学建設期において，リービヒの理論と思想が移殖され，日本の農学に何らかの影響を及ぼした痕跡を発見するのは困難である．反対に，直接間接にリービヒ批判派の影響の方が圧倒的に大であったと認めざるをえないのである．その後も，我が国においてリービヒとその著書は有名ではあったが，農学者にはあまり読まれず，研究もされなかった．土壌肥料学分野でのバイブル的教科書は，むしろロザムステッド農事試験場のE. J. ラッセル(E. J. Russell, 1872-1965)の『Soil Conditions and Plant Growth』(1912年初版[19])，1950年 E. W. Russellによる改訂第8版刊行)であった．従来何となく信じられてきた，日本の近代農芸化学は「リービヒを祖とする」ドイツ農芸化学の強い影響下に展開した，という説は訂正を要する．

　これまで，リービヒの『化学の農業および生理学への応用』が，名ばかり高くてあまり読まれなかったにしても，現在この古典から学ぶべきものは残っていないのか？　私はそうではないと思う．特にリービヒの現象を解明する考え方，思想には学ぶべきことがたくさんある．本書を批判的に読めば，何らかの感銘が必ず得られるはずである．

引用文献

1)　田中実：化学者リービッヒ(岩波新書)．岩波書店(1951)．
2)　リービヒ, J. (三沢嶽郎訳)：農業に於る理論と実際に就て．農業技術研究所資料，H 1 (1951)．
3)　川波剛毅：A. テーヤ著「土地豊沃度に対する収穫比率の理論」(1817)．農村研究，31：58-73(1970)；32：80-88(1971)．東京農業大学農業経済学会．
4)　吉田文和：環境と技術の経済学．青木書店(1980)．
5)　熊沢喜久雄：リービヒと日本の農学—リービヒ生誕200年に際して—．肥料科学，25：1-60(2003)．肥料科学研究所．
6)　Lawes, J. B.: On Agricultural Chemistry, Journal of the Royal Agricultural Society of England, 8：226-260 (1847)．
7)　Lawes, J. B. and J. H. Gilbert：On Agricultural Chemistry,-especially in relation

to the Mineral Theory of Baron Liebig. Journal of the Royal Agricultural Society of England, 12：1-40 (1851).
8) Lawes, J. B. and J. H. Gilbert：On Some Points Connected with Agricultural Chemistry, being a Reply to Baron Liebig's Principles of Agricultural Chemisty. Journal of the Royal Agricultural Society of England, 16：411-502 (1855).
9) Conrad, J.: Liebigs Ansicht von der Bodenerschöpfung and ihre geschichtliche, statistische und nationalökonomische Begründung. Friedrich Mauke (1864).
10) 椎名重明：農学の思想—マルクスとリービヒ—. 東京大学出版会(1976).
11) ゾーマス・シ・フレッチェル(緒方儀一訳)：泰西農学, 2篇上巻, 2-6丁. 文部省(1870).
12) ヂョンストン(片山遠平訳)：戒氏農業化学, 下冊, p. 58-60. 文部省(1884).
13) 古佐由直, 森要太郎, 長岡宗好：稲ノ連作上土壌ノ費耗及収穫物申営養品ノ量ニ由リ土壌ノ生産力ヲ測定シ肥料ノ供給量ヲ算出スル考案. 農科大学学術試験彙報, 1：429-449(1894).
14) 稲垣乙丙：植物營養論. 東京博文館(1898).
15) フェスカー, マックス(渡部朔訳)：肥培論. 房總會(1887) (川崎一郎「日本における肥料及び肥料知識の源流」による).
16) フェスカ, マキス, 農林省農務局編：ふえすか氏農業改良按. 明治前期勧農事蹟輯録, 下巻, 1755-64. 大日本農會(1939).
17) フェスカ, マキス：日本農業及北海道殖民論(1887). 明治大正農政経済名著集, 第2巻. 農文協(1977). 所収.
18) フェスカ, マキス：日本地産論, 通編. 農商務省地質調査所(1891). 明治大正農政経済名著集, 第2巻. 農文協(1977). 所収.
19) Russell, E. J.: Soil Conditions and Plant Growth. Longman (1912).

事項索引

【ア】

亜鉛　225
亜硝酸　132, 133, 158
油粕　310, 323, 347
アルカリ　15, 20, 49, 50, 107, 163, 179, 180, 191, 207, 213, 215
アルカリ塩基　142
アルカリ元素　157
アルカリ土類　15, 107, 147, 153, 157, 163, 179
アルブミン　163
アルミニウム　227
アンモニア　11-13, 20-24, 26-38, 106, 122-142, 149, 158-160, 162, 166, 169-172, 186, 191-198, 207, 229, 233, 236, 242, 272, 310-312, 314-320, 322-329, 331, 333-338, 340, 341
硫黄　104, 140, 162
一年生作物　196, 212
一年生植物　189, 214, 215
宇宙的条件　207
栄養器官　213
栄養物質　175, 208, 219, 229, 231, 235, 237, 240
塩素　141, 150

【カ】

灰分　146, 149, 150, 160, 164
灰分成分　9, 15, 27, 28, 141, 144-147, 170, 179, 193, 198, 249-254, 256, 259, 261, 313
化学的条件　207
花崗岩　179
下層土　69, 173, 232, 237, 256, 292
可燃性元素　187, 190
可燃性成分　207, 254, 262
カリウム　11, 15, 20, 22, 25, 28, 141, 147, 149, 153, 158, 163, 170-173, 203, 207, 229, 233, 235, 242, 245-248, 259, 275, 291, 294, 310, 316, 317, 336
過リン酸　20, 22, 28, 152, 195, 282, 330, 336
カルシウム　11, 15, 16, 20, 22, 25, 141-143, 149, 153, 158, 163-166, 180, 203, 207, 215, 233-235, 245, 259, 275, 291, 294, 317, 338
乾糞　198, 309

寄生植物　224
休閑　3, 68, 91, 94, 176-179, 184, 232, 256, 353
きゅう肥　3, 9, 20, 27, 73, 93, 135, 183, 198, 199, 233, 237, 248, 259-265, 277, 280, 281, 283-285, 287-290, 298, 322, 328, 336, 354
きゅう肥農業　73, 91, 200, 263, 289, 292, 295, 336
きゅう肥漏汁　172, 199, 229
ギリシャ　61
グアノ　26, 28, 73, 76, 81, 134, 172, 198, 263, 309, 314, 318, 322, 335, 347
空気の酸素含量　110
空気の炭酸ガス含量　111, 112, 114
クエン酸　163, 235
グルテン　122, 208
クロロフィル　120, 163
ケイ酸　11, 16, 20, 141, 146, 149, 150, 160, 161, 164, 170, 172, 182, 191, 207, 215, 232, 233, 245, 291, 294
ケイ酸アルミニウム　180, 182
ケイ酸塩　179, 181, 229, 230
下水　100
原形質　220, 223
玄武岩　142, 177, 230
耕うん　91, 235, 236, 355
硬質砂岩　142, 177
耕土層　18, 49, 93, 170, 173, 174, 179, 180, 210, 229, 232, 242, 257, 289, 290, 292, 326
合理的な農業　94, 199, 340
呼吸　13, 110, 111, 112
骨粉　26, 75, 81, 339, 347
コバルト　225
ゴム　103, 163, 207
コルク層　160, 235

【サ】

最少養分　280
最少養分律　281, 283
細胞壁　164, 235, 239
細胞膜　108, 164
砂岩　177
作付順序　3, 295, 357

索　引

作物交代　3, 294
砂質　304
砂質土壌　142, 172, 203, 210
酸性土壌　234
酸素　8, 13, 104, 112, 115-118, 178, 208, 209, 230
三圃式　73, 298
時間的な利益　191
子実成分　254, 270, 281, 291, 295
自然法則　10, 13, 26, 54, 57, 58, 63, 64, 71, 79, 88, 97, 175, 187, 202, 203, 242, 285, 297
湿原土壌　172
汁液　104, 108, 158, 162, 163, 215, 235
シュウ酸　16, 141, 163, 235
種子形成　160, 213, 216, 223, 255, 287
酒石酸　16, 141, 163, 235
循環　12, 95, 187, 336, 353
償還　71, 199, 201
硝酸　11-14, 122-127, 132-135, 140, 149, 157, 158, 162, 197, 207, 233, 310, 323, 338
蒸散　118, 173, 190, 225, 235
硝酸アンモニア　150, 158
硝酸塩　14, 137, 142
硝酸ナトリウム　341
硝石　14, 129, 236, 314, 322, 347
沼沢土壌　172
蒸留水　145, 146, 209
食塩　11, 142, 144, 150, 151, 160, 161, 171, 207, 236, 287, 341
植物栄養　14, 15, 103, 109, 314, 332
植物汁液　104, 133, 209
植物の酸　16, 163
植物養分　14, 38, 71, 79, 82, 96, 136, 148, 170, 173, 179, 199, 200, 202, 248, 314, 331
人口減少　61, 62
人工土壌　145, 146
人造肥料　20
心土　210, 291
人糞尿　354
森林土壌　172
水耕　138, 148, 154, 156-159
水素　103, 117, 122
水分　174, 178, 192
錫　225
ストロンチウム　144
スペイン　67
石灰　4, 120, 133, 142, 162, 172, 180, 181, 188, 234, 296, 336

石灰岩　177
石灰質土壌　129, 142, 172, 203, 233, 304
石膏　4, 7, 73, 160, 287, 336, 341
セルローズ　16, 103, 117, 164, 207
前記無機成分　143
全土壌成分　259
草地土壌　142
粗面岩　230

【タ】

大気栄養素　189-191, 197
大気成分　178
堆肥　351
多年生植物　189, 196, 212, 213
炭酸アンモニア　13
炭酸ガス　8, 11-13, 93, 110, 111, 117, 119, 135, 149, 154, 155, 161, 178, 186, 187, 192, 207, 209, 230, 232
炭酸同化　118
炭水化物　163
炭素　12, 13, 103-105, 108-114, 149, 187, 195, 336
炭素同化作用　115
たんぱく質　122, 163, 164, 207, 208
地下部器官　212, 213, 219
地上部器官　213
窒素　12, 24, 27, 104, 122, 149, 194-198, 207, 213, 219, 256, 272, 275, 291, 304, 313-315, 319, 322-326, 328-333, 336
窒素含有成分　16, 136, 138, 217
窒素含有肥料　195, 313
窒素説　314, 350
窒素養分　136, 137, 189
長石　179, 180, 230
地力　3, 4, 165, 353, 354, 357, 359
追肥　351
庭園土壌　170-172
泥灰岩　4, 7, 234
泥炭　105, 107, 166, 181
泥炭質土壌　172, 210
鉄　16, 141, 149, 154, 163, 207, 225, 233
デンプン　103, 163, 207, 208, 215
糖　103, 133, 163, 207, 208
銅　225
動物性肥料　134, 136
土耕　159
都市下水　97

索　引

土壌改良　　93, 182
土壌収奪　　200
土壌成分　　89, 146, 160, 178, 188, 190, 192, 198,
　　199, 207, 217, 232, 255, 258, 263, 270
土壌の吸収能　　172
土壌の消耗　　70, 88, 251, 260, 262, 295, 359
土壌の物理的特性　　184
土壌養分　　180, 211
土地の荒廃　　61
ドロマイト　　182, 188

【ナ】

ナトリウム　　11, 141, 152, 171, 207
鉛　　144, 225
二年生作物　　216
二年生植物　　189, 215
日本　　71, 345-359
尿　　9, 135, 143, 172
尿酸　　137, 162
尿素　　13, 135, 137, 158, 162
根張り　　210, 211, 258
粘土　　180, 181, 233
粘土質土壌　　172, 181, 203, 304
粘板岩　　142
農芸化学原理　　36, 42
農耕の自然法則　　103

【ハ】

灰　　162, 182, 188, 195, 296
排水　　90, 92, 93, 234, 238
排泄物　　9, 100, 124, 143, 183, 196-199, 261, 289,
　　324, 349, 350
花形成　　161
斑岩　　142, 177, 230
火打石　　142
必須植物養分　　154
肥沃性　　59, 71, 81, 87, 147, 199, 304
肥沃度　　3, 4, 60, 72, 74, 90, 95, 155, 165, 175,
　　176, 181, 198, 201, 232, 236, 240, 248, 251, 255,
　　260-263, 292, 296, 299, 316
風化　　93, 142, 155, 177-179, 230
腐植　　4, 12, 14, 105, 106, 109, 121, 172, 189-191,
　　234, 315, 326, 338
腐植酸　　105-108
腐植説　　181
物理的結合状態　　231, 233, 235, 244, 248

407

不燃性栄養　　195, 207, 222
不燃性成分　　27, 141, 217, 219, 262, 325
腐敗　　12, 13, 105, 124, 125, 130, 135
フミン　　105
不毛　　176, 183
不溶性養分　　161
糞尿　　4, 6, 12, 27, 262, 263, 351
補充　　9, 19, 24, 25, 96, 201-203, 250, 263, 289,
　　291, 299-305

【マ】

マグネシウム　　11, 15, 22, 141, 142, 149, 152,
　　154, 158, 163, 207, 233, 245, 294
マンガン　　141, 226
水　　11, 104, 118, 161, 174, 178, 192, 207, 230, 232
無機栄養説　　11, 22, 29
無機栄養素　　25, 162, 188, 192, 240
無機質肥料　　19, 23, 27
無機成分　　140, 144, 179
木灰　　310

【ヤ】

有機塩基　　104, 124
有機酸　　103, 141
有機質肥料　　12, 23
油脂　　207, 208
ヨウ素　　226
養分吸収　　161, 189, 190, 235
養分溶液　　148, 149, 159, 167
葉面積　　188, 190, 196
ヨード　　141, 143

【ラ・ワ】

略奪農業　　64, 68, 70, 72, 76, 79, 94, 258
硫酸　　11, 20, 149, 157, 162, 191, 207, 259
緑色植物　　8, 11, 118, 120
緑肥　　237, 256
輪栽農業　　69, 91, 185, 294, 298
輪作　　185, 244, 264, 279, 290, 357
リン酸　　11, 14-17, 20, 50, 81, 141, 147, 149-151,
　　154, 157, 162-175, 191, 203, 207, 213, 215, 219,
　　229, 232, 233, 235, 242, 245, 272, 275, 287, 291,
　　304, 309, 316, 317, 322
連作　　356, 357
ローマ　　59, 64
わら成分　　254, 270, 281

人名索引

【A・B】

Adam Smith　　85, 94
Alwens　　132
Anderson　　216, 219
Arendt　　219
Aristoteles　　61
Bacon, R.　　54
Berthie　　144
Berzelius, J. J.　　107, 139
Bibra　　300
Bineau　　128-130, 310
Boussingault, J. B.　　75, 109, 119-122, 131, 135-137, 147, 228, 310

【C・D・F・G】

Cameron, F. K.　　137
Cato, M. P.　　61
Columella, L. J. M.　　61
Corenwinder　　155, 156
Davy, H.　　6, 119, 135, 139
De Candolle　　209
Forchhammer　　225, 228
Gilbert, J. H.　　47, 316
Graham　　224, 228

【H・I・J】

Hales　　225
Hampe　　137
Hellriegel, H.　　136, 137
Henneberg　　109, 147
Hoffmann, A. W.　　53
Horsford　　125, 131
Ingenhouss, J.　　115
Johnson, S. W.　　137

【K・L】

Knop, W.　　109, 137, 138, 148-152, 154-158, 167, 209, 240, 310
Kohn, G.　　137, 156
Krocker　　48, 239, 322
Kuhlmann　　320

Lawes, J. B.　　21-23, 26-44, 46-48, 51, 316, 333, 340
Lehmann, J.　　152, 157
Leydhecker　　150
Livius　　63, 67

【M・N】

Magnus　　147
Malaguti　　105
Maron, H.　　71, 345
Metzler　　217
Mill, J. S.　　99
Mitscherlich　　207
Mohl　　215
Mommsen, T.　　63
Mulder, G. J.　　18, 106
Muspratt, J.　　52
Nobbe　　109, 137, 150, 240

【P・R】

Peligot　　105
Pierre　　325
Polstorf　　109, 145
Polybius　　66
Priestley, J.　　112
Pusey, P.　　21, 29
Reuning　　263
Ritthausen　　163
Russel　　282

【S・T】

Sachs　　240
Salm-Horstmar　　109, 137, 147
Saussure, T. de　　6, 12-15, 110, 112, 115, 119, 139, 145, 153, 154
Schönbein　　133, 158
Schattenmann　　29
Schlosser　　59
Schmid　　325
Schubert, J. N.　　72, 218
Senebier, J.　　112
Shattenmann　　315

Siegert 136
Sprenger, C. 15, 105, 107
Stein 105
Stohmann 109, 137, 148-150, 152, 158, 240
Strabon 61, 67
Sutter 132
Tennant, C. 52
Thienen-Alderflycht, K. 308
Thompson, S. O. 46, 50

【V・W・Z】

Voigt 87
Volker 328
Wagner, P. 137, 157
Way, J. T. 50, 238
Wiegmann 109, 145
Wolff, E. 138
Zöller 164, 169, 193, 227, 228, 308

Justus von Liebig（ユストゥス・フォン・リービヒ）
- 1803年　ドイツ，ダルムシュタットに生まれる
- 1824年　ギーセン大学員外教授，翌年より教授
- 1845年　学術上の功績により男爵を授与される
- 1852年　ミュンヘン大学教授
- 1873年　ミュンヘンで死去
- 主　著　Die (organische) Chemie in ihrer Anwendung auf Agricultur und Physiologie(1840), Thier Chemie, oder die organische Chemie in ihrer Anwendung auf Physiologie und Pathologie(1842), Chemische Briefe(1844)

吉田武彦（よしだ たけひこ）
- 1930年　大阪市に生まれる
- 1952年　東京大学農学部農芸化学科卒業
- 1952年　農林省農業技術研究所，のち作物栄養第1研究室長
- 1974年　日本学術会議会員（第10期，第11期）
- 1981年　農林水産省北海道農業試験場企画連絡室長，北海道農業試験場次長を経て1989年退職
- 1989年　㈱太陽コンサルタンツ顧問，1995年退職
- 専　攻　土壌肥料学　農学博士
- 著　書　『水田軽視は日本農業を亡ぼす』(農文協, 1978)，『水田土壌学』〈共著〉(農文協, 1982)，『食糧問題ときみたち』(岩波ジュニア新書, 1982)ほか

リービヒ『化学の農業および生理学への応用』
2007年2月28日　第1刷発行

著　者　J. v. リービヒ
訳　者　吉田武彦
発行者　佐伯　浩

発行所　北海道大学出版会
札幌市北区北9条西8丁目　北海道大学構内（〒060-0809）
Tel. 011(747)2308・Fax. 011(736)8605・http://www.hup.gr.jp/

印刷：アイワード／製本：石田製本　　　©2007　吉田武彦

ISBN 978-4-8329-8174-4

ブルックス札幌農学校講義	高井宗宏 編	B5・422頁 価格10000円
覆刻 札幌農学校	札幌農学校学芸会 編	菊判・180頁 価格950円
覆刻 札幌農黌年報〈全11分冊〉	開拓使 発行	菊判・平均140頁 価格22000円
有用植物和・英・学名便覧	由田宏一 編	A5・376頁 価格3800円
サイロ博物館	新穂栄蔵 著	四六変型・174頁 価格1400円
土は求めている	北海道農業フロンティア研究会 編	四六・322頁 価格2400円
土の自然史 ―食料・生命・環境―	佐久間敏雄 梅田安治 編著	A5・256頁 価格3000円
栽培植物の自然史 ―野生植物と人類の共進化―	山口裕文 島本義也 編著	A5・256頁 価格3000円
雑穀の自然史 ―その起源と文化を求めて―	山口裕文 河瀨眞琴 編著	A5・262頁 価格3000円
メンデレーエフの周期律発見	梶 雅範 著	A5・422頁 価格7000円
北の科学者群像 ―[理学モノグラフ]1947-1950―	杉山滋郎 著	四六・240頁 価格1800円
壊血病とビタミンCの歴史 ―「権威主義」と「思いこみ」の科学史―	K.J.カーペンター 著 北村二郎 川上倫子 訳	四六・396頁 価格2800円
男装の科学者たち ―ヒュパティアからマリー・キュリーへ―	M.アーリク 著 上平初穂 上平 恒 荒川 泓 訳	四六・328頁 価格2400円
現代科学対話 ―科学の方法と科学者の役割―	宮原将平 岩崎允胤 著	四六・246頁 価格1300円

北海道大学出版会

価格は税別